潜艇操纵性

主　编　施生达
副主编　王京齐　吕帮俊　刘　辉

国防工业出版社
·北京·

内 容 简 介

本书讲述潜艇操纵性的基本理论和研究方法,着重分析和阐明潜艇操纵运动情形及其数学模型与操纵运动性能,包括平面定常运动稳定性和深度与航向机动性、应急操纵性的规律、实艇操纵技术、航向深度自动操控原理、衡准参数和计算方法,介绍操纵性试验方法、操纵性标准和操纵面发展现状与设计原理。考虑篇幅原因,把水动力系数的估算以附录形式作了介绍。

本书可作为高等院校船舶专业的教材,也可供有关专业的研究生和潜艇设计、建造、科研人员及潜艇操纵、指挥管理人员参考。

图书在版编目(CIP)数据

潜艇操纵性 / 施生达主编. —北京:国防工业出版社,2021.3
ISBN 978-7-118-12236-7

Ⅰ.①潜… Ⅱ.①施… Ⅲ.①潜艇–船舶操纵 Ⅳ.
①U674.76

中国版本图书馆 CIP 数据核字(2020)第 234266 号

※

*国防工业出版社*出版发行
(北京市海淀区紫竹院南路 23 号 邮政编码 100048)
三河市众誉天成印务有限公司印刷
新华书店经售

*

开本 710×1000   1/16   印张 25½   字数 450 千字
2021 年 3 月第 1 版第 1 次印刷   印数 1—2000 册   定价 118.00 元

(本书如有印装错误,我社负责调换)

国防书店:(010)88540777   书店传真:(010)88540776
发行业务:(010)88540717   发行传真:(010)88540762

前　言

自 1995 年(本教材第 1 版)至今的二十余年间,我国的潜艇和潜艇技术有了快速发展,潜艇操纵性学科取得了很大进展,编者也参与了其中一些课题的研究探索及型号设计的审图工作。潜艇操纵性的新内容多且面广,对于教材,需要紧密围绕本学科的基本原理、工程实用计算方法和实艇操纵的基本技术及必要知识。

所谓潜艇操纵性,简而言之,就是潜艇作操纵运动的性能。潜艇的基本操纵运动性能包括操纵装置进行操作时的航向机动性、深度机动性及控制稳定性,以及操纵装置固定时的平面定常运动的自动稳定性,即垂直面动稳定性和水平面动稳定性,这些都归结于正常机动的操纵性。再版时,保留了第 1 版的基本内容,并按照基本概念清晰、工程应用明确、结合实艇操纵、反映当前状况的原则,在体系与内容上作了较大的调整和增删,由此构成了前 4 章的内容,即第一章潜艇操纵性概论,第二章操纵性平面运动方程式,第三章潜艇空间操纵运动方程,第四章潜艇操纵运动性能。同时,新增了编者在近期的专项研究成果,如水下悬停运动及其数学模型研究、潜艇操纵性衡准及衡准指标值的现状与发展的研究、水下航行体水动力新布局研究等课题的内容。

此外,早在 20 世纪 60 年代,美、苏发生重大潜艇事故后,潜艇操纵事故的水下应急挽回受到格外关注,成为潜艇(操纵性)设计中安全性考核的重要内容。博尔曼(Bohlman)的"潜艇操纵性安全界限"论文发表后,潜艇水下运动的操纵性安全界限图成为当今潜艇操控的重要技术指南之一。为此,编者根据近年来的课题研究成果和国内外文献,撰写了本书第五章潜艇应急操纵性,同时还阐述了潜艇大深度航行及其操纵特点和低噪声安静操控问题。

在近三十年间,随着潜艇作战海域和活动空间的扩大,潜艇操纵装备的自动化获得了很大发展,实现了操舵、均衡、潜浮、悬停、车令等的集中控制,达到航向、深度、姿态、航速的自动操纵功能,为此,在第四章中还介绍了潜艇操纵的自动控制技术的一般原理和控制策略。

第六章、第七章介绍了潜艇的操纵性试验和操纵面及其设计。

相比于第 1 版,本书约有 70% 的内容是新撰写的,约 1/3 以上的内容是编者近期的研究成果。中国船舶重工集团第七〇一研究所研究员马运义潜艇设计总师提出了许多宝贵的意见。编者深表感谢。海军工程大学潜艇操纵与控制教研室彭利坤教授、吕帮俊讲师也对本书再版提出了很多很好的意见,在此一并表示感谢。

本书由施生达教授编写、修订与校审,王京齐副教授整理,并完成电子版稿件,吕帮俊副教授、刘辉副教授参与校对及统稿整理。

本书中采用了中国船舶重工集团七〇二研究所万廷镫、傅廷辉、孙张群、江宏、吴宝山、何春荣、张华、马向能,七〇一研究所夏飞、马运义、吴军,七一九研究所闵耀元、陈源、王文琦,七〇七研究所陈训铨、林莉,海军潜艇学院林镜载、刘常波,上海交通大学严乃长、邬昌汉、黄国宋,哈尔滨工程大学林希正、陈厚泰、徐玉如,武汉理工大学吴秀恒、刘祖源,天津大学苏兴翘,华中科技大学许汉珍等研究员、教授、高工的研究报告、论文和教材,其中许多同志是新中国潜艇操纵学科的开创者,是编者的老师和同行,在此向他们表示深深的感谢。

由于编者水平有限,错误及不当之处难免,敬请读者批评指正。

编者
2020 年 1 月

目　录

第一章　潜艇操纵性概论

引言　本章介绍潜艇操纵性的含义、研究任务及方法、本书所采用的坐标系、平面运动假设和操纵运动主要参数。

第一节　潜艇操纵性的含义

一、操纵性、操纵装置及操纵运动

潜艇操纵性是指潜艇借助其操纵装置保持或改变艇的航速、姿态、方向和深度等运动性能的能力。潜艇的操纵装置通常简称为"车、舵、气、水",即主机-螺旋桨(或其他推进装置)、升降舵(或称水平舵,分首水平舵和尾水平舵,简称首舵、尾舵;首舵又有首端(或中部)首舵与指挥台围壳首舵(简称围壳舵))、方向舵(或称垂直舵),各种水舱(主压载水舱、首尾纵倾平衡水舱和浮力调整水舱、悬浮水舱及各种武器补重水舱等)和高、中、低压气,以及可弃固体压载、侧向推力器(侧推装置)等。

潜艇操纵是指操艇人员(或自动驾驶仪)利用操纵装置对潜艇的操作,实现对潜艇航行状态的控制。潜艇自身是不能实施航行操纵的。通常把潜艇在操纵装置控制下的潜艇运动称为"操纵运动",或称"受控运动",与耐波性学科中因风浪扰动产生的潜艇摇荡运动相区别。

潜艇操纵装置的作用都是提供一个使潜艇转向、变深的力。在本书中主要是指(潜艇的)水动力(如舵的、艇体的)和静载(由潜艇的实际重力、浮力构成)作用下的运动性能,并受潜艇建筑结构特性的限制。因此,潜艇操纵性也称为潜艇运动性能,在《潜艇原理》中把其视为潜艇重要航行性能之一。潜艇操纵性,简而言之,就是潜艇作操纵运动的性能。

潜艇操纵性包含下列性能。

(1)运动稳定性。潜艇保持一定航行状态(如航向、纵倾及深度等)的性能。通常是指不考虑操纵措施时潜艇固有的运动特性,故也称为船舶固有操纵性,是一种开环控制系统的固有性能。

(2)机动性。潜艇改变航行状态(如航向、纵倾及深度等)的性能。通常是指考虑操纵措施(如操舵、或均衡、或增减速等)时潜艇作操纵运动的特性,显然是一种闭环控制系统的操纵运动性能。

(3)惯性(或制动)特性。推进器工况改变(全速倒车或停车)、舵保持零角度时的潜艇运动特性,是表示潜艇纵向运动惯性的重要特性,是船舶必备的操纵性资料的组成内容之一。

良好的操纵性能是保证潜艇航行安全、充分发挥潜艇战术技术性能、顺利完成战斗任务的基本的技术保证条件之一。

二、操纵性发展简介

船舶操纵性是一门比较年轻的学科,就操纵性的含义而言,经典的论述包括:1946年,戴维逊和希夫(K. S. Davidson 和 L. T. Schiff)[1]根据刚体动力学和流体力学理论,首先提出了比较完整的船舶操纵运动方程式,说明了船舶操纵性包含航向稳定性和回转性,并相互矛盾制约的特性。航向稳定性就是保持航向的固有(自动)稳定性(称为船舶固有操纵性)和船舶受控(操舵等)的控制稳定性(或控制操纵性);回转性则是改变航向的机动性能。该文为操纵性的研究奠定了早期的理论基础。

1970年,藤井齐和野本谦作[2]在日本第二届操纵性会议上提出了船舶操纵性包括如下三方面性能:操小舵角时的航向保持性、操中等舵角时的航向机动性、操大舵角(一般为满舵)时的回转性和全速倒车的停船性。这些操纵性能是从舵和推进器的使用幅度及船舶的使用要求规定操纵性范畴的。在实船驾驶操纵中,把前两项称为常规(或正常)操纵性,把第三项称为应急操纵性(或紧急规避性能)。

潜艇操纵性学科较之水面舰船操纵性,形成得更晚。第二次世界大战后,特别是20世纪五六十年代开始,由于受到U-XX1型(1944年建成)潜艇技术发展的里程碑式的启示,在美、苏两极冷战对抗的军备竞赛的牵引下,并由核动力技术、流体动力学(及试验技术)等潜艇新技术支持下,潜艇技术与潜艇建造获得了快速发展。例如,美国海军于1964年一年建成13艘拉菲特级弹道导弹核潜艇,1961年1月至1967年4月共建成31艘;又如,1969年完工8艘鲟鱼级攻击型核潜艇,1963年8月至1975年8月共建成37艘,1958年5月至1968年12月建成14艘长尾鲨级攻击型核潜艇。1955年7月至1975年8月的20年间,美国海军共建成各型潜艇116艘,其中90%为核潜艇[3-5]。核反应堆与水滴线型艇体构成的现代潜艇,实现了潜艇水下持续高速航行,此时,潜艇的运动稳定性和潜艇的操纵问题,是潜艇设计和潜艇使用中的突出重要技术问题。在此期间,美国学者发表了重要论文,如E. S. 艾伦曾和P. 孟德尔的专著《美国潜艇设计学现状和展望》(1960年)[6]、M.

格脱勒和 R. 希夫于 1967 年发表的《用于潜艇模拟研究的标准运动方程式》[7,8]，上述论文迄今仍在广泛采用。

当时的苏联海军核潜艇建造比美国起步稍晚，但技术水平比较先进。苏联于1955 年至 1963 年建成"十一月"（N）级攻击型核潜艇 14 艘，水下航速 30kn，1967年至 1978 年共建成"维克托"（V）级潜艇 23 艘，1967 年至 1992 年共建成 49 艘，水下航速 32kn。战略导弹核潜艇于 1967 年至 1974 年建成"扬基"（Y）级潜艇 34 艘，1972 年至 1977 年建成"德尔塔"（D）级潜艇 18 艘，1972 年至 1992 年的 20 年间共建成 43 艘。第二次世界大战后，苏联最先发展的常规潜艇 W（613 型）级潜艇在 20世纪 50 年代前后共建造了 215 艘，引起冷战对手美国的惊恐。在理论研究方面，1959 年制定了潜艇操纵性设计规范，1960 年发表了《潜艇空间运动研究》一书[9]和《潜艇水下动不沉性研究》[10] 报告。

潜艇技术、潜艇操纵性得到了全面、深入的研究和发展，支持了大量现代潜艇的航行安全，顺利执行巡逻战备任务。

1776 年的原型艇"海龟"（Tortoise）号是用手摇螺旋杆操艇的（图 1-1-1）（注：1776 年是清乾隆四十一年，该年 4 月和珅被皇帝任命为总管内务大臣）。1898 年的"霍兰"（Holland）号是早期比较成功的潜艇，首先用尾水平舵实现了"下潜"，而不是静力"下沉"。到 1930 年伦敦海军会议时，仍称潜艇是"能够下潜的水面船"。例如，美国第二次世界大战期间量产最多的"小鲨"（Gato）级，建成 195 艘（1941 年至 1944 年）（图 1-1-2），下潜深度 91m（部分 122m），该艇是那个时代著名的舰队型潜艇。大约 20 年后，世界上第一艘水滴型艇体加十字形尾翼与围壳舵的SSN585"鲣鱼"号核潜艇于 1959 年 4 月建成服役（图 1-1-3），成为现代潜艇艇型

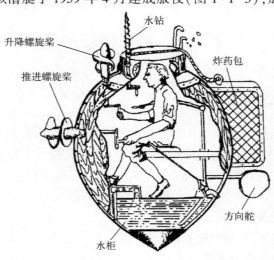

图 1-1-1　"海龟"号艇

和附体建筑结构的代表,该艇被誉为现代潜艇技术的 5 个里程碑之一,并且仍然是当前潜艇的范例。

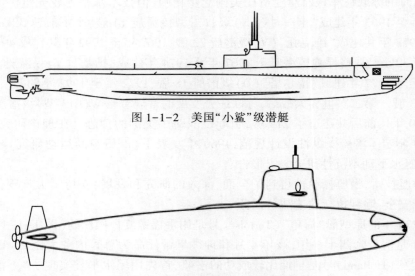

图 1-1-2　美国"小鲨"级潜艇

图 1-1-3　美国"鲣鱼"号核潜艇

随着潜艇舰队在世界各国的迅速形成、壮大,并成长为国家军事力量的战略威慑的重要组成部分,潜艇技术、潜艇操纵性也获得全面发展,操纵性与潜艇的浮性、稳性、快速性、安静性等共同构成了潜艇总体的重要航海性能。

第二节　潜艇操艇系统

一、组成和功能

潜艇的一定航行状态都是对操纵装置进行操纵的结果。现代潜艇把控制潜艇运动姿态、漂浮状态和航行工况的装置、设备、管系及相关工程软件等组成的操纵潜艇的功能系统称为操艇系统,是我国现役新型第三代常规动力潜艇总体 11 个系统和两项系统级设备组成中的一个重要系统[11]。

(一)　潜艇的操艇系统

(1) 驾驶和均衡自动操纵分系统。

(2) 潜浮集中操纵分系统。

(3) 水下悬停操纵分系统。

（4）系船操纵分系统。

（二） 操艇系统的主要功能

（1）具有检测、显示潜艇运动参数和均衡水量的功能。

（2）具有自动控制深度、航向以及自动均衡功能。

（3）具有集中操纵、集中显示功能。

（4）具有自检、故障检测、报警（失电、失压、舱室进水超差、舵卡等）和保护功能。

（5）具有多种操纵方式功能。如在集控台的主操纵台对航向、深度具有自动、跟踪、随动、电动、液压手操 5 种方式操纵，对均衡中的浮力、纵倾具有自动、监视、随动、电动、手动 5 种操纵方式。

（6）具有信息采集及向航行数据记录仪（VOR）发送信息功能。

航向或深度的操纵过程如图 1-2-1 所示。

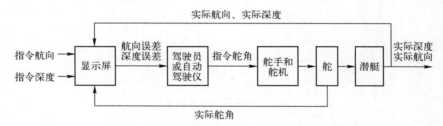

图 1-2-1　潜艇航向或深度的操纵系统方框图

二、主要设备

潜艇操艇系统最重要的设备是两个操纵台：集控台和潜浮台。

（一） 集控台

潜艇集中控制操舵仪，简称集控台，类似国外的潜艇控制台，是对潜艇的航行姿态进行检测、显示，并实施控制的自动控制装置，设有主操纵台与副操纵台。正常情况下，可由单人在主操纵台完成航向、深度、均衡、航速等的操控，并可在副操纵台或专设监控部位进行监控。图 1-2-2 是瑞典 SCC200 型潜艇操纵控制台，图 1-2-3 是"海狼"级潜艇控制台，相应的操纵控制岗位在指挥舱中的布置情况如图 1-2-4（a）所示，该图所示为美国海军"鲟鱼"级核潜艇的指挥、操纵部位的布置，早期的"长颌须鱼"级潜艇的操纵、指挥舱内岗位布置如图 1-2-4（b）所示。

集控台的主操纵台采用积木式结构，将面板划分为若干单元，图 1-2-5 所示为法国海军的潜艇综合驾驶仪（类似中国潜艇用的集控台）。

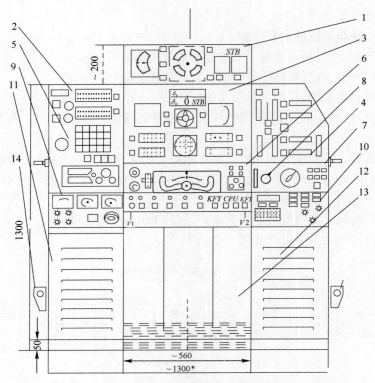

图 1-2-2　瑞典 SCC200 型潜艇操纵控制台

1—首舵、X 舵等效升降舵角显示；2—监测、报警与故障显示；3—等效方向舵角、航向、深度、纵倾显示；
4—纵倾平衡和浮力调整显示；5—深度保护和通信；6—机动、精度选择和舵轮；7—辅推控制
和显示；8—电源开关和熔断器；9—转速、航速显示，X 舵左舷手操；10—键盘
输入、操纵方式选择、X 舵右舷手操；11—左舷进风口和微机 1；
12—右舷进风口和微机 2；13—接线箱；14—安装吊环。

　　集控台的基本功能是：完成潜艇航向、深度和均衡的自动控制和综合显示，实现车令发送和推进电机主航工况的自动遥控，实现应急推进装置的电动遥控，并为航行记录仪（VOR）提供相关的各种工况参数。

（二）潜浮台

　　潜浮悬停集中控制台，简称潜浮台，是潜艇下潜上浮、动力抗沉和悬停定深的集中控制和集中显示设备。主要用于潜艇的上浮下潜控制、电动均衡控制、SE/AIP 液氧消耗的补重移水控制、悬停系统控制、通气管和其他升降装置控制、水下抗沉机构控制等，还具有潜浮模拟训练接口，与潜艇操纵模拟器连接后，可在系泊状态进行操艇系统的模拟操纵训练。

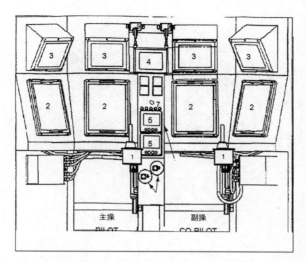

图 1-2-3　海狼级潜艇控制台

1—多功能操纵杆;2—大平板显示器;3—小盖板显示器;4—MEM 显示器;5—集成通讯系统语音面板;

6—声控电话线路;7—模式选择开关;8—模式选择屏;9—应急水舱(EMBT)吹除设备。

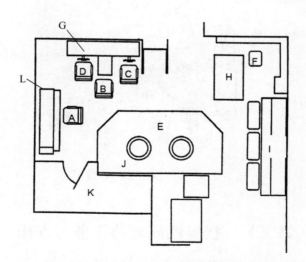

图 1-2-4(a)　"鲟鱼"级核潜艇指挥控制部位布置图

A—艇上压载控制人员;B—潜艇下潜控制人员;C—尾舵控制人员;D—指挥台围壳舵控制人员;

E—艇上值班军官;F—艇上导航军官;G—船控显示台;H—海图桌;I—火控系统;

J—潜望镜平台;K—电子支援措施区域;L—艇上压载控制屏。

图 1-2-4(b)　"长颌须鱼"级潜艇指挥控制室布置图

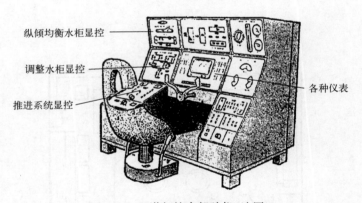

图 1-2-5　潜艇综合驾驶仪(法国)

第三节　操纵性研究的任务与方法

从工程与航行安全角度,研究潜艇操纵性的任务(目的)具体如下。

(1) 建立预报潜艇操纵性的计算方法,掌握潜艇操纵运动的规律。关键是正确预报潜艇操纵运动的水动力和建立操纵运动的数学模型,这是研究操纵性的基础。

(2) 建立潜艇操纵性的标准和评价方法。

（3）研究艇形和舵翼等附体对操纵性的影响，建立满足操纵性要求、改进操纵性能的操纵面设计方法。

当前，解决上述问题的方法，遵循的基本途径是：理论分析、试验研究和数值仿真计算，结合母型与标准评估。例如，确定潜艇的操纵面时，技术规格书要求潜艇的回转半径、下潜到给定深度的时间[12]等，涉及稳定性的指标与深度机动性、航向机动性的特征指标及其相关参数。

在潜艇操纵性设计中主要应用水动力模型的方法。以平面运动机构（PMM）试验和旋臂试验为主的拘束船模试验方法为核心，辅以必要的水动力数值计算（CFD）确定作用于潜艇的外力。选用比较适宜的操纵运动方程，目前可供选用的有 1967 年的泰勒海军舰船研究与发展中心（DTNSRDC）、由格特勒（Gertler）等著作的《用于潜艇模拟研究的标准运动方程》和 1979 年 Feldman. J 发表的修正的潜艇标准运动方程（注：详见第二章）。实践表明，操纵性研究的技术关键在以下几方面。

（1）水动力系数是潜艇操纵运动方程的核心（基础），选用操纵运动方程的形式，在很大程度上是由所使用的流体动力系数限定的。一般情况下，采用的水动力系数都是适用于水下深潜情况，没有（不考虑）自由表面、水底和固壁的影响。

（2）建立理论预报与实艇试航结果之间的修正关系，以验证和提高操纵性能预报的准确性与有效性，并包括部分水动力项的试验验证修改。建立理论预报值与实艇试验测量值之间的统计上的关系，指导、提高工程研究设计工作的科学性与效率。

另外，还有操纵运动响应船模试验方法。根据自航船模或实船试验结果，求得操纵运动参数与操纵力的对应关系，评估操纵性能的优劣，或建立相应的操纵运动响应数学模型（即 K-T 方程）。通过对运动响应模型的研究分析，确定各种操纵性的衡准指数，或用"系统辨识"或参数估计方法确定部分水动力系数。但运动响应模型，主要应用于船舶的水平面运动工况，同时，船模与实船间的尺度效应存在相关性问题难以解决，为此，出现了大尺度模型潜艇。

实践表明，平面运动机构（PMM）的水动力试验技术与潜艇水下自航船模试验技术，至今仍是潜艇操纵性研究中最关键的不可或缺的基本试验手段。

上述研究方法，基本上是半理论半经验的方法，并互为补充。水动力模型方法，便于分析各因素对操纵性的影响，但在建立运动方程和确定水动力时作了一些简化假设，使预报结果有所失真。运动响应模型，包含了各种因素的综合作用，不便于分析各因素的影响，但可以研究水动力数学模型难以解决的问题。例如，1987年 11 月交付美国海军使用的"科卡尼"号（LSV-1）自航船模，是按"海狼"级核潜艇的几何尺度，以 1∶4 缩尺比建成的大比例潜艇模型，模型长 26.82m，排水量

155t。该艇曾试验研究了泵喷推进器的水动力特性及其操纵性能、海狼艇在近水面的小深度上的水下操纵特性等项目[13]。

第四节　坐标系、平面运动假设和操纵运动主要参数

一、坐标系和符号规则

为了研究潜艇操纵运动的规律,确定运动潜艇的位置和姿态(方向),并考虑到操纵运动相当于刚体在流体中受重力和水动力作用下的刚体运动的一般问题。因此,坐标系、名词术语和符号规则的选择必须计及刚体力学和流体力学的习惯及计算上的方便性,本书采用国际水池会议(ITTC)推荐的造船与轮机工程师学会(SNAME)术语公报[14,15]的体系。坐标系采用下列两种右手直角坐标系,如图 1-4-1 所示,一个是固定坐标系 $E\text{-}\xi\eta\zeta$,简称"定系",定系是个惯性坐标系,用于表示潜艇的空间位置和方向;另一个是运动坐标系 $G\text{-}xyz$,简称"动系",固联于潜艇,随艇一起运动,动系用于表示潜艇的水动力和艇的转动惯量,以简化其表示式。

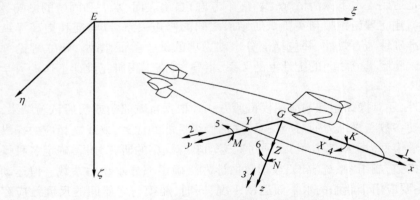

图 1-4-1　固定坐标系和运动坐标系

(1)定系 $E\text{-}\xi\eta\zeta$。原点 E 可选地球上某一定点,如海面或海中任一点。$E\xi$ 轴位于水平面,并常以潜艇的主航向为正向;$E\eta$ 轴位于 $E\xi$ 轴所在的水平面,按右手法则将 $E\xi$ 轴顺时针旋转 90°即是;$E\zeta$ 轴垂直于 $\xi E\eta$ 坐标平面,指向地心为正,并称 $\xi E\zeta$ 平面为垂直面、$\xi E\eta$ 平面为水平面、$\zeta E\eta$ 平面为横滚面。

(2)动系 $G\text{-}xyz$。原点 G 一般选在艇的重心处;Gx 轴、Gy 轴和 Gz 轴分别为经过 G 点的水线面、横剖面和中纵剖面的交线,正向按右手系的规定,即 Gx 轴指向艇首、Gy 轴指向右舷、Gz 轴指向水平龙骨为正,并认为 Gx、Gy 和 Gz 是潜艇的惯性主轴。

对于潜艇运动的速度、角速度和所受的力、力矩分别采用以下符号。

潜艇重心处相对于地球的速度为 V，V 在 $G-xyz$ 坐标系上的投影为 u、v、w；同理，潜艇以角速度 Ω 转动，Ω 在 $G-xyz$ 坐标系上的投影为 p、q、r；潜艇所受外力 F 在 $G-xyz$ 坐标系上的投影为 X、Y、Z；力矩 M 的投影为 K、M、N。速度和力的分量以指向坐标轴的正向为正，角速度和力矩的正负号遵从右手系的规定。例如，q 和 M 的正方向是绕 Gy 轴使 Gz 轴转向 Gx 轴，而 r 和 N 的正方向是使 Gx 轴转向 Gy 轴，各符号列于表 1-4-1。注意：本书运动参数用英文字母小写表示，作用力用大写表示。

表 1-4-1　（角）速度和力（矩）在动系的投影

向　　量	x 轴	y 轴	z 轴
速度 V 角速度 Ω	u—纵向速度 p—横倾角速度	v—横向速度 q—纵倾角速度	w—垂向速度 r—偏航角速度
力 F 力矩 M	X—纵向力 K—横倾力矩	Y—横向力 M—纵倾力矩	Z—垂向力 N—偏航力矩

二、空间运动与平面运动假设

（一）空间运动

潜艇在水中的操纵运动，在一般情况下，可看作刚体在流体中的空间运动。潜艇的操纵运动可由动坐标系 $G-xyz$ 表示成沿 3 根轴的移动和绕各轴的转动，即 6 个自由度的运动，各运动的名称如表 1-4-2 所列。

表 1-4-2　潜艇六自由度运动

	x 轴	y 轴	z 轴
移动	①进退（纵荡）	②横移（横荡）	③升沉（垂荡）
转动	④横倾（横摇）	⑤纵倾（纵摇）	⑥回转（摇首）

虽然上述 6 个自由度的运动之间一般是相互影响的，但通常采用适当的简化方式，把这 6 种运动处理成相互并不发生（显著）影响的 3 组运动[16]，如图 1-4-2 所示。

（1）潜艇沿 x 轴的进退运动。表示潜艇的航速沿 x 轴的变化，被简化为仅与潜艇的推力和阻力相关的独立运动。

（2）潜艇在水平面（$\xi E\eta$）的其他运动。横移和转首被作为一个耦合组。

（3）潜艇在垂直面（$\xi E\zeta$）的运动。升沉和纵

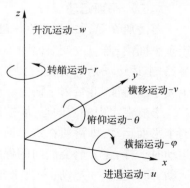

图 1-4-2　运动的 6 个自由度

倾(俯仰)被作为一个耦合组。

（4）潜艇在横滚面($\zeta E \eta$)的运动。横摇运动虽然与平移运动密切相关，但设计上对潜艇横摇运动的控制，一般并不提出任何要求,而潜艇在水平面运动时的位置和航向、在垂直面运动时的下潜深度和纵倾角则是涉及潜艇安全的重要控制参数,要求潜艇具有良好的定向能力与变向能力、良好的垂直面动稳定性和深度机动性。据此,将横摇运动简化成一个独立的运动。

对于水下高速潜艇或弹道导弹潜艇,由于水下高速转向、水下发射战略导弹的需要,如"乔治·华盛顿"级 SSBN 潜艇在第四舱(第一辅机舱)布置了一座重量为 50t 的陀螺消摆稳定器、"拉菲特"级 SSBN 潜艇在相应位置装备了 28t 重的陀螺减摇稳定器克服水下横摇摆动。

潜艇的空间位置和姿态如下。

潜艇相对定系的位置,可用动系原点在定系的坐标值 ξ_G、η_G、ζ_G 表示,而潜艇相对于定系的姿态,用动系与定系之间的 3 个欧拉角 ψ、θ、φ 确定。为定义 3 个欧拉角,可假定动系与定系的初始状态重合($G{\to}E, x{\to}\xi, y{\to}\eta, z{\to}\zeta$),则各姿态角分别存在时可定义如下。

（1）首向角(偏航角)ψ。潜艇纵轴 Gx 在水平面 $E\xi\eta$ 内的投影与定系 $E\xi$ 之间的夹角。即艇的对称面 Gxz 绕铅垂轴 $E\zeta$ 水平旋转,与垂直面 $\xi E\zeta$ 的夹角在定系水平面 $\xi E\eta$ 的投影,并规定 ψ 向右转为正。

（2）纵倾角(俯仰角)θ。潜艇纵轴 Gx 与定系水平面 $E\xi\eta$ 的夹角。即潜艇的水线面 Gxy 绕 Gy 轴俯仰与定系水平面 $E\xi\eta$ 的夹角在定系垂直面 $\xi E\zeta$ 的投影,并规定 θ 向尾倾为正。

（3）横倾角(横滚角)φ。潜艇的对称面 Gxz 与定系垂直面 $E\xi\zeta$ 的夹角。即潜艇的对称面绕 Gx 轴横倾与定系垂直面 $E\xi\zeta$ 的夹角在定系横滚面 $E\eta\zeta$ 的投影,并规定 φ 向右倾为正。

（二）平面运动假设

若潜艇在航行中只改变深度而不改变航向,此时,潜艇的重心始终保持在同一铅垂平面内;若只改变航向而不改变深度,此时,潜艇的重心始终在同一水平面内。显然,上述运动是对潜艇在水中的一般运动的简化分解,但反映了潜艇操纵运动的主要本质特征,并带来了研究上的方便。据此,可作如下平面运动假设。

潜艇在水中的空间运动,按对各自由度运动的要求不同,实际使用上可分解成两个平面运动,即潜艇在水平面的运动,简称水平运动,这时与水面船舶在水面上运动时一样,主要研究航向的保持与改变,而不涉及深度的变化;潜艇在垂直面的运动,简称垂直面运动,主要研究纵倾和深度的保持与改变,而不涉及航向的变化。

显然,此时忽略了横滚面($\zeta E \eta$)的运动(如横倾等)以及两个平面运动间的耦合影响。

但是,平面操纵运动在通常的情况下,反映了潜艇操纵运动的基本问题——深度和航向的控制,体现了潜艇操纵性的基本特征,是潜艇操纵性工程设计的基本内容,也是实艇水下操控的基本要求。同时,空间运动的水动力特征也是依平面运动为基础发展起来的,所以本书把平面运动的操纵性作为基本内容。

三、水平面运动和垂直面运动的坐标系及主要参数

（一）水平面运动

对于水平面运动的潜艇,任一时刻 t 在平面中的位置和状态需用定系中的 3 个参数确定,如图 1-4-3 所示。

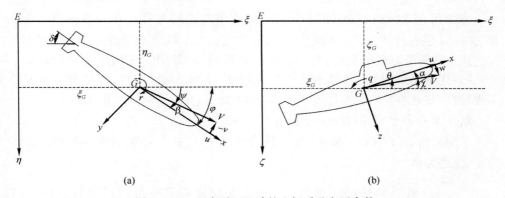

(a)   (b)

图 1-4-3 两个平面运动的坐标系及主要参数

潜艇重心 G 点坐标: ξ_G 、η_G 。

首向角 $\psi(E\xi \wedge Gx)$: $E\xi$ 轴和 Gx 轴在水平面的夹角。规定 $E\xi \rightarrow Gx$ 顺时针转为正,反之为负(图 1-4-3(a))。

此外,航速 V 在动坐标系 $(G\text{-}xy)$ 上的分量: u 、v 。

水动力角 $\beta(V \wedge Gx)$:航速 V 的方向和 Gx 轴之间的夹角 β ,称为漂角。规定自 $V \rightarrow Gx$ 顺时针转为正,反之为负。显然,航速 V 在动系上的投影为

$$u = V\cos\beta, \quad v = -V\sin\beta$$

$r = \dfrac{\mathrm{d}\psi}{\mathrm{d}t}$:潜艇回转运动的角速度。按右手法则在水平面内顺时针方向旋转为正,反之为负。

方向舵角:应用 δ_r 表示,但为简单起见,可省略下标写成" δ "。规定右舵为正(注:有些资料以左舵为正,这对于操纵性的研究无实质的影响)。

航迹角 $\gamma(E\xi \wedge V)$:动系原点速度向量 V 在水平面上的投影 V (航速)方向与

$E\xi$ 轴之间的夹角(或称航速角)。规定自 $E\xi \to V$ 顺时针转为正,反之为负。当 $\gamma > 0$ 时,艇首偏向 $E\xi$ 方向的右侧。

可见,表示水平面操纵运动的主要参数如下。

位置参数:ξ_G、η_G、ψ 及 γ。

运动参数:u、v(或 β)、r、δ,且有

$$\dot{\xi}_G = V_\xi, \quad \dot{\eta}_G = V_\eta, \quad u = V\cos\beta, \quad v = -V\sin\beta, \quad \dot{\psi} = r$$

$$V_\xi = V\cos\gamma, \quad V_\eta = V\sin\gamma, \quad \gamma = \psi - \beta \qquad (1-1)$$

(二) 垂直面运动

根据图 1-4-3(b),参照水平面运动参数的定义,类似的有以下几方面。

潜艇重心 G 的坐标:ξ_G、ζ_G。

纵倾角 $\theta(E\xi \wedge Gx)$:$E\xi$ 轴和 Gx 轴之间在垂直面的夹角 θ,称为纵倾角。规定自 $E\xi \to Gx$ 逆时针转(即向尾纵倾)为正,反之为负。在实艇操纵中 θ 可达 $20° \sim 30°$,在大陆架沿海海域航行,受海区深度的影响,对常用的纵倾角规定 $\leqslant \pm(5° \sim 7°)$。许用纵倾角的大小主要取决于海区深度、操纵熟练的程度,以及动力装置的工作特性(如有些潜艇的主电机当纵倾角 $30°$ 时,只允许短时间工作 3min)。

航速 V 在动坐标系(G-xz)上的分量:u、w。

水动力角 $\alpha(V \wedge Gx)$:水动力角 α 称为攻角,遵从右手法则,自 $V \to Gx$ 逆时针转为正,反之为负。

$q = \dfrac{\mathrm{d}\theta}{\mathrm{d}t}$:潜艇纵倾转动的角速度。按右手法则在垂直面内逆时针方向旋转为正。

潜浮角 $\chi(E\xi \wedge V)$:速度向量 V 在垂直面上的投影 V 与 $E\xi$ 轴(即水平面 $\xi E\eta$)的夹角。规定自 $E\xi \to V$ 逆时针转为正。因此,$\chi > 0$,艇上浮,反之,艇下潜。航迹角 γ 和潜浮角 χ 的空间位置如图 1-4-4 所示。

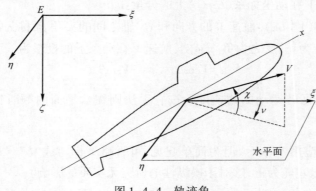

图 1-4-4　轨迹角

　　首升降舵角和尾升降舵角分别用 δ_b、δ_s 表示,其正负号也按右手法则决定,但它们的名称由舵力矩的作用效果决定,且按其潜浮作用分为上浮舵、下潜舵、平行下潜(上浮)舵和相对下潜(上浮)舵(图 1-4-5),舵角的正负号如表 1-4-3 所列。

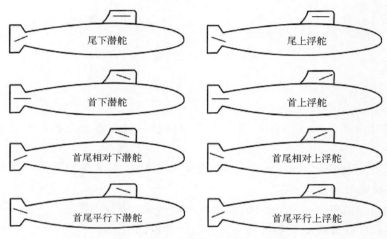

图 1-4-5　升降舵的操舵方式

表 1-4-3　舵角正负号

	上 浮 舵 角	下 潜 舵 角
首舵角 δ_b	+	−
尾舵角 δ_s	−	+

各参数有如下关系,即

$$\dot{\xi}_G = V_\xi, \quad \dot{\zeta}_G = V_\zeta, \quad V_\xi = V\cos\chi, \quad V_\zeta = -V\sin\chi$$

$$u = V\cos\alpha, \quad v = V\sin\alpha, \quad \dot{\theta} = q, \quad \chi = \theta - \alpha \tag{1-2}$$

　　轨迹角 γ、χ 表示潜艇在平面中的运动方向。水动力角 β、α 表示速度向量与艇体相对位置,反映水动力特性,在动系中 V 和 α、β 角的空间位置如图 1-4-6 所示。V 与潜艇对称面之间的夹角(或 V 在对称面上的投影与速度向量本身的夹角)为漂角 β;V 与潜艇基面之间的夹角(或 V 在对称面上的投影与 Gx 轴之间的夹角)为攻角 α。

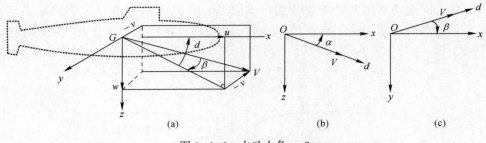

图 1-4-6　水动力角 α、β

思考题

1. 简述潜艇操纵性的含义,并分析潜艇的操纵性与水面船舶操纵性相比较的主要特点。

2. 现代潜艇操艇系统是由哪些分系统组成的? 其主要特点是什么? 概述关键设备的组成与功能。

3. 为什么在研究船舶(潜艇)的操纵运动时需要采用"定系""动系"两种右手直角坐标系? 引用的主要参数符号具有怎样的特点?

4. 首、尾升降舵角的名称是如何确定的? 绘出相对下潜舵、平行上浮舵的示意图。

5. 当纵倾角 θ 与攻角 α 相等时,潜艇做什么运动? 当首向角 ψ 与漂角 β 相等时,潜艇处于何种运动状态? 对上述运动进行简要分析。

6. 何谓潜艇的垂直面运动与水平面运动?

第二章　潜艇操纵性平面运动方程式

引言　本章首先介绍潜艇操纵运动方程及其作用力的一般表示式。把潜艇看作刚体,刚体运动方程用牛顿–欧拉(Newton-Eulur)运动定律表示,以刚体的动量、动量矩定理推导潜艇的六自由度的一般(原则)方程,并建立流体动力(黏性力、惯性力及推力)、静力(重力与浮力)的表示式,最后建立水平面和垂直面操纵运动方程式。

近年来,未见新型结构的操纵性运动方程,基本上仍沿用 20 世纪六七十年代的研究成果。从船舶操纵性来看,根据对作用于船舶的流体动力表示方式的不同,操纵性运动方程式的形式可分为下面三种类型。

1. 整体型水动力模型

该操纵性运动模型把船、桨、舵看成一个系统,把作用于船舶的流体动力看成一个多元函数按泰勒级数展开,本质上也就是把水动力对于其各影响因素展开,理论上是比较完整的,并可以不考虑船–桨–舵之间复杂的相互干扰。但该方程包含的项数多,试验工作量大,主要用于军用潜艇工程,并以 1967 年 DTNSRDC 的格特勒(M. Gertler)和哈根(G. R. Hagen)的"用于潜艇模拟研究的标准运动方程"(AD–653861)、阿柏柯维茨(M. A. Abkowitz)1967 年在荷兰讲学的"船舶水动力学讲座——机动性与操纵性"为代表,另外,还有埃德嘉·罗密欧的(AD—749063)[18]等名著。

2. 分离型 MMG 操纵运动方程

日本操纵性数学模型研讨组(Manoeuvring Model Group, MMG),以小川、小濑、井上、平野等学者为代表,提出了操纵性数学模型应满足 4 项要求。

(1) 有明确的物理意义。

(2) 便于试验求取各项系数。

(3) 便于处理船模与实船的相关问题。

(4) 便于进行操纵性设计方案的局部修改。

根据上述要求,提出了以船、桨、舵的单独性能为基础的分离型数学模型。MMG 模型在水面舰船和民用船舶应用较多。

在船舶操纵性研究中,整体型和分离型的数学模型是互相渗透的,特别是对于复杂的应急操纵工况,操纵运动的水动力确定是操纵性研究中的最大难题。船、桨、舵的分离与组合可以获得水动力多方面的特性,如潜艇水平面或垂直面带桨拆附体(拆水平尾鳍、拆指挥台围壳、拆舷侧声纳阵等)试验,了解各附体对水动力的贡献,改进操纵性设计,提高操纵性能。

3. 船舶操纵运动响应方程

该模型是以1957年野本谦作教授的一阶 K、T 方程为基础,从船舶航行操纵控制出发,应用于自动操舵系统的运动模型。

此外,操纵运动方程还分为线性方程与非线性方程。一般情况下,船舶机动的操纵运动的水动力都是非线性情形,只有运动参数如 Δu、v、r、δ_r 等为小量的弱机动才适用于操纵运动线性方程。

第一节 平面操纵运动的一般方程

一、平面操纵运动的特点

以水平面运动为例,此时,就潜艇运动控制而言,基本要求是要保持潜艇的首向角(及航行轨迹),可用操纵方向舵实现。为什么转动方向舵能对潜艇实现操纵? 操舵后艇是怎样运动的? 有何特点?

例如,某艇正在等速直线航行,若向右偏转舵角 δ,则舵上产生流体动力 $F(\delta)$(图2-1-1)。力 $F(\delta)$ 的横向分量 $Y(\delta)$ 及其对艇的重心 G 的力矩,则使潜艇产生横向速度 v 和向顺时针方向旋转,逐渐使艇的纵中剖面与艇速 V 的方向之间形成一个夹角,称为漂角 β。若把艇体看成是个小展弦比的翼(艇高是展,艇长是弦),则漂角相当于翼的冲角,所以艇体上又产生附加的流体动力,如图2-1-1(c)所示。水动力 $Y(\delta)$、$Y(\beta)$ 等破坏了等速直航时的平衡状态,其作用使潜艇产生加速度,使艇的重心 G 做变速曲线运动。同时,它们对重心 G 的力矩又使潜艇产生角加速度,使艇绕重心做变角速度转动,这也将产生附加的阻尼力 $Y(r)$ 和阻尼力矩 $N(r)$。所以潜艇的水平面操纵运动可看成刚体在流体中的平面运动,此时,潜艇所受的水动力不仅与速度有关,还与角速度 r 有关。实际上,潜艇在水下做回转运动时,还伴随速降、横倾、潜浮,若要求保持定深转向,则需操纵升降舵配合,见第四章第十节。

漂角沿艇长的变化:

潜艇纵中剖面上各点,相对于水流运动的速度之大小和方向,沿艇长方向是变化的,即漂角 β 沿艇长是变化的,如图2-1-2所示。当艇做变速曲线运动时,还有绕重心的转动,所以沿 x 轴的横向速度 v 的分布可分解成:以重心 G 处漂角 β_G 为等漂角直航的均匀分布及以等角速度 r 绕重心旋转的线性分布,如图2-1-2(a)所

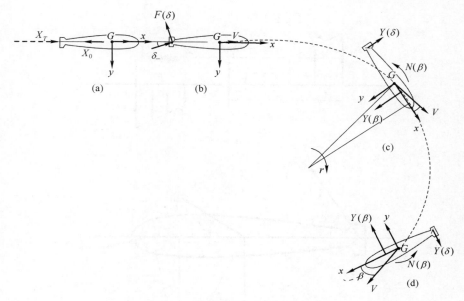

图 2-1-1　潜艇水平面运动受力

示,即

$$v(x) = -V\sin\beta + x \cdot r \qquad (2-1)$$

实际上,平面运动时物体上各点的速度可以看成物体绕瞬时速度中心做转动的速度,如图 2-1-2(b)所示。因此,潜艇上所受到的流体动力和力矩的大小,不仅取决于艇重心处的航速 V 和漂角 β,还与转动角速度 r 及线(和角)加速度项的大小有关。

从水平面操纵方向舵作转首回转运动特性来看,经历了各运动参数急剧变化的过渡过程,后期可能进入定常回转运动了。

对于潜艇在垂直面的操纵运动而言,也是个刚体在流体中的平面运动,此时,艇上所受流体动力则与艇速 V、攻角 α 和角速度 q 及其加速度项相关,并具有与水平面运动显著不同的特点。例如,运动的潜艇,由于潜艇水动力的作用,在一定条件下,浮力大于重力,潜艇不一定上浮,或重力大于浮力时,潜艇不一定下潜;操下潜的升降舵角,在一定航速下潜艇不都是下潜的,反而上浮或不能变深;操升降舵不会出现像水平面操方向舵而做回转运动,即在正常技术条件下,垂直面内是不会出现 360°的“翻筋斗”运动。定深直航中的潜艇,若把升降舵转到一定的舵角,潜艇经历非定常运动,当海区深度、艇的下潜深度及装艇设备的安全性允许时,最终将可能进入定常直线潜浮运动状态。

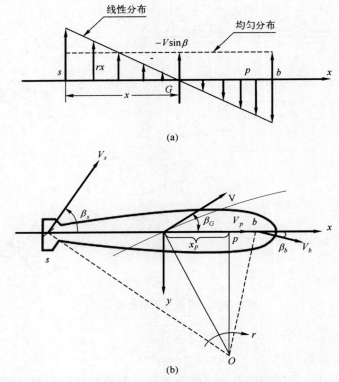

(a)

(b)

图 2-1-2 纵中剖面上 x 轴各点速度的大小和方向

二、向量的绝对改变与相对改变的关系[17]

潜艇操纵性是研究固体在流体中的运动,主要是受到流体动力的作用。物体所受的水动力与物体的形状及物体的运动方向(如攻角、漂角)有关。当物体运动时,物体的形状在定系中是时间的函数,是随着物体的运动而变化的,并且物体的转动惯量在各坐标轴上的分量也随着变化,这将使问题十分复杂。在动系中,它们是常量。因此,在操纵性研究中,引入了两种坐标系。然而,虽采用了动系,但潜艇的速度、加速度等仍是相对于定系的,只是投影到动系上。同时,推导潜艇操纵运动一般方程,当应用动量定理和动量矩定理时,对时间求导数必须是对于惯性坐标系的(对于一般工程问题,固定于地球的坐标系,可近似看作惯性系)。所以需要进行两种坐标系下对时间求导数的变换。

设动量向量 $\boldsymbol{B}$,以 $\Delta\boldsymbol{B}$ 表示 $\boldsymbol{B}$ 在一很短的时间间隔 Δt 内在定系中的改变,以 $\widehat{\Delta\boldsymbol{B}}$ 表示 $\boldsymbol{B}$ 在动系中的改变。动系的原点相对于定系以速度 $\boldsymbol{V}$ 平移运动,并且动系

绕原点 o 以角速度 $\boldsymbol{\Omega}$ 转动，故 $\Delta\boldsymbol{B} \neq \widetilde{\Delta\boldsymbol{B}}$。为确定 $\Delta\boldsymbol{B}$ 和 $\widetilde{\Delta\boldsymbol{B}}$ 之间的关系，先作向量 $\boldsymbol{B}$ 对于两种坐标系改变的向量图，如图 2-1-3 所示。

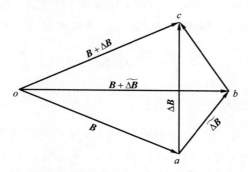

图 2-1-3　向量的绝对改变与相对改变的关系

为了便于分析，分以下两步考虑。

首先，设在时间 Δt 中，动系相对于定系没有运动，则 $\Delta\boldsymbol{B} = \widetilde{\Delta\boldsymbol{B}}$。从任一极点 o 画瞬时 t 的向量 $\boldsymbol{B}$，并加上 $\widetilde{\Delta\boldsymbol{B}}$，得到向量 $(\boldsymbol{B}+\widetilde{\Delta\boldsymbol{B}})$（图 2-1-3 中 ob）。若动系只做移动，则情形也一样。因为当动系做移动时，向量 $(\boldsymbol{B}+\widetilde{\Delta\boldsymbol{B}})$ 将保持与它自己相等且平行，把它们移至共同极点 o 的图上，将互相重合。

其次，若动系在时间 Δt 中以角速度 $\boldsymbol{\Omega}$ 绕某一轴转动了角度 $\theta = \boldsymbol{\Omega}\Delta t$，则向量 $(\boldsymbol{B}+\widetilde{\Delta\boldsymbol{B}})$ 端点 b 将有位移 bc（图 2-1-3），即

$$bc = \theta \times (\boldsymbol{B}+\widetilde{\Delta\boldsymbol{B}}) = \theta \times \boldsymbol{B} + \theta \times \widetilde{\Delta\boldsymbol{B}}$$

式中：$\widetilde{\Delta\boldsymbol{B}}$ 与 θ 都是微量，所以第二项 $\theta \times \widetilde{\Delta\boldsymbol{B}}$ 是二阶微量，可略去。于是，从图 2-1-3 中可以看出，向量 $\boldsymbol{B}$ 的绝对改变 $\Delta\boldsymbol{B}$（图 2-1-3 中 ac）为

$$\Delta\boldsymbol{B} = \widetilde{\Delta\boldsymbol{B}} + bc = \widetilde{\Delta\boldsymbol{B}} + \theta \times \boldsymbol{B} = \widetilde{\Delta\boldsymbol{B}} + \boldsymbol{\Omega}\Delta t \times \boldsymbol{B}$$

两边各除以 Δt，并令 $\Delta t \rightarrow 0$ 取极限，则有

$$\lim_{\Delta t \to 0} \frac{\Delta\boldsymbol{B}}{\Delta t} = \lim_{\Delta t \to 0} \frac{\widetilde{\Delta\boldsymbol{B}}}{\Delta t} + \lim_{\Delta t \to 0} \left(\frac{\boldsymbol{\Omega}\Delta t}{\Delta t} \times \boldsymbol{B} \right)$$

所以有

$$\frac{\mathrm{d}\boldsymbol{B}}{\mathrm{d}t} = \frac{\mathrm{d}\widetilde{\boldsymbol{B}}}{\mathrm{d}t} + \boldsymbol{\Omega} \times \boldsymbol{B} \tag{2-2}$$

式中：$\boldsymbol{\Omega}$ 为动系转动的角速度；$\dfrac{\mathrm{d}\boldsymbol{B}}{\mathrm{d}t}$ 为向量 $\boldsymbol{B}$ 对于定系的时间导数；$\dfrac{\mathrm{d}\widetilde{\boldsymbol{B}}}{\mathrm{d}t}$ 为向量 $\boldsymbol{B}$ 对于动系的时间导数。

可见，向量在定系中对时间的导数（绝对导数），等于向量在动系中的导数（相对导数）与动系的转动角速度和此向量的向量积之和。

对于动量矩 K,在定系中的导数 $\dfrac{\mathrm{d}K}{\mathrm{d}t}$ 与在动系中的导数 $\dfrac{\mathrm{d}\widetilde{K}}{\mathrm{d}t}$ 的关系,除了由于动系转动相差 $\boldsymbol{\Omega}\times K$ 一项外,还由于动系以速度 V 移动,使动量矩的臂在 Δt 时间内有增量 $V\Delta t$,亦使动量矩有增量 $V\Delta t\times B$,除以 Δt 并取极限得到 $V\times B$,故有

$$\frac{\mathrm{d}K}{\mathrm{d}t}=\frac{\mathrm{d}\widetilde{K}}{\mathrm{d}t}+\boldsymbol{\Omega}\times K+V\times B \tag{2-3}$$

三、潜艇操纵运动一般方程式

设潜艇的质量为 m,重心 G 的航速为 $V(u,v,w)$,角速度为 $\boldsymbol{\Omega}(p,q,r)$,所受外力为 $F(X,Y,Z)$,外力对重心的力矩为 $M(K,M,N)$(图 1-4-1)。

按质心运动定理和相对于质心运动的动量矩定理(此时,动系原点即是重心),有

$$\begin{cases} \dfrac{\mathrm{d}B}{\mathrm{d}t}=F \\[2mm] \dfrac{\mathrm{d}K}{\mathrm{d}t}=M \end{cases}$$

式中:B 为艇的动量;K 为艇相对于质心 G 运动的动量矩。

对于动系,按式(2-2)和式(2-3),有

$$\begin{cases} \dfrac{\mathrm{d}\widetilde{B}}{\mathrm{d}t}+\boldsymbol{\Omega}\times B=F \\[2mm] \dfrac{\mathrm{d}\widetilde{K}}{\mathrm{d}t}+\boldsymbol{\Omega}\times K+V\times B=M \end{cases} \tag{2-4}$$

动量 $B=mV$ 在动系上的投影为

$$B_x=mu, \quad B_y=mv, \quad B_z=mw \tag{2-5}$$

近似认为 $G-xyz$ 是潜艇的中心惯性主轴,则艇的动量矩 K 在动系上的投影为

$$K_x=I_x p, \quad K_y=I_y q, \quad K_z=I_z r \tag{2-6}$$

式中:I_x、I_y、I_z 为潜艇对动坐标系 Gx、Gy、Gz 轴的转动惯量。

两个向量的向量积的投影式,可用行列式表示,即

$$\boldsymbol{\Omega}\times B=\begin{vmatrix} i & j & k \\ p & q & r \\ B_x & B_y & B_z \end{vmatrix}$$

$$=i(qB_z-rB_y)+j(rB_x-pB_z)+k(pB_y-qB_x) \tag{2-7}$$

将式(2-4)写成动坐标系上的投影式为

$$\begin{cases} m(\dot{u}+qw-rv)=X \\ m(\dot{v}+ru-pw)=Y \\ m(\dot{w}+pv-qu)=Z \\ I_x\dot{p}+(I_z-I_y)qr=K \\ I_y\dot{q}+(I_x-I_z)rp=M \\ I_z\dot{r}+(I_y-I_x)pq=N \end{cases} \qquad (2-8)$$

式中：$\dot{u}$ 表示 $\dfrac{\mathrm{d}u}{\mathrm{d}t}$；$\dot{v}$、$\dot{w}$、$\dot{p}$、$\dot{q}$、$\dot{r}$ 表示的意义与 $\dot{u}$ 表示的意义相同。

式（2-8）即为简化的常用六个自由度的潜艇操纵运动一般方程式。式中前 3 式为质心运动定理在动系上的表示式，后 3 式即是著名的刚体绕定点（质心）转动的欧拉动力学方程式。

式（2-8）中 $\dot{u}$ 是 Gx 方向速度 u 的大小变化产生的 x 方向的加速度，"$+qw$"与"$-rv$"是由于物体以角速度 q、r 转动，引起 z 方向和 y 方向的速度 w、v 的方向改变而产生的 x 方向的加速度。其他项的意义与此相同。通常称 $(qw-rv)$、$(ru-pw)$、$(pv-qu)$ 是由于坐标系运动引起的物体向心加速度，$(I_z-I_y)qr$、$(I_x-I_z)rp$、$(I_y-I_x)pq$ 是回转效应。

此外，上述方程的动系原点与潜艇的重心 G 重合，这样建立的运动方程形式最为简单。但是，当用船模试验测定水动力时，船的重心位置不一定完全确定下来，或为了利用试验物体的对称性，这时，则用舯船横剖面作为动系的原点 o。关于动系原点不与艇重心重合情况下的空间运动方程，将在第三章介绍。

当研究潜艇的平面运动时，根据潜艇水下运动控制的要求，一般不考虑横滚面的运动，只考虑水平面和垂直面的运动，它们的运动一般方程分别如下。

水平面操纵运动为

$$\begin{cases} m(\dot{u}-rv)=X \\ m(\dot{v}+ru)=Y \\ I_z\dot{r}=N \end{cases} \qquad (2-9)$$

垂直面操纵运动为

$$\begin{cases} m(\dot{u}+qw)=X \\ m(\dot{w}-qu)=Z \\ I_y\dot{q}=M \end{cases} \qquad (2-10)$$

以上潜艇运动方程式，建立了潜艇的运动和所受外力的关系。若已知外力，原则上可解得诸运动参数，这就是刚体平面运动的动力学第二类问题。为此，需研究作用于潜艇的外力。

第二节　作用于潜艇操纵运动的流体动力一般表示式

一、概述

正确预报潜艇操纵运动时所受的外力(矩),特别是所受的流体动力,是操纵性研究的基础。这些外力大致可分成两类。

其一,流体动力,是由于潜艇在水中运动,艇体、舵和螺旋桨等推动周围的水产生一定的运动,同时,水对潜艇也产生一个反作用力。这种由于潜艇运动而引起运动的水对潜艇的反作用力,称为流体动力(或水动力)。显然,水对潜艇的这种反作用力的大小、方向及其分布,都取决于潜艇本身的运动,它反过来又影响潜艇的运动。可见,这种流体动力的一个重要特点是:作用于运动潜艇的流体动力与潜艇运动共存共生。

此外,由风、浪、流等引起的外力,与艇的运动相关,因此,也可认为它们是一种流体动力。

其二,非流体动力,是指潜艇所受的浮力和重力。

在潜艇操纵性研究中假定:

(1)认为潜艇是在深、广、静的水下运动,不考虑流场边界(岸、水底、海面等)及流、内波等影响,只考虑艇体-舵-桨的流体动力。

(2)把艇体与舵作为一个整体,并把操纵面(舵)处于零位置情况下,艇体及其他附体在操纵运动中产生的水动力称为艇体力,由操纵面偏离零位置时产生的水动力称为操纵力(或控制力)。

(3)螺旋桨等推进装置产生的水动力单列。有的文献把推力归入操纵力。

(4)为了简化研究,将潜艇在实际流体中作非定常运动时所受的流体动力,分为由于惯性引起的惯性类和由于黏性引起的非惯性类两类考虑,并忽略其相互影响。

(5)操纵运动的过渡过程是个非定常运动,其流体动力特性与以同样的潜艇运动参数(V、$\dot{V}$、Ω、$\cdots$),即水动力函数式(2-11)中的自变量作定常运动的潜艇水动力特性(系数)相同,这是 K. K. 费加耶夫斯基著名的驻值假设。但水动力函数中的潜艇运动参数是随时间变化的,因而,作用于潜艇的水动力也是变化的。

此外,在操纵性研究中广泛引用布莱恩(Bryan)在 1911 年提出的"缓慢运动"假设。所谓"缓慢运动",是指以速度和加速度为标志的物体运动状态,随时间的变化比较缓慢地运动。或者说,以无因次值表示的物体运动速度对时间的所有高阶导数,都比运动速度和加速度本身小得多时,则称这种运动为"缓慢运动"。可见,"缓慢运动"虽说是非定常运动,但其加速度随时间的变化率很小,它的极限状态就是恒定加速度的运动,所以也称其为"准定常运动"。

可以证明,在流体中作"缓慢运动"的物体,所受到的水动力只和运动的当时状态(即瞬时的速度和加速度)有关,而和运动的历程无关。这一结论大大简化了操纵运动时水动力的确定。近年来,也有一些研究者指出,对于低速航行的船舶或在形状急剧变化的航道中或在波浪中航行的船舶,以及两船交会等情况,考虑水动力的"记忆效应"是必要的。在空气动力学里著名的"瓦格纳(Wagner)效应"指出,随着机翼攻角的突然改变,机翼在流体中虽然瞬时改变了其所处的状态,但流体本身及其所产生的升力却仍"保留"在初始状况,需要一段时间才能达到新的稳定值,这种现象称为流体的"记忆效应"[18]。

下面首先介绍流体动力的一般表示式和水动力系数,然后介绍惯性类和黏性类水动力。

二、流体动力的一般表示式

从一般意义上讲,作用于潜艇的流体动力可以表示为

$$F = f(\text{船体特性},\text{运动特性},\text{流体特性})$$

对于在给定流场(无限深、广、静水)中一定的潜艇来讲,此时,流体动力只取决于潜艇的运动情况,即艇的运动参数(u、v、w、$\dot{u}$、$\dot{v}$、$\dot{w}$;p、q、r、$\dot{p}$、$\dot{q}$、$\dot{r}$)、舵的转动(δ_r、δ_b、δ_s)及转舵速度($\dot{\delta}_r$、$\dot{\delta}_b$、$\dot{\delta}_s$)和螺旋桨的工作(转速 n),因此,关于艇体-舵-桨这样一个大系统的水动力可写成下列潜艇运动参数的函数形式,即

$$F = f(V, \dot{V}, \Omega, \dot{\Omega}, \delta, \dot{\delta}, n) \tag{2-11}$$

当把螺旋桨的水动力单独处理时,对艇体-舵系统,若忽略转舵速度的影响,则可改写成

$$F = f(V, \dot{V}, \Omega, \dot{\Omega}, \delta) \tag{2-12}$$

式(2-11)或式(2-12)称为作用于潜艇的水动力一般表示式。

对于潜艇在水平面和垂直面的平面运动,水动力在动系坐标轴上的投影,可根据式(2-12)分别用式(2-13)和式(2-14)表示,即

水平面运动(注:方向舵角 δ_r 改用 δ 表示,下同):

$$\begin{cases} X = f_x(\dot{u}, \dot{v}, \dot{r}, u, v, r, \delta) \\ Y = f_y(\dot{u}, \dot{v}, \dot{r}, u, v, r, \delta) \\ N = f_N(\dot{u}, \dot{v}, \dot{r}, u, v, r, \delta) \end{cases} \tag{2-13}$$

垂直面运动:

$$\begin{cases} X = f_x(\dot{u},\dot{w},\dot{q},u,w,q,\delta_b,\delta_s) \\ Z = f_z(\dot{u},\dot{w},\dot{q},u,w,q,\delta_b,\delta_s) \\ M = f_M(\dot{u},\dot{w},\dot{q},u,w,q,\delta_b,\delta_s) \end{cases} \qquad (2-14)$$

由于流体动力是艇体运动引起周围水运动,动水对艇体的反作用力,该水动力可看作微小运动的函数而采用泰勒展开式表示。例如,一元函数 $f(x)$ 若在 $x=x_0$ 处的值及其 n 阶导数都存在且连续时,则函数在 x_0 的泰勒展开式为

$$f(x) = f(x_0) + f'(x_0)(x-x_0) + \frac{1}{2!}f''(x_0)(x-x_0)^2$$

$$+\cdots+\frac{f^{(n)}(x_0)}{n!}(x-x_0)^n + O \qquad (2-15)$$

O 为余项,若 $\Delta x = x - x_0$ 为小量,当 $n \to \infty$ 时,O 以 $(\Delta x)^{n+1}$ 次幂的阶次趋于零。

多元函数 $f(x,y,z,\cdots)$ 在 $(x_0,y_0,z_0,\cdots)$ 点的泰勒展开式为

$$f(x,y,z,\cdots) = f(x_0,y_0,z_0,\cdots)$$

$$+\left(\frac{\partial}{\partial x}\Delta x + \frac{\partial}{\partial y}\Delta y + \frac{\partial}{\partial z}\Delta z + \cdots\right) \cdot f(x_0,y_0,z_0,\cdots)$$

$$+\frac{1}{2!}\left(\frac{\partial}{\partial x}\Delta x + \frac{\partial}{\partial y}\Delta y + \frac{\partial}{\partial z}\Delta z + \cdots\right)^2 \cdot f(x_0,y_0,z_0,\cdots)$$

$$+\cdots+\frac{1}{n!}\left(\frac{\partial}{\partial x}\Delta x + \frac{\partial}{\partial y}\Delta y + \frac{\partial}{\partial z}\Delta z + \cdots\right)^n \cdot f(x_0,y_0,z_0,\cdots) + O \quad (2-16)$$

按照多元函数泰勒展开的原理,选择潜艇作等速直航的平衡状态,即 $u_0 \neq 0$ ($u_0 = V$)、$v_0 = r_0 = \delta_0 = \dot{u}_0 = \dot{v}_0 = \dot{r}_0 = 0$、$w_0 = q_0 = \delta_{b_0} = \delta_{s_0} = \dot{w}_0 = \dot{q}_0 = 0$ 为基准运动,作为泰勒级数展开点,则潜艇作操纵运动时,运动参数对于初始状态的改变量可写成较为简单的形式,即

$$\Delta u = u - u_0 (\text{或 } u - V) \qquad (2-17a)$$

同样有

$$\Delta v = v - v_0 = v$$

$$\Delta r = r, \quad \Delta \delta = \delta \qquad (2-17b)$$

$$\Delta \dot{u} = \dot{u}, \quad \Delta \dot{v} = \dot{v}, \quad \Delta \dot{r} = \dot{r}$$

$$\Delta w = w, \quad \Delta q = q, \quad \Delta \delta_b = \delta_b, \quad \Delta \delta_s = \delta_s$$

$$\Delta \dot{w} = \dot{w}, \quad \Delta \dot{q} = \dot{q} \qquad (2-17c)$$

将式(2-17)代入式(2-16),则可写出式(2-13)、式(2-14)表示的平面运动的水动力一般形式。展开时,根据势流理论,水动力与(角)加速度线性相关,只有一阶项,同时加速度与速度(含 δ)参数之间的耦合系数甚小,一概取零。经这样预处理的 Y 力展到三阶导数,有

$$Y = f_Y(u, v, r, \dot{u}, \dot{v}, \dot{r}, \delta)$$

$$= Y_0 + Y_u \Delta u + Y_v v + Y_r r + Y_{\dot{u}} \dot{u} + Y_{\dot{v}} \dot{v} + Y_{\dot{r}} \dot{r} + Y_\delta \delta$$

$$+ \frac{1}{2!}(Y_{uu}\Delta u^2 + Y_{vv}v^2 + Y_{rr}r^2 + Y_{\delta\delta}\delta^2 + 2Y_{uv}\Delta uv$$

$$+ 2Y_{ur}\Delta ur + 2Y_{u\delta}\Delta u\delta + 2Y_{vr}vr + 2Y_{v\delta}v\delta$$

$$+ 2Y_{r\delta}r\delta) + \frac{1}{3!}(Y_{uuu}\Delta u^3 + Y_{vvv}v^3 + Y_{rrr}r^3$$

$$+ Y_{\delta\delta\delta}\delta^3 + 3Y_{uuv}\Delta u^2 v + \cdots + 3Y_{vvr}v^2 r + \cdots) \tag{2-18a}$$

类似地,将 M 力矩展到三阶导数,有

$$M = f_M(u, w, q, \dot{u}, \dot{w}, \dot{q}, \delta_b, \delta_s)$$

$$= M_0 + M_u \Delta u + M_w w + M_q q + M_{\dot{u}} \dot{u} + M_{\dot{w}} \dot{w} + M_{\dot{q}} \dot{q}$$

$$+ M_{\delta_b}\delta_b + M_{\delta_s}\delta_s + \frac{1}{2!}(M_{uu}\Delta u^2 + M_{ww}w^2 + M_{qq}q^2$$

$$+ M_{\delta_b\delta_b}\delta_b^2 + M_{\delta_s\delta_s}\delta_s^2 + 2M_{uw}\Delta uw + 2M_{uq}\Delta uq$$

$$+ 2M_{u\delta_b}\Delta u\delta_b + 2M_{u\delta_s}\Delta u\delta_s + 2M_{wq}wq + 2M_{w\delta_b}w\delta_b$$

$$+ 2M_{w\delta_s}w\delta_s + 2M_{q\delta_b}q\delta_b + 2M_{q\delta_s}q\delta_s + 2M_{\delta_b\delta_s}\delta_b\delta_s)$$

$$+ \frac{1}{3!}(M_{uuu}\Delta u^3 + M_{www}w^3 + M_{qqq}q^3 + M_{\delta_b\delta_b\delta_b}\delta_b^3$$

$$+ M_{\delta_s\delta_s\delta_s}\delta_s^3 + 3M_{uuw}\Delta u^2 w + \cdots 3M_{wwq}w^2 q + \cdots) \tag{2-18b}$$

其中

$$\begin{cases} Y_0 = Y(u_0, 0, 0, 0, 0, 0, 0) \\ M_0 = M(u_0, 0, 0, 0, 0, 0, 0, 0) \end{cases} \tag{2-19}$$

$$\begin{cases} Y_u = \left. \dfrac{\partial Y}{\partial u} \right|_{\substack{u=u_0 \\ v=r=\dot{u}=\dot{v}=\dot{r}=\delta=0}} \\[2em] M_w = \left. \dfrac{\partial M}{\partial w} \right|_{\substack{u=u_0 \\ w=q=\dot{u}=\dot{w}=\dot{q}=\delta_b=\delta_s=0}} \\[2em] Y_{\dot{v}} = \left. \dfrac{\partial Y}{\partial \dot{v}} \right|_{\substack{u=u_0 \\ v=r=\dot{u}=\dot{v}=\dot{r}=\delta=0}} \\[2em] M_{\dot{q}} = \left. \dfrac{\partial M}{\partial \dot{q}} \right|_{\substack{u=u_0 \\ w=q=\dot{u}=\dot{w}=\dot{q}=\delta_b=\delta_s=0}} \end{cases} \tag{2-20}$$

为了书写简便,以后写成

$$\begin{cases} \dfrac{\partial Y}{\partial u} = Y_u, \dfrac{\partial Y}{\partial v} = Y_v, \dfrac{\partial Y}{\partial r} = Y_r, \dfrac{\partial Y}{\partial \delta} = Y_\delta, \dfrac{\partial Y}{\partial \dot{v}} = Y_{\dot{v}}, \dfrac{\partial Y}{\partial \dot{r}} = Y_{\dot{r}} \\[2mm] \dfrac{\partial M}{\partial w} = M_w, \dfrac{\partial M}{\partial q} = M_q, \dfrac{\partial M}{\partial \delta_b} = M_{\delta_b}, \dfrac{\partial M}{\partial \delta_s} = M_{\delta_s}, \dfrac{\partial M}{\partial \dot{w}} = M_{\dot{w}}, \dfrac{\partial M}{\partial \dot{q}} = M_{\dot{q}} \\[2mm] \dfrac{\partial^2 M}{\partial w^2} = M_{ww}, \dfrac{\partial^2 M}{\partial q^2} = M_{qq}, \dfrac{\partial^2 Y}{\partial v \delta r} = Y_{vr}, \dfrac{\partial^2 Y}{\partial r \partial \delta} = Y_{r\delta}, \dfrac{\partial^2 M}{\partial w \partial q} = M_{wq}, \dfrac{\partial^2 M}{\partial q \partial \delta_s} = M_{q\delta_s} \\[2mm] \dfrac{\partial^3 Y}{\partial v^3} = Y_{vvv}, \dfrac{\partial^3 Y}{\partial r^3} = Y_{rrr}, \dfrac{\partial^3 Y}{\partial v^2 \partial r} = Y_{vvr} \end{cases} \tag{2-21}$$

等,这些都是水动力分量对潜艇运动参数的偏导数在展开点的值,统称为水动力系数。其中一阶系数也称为水动力导数,并按其起因分别称:

速度系数(或位置导数),如 Y_v、N_v、Z_w、M_w;

角速度系数(或旋转导数),如 Y_r、N_r、Z_q、M_q;

舵角系数(或控制导数),如 Y_δ、N_δ、Z_{δ_b}、M_{δ_s};

加速度系数。为了方便下一节的研究,水平面和垂直面的全部加速度系数项为

$$\begin{cases} X_{\dot{u}}, X_{\dot{w}}, X_{\dot{q}} \\ Y_{\dot{v}}, Y_{\dot{r}}, N_{\dot{v}}, N_{\dot{r}} \\ Z_{\dot{w}}, Z_{\dot{q}}, M_{\dot{w}}, M_{\dot{q}} \end{cases} \tag{2-22}$$

其中前三类连同 Y_0 等属黏性成因的水动力系数,与速度、角速度相关,而第四类是流体惯性力系数,与加速度、角加速度有关,但当用水池或风洞的船模试验确定 Y_r、N_v、Z_q、M_w 等时,在这些黏性水动力系数中还包含了部分惯性所致的流体动力(见第四节)。

二阶以上的水动力系数也称为非线性系数或高阶导数,如 Y_{vvv}、Y_{rrr} 等。水动力对于两种或两种以上运动参数的偏导数(如 Y_{vr}、Y_{vvr})称为耦合系数,表示几种运动参数对水动力的相互干扰。

根据经验,对于一般可能遇到的机动情况,保留泰勒展开式至三阶项已足够满足工程要求,而且依据人们的习惯和所用船模试验装置的不同,以及计算上的方便性,常常仅采用二阶项系数[17]。本书主要介绍使用二阶系数的数学模型。

第三节　作用于潜艇的惯性类水动力

作用于潜艇的流体惯性力,如上节所介绍,可以对力(矩)的多元函数,按泰勒展开式对(角)加速度求偏导数得到加速度系数确定。本节介绍用附加质量 λ_{ij} 表示流体惯性力的方法及其特点,以及附加质量与加速度系数的对应关系式和无因次化。

一、流体惯性力和附加质量的概念

由流体力学可知,当物体在无界理想流体中做非均速运动时,物体周围的流体受到扰动,产生相应运动,使流体的动能增加。由理论力学动能定理得知,要使流体动能增加,物体必须对其作功。根据作用等于反作用原理,理想流体将对物体产生反作用力。这种力是由于物体要改变自己速度的同时必须改变周围流体的速度,而流体具有惯性,要使速度改变必须有力的作用。这种由于流体惯性而引起的力,就称为"附加惯性力",在操纵性中常用"流体惯性力"表示。

关于附加质量可作如下定义:当物体在理想流体中做非定常运动时,受到"附加惯性力"的作用,其大小与物体加速度成比例、方向与加速度方向相反,则附加惯性力与加速度的比例常数就称为附加质量,用 λ_{ij} 表示。即流体惯性力为附加质量和物体加速度的乘积,对任意物体的空间六自由度运动的惯性力可表示成

$$R_j = -\lambda_{ij}\dot{V}_i \quad (i,j=1,2,\cdots,6) \tag{2-23}$$

式中:$R_j(j=1,2,\cdots,6)$ 表示 6 个自由度的惯性力;$\dot{V}_i(i=1,2,\cdots,6)$ 分别表示 $\dot{u}$、$\dot{v}$、$\dot{w}$、$\dot{p}$、$\dot{q}$、$\dot{r}$,即用 $i=1,2,3$ 分别表示沿 x、y、z 方向的变速移动运动,用 $i=4,5,6$ 分别表示绕 x、y、z 方向的变速转动运动。

附加质量 λ_{ij} 可理解为:在 i 方向以单位(角)加速度运动时,在 j 方向所受的流体惯性力的大小。附加质量 λ_{ij} 取正值。

物体在理想流体中做变速运动时受到流体惯性力作用,理论分析时,这一作用相当于物体在真空中运动,而在物体质量 m 上增添一附加质量 λ_{ij},这样,使物体惯性增大,既难于加速也难于减速,"$m+\lambda_{ij}$"称为物体的虚质量,这就是"附加质量"命名的由来。

式(2-23)可写成下列矩阵形式,即

$$
\begin{bmatrix} R_1 \\ R_2 \\ R_3 \\ R_4 \\ R_5 \\ R_6 \end{bmatrix} =
\begin{bmatrix}
\lambda_{11} & \lambda_{12} & \lambda_{13} & \lambda_{14} & \lambda_{15} & \lambda_{16} \\
\lambda_{21} & \lambda_{22} & \lambda_{23} & \lambda_{24} & \lambda_{25} & \lambda_{26} \\
\lambda_{31} & \lambda_{32} & \lambda_{33} & \lambda_{34} & \lambda_{35} & \lambda_{36} \\
\lambda_{41} & \lambda_{42} & \lambda_{43} & \lambda_{44} & \lambda_{45} & \lambda_{46} \\
\lambda_{51} & \lambda_{52} & \lambda_{53} & \lambda_{54} & \lambda_{55} & \lambda_{56} \\
\lambda_{61} & \lambda_{62} & \lambda_{63} & \lambda_{64} & \lambda_{65} & \lambda_{66}
\end{bmatrix}
\begin{bmatrix} \dot{u} \\ \dot{v} \\ \dot{w} \\ \dot{p} \\ \dot{q} \\ \dot{r} \end{bmatrix} \tag{2-24}
$$

式中:左上角 9 个 λ_{ij} 系数具有质量 $[\rho L^3]$ 因次,称为附加质量;右下角 9 个 λ_{ij} 系数具有质量转动惯量 $[\rho L^5]$ 因次,称为附加转动惯量;右上角/左下角的 18 个 λ_{ij} 系数具有质量静矩 $[\rho L^4]$ 因次,称为附加质量静矩。

根据流体力学势流理论关于附加质量有下列结论(证明从简,见文献 [19,20])。

（1）附加质量 λ_{ij} 只取决于物体的形状和坐标轴的选择，与物体的运动情况无关。

（2）λ_{ij} 是对称的，即

$$\lambda_{ij} = \lambda_{ji} \quad (i,j = 1,2,\cdots,6) \tag{2-25}$$

式（2-24）中的矩阵 $[\lambda_{ij}]$ 主对角线（$\lambda_{11},\lambda_{22},\cdots,\lambda_{66}$）以下的项与主对角线以上的各对应项相等，如 $\lambda_{12} = \lambda_{21}$ 等。因此，36 个 λ_{ij} 项中只有 21 个是独立的。

（3）当运动物体有 3 个对称面时，仅有主对角线上 6 个附加质量不为零，其他皆为零。对潜艇而言，艇体左右舷对称于纵中剖面 Gxz，艇体上下部分对称于水线面 Gxy，艇体前体与后体对称于舯横剖面 Gyz，此时的艇体类似三轴椭球体。

实际上，通常认为潜艇具有两个对称面：一个是纵中剖面（左右舷对称）；另一个是认为艇体上、下部分不对称性较小，近似看作上下对称于水线面。具有 Gxz、Gxy 两个对称面时，附加质量矩阵中还有 8 个不为零，即

$$\begin{cases} \lambda_{13} = \lambda_{15} = \lambda_{24} = \lambda_{46} = 0 \\ \lambda_{26} \neq 0, \lambda_{35} \neq 0 \\ \lambda_{11,22,33,44,55,66} \neq 0 \end{cases} \tag{2-26}$$

如果认为物体仅有一个对称面，如潜艇仅纵中剖面 Gxz 是个对称面，此时，21 个独立的附加质量中有 9 个为零，只剩下 12 个不为零，$[\lambda_{ij}]$ 矩阵变成

$$[\boldsymbol{\lambda}_{ij}] = \begin{bmatrix} \lambda_{11} & 0 & \lambda_{13} & 0 & \lambda_{15} & 0 \\ 0 & \lambda_{22} & 0 & \lambda_{24} & 0 & \lambda_{26} \\ \lambda_{31} & 0 & \lambda_{33} & 0 & \lambda_{35} & 0 \\ 0 & \lambda_{42} & 0 & \lambda_{44} & 0 & \lambda_{46} \\ \lambda_{51} & 0 & \lambda_{53} & 0 & \lambda_{55} & 0 \\ 0 & \lambda_{62} & 0 & \lambda_{64} & 0 & \lambda_{66} \end{bmatrix} \tag{2-27}$$

由式（2-27）矩阵可知，当物体只有一个对称面 Gxz 时，则 λ_{ij} 中所有下标 $i+j =$ 奇数的项皆为零。

（4）对于潜艇在水平面和垂直面的非定常运动来讲，依具有纵中剖面和水线面两个对称面处理时，分别具有下列附加质量项：

水平面包括 λ_{11}、λ_{22}、λ_{66} 及 λ_{26}（或取 $\lambda_{26} \approx 0$）；

垂直面包括 λ_{11}、λ_{33}、λ_{55} 及 λ_{35}（或取 $\lambda_{35} \approx 0$）。

二、作用于潜艇的流体惯性力

由流体力学可知，任意形状的物体在无界理想流体中做一般运动时，流体扰动运动的总动能 T 可写成[19]

$$T = \frac{1}{2} \sum_{i=1}^{6} \sum_{j=1}^{6} \lambda_{ij} v_i v_j \quad (i,j = 1,2,\cdots,6) \tag{2-28}$$

其中

$$v_1 = u, \quad v_2 = v, \quad v_3 = w$$
$$v_4 = p, \quad v_5 = q, \quad v_6 = r$$

系数 λ_{ij} 即为附加质量,共 36 个,且有 $\lambda_{ij} = \lambda_{ji}$,只有 21 个是独立的。

将式(2-28)展开可得

$$
\begin{aligned}
T = \frac{1}{2} \big[& \lambda_{11} u^2 + \lambda_{22} v^2 + \lambda_{33} w^2 + \lambda_{44} p^2 + \lambda_{55} q^2 + \lambda_{66} r^2 \\
& + 2\lambda_{12} uv + 2\lambda_{13} uw + 2\lambda_{14} up + 2\lambda_{15} uq + 2\lambda_{16} ur \\
& + 2\lambda_{23} vw + 2\lambda_{24} vp + 2\lambda_{25} vq + 2\lambda_{26} vr \\
& + 2\lambda_{34} wp + 2\lambda_{35} wq + 2\lambda_{36} wr \\
& + 2\lambda_{45} pq + 2\lambda_{46} pr + 2\lambda_{56} qr \big]
\end{aligned}
\tag{2-29a}
$$

或写成同类项形式为

$$
\begin{aligned}
T = \frac{1}{2} \big[& \lambda_{11} u^2 + \lambda_{22} v^2 + \lambda_{33} w^2 + 2\lambda_{12} uv + 2\lambda_{23} vw + 2\lambda_{13} wu \\
& + \lambda_{44} p^2 + \lambda_{55} q^2 + \lambda_{66} r^2 + 2\lambda_{45} pq + 2\lambda_{56} qr + 2\lambda_{46} rp \\
& + 2(\lambda_{14} u + \lambda_{24} v + \lambda_{34} w) p + 2(\lambda_{15} u + \lambda_{25} v + \lambda_{35} w) q \\
& + 2(\lambda_{16} u + \lambda_{26} v + \lambda_{36} w) r \big]
\end{aligned}
\tag{2-29b}
$$

流体扰动运动的动量 B_i 与动能 T 有

$$B_i = \frac{\partial T}{\partial V_i} \quad (i = 1,2,\cdots,6) \tag{2-30}$$

将式(2-29)代入式(2-30)展开,并注意到艇体左右对称使 $i+j=$ 奇数的诸 λ_{ij} 为零,艇体上下接近于对称使 λ_{13}、λ_{15} 为较小的量可以略去,并求流体的动量、动量矩在动系上的投影为

$$
\begin{cases}
B_1 = B_x = \dfrac{\partial T}{\partial u} = \lambda_{11} u \\[2mm]
B_2 = B_y = \dfrac{\partial T}{\partial v} = \lambda_{22} v + \lambda_{24} p + \lambda_{26} r \\[2mm]
B_3 = B_z = \dfrac{\partial T}{\partial w} = \lambda_{33} w + \lambda_{35} q \\[2mm]
B_4 = K_x = \dfrac{\partial T}{\partial p} = \lambda_{44} p + \lambda_{46} r + \lambda_{24} v \\[2mm]
B_5 = K_y = \dfrac{\partial T}{\partial q} = \lambda_{55} q + \lambda_{35} w \\[2mm]
B_6 = K_z = \dfrac{\partial T}{\partial r} = \lambda_{66} r + \lambda_{46} p + \lambda_{26} v
\end{cases}
\tag{2-31}
$$

关于任意形状物体的动量(矩)在动系的投影,与式(2-31)类似,比较复杂,不再重复。

由于潜艇所受的流体惯性力 F_I 和力矩 M_I 为

$$
\begin{cases}
F_I = -\dfrac{\mathrm{d}B}{\mathrm{d}t} \\[2mm]
M_I = -\dfrac{\mathrm{d}K}{\mathrm{d}t}
\end{cases}
\tag{2-32}
$$

应用动量(矩)在动系中求导数的关系式(2-2)、式(2-3)及式(2-7),并将式(2-31)代入式(2-32),这样可得各惯性力(矩)在动系上的投影表示式为

$$
\begin{cases}
-X_I = \dfrac{\mathrm{d}B_x}{\mathrm{d}t} + qB_z - rB_y \\[2mm]
-Y_I = \dfrac{\mathrm{d}B_y}{\mathrm{d}t} + rB_x - pB_z \\[2mm]
-Z_I = \dfrac{\mathrm{d}B_z}{\mathrm{d}t} + pB_y - qB_x \\[2mm]
-K_I = \dfrac{\mathrm{d}K_x}{\mathrm{d}t} + (qK_z - rK_y) + (vB_z - wB_y) \\[2mm]
-M_I = \dfrac{\mathrm{d}K_y}{\mathrm{d}t} + (rK_x - pK_z) + (wB_x - uB_z) \\[2mm]
-N_I = \dfrac{\mathrm{d}K_z}{\mathrm{d}t} + (pK_y - qK_x) + (uB_y - vB_x)
\end{cases}
\tag{2-33}
$$

将 $B_i(i=1,2,\cdots,6)$ 的任意形状物体的动量(矩)类似式(2-31)的展开项代入式(2-33),即可求得作用于未作任何简化处理、把艇体当作任意形状的刚体所受的流体惯性力(矩)为

$$
\begin{cases}
\begin{aligned}
X_I = &-\lambda_{11}\dot{u} - \lambda_{12}\dot{v} - \lambda_{13}\dot{w} - \lambda_{14}\dot{p} - \lambda_{15}\dot{q} - \lambda_{16}\dot{r} \\
&-\lambda_{13}qu - \lambda_{23}qv - \lambda_{33}qw - \lambda_{34}pq - \lambda_{35}q^2 - \lambda_{36}qr \\
&+\lambda_{12}ur + \lambda_{22}vr + \lambda_{23}wr + \lambda_{24}pr + \lambda_{25}qr + \lambda_{26}r^2
\end{aligned} \\
\begin{aligned}
Y_I = &-\lambda_{12}\dot{u} - \lambda_{22}\dot{v} - \lambda_{23}\dot{w} - \lambda_{24}\dot{p} - \lambda_{25}\dot{q} - \lambda_{26}\dot{r} \\
&-\lambda_{11}ur - \lambda_{12}vr - \lambda_{13}wr - \lambda_{14}pr - \lambda_{15}qr - \lambda_{16}r^2 \\
&+\lambda_{13}up + \lambda_{23}vp + \lambda_{33}wp + \lambda_{34}p^2 + \lambda_{35}pq + \lambda_{36}pr
\end{aligned} \\
\begin{aligned}
Z_I = &-\lambda_{13}\dot{u} - \lambda_{23}\dot{v} - \lambda_{33}\dot{w} - \lambda_{34}\dot{p} - \lambda_{35}\dot{q} - \lambda_{36}\dot{r} \\
&-\lambda_{12}up - \lambda_{22}vp - \lambda_{23}wp - \lambda_{24}p^2 - \lambda_{25}pq - \lambda_{26}pr \\
&+\lambda_{11}uq + \lambda_{12}vq + \lambda_{13}wq + \lambda_{14}pq + \lambda_{15}q^2 + \lambda_{16}qr
\end{aligned}
\end{cases}
$$

$$\begin{cases}
K_I = -\lambda_{14}\dot{u} - \lambda_{24}\dot{v} - \lambda_{34}\dot{w} - \lambda_{44}\dot{p} - \lambda_{45}\dot{q} - \lambda_{46}\dot{r} \\
\qquad - \lambda_{16}uq - \lambda_{26}vq - \lambda_{36}wq - \lambda_{46}pq - \lambda_{56}q^2 - \lambda_{66}qr \\
\qquad + \lambda_{15}ur + \lambda_{25}vr + \lambda_{35}wr + \lambda_{45}pr + \lambda_{55}qr + \lambda_{56}r^2 \\
\qquad - \lambda_{13}uv - \lambda_{23}v^2 - \lambda_{33}vw - \lambda_{34}vp - \lambda_{35}vq - \lambda_{36}vr \\
\qquad + \lambda_{12}uw + \lambda_{22}vw + \lambda_{23}w^2 + \lambda_{24}wp + \lambda_{25}wq + \lambda_{26}wr \\
M_I = -\lambda_{15}\dot{u} - \lambda_{25}\dot{v} - \lambda_{35}\dot{w} - \lambda_{45}\dot{p} - \lambda_{55}\dot{q} - \lambda_{56}\dot{r} \\
\qquad - \lambda_{14}ur - \lambda_{24}vr - \lambda_{34}wr - \lambda_{44}pr - \lambda_{45}qr - \lambda_{46}r^2 \\
\qquad + \lambda_{16}up + \lambda_{26}vp + \lambda_{36}wp + \lambda_{46}p^2 + \lambda_{56}pq + \lambda_{66}pr \\
\qquad - \lambda_{11}uw - \lambda_{12}vw - \lambda_{13}w^2 - \lambda_{14}wp - \lambda_{15}wq - \lambda_{16}wr \\
\qquad + \lambda_{13}u^2 + \lambda_{23}uv + \lambda_{33}uw + \lambda_{34}up + \lambda_{35}uq + \lambda_{36}ur \\
N_I = -\lambda_{16}\dot{u} - \lambda_{26}\dot{v} - \lambda_{36}\dot{w} - \lambda_{46}\dot{p} - \lambda_{56}\dot{q} - \lambda_{66}\dot{r} \\
\qquad - \lambda_{15}up - \lambda_{25}vp - \lambda_{35}wp - \lambda_{45}p^2 - \lambda_{55}pq - \lambda_{56}pr \\
\qquad + \lambda_{14}uq + \lambda_{24}vq + \lambda_{34}wq + \lambda_{44}pq + \lambda_{54}q^2 + \lambda_{64}qr \\
\qquad - \lambda_{12}u^2 - \lambda_{22}uv - \lambda_{23}uw - \lambda_{24}up - \lambda_{25}uq - \lambda_{26}ur \\
\qquad + \lambda_{11}uv + \lambda_{12}v^2 + \lambda_{13}vw + \lambda_{14}vp + \lambda_{15}vq + \lambda_{16}vr
\end{cases} \quad (2\text{-}34)$$

考虑艇体形状因素：艇体对称于 Gxz 平面，加速运动 $\dot{u}$、$\dot{w}$、$\dot{q}$ 不会产生 Y、N、K 方向的流体惯性力（矩），因而，所有 $i+j=$ 奇数的 18 个系数全为零；艇体上下大体对称，故系数 λ_{13}、λ_{15} 数值甚小可略去。表示流体惯性力的 36 个附加质量系数仅保留 14 个元素，计及 $\lambda_{ij} = \lambda_{ji}$，其中 10 个是独立的量。此时，作用于潜艇的流体惯性力则为

$$\begin{cases}
X_I = -\lambda_{11}\dot{u} \\
Y_I = -\lambda_{22}\dot{v} - \lambda_{24}\dot{p} - \lambda_{26}\dot{r} \\
Z_I = -\lambda_{33}\dot{w} - \lambda_{35}\dot{q} \\
K_I = -\lambda_{42}\dot{v} - \lambda_{44}\dot{p} - \lambda_{46}\dot{r} \\
M_I = -\lambda_{53}\dot{w} - \lambda_{55}\dot{q} \\
N_I = -\lambda_{62}\dot{v} - \lambda_{64}\dot{p} - \lambda_{66}\dot{r}
\end{cases} \quad (2\text{-}35a)$$

或用加速度系数写成有因次形式为

$$\begin{bmatrix} X_I \\ Y_I \\ Z_I \\ K_I \\ M_I \\ N_I \end{bmatrix} = \begin{bmatrix} \frac{1}{2}\rho L^3 X'_{\dot u} & 0 & 0 & 0 & 0 & 0 \\ 0 & \frac{1}{2}\rho L^3 Y'_{\dot v} & 0 & \frac{1}{2}\rho L^4 K'_{\dot v} & 0 & \frac{1}{2}\rho L^4 N'_{\dot v} \\ 0 & 0 & \frac{1}{2}\rho L^3 Z'_{\dot w} & 0 & \frac{1}{2}\rho L^4 M'_{\dot w} & 0 \\ 0 & \frac{1}{2}\rho L^4 Y'_{\dot p} & 0 & \frac{1}{2}\rho L^5 K'_{\dot p} & 0 & \frac{1}{2}\rho L^5 N'_{\dot p} \\ 0 & 0 & \frac{1}{2}\rho L^4 Z'_{\dot q} & 0 & \frac{1}{2}\rho L^5 M'_{\dot q} & 0 \\ 0 & \frac{1}{2}\rho L^4 Y'_{\dot r} & 0 & \frac{1}{2}\rho L^5 K'_{\dot r} & 0 & \frac{1}{2}\rho L^5 N'_{\dot r} \end{bmatrix} \begin{bmatrix} \dot u \\ \dot v \\ \dot w \\ \dot p \\ \dot q \\ \dot r \end{bmatrix}$$

$$(2-35b)$$

其中

$$\begin{cases} K'_{\dot v} = Y'_{\dot p} & (\lambda_{24} = \lambda_{42}) \\ N'_{\dot v} = Y'_{\dot r} & (\lambda_{26} = \lambda_{62}) \\ M'_{\dot w} = Z'_{\dot q} & (\lambda_{35} = \lambda_{53}) \\ N'_{\dot p} = K'_{\dot r} & (\lambda_{46} = \lambda_{64}) \end{cases} \qquad (2-36)$$

若将经简化处理的式（2-31）代入式（2-33），则得较为简洁实用的作用于艇体的流体惯性力式（2-37），即

$$X_I = -\lambda_{11}\dot u - \lambda_{35}q^2 + \lambda_{26}r^2 + \lambda_{22}vr - \lambda_{33}wq + \lambda_{24}pr$$

$$Y_I = -\lambda_{22}\dot v - \lambda_{24}\dot p - \lambda_{26}\dot r - \lambda_{11}ur + \lambda_{33}wp + \lambda_{35}pq$$

$$Z_I = -\lambda_{33}\dot w - \lambda_{35}\dot q - \lambda_{24}p^2 + \lambda_{11}uq - \lambda_{22}vp - \lambda_{26}pr$$

$$K_I = -\lambda_{24}\dot v - \lambda_{44}\dot p - \lambda_{46}\dot r + (\lambda_{22} - \lambda_{33})vw$$
$$\quad - (\lambda_{35} + \lambda_{26})vq + \lambda_{24}wp + (\lambda_{26} + \lambda_{35})wr - \lambda_{46}pq \qquad (2-37)$$
$$\quad + (\lambda_{55} - \lambda_{66})qr$$

$$M_I = -\lambda_{35}\dot w - \lambda_{55}\dot q + (\lambda_{33} - \lambda_{11})uw + \lambda_{35}uq + \lambda_{46}p^2$$
$$\quad - \lambda_{46}r^2 + \lambda_{26}vp - \lambda_{24}vr + (\lambda_{66} - \lambda_{44})pr$$

$$N_I = -\lambda_{26}\dot v - \lambda_{46}\dot p - \lambda_{66}\dot r + (\lambda_{11} - \lambda_{22})uv - \lambda_{24}up$$
$$\quad - \lambda_{26}ur + \lambda_{24}vq - \lambda_{35}wp + (\lambda_{44} - \lambda_{55})pq + \lambda_{46}qr$$

对于水平面运动，此时，$w = q = \dot w = \dot q = p = \dot p = 0$，式（2-37）简化为

$$\begin{cases} X_I = -\lambda_{11}\dot u + \lambda_{22}vr + \lambda_{26}r^2 \\ Y_I = -\lambda_{22}\dot v - \lambda_{11}ur - \lambda_{26}\dot r \\ N_I = -\lambda_{66}\dot r + (\lambda_{11} - \lambda_{22})uv - \lambda_{26}(\dot v + ur) \end{cases} \qquad (2-38a)$$

认为 λ_{26} 较小略去不计时，则有

$$\begin{cases} X_I = -\lambda_{11}\dot{u} + \lambda_{22}vr \\ Y_I = -\lambda_{22}\dot{v} - \lambda_{11}ur \\ N_I = -\lambda_{66}\dot{r} + (\lambda_{11} - \lambda_{22})uv \end{cases} \tag{2-38b}$$

在特殊情况下,当艇具有漂角 β 做匀速直线运动时,$v=$ 常数,$r=0$,则式(2-38b)变成

$$\begin{cases} X_I = Y_I = 0 \\ N_I = (\lambda_{11} - \lambda_{22})uv \end{cases} \tag{2-39a}$$

潜艇在理想流体中做等速直线运动时,所受水动力(X_I、Y_I)由于艇的首、尾压力合力相等而为零(此即达朗贝尔疑题),只受力矩作用,该力矩就是孟克(Munk)力矩。

当艇作定常回转时,u、v、r 为常量,$\dot{u}=\dot{v}=\dot{r}=0$,流体惯性力由式(2-38a)求得,即

$$\begin{cases} X_I = \lambda_{22}vr + \lambda_{26}r^2 \\ Y_I = -\lambda_{11}ur \\ N_I = (\lambda_{11} - \lambda_{22})uv - \lambda_{26}ur \end{cases} \tag{2-39b}$$

对于垂直面运动,此时,$v=r=\dot{v}=\dot{r}=p=\dot{p}=0$,有

$$\begin{cases} X_I = -\lambda_{11}\dot{u} - \lambda_{35}q^2 - \lambda_{33}wq \\ Z_I = -\lambda_{33}\dot{w} - \lambda_{35}\dot{q} + \lambda_{11}uq \\ M_I = -\lambda_{55}\dot{q} + (\lambda_{33} - \lambda_{11})uw - \lambda_{35}(\dot{w} - uq) \end{cases} \tag{2-40a}$$

认为 λ_{35} 较小,略去不计时,则有

$$\begin{cases} X_I = -\lambda_{11}\dot{u} - \lambda_{33}wq \\ Z_I = -\lambda_{33}\dot{w} + \lambda_{11}uq \\ M_I = -\lambda_{55}\dot{q} + (\lambda_{33} - \lambda_{11})uw \end{cases} \tag{2-40b}$$

与水平面运动相仿,当艇以攻角 α 做匀速直线运动时,$w=$ 常数,$q=0$,则式(2-40b)变成

$$\begin{cases} X_I = Z_I = 0 \\ M_I = (\lambda_{33} - \lambda_{11})uw \end{cases} \tag{2-41}$$

此时,力矩 $(\lambda_{33} - \lambda_{11})uw$ 也是孟克力矩。

三、附加质量与加速度系数的对应关系

根据附加重量 λ_{ij} 下标 i、j 的意义,将其与式(2-22)各(角)加速度水动力系数相比较,例如:

由 $\dot{u}$ 引起的纵向流体惯性力为

$$X(\dot{u}) = X_{\dot{u}}\dot{u}$$

用 λ_{ij} 表示的流体惯性力纵向分量为

$$X_I = -\lambda_{11}\dot{u}$$

可见，λ_{11} 与 $X_{\dot{u}}$ 数值相等，仅差一个负号。其中各项也相同，故有

$$\begin{cases} \lambda_{11} = -X_{\dot{u}} \\ \lambda_{22} = -Y_{\dot{v}} \\ \lambda_{66} = -N_{\dot{r}} \\ \lambda_{26} = -Y_{\dot{r}} = -N_{\dot{v}} = \lambda_{62} \\ \lambda_{33} = -Z_{\dot{w}} \\ \lambda_{55} = -M_{\dot{q}} \\ \lambda_{35} = -Z_{\dot{q}} = -M_{\dot{w}} = \lambda_{53} \end{cases} \tag{2-42}$$

其中各项类似。

为了便于相互比较，常用无因次形式。附加质量和加速度系数进行无因次化时，各自所用的无因次化特征量不同，因此，它们的无因次系数不相等。

无因次的加速度系数按对力遍除 $1/2\rho V^2 L^2$，对力矩遍除 $1/2\rho V^2 L^3$，并计及（角）加速度（$\dot{u}$、$\dot{v}$、$\dot{w}$、$\dot{q}$、$\dot{r}$）的无因次化，这里用加"'"表示无因次化，于是，得到如下定义式，即

$$\begin{cases} X'_{\dot{u}} = \dfrac{X_{\dot{u}}}{\dfrac{1}{2}\rho L^3} \\[4mm] Y'_{\dot{v}} = \dfrac{Y_{\dot{v}}}{\dfrac{1}{2}\rho L^3} \\[4mm] Z'_{\dot{w}} = \dfrac{Z_{\dot{w}}}{\dfrac{1}{2}\rho L^3} \\[4mm] Y'_{\dot{r}} = N'_{\dot{v}} = \dfrac{Y_{\dot{r}}}{\dfrac{1}{2}\rho L^4} = \dfrac{N_{\dot{v}}}{\dfrac{1}{2}\rho L^4} \\[4mm] Z'_{\dot{q}} = M'_{\dot{w}} = \dfrac{Z_{\dot{q}}}{\dfrac{1}{2}\rho L^4} = \dfrac{M_{\dot{w}}}{\dfrac{1}{2}\rho L^4} \\[4mm] N'_{\dot{r}} = \dfrac{N_{\dot{r}}}{\dfrac{1}{2}\rho L^5} \\[4mm] M'_{\dot{q}} = \dfrac{M_{\dot{q}}}{\dfrac{1}{2}\rho L^5} \end{cases} \tag{2-43}$$

且有

$$\dot{u}'=\frac{\dot{u}L}{V^2},\quad \dot{v}'=\frac{\dot{v}L}{V^2},\quad \dot{w}'=\frac{\dot{w}L}{V^2},\quad \dot{q}'=\frac{\dot{q}L^2}{V^2},\quad \dot{r}'=\frac{\dot{r}L^2}{V^2}$$

式中:L 为艇长;ρ 为水的密度;V 为航速。

但是,无因次的附加质量系数定义为

$$\begin{cases} K_{11,22,33}=\dfrac{\lambda_{11,22,33}}{m} \\[2mm] K_{26,35}=\dfrac{\lambda_{26,35}}{m\ \nabla^{1/3}} \\[2mm] K_{55}=\dfrac{\lambda_{55}}{I_y} \\[2mm] K_{66}=\dfrac{\lambda_{66}}{I_z} \end{cases} \qquad (2-44)$$

式中:∇ 为潜艇的水下全排水容积;m 为潜艇的质量;I_y、I_z 为潜艇绕 y、z 轴的转动惯量。

两者的换算关系为

$$\begin{cases} X'_{\dot{u}}=-2K_{11}/\pounds^3=-K_{11}m' \\ Y'_{\dot{v}}=-2K_{22}/\pounds^3=-K_{22}m' \\ Z'_{\dot{w}}=-2K_{33}/\pounds^3=-K_{33}m' \\ Y'_{\dot{r}}=N'_{\dot{v}}=-2K_{26}/\pounds^4 \\ \qquad =-K_{26}m'/\pounds \\ Z'_{\dot{q}}=M'_{\dot{w}}=-2K_{35}/\pounds^4 \\ \qquad =-K_{35}m'/\pounds \\ M'_{\dot{q}}=-K_{55}I'_y \\ N'_{\dot{r}}=-K_{66}I'_z \end{cases} \qquad (2-45)$$

式中:

$$I'_{y,z}=I_{y,z}/\frac{1}{2}\rho L^5 \qquad (2-46)$$

$$m'=m/\frac{1}{2}\rho L^3=2\ \nabla/L^3=2/\pounds^3 \qquad (2-47)$$

$$\pounds=L/\nabla^{1/3}\text{为艇体的修长度。} \qquad (2-48)$$

一般情况下,舰船的附加质量的量值范围如表 2-3-1 所列。

表 2-3-1 舰船附加质量量值范围

λ_{ij}	潜　艇	水　面　舰　艇
λ_{11}/m	0.01~0.03	0.05~0.10
λ_{22}/m	1.1~1.3	0.9~1.2
λ_{33}/m	0.8~1.0	0.9~2.0
λ_{44}/I_x	0.03~0.05	0.05~0.15(无舭龙骨) 0.10~0.30(有舭龙骨)
λ_{55}/I_y	0.8~1.1	1.0~2.0
λ_{66}/I_z	1.1~1.3	1.0~2.0

第四节　作用于潜艇的黏性类水动力

对于在无限深、广、静水中运动的一定的潜艇,"艇体-舵"系所受的黏性类水动力取决于潜艇的运动情况,对水平面和垂直面运动,按式(2-13)、式(2-14),考虑到 $\dot{u}=\dot{v}=\dot{r}=\dot{w}=\dot{q}=0$,则黏性类水动力一般表示式为

$$\begin{cases} X=f_X(u,v,r,\delta) \\ Y=f_Y(u,v,r,\delta) \\ N=f_N(u,v,r,\delta) \end{cases} \tag{2-49}$$

及

$$\begin{cases} X=f_X(u,w,q,\delta_b,\delta_s) \\ Z=f_Z(u,w,q,\delta_b,\delta_s) \\ M=f_M(u,w,q,\delta_b,\delta_s) \end{cases} \tag{2-50}$$

参照式(2-18),在所选择的潜艇初始等速直航基准运动,即 $u_0\neq0$,$v_0=r_0=\delta_0=0$;$w_0=q_0=\delta_{b_0}=\delta_{s_0}=0$ 为泰勒级数展开点展开时,考虑到艇形的对称性、运动特点(弱机动与强机动,水平面与垂直面等)、便于计算、使用操纵性数学模型的形式和水动力系数对操纵运动影响的大小等因素,进行简化处理,对水平面和垂直面运动分述如下。

一、作用于水平面运动潜艇上的黏性类水动力

(一)　线性与非线性表示式

把式(2-49)参照式(2-18)展开时作以下处理。

1. 奇偶性

由于潜艇左右对称于纵中剖面,当 v、r、δ 改变方向(正、负号)时,纵向力 X 的

大小和方向都不改变,故力 X 是 v、r、δ 的偶函数,如图 2-4-1(a)所示。X 的表示式中不含 v、v^3、r、r^3、v^2r、vr^2 等奇次项,故这些项的系数 $\dfrac{\partial X}{\partial r}$、$\dfrac{\partial^3 X}{\partial r^3}$,$\cdots$,$\dfrac{\partial^3 X}{\partial v \partial r^2}$ 等皆为零。

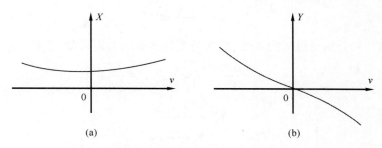

图 2-4-1 X、$Y = f(v)$ 的奇偶性
(a) X 是 v 的偶函数;(b) Y 是 v 的奇函数。

同理,当 v、r、δ 改变符号时,Y、N 的大小不变,只是改变符号,即 Y、N 是 v、r、δ 的奇函数,如图 2-4-1(b)所示。故 Y、N 对 v、r、δ 的偶次阶导数和偶次阶耦合导数皆为零。

2. 线性稳定性导数

对于研究潜艇的航向稳定性和小舵角下的操纵运动,运动参数相对初始基准运动状态的偏离 Δu、v、r、δ 较小,可忽略水动力泰勒展开式中的二阶及其以上项,只保留线性项,从而可得水动力的线性表示式为

$$\begin{cases} X = X_0 + X_u \Delta u \\ Y = Y_0 + Y_u \Delta u + Y_v v + Y_r r + Y_\delta \delta \\ N = N_0 + N_u \Delta u + N_v v + N_r r + N_\delta \delta \end{cases} \tag{2-51}$$

式中:X_0、Y_0、N_0 为潜艇以 $u = u_0$,$v_0 = r_0 = \delta_0 = 0$ 做等速直线运动时,作用在艇上的水动力,其中 X_0 即是潜艇直线航行时的阻力。由于艇左右舷对称,故 $Y_0 = N_0 = 0$(这里不考虑单桨的影响)。

同理,x 方向航速的改变 Δu,不会引起横向力 $Y_u \Delta u$ 和力矩 $N_u \Delta u$,即 $Y_u = N_u = 0$,于是,水动力的线性表示式(2-51)可改写成

$$\begin{cases} X = X_0 + X_u \Delta u \\ Y = Y_v v + Y_r r + Y_\delta \delta \\ N = N_v v + N_r r + N_\delta \delta \end{cases} \tag{2-52}$$

式(2-52)中各水动力导数和运动参数都是有因次的,不便于相互比较,为此,进行无因次化,与加速度系数作无因次化时一样,即

力遍除 $\frac{1}{2}\rho V^2 L^2$：$\quad X'=\dfrac{X}{\frac{1}{2}\rho V^2 L^2}, \quad Y'=\dfrac{Y}{\frac{1}{2}\rho V^2 L^2}$

力矩遍除 $\frac{1}{2}\rho V^2 L^3$：$\quad N'=\dfrac{N}{\frac{1}{2}\rho V^2 L^3}$ $\qquad(2-53)$

式中：X'、Y'、N' 分别为纵向力系数、横向力系数和偏航力矩系数，还有

$$\Delta u'=\frac{\Delta u}{V}, \quad v'=\frac{v}{V}, \quad r'=\frac{rL}{V} \qquad(2-54)$$

$$\begin{cases} X'_u=\dfrac{X_u}{\frac{1}{2}\rho VL^2}, \quad Y'_v=\dfrac{Y_v}{\frac{1}{2}\rho VL^2} \\[3mm] Y'_r=\dfrac{Y_r}{\frac{1}{2}\rho VL^3}, \quad Y'_\delta=\dfrac{Y_\delta}{\frac{1}{2}\rho V^2 L^2} \\[3mm] N'_v=\dfrac{N_v}{\frac{1}{2}\rho VL^3}, \quad N'_r=\dfrac{N_r}{\frac{1}{2}\rho VL^4}, \quad N'_\delta=\dfrac{N_\delta}{\frac{1}{2}\rho V^2 L^3} \end{cases} \qquad(2-55)$$

式（2-52）可改写成无因次形式为

$$\begin{cases} X'=X'_0+X'_u\Delta u' \\ Y'=Y'_v v'+Y'_r r'+Y'_\delta \delta \\ N'=N'_v v'+N'_r r'+N'_\delta \delta \end{cases} \qquad(2-56)$$

上述线性导数 Y'_v、N'_v、Y'_r、N'_r 用于评估水平面的稳定性，故又称其为稳定性导数。

3. 非线性导数

在研究大舵角下的操纵运动和航向不稳定船的操纵性时，必须考虑运动参数的非线性项，如偏航力矩的非线性项（N'_{vvv}）在数值上大致是线性项（N'_v）的 10 倍。根据经验，保留泰勒展开式至三阶项已足够精确。但在实际应用中，关于船舶水动力非线性问题，实用上典型形式有以下两种（除螺旋桨力外），即

$$\begin{cases} X=X_{uu}u^2+X_{vv}v^2+X_{rr}r^2+X_{vr}vr+X_{\delta\delta}\delta^2 \\ Y=Y_v v+Y_r r+Y_{vvv}v^3+Y_{rrr}r^3+Y_{vvr}v^2 r+Y_{vrr}vr^2 \\ \quad +Y_\delta \delta+Y_{\delta\delta\delta}\delta^3+Y_{rr\delta}r^2\delta \\ N=N_v v+N_r r+N_{vvv}v^3+N_{rrr}r^3+N_{vvr}v^2 r+N_{vrr}vr^2 \\ \quad +N_\delta \delta+N_{\delta\delta\delta}\delta^3+N_{rr\delta}r^2\delta \end{cases} \qquad(2-57)$$

以及

$$
\begin{cases}
X = X_{uu}u^2 + X_{vv}v^2 + X_{rr}r^2 + X_{vr}vr + X_{\delta\delta}\delta^2 \\
Y = Y_v v + Y_r r + Y_{v|v|}v|v| + Y_{r|r|}r|r| + Y_{v|r|}v|r| \\
\quad + Y_\delta \delta + Y_{|r|\delta}|r|\delta \\
N = N_v v + N_r r + N_{v|v|}v|v| + N_{r|r|}r|r| + N_{|v|r}|v|r \\
\quad + N_\delta \delta + N_{|r|\delta}|r|\delta
\end{cases}
\tag{2-58}
$$

潜艇操纵性一般使用式(2-58),水面舰船常用式(2-57)。下面就式(2-58)的由来作简要说明。

(1)水动力系数的最高阶数取为二阶,为了书写简明,将二阶项的乘数$\left(\dfrac{1}{2!}\right)$并入各二阶导数值内,如$X_{uu} = \dfrac{1}{2}\dfrac{\partial^2 X}{\partial v^2}$。

(2)纵向力$X(u)$按泰勒级数展开时取

$$
X(u) = X_0 + \frac{\partial X}{\partial u}\Delta u + \frac{1}{2}\frac{\partial^2 X}{\partial u^2}\Delta u^2 = X_{uu}u^2 \tag{2-59}
$$

同时,考虑到艇体左右对称,力X是关于(v,r)的偶函数,它们的一阶导数都为零,故式(2-58)的纵向力只有二阶项,式(2-57)也是如此。

(3)由v、r引起的Y、N的非线性部分Y_{NL}、N_{NL}的确定有两种处理方式。

第一种是基于横向流理论,或牛顿阻力定理,认为升力的非线性部分与剖面横向速度的平方成比例,方向与流动方向相反。若从环流-分离理论来看,即认为展弦比较小的机翼在流体中等速运动所产生的流体动力可看成以下两部分组成。

线性部分:由沿翼弦流动的二因次有环流纵向绕流产生,其大小与攻角成正比。

非线性部分:由绕船体横剖面的横向分流(即横向流)在翼展(此时,艇宽为展,艇长为弦)两侧绕流中途分离,引起压力损失而产生,其大小与迎流速度平方成正比。

第二种是将Y_{NL}、N_{NL}表示成二次或三次多项式,即

$$
\begin{cases}
Y_{NL} = Y_{v|v|}v|v| + Y_{v|r|}v|r| + Y_{r|r|}r|r| \\
N_{NL} = N_{v|v|}v|v| + N_{|v|r}|v|r + N_{r|r|}r|r|
\end{cases}
\tag{2-60}
$$

及

$$
\begin{cases}
Y_{NL} = Y_{vvv}v^3 + Y_{vvr}v^2 r + Y_{vrr}vr^2 + Y_{rrr}r^3 \\
N_{NL} = N_{vvv}v^3 + N_{vvr}v^2 r + N_{vrr}vr^2 + N_{rrr}r^3
\end{cases}
\tag{2-61}
$$

式中:$Y_{r|r|}$项较小,通常略去;$v|v|$、$r|r|$等表示该项的大小与v^2、r^2成正比,但符号

随来流方向(即 v、r)而变;耦合水动力 $Y_{v|r|}v|r|$ 表示 r 对 $Y(v)$ 的影响,耦合水动力矩 $N_{|v|r}|v|r$ 亦是 r 对 $N(v)$ 的影响,它们的符号分别由 v 及 r 决定。

从一些试验曲线的拟合情况看,二次与三次多项式差不多,有时三次式稍好些,但三次多项式的缺点是缺乏理论根据。实际上,水动力基本上是和漂角平方成比例的。此外,二阶系数计算时也较方便。

(4)方向舵的水动力

试验表明,角速度 r 对舵力 $Y(\delta)$ 具有一定影响,故写成

$$\begin{cases} Y(\delta,r) = Y_\delta \delta + Y_r r + Y_{|r|\delta}|r|\delta \\ N(\delta,r) = N_\delta \delta + N_r r + N_{|r|\delta}|r|\delta \end{cases} \tag{2-62}$$

4. 水平面操纵运动的非线性水动力表示式

若将水平面运动时的加速度系数($X_{\dot{u}}$、$Y_{\dot{v}}$、$Y_{\dot{r}}$、$N_{\dot{v}}$、$N_{\dot{r}}$)等代入式(2-58),则得当前常用的水平面操纵运动的非线性水动力表示式(除螺旋桨力外)为

$$\begin{cases} X = X_{\dot{u}}\dot{u} + X_{uu}u^2 + X_{vv}v^2 + X_{rr}r^2 + X_{vr}vr + X_{\delta\delta}\delta^2 \\ Y = Y_{\dot{v}}\dot{v} + Y_{\dot{r}}\dot{r} + Y_v v + Y_r r + Y_{v|v|}v|v| + Y_{v|r|}v|r| + Y_{r|r|}r|r| + Y_\delta \delta + Y_{|r|\delta}|r|\delta \\ N = N_{\dot{v}}\dot{v} + N_{\dot{r}}\dot{r} + N_v v + N_r r + N_{v|v|}v|v| + N_{|v|r}|v|r + N_{r|r|}r|r| + N_\delta \delta + N_{|r|\delta}|r|\delta \end{cases} \tag{2-63a}$$

相应的无因次表示式为

$$\begin{cases} X' = X'_{\dot{u}}\dot{u}' + X'_{uu}u'^2 + X'_{vv}v'^2 + X'_{rr}r'^2 + X'_{vr}v'r' + X'_{\delta\delta}\delta^2 \\ Y' = Y'_{\dot{v}}\dot{v}' + Y'_{\dot{r}}\dot{r}' + Y'_v v' + Y'_r r' + Y'_{v|v|}v'|v'| + Y'_{v|r|}v'|r'| + Y'_{r|r|}r'|r'| + Y'_\delta \delta + Y'_{|r|\delta}|r'|\delta \\ N' = N'_{\dot{v}}\dot{v}' + N'_{\dot{r}}\dot{r}' + N'_v v' + N'_r r' + N'_{v|v|}v'|v'| + N'_{|v||r|}|v'|r'| + N'_{r|r|}r'|r'| + N'_\delta \delta + N'_{|r|\delta}|r'|\delta \end{cases}$$
$$\tag{2-63b}$$

(二) 水动力导数的意义和正负号

各线性水动力导数表示潜艇在以 $u=u_0$ 运动的情况下,保持其他运动参数都不变,只改变某一个运动参数,引起艇-舵系统所受水动力的改变与此运动参数的比值。

(1)导数 Y_v、N_v 是潜艇具有纵向速度 u_0 和横向速度 v 运动时(例如,船模在拖车上改变漂角斜拖,即具有 v,$u=u_0$,$r=\delta=0$),横向力 $Y(v)$ 和力矩 $N(v)$ 曲线在原点的斜率(图 2-4-2)。

由于 $v'=v/V=-\sin\beta \approx -\beta$ 为潜艇运动的漂角,即水动力与潜艇(相对来流)的位置有关,所以 Y_v、N_v 也称为"位置导数"。

Y_v、N_v 的正负号:潜艇以 u_0 和 v 做直线运动时,有漂角($-\beta$),船受到横向力 $Y_v v$ 作用。艇的首部和尾部所受横向力方向相同,都是负的,所以合力是较大的负值,故 $Y_v < 0$。首、尾部产生的横向力对 Gz 轴的力矩方向相反,由于黏性的影响和艇形的缘故决定了首部提供的横向力较大,所以 $N_v < 0$。

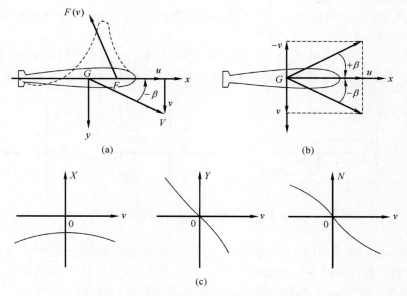

图 2-4-2　船斜航运动时所引起的水动力
（a）压力分布；（b）速度分布；（c）水动力分量的曲线。

横向力 $Y(v)$ 在纵中剖面上的作用点 F，称为水动力中心。F 点到重心 G 的水平距离 l_β 称为水动力中心臂（规定 F 点在 G 点之前 $l_\beta > 0$，反之为负），于是有

$$N(v) = l_\beta \cdot Y(v) \tag{2-64}$$

或用无因次形式

$$l'_\beta = \frac{l_\beta}{L} = \frac{N'_v}{Y'_v} \tag{2-65}$$

（2）Y_δ、N_δ 是艇具有舵角 δ 做等速直线运动时（即 $u = u_0, v = r = 0$。例如，在船池拖车上将船模固定，改变舵角拖航，如图 2-4-3 所示），横向水动力 $Y(\delta)$ 和力矩 $N(\delta)$ 曲线在原点的斜率。

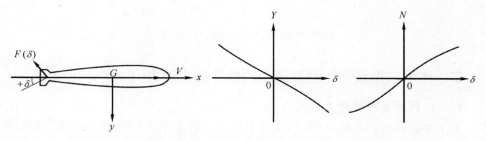

图 2-4-3　δ 引起的水动力 Y、$N = f(\delta)$

Y_δ、N_δ的正负号:由图 2-4-3 看出,$\delta>0$ 时有 $Y(\delta)<0$、$N(\delta)>0$;$\delta<0$ 时则反号。所以 $Y_\delta<0,N_\delta>0$。

(3) Y_r、N_r 是艇具有速度 u_0、角速度 $r(v=\delta=0)$ 做匀速圆周运动时,横向力 $Y(r)$ 和力矩 $N(r)$ 曲线在原点的斜率(图 2-4-4),又称为"旋转导数"。

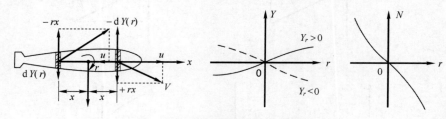

图 2-4-4　r 引起的水动力 Y、$N=f(r)$

Y_r、N_r 的正负号:由图 2-4-4 可见,旋转引起的艇首与艇尾部分的漂角的方向相反,引起的横向力的方向也相反。所以 $Y(r)$ 数值较小,方向也不定,取决于重心前后的艇形。但旋转引起的艇首、尾部分的水动力对重心的力矩的方向是一致的,所以数值比较大,其方向总是阻止潜艇旋转的,因而也称"阻尼力矩",故 $Y_r>0$ 或 $Y_r<0$,但 $N_r<0$。

现在用图 2-4-5 归纳各线性水动力导数的符号。图中各运动参数 u、v、r、δ 皆取正,故图中水动力 Y、N 的方向也就表明了各水动力导数的符号。

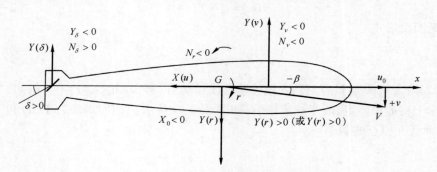

图 2-4-5　水平面运动的线性导数

二、作用在垂直面运动潜艇上的黏性类水动力

(一)　线性与非线性表示式

关于垂直面运动的艇-舵系黏性类水动力一般表示式(2-36)展开时,和水平面运动的情况基本相同,其中主要区别如下:

1. 艇体上、下部不对称于水线面的水动力修正

由于潜艇上、下不对称,当改变 w 方向时,正负攻角 α 所引起的水动力是有差别的,$Z(+w)$ 与 $Z(-w)$ 的变化规律也不同,如图 2-4-6(a)所示,此时,$Z(w)$ 的线性水动力表示式为

$$Z(w)=Z_w w+Z_{|w|}|w| \tag{2-66}$$

式中:$Z_w=\dfrac{1}{2}\left[Z_w^{(+)}+Z_w^{(-)}\right]$ 表示 $\pm w$ 区域的平均速度系数;$Z_{|w|}=\dfrac{1}{2}\left[Z_w^{(+)}-Z_w^{(-)}\right]$ 表示艇形不对称的速度系数修正值。

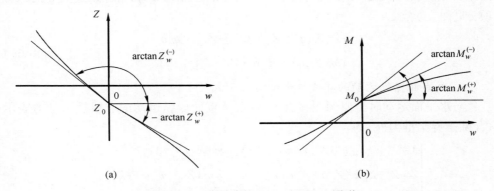

(a)   (b)

图 2-4-6　非对称的 $Z(w)$ 和 $M(w)$ 图形

同理,俯仰力矩 $M(w)$ 的线性水动力表示式为

$$M(w)=M_w w+M_{|w|}|w| \tag{2-67}$$

式中:$M_w=\dfrac{1}{2}\left[M_w^{(+)}+M_w^{(-)}\right]$ 表示速度系数的平均值;$M_{|w|}=\dfrac{1}{2}\left[M_w^{(+)}-M_w^{(-)}\right]$ 表示速度系数的修正值,当 $M(w)$ 为对称函数时则为零。

关于垂向速度所引起的水动力非线性部分 $Z(w)_{NL}$、$M(w)_{NL}$,类似地,也可表示成

$$\begin{cases}Z(w)_{NL}=Z_{w|w|}w|w|+Z_{ww}w^2\\ M(w)_{NL}=M_{w|w|}w|w|+M_{ww}w^2\end{cases} \tag{2-68}$$

式中:$Z_{w|w|}=\dfrac{1}{2}\left[Z_{w|w|}^{(+)}+Z_{w|w|}^{(-)}\right]$ 表示二阶速度系数的平均值;$Z_{ww}=\dfrac{1}{2}\left[Z_{w|w|}^{(+)}-Z_{w|w|}^{(-)}\right]$ 表示二阶速度系数的修正值,对于对称函数为零;$M_{w|w|}=\dfrac{1}{2}\left[M_{w|w|}^{(+)}+M_{w|w|}^{(-)}\right]$ 表示二阶速度系数的平均值;$M_{ww}=\dfrac{1}{2}\left[M_{w|w|}^{(+)}-M_{w|w|}^{(-)}\right]$ 表示二阶速度系数的修正值,对于对称函数为零。

艇体上下不对称,对于其他的水动力也会造成类似的影响。但是,鉴于这种处理方法使得水动力的表达式大为复杂化,而且这种不对称性的影响尚属小量级,如某艇的 $Z_{|w|}$ 是 Z_w 的 10% 左右,而 $M_{|w|}$ 还不到 $1\% M_w$;非线性部分 M_{ww} 是 $M_{w|w|}$ 的 10% 左右,而 Z_{ww} 只是 $Z_{w|w|}$ 的 5%。因此,其余的水动力系数不再考虑不对称的修正。

2. 首、尾水平舵的水动力

潜艇的水平舵分首水平舵和尾水平舵。舵角 δ_b,δ_s 偏转引起的水动力与水平面相仿,舵角和其他运动参数的相互影响只考虑尾舵角 δ_s 和俯仰角速度 q 的耦合项,即

$$
\begin{cases}
Z(\delta_s,q) = Z_{\delta_s}\delta_s + Z_q q + Z_{|q|\delta_s}|q|\delta_s \\
M(\delta_s,q) = M_{\delta_s}\delta_s + M_q q + M_{|q|\delta_s}|q|\delta_s
\end{cases}
\tag{2-69}
$$

3. 垂直面操纵运动的非线性水动力表示式

与水平面运动时类似,参照式(2-63),垂直面操纵运动的非线性水动力表示式(除螺旋桨推力外)为

$$
\begin{cases}
X = X_{\dot u}\dot u + X_{uu}u^2 + X_{ww}w^2 + X_{qq}q^2 + X_{wq}wq + X_{\delta_b\delta_b}\delta_b^2 + X_{\delta_s\delta_s}\delta_s^2 \\
Z = Z_0 + Z_{\dot w}\dot w + Z_{\dot q}\dot q + Z_w w + Z_{|w|}|w| + Z_q q + Z_{w|w|}w|w| + Z_{ww}w^2 \\
\quad + Z_{w|q|}w|q| + Z_{q|q|}q|q| + Z_{\delta_b}\delta_b + Z_{\delta_s}\delta_s + Z_{|q|\delta_s}|q|\delta_s \\
M = M_0 + M_{\dot w}\dot w + M_{\dot q}\dot q + M_w w + M_{|w|}|w| + M_q q + M_{w|w|}w|w| + M_{ww}w^2 \\
\quad + M_{w|q|}w|q| + M_{q|q|}q|q| + M_{\delta_b}\delta_b + M_{\delta_s}\delta_s + M_{|q|\delta_s}|q|\delta_s
\end{cases}
\tag{2-70a}
$$

相应的无因次表示式为

$$
\begin{cases}
X' = X'_{\dot u}\dot u' + X'_{uu}u'^2 + X'_{ww}w'^2 + X'_{qq}q'^2 + X'_{wq}w'q' + X'_{\delta_b\delta_b}\delta_b^2 + X'_{\delta_s\delta_s}\delta_s^2 \\
Z' = Z'_0 + Z'_{\dot w}\dot w' + Z'_{\dot q}\dot q' + Z'_w w' + Z'_{|w|}|w'| + Z'_q q' + Z'_{w|w|}w'|w'| + Z'_{ww}w'^2 \\
\quad + Z'_{w|q|}w'|q'| + Z'_{q|q|}q'|q'| + Z'_{\delta_b}\delta_b + Z'_{\delta_s}\delta_s + Z'_{|q|\delta_s}|q'|\delta_s \\
M' = M'_0 + M'_{\dot w}\dot w' + M'_{\dot q}\dot q' + M'_w w' + M'_{|w|}|w'| + M'_q q' + M'_{w|w|}w'|w'| + M'_{ww}w'^2 \\
\quad + M'_{w|q|}w'|q'| + M'_{q|q|}q'|q'| + M'_{\delta_b}\delta_b + M'_{\delta_s}\delta_s + M'_{|q|\delta_s}|q'|\delta_s
\end{cases}
\tag{2-70b}
$$

其中

$$
Z' = \frac{Z}{\frac{1}{2}\rho V^2 L^2}
$$

$$
M' = \frac{M}{\frac{1}{2}\rho V^2 L^3}
\tag{2-71}
$$

式中：Z'、M'分别为垂向力系数、纵倾力矩系数，并且

$$
\begin{cases}
w' = \dfrac{w}{V} \\[2mm]
q' = \dfrac{qL}{V}
\end{cases}
\tag{2-72}
$$

$$
\begin{cases}
Z'_0 = \dfrac{Z_0}{\frac{1}{2}\rho V^2 L^2}, \quad Z'_w = \dfrac{Z_w}{\frac{1}{2}\rho V L^2} \\[4mm]
Z'_{\delta_b} = \dfrac{Z_{\delta_b}}{\frac{1}{2}\rho V^2 L^2}, \quad Z'_{|w|} = \dfrac{Z_{|w|}}{\frac{1}{2}\rho V L^2} \\[4mm]
Z'_{\delta_s} = \dfrac{Z_{\delta_s}}{\frac{1}{2}\rho V^2 L^2}, \quad Z'_q = \dfrac{Z_q}{\frac{1}{2}\rho V L^3} \\[4mm]
M'_0 = \dfrac{M_0}{\frac{1}{2}\rho V^2 L^3}, \quad M'_w = \dfrac{M_w}{\frac{1}{2}\rho V L^3} \\[4mm]
M'_{\delta_b} = \dfrac{M_{\delta_b}}{\frac{1}{2}\rho V^2 L^3}, \quad M'_{|w|} = \dfrac{M_{|w|}}{\frac{1}{2}\rho V L^3} \\[4mm]
M'_{\delta_s} = \dfrac{M_{\delta_s}}{\frac{1}{2}\rho V^2 L^3}, \quad M'_q = \dfrac{M_q}{\frac{1}{2}\rho V L^4}
\end{cases}
\tag{2-73}
$$

其他各无因次系数的定义式见附录。

当研究小舵角的弱机动时，由于偏离 Δu、w、δ_b、δ_s 小，可忽略水动力泰勒展开式中的二阶以上项，或由式（2-70）退化，参照水平面运动时的水动力线性表示式（2-52），于是，垂直面运动时黏性类水动力的线性表示式为

$$
\begin{cases}
X = X_0 + X_u \Delta u \\
Z = Z_0 + Z_w w + Z_q q + Z_{\delta_b}\delta_b + Z_{\delta_s}\delta_s \\
M = M_0 + M_w w + M_q q + M_{\delta_b}\delta_b + M_{\delta_s}\delta_s
\end{cases}
\tag{2-74a}
$$

无因次表示式为

$$
\begin{cases}
X' = X'_0 + X'_u \Delta u' \\
Z' = Z'_0 + Z'_w w' + Z'_q q' + Z'_{\delta_b}\delta_b + Z'_{\delta_s}\delta_s \\
M' = M'_0 + M'_w w' + M'_q q' + M'_{\delta_b}\delta_b + M'_{\delta_s}\delta_s
\end{cases}
\tag{2-74b}
$$

（二）水动力导数的意义和正负号

（1）关于零升力 Z_0 和零升力矩 M_0。当以 $u=u_0, w=q=\dot{u}=\dot{w}=\dot{q}=\delta_b=\delta_s=0$ 作等速直线运动时，由于艇体上下不对称，故 $Z(u=u_0,0,\cdots,0)=Z_0$ 不为零，称为零升力，如图 2-4-7(a) 所示。

由于艇体前后体不对称，故 $M(u=u_0,0,\cdots,0)=M_0$ 也不为零，称为零升力矩。若用无因次系数 Z_0'、M_0' 则可表示成

$$\begin{cases} Z_0=Z_0'\cdot\dfrac{1}{2}\rho V^2 L^2 \\ M_0=M_0'\cdot\dfrac{1}{2}\rho V^2 L^3 \end{cases} \tag{2-75}$$

可见，对一定的潜艇来讲，水动力 Z_0、M_0 仅与速度平方 V^2 成正比，对艇的平衡有重要影响。从操艇来看，希望 Z_0'、M_0' 值要小，尤其是 M_0' 要小，这样有利于潜艇运动中的均衡。

如图 2-4-7(a) 所示，一般 $Z_0'<0$，而 $M_0'>0$ 或 $M_0'<0$。

零升力 Z_0 在纵中剖面的作用点 F_0，一般位于重心 G 之前，也可在其后，由艇形决定。根据符号规则，有

$$\begin{cases} M_0=-l_0\cdot Z_0 \\ l_0'=\dfrac{l_0}{L}=-\dfrac{M_0'}{Z_0'} \end{cases} \tag{2-76}$$

（2）导数 Z_w、M_w。导数 Z_w、M_w 是潜艇具有纵向速度 u_0 和垂向速度 w 运动时，如图 2-4-7(b) 所示，漂角 $\beta=0$ 时，以不同攻角 α 使船模在水中等速斜拖试验，所测得的垂向力 $Z(w)$、纵倾力矩 $M(w)$，两者曲线在原点 $(w=0)$ 的斜率。

由于 $w'=\dfrac{w}{V}=\sin\alpha\approx\alpha$ 为潜艇运动的攻角，即水动力与潜艇（相对来流）的位置有关，所以 Z_w、M_w 也称为"位置导数"。

Z_w、M_w 的正负号：潜艇以 u_0 和 w 作直线运动时，有攻角 $(+\alpha)$，潜艇受到垂向力 $Z_w w$ 作用，艇的前体和后体所受到的垂向力都是指向 w 的负方向，所以合力 $Z(w)$ 是个较大的负值；当攻角为 $(-\alpha)$ 时，$Z_w w$ 是个正值，所以 $Z_w<0$。前、后体的垂向力对 y 轴的力矩方向相反，由于黏性的影响和艇形的缘故决定了前体提供的垂向力较大，所以水动力 $Z(w)$ 的作用点 F 一般在距艇首的 $(0.20\sim0.30)L$ 处，并称为垂直面运动的水动力中心。一般情况下，它和水平面运动时的水动力中心并不重合，在不至于混淆的场合，仍简称为水动力中心。F 点到重心的距离称为水动力中心臂，记为 l_α，故有 $M_w>0$。

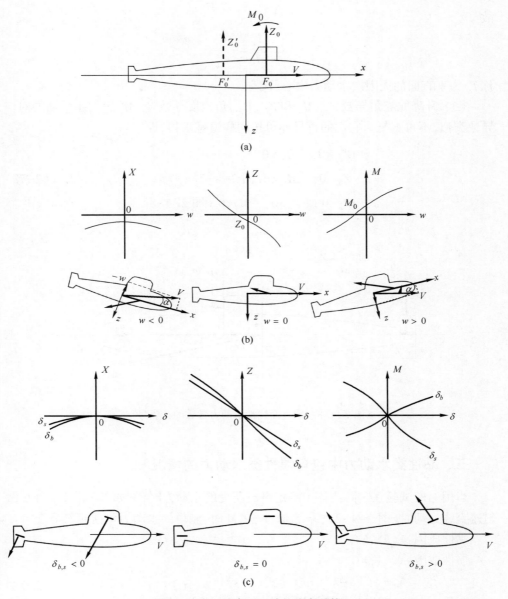

图 2-4-7　垂直面运动的速度系数

（a）潜艇的零升力 Z_0 和零升力矩 M_0；（b）冲角（附加垂向速度）所引起的水动力；

（c）升降舵舵角所引起的水动力。

根据符号规则，还有

$$M(w) = -l_\alpha \cdot Z(w) \tag{2-77}$$

故

$$l'_\alpha = \frac{l_\alpha}{L} = -\frac{M'_w}{Z'_w}$$

称 l'_α 为垂直面的无因次水动力中心臂。

（3）升降舵舵角导数 Z_{δ_b}、M_{δ_b} 和 Z_{δ_s}、M_{δ_s}，角速度导数 Z_q、M_q 等与水平面的对应导数类似，不再重复。它们的符号亦可按同样道理求得，即

$$\begin{cases} Z_{\delta_b}<0, \quad M_{\delta_b}>0 \\ Z_{\delta_s}<0, \quad M_{\delta_s}<0（图 2-4-7（c）） \\ Z_q<0 \text{ 或 } Z_q>0, \quad M_q<0 （图 2-4-8） \end{cases} \qquad (2-78)$$

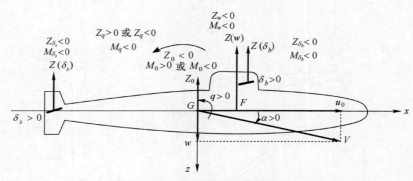

图 2-4-8　垂直面线性水动力导数的正负号

三、黏性类水动力中包含惯性类水动力的情况

当用船模试验在实际流体中测定潜艇所受的水动力时，例如，当艇以漂角 β 做匀速直线运动时（图 2-4-2），v＝常数，$r=0$，此时，测得的水动力包括两部分。

黏性成因：$Y(v)$、$N(v)$。

惯性成因：$X_I = Y_I = 0$

$$N_I = -(\lambda_{22}-\lambda_{11})uv \quad （式(2-39a)）$$

测量 $N(v)$ 时已将此流体惯性力矩 N_I 一并测出，故可令 $N_v-(\lambda_{22}-\lambda_{11})u=\overline{N}_v$。为了书写简便，将 $\overline{N}_v$ 的符号"—"略去，即 $\overline{N}_v \rightarrow N_v$。

同理，对垂直面有

$$M_w + (\lambda_{33}-\lambda_{11})u = \overline{M}_w$$

又如，当潜艇作匀速圆周运动（u、v、r 为常量，$\dot{u}=\dot{v}=\dot{r}=0$，如图 2-4-4 所示）试

验时,由于潜艇在实际流体中运动,所测得的水动力系数 Y_r、N_r 中也包含了黏性和惯性两种成因的水动力,如

$$Y_r - \lambda_{11}u = \overline{Y}_r$$
$$Z_q + \lambda_{11}u = \overline{Z}_q$$

这种情况的出现也与研究水动力的方法有关,如用式(2-13)、式(2-14)那样的多元函数形式,当按泰勒级数展开时,上述问题就隐含其中了。

为了便于应用,根据水动力的多元函数式(2-13),对于水平面运动时的线性表示式可归结如下(式(2-38)、式(2-52)),即

$$\begin{cases} X = X_{\dot{u}}\dot{u} + X_0 + X_u\Delta u \\ Y = Y_{\dot{v}}\dot{v} + Y_{\dot{r}}\dot{r} + Y_v v + Y_r r + Y_\delta \delta \\ N = N_{\dot{v}}\dot{v} + N_{\dot{r}}\dot{r} + N_v v + N_r r + N_\delta \delta \end{cases} \tag{2-79}$$

式中:纵向力 $(X_0 + X_u\Delta u)$ 项是速度为 u 时的潜艇阻力 $X(u) = X_{uu}u^2$,这里也可用式(2-59)代入。

同理,垂直面运动的水动力线性表示式为

$$\begin{cases} X = X_{\dot{u}}\dot{u} + X_{uu}u^2 \\ Z = Z_0 + Z_{\dot{w}}\dot{w} + Z_{\dot{q}}\dot{q} + Z_w w + Z_q q + Z_{\delta_b}\delta_b + Z_{\delta_s}\delta_s \\ M = M_0 + M_{\dot{w}}\dot{w} + M_{\dot{q}}\dot{q} + M_w w + M_q q + M_{\delta_b}\delta_b + M_{\delta_s}\delta_s \end{cases} \tag{2-80}$$

关于平面运动时的水动力非线性表示式见式(2-63)和式(2-70),这里不再重复列出。

四、螺旋桨推力

由螺旋桨理论可知,船后桨的推力 X_T 可按下式确定,即

$$X_T = (1-t)\rho n^2 D^4 K_T \tag{2-81}$$

式中:D 为螺旋桨的直径;n 为螺旋桨的转速;t 为推力减额分数;K_T 为无因次推力系数,是进速比 $J\left(\dfrac{u(1-w)}{nD}\right)$ 的函数(其中,w 时螺旋桨伴流分数),该函数关系可近似写成

$$K_T = f(J) = k_0 + k_1 J + k_2 J^2 \tag{2-82}$$

其中,常系数 k_0、k_1、k_2 可用船后螺旋桨的无因次性能曲线按式(2-82)拟合确定。将式(2-82)代入式(2-81)可得

$$X_T = Au^2 + Bun + Cn^2 \tag{2-83}$$

其中

$$A = (1-t)(1-w)^2 \rho D^2 k_2$$
$$B = (1-t)(1-w)\rho D^3 k_1$$
$$C = (1-t)\rho D^4 k_0$$

对于一定的潜艇来讲,在机动过程中不调节推进主机的条件下,主机转速 n 和航速 u 之间有确定的单值对应关系。利用螺旋桨性能曲线和主机外特征性曲线相匹配,不难求出 n 和 u 之间的对应关系。当潜艇的推进主机是电机时,由于电机具有近似于恒转速的外特性,所以在机动过程中可认为 n 保持常数。

若潜艇作 $\alpha = \beta = \delta = 0$ 的等速直航,航速为 u,螺旋桨转速为 n_c,则进速比 J 可改写成

$$J_c = \frac{(1-w)u_c}{n_c D}$$

如果潜艇在操舵机动的过程中主机的转速不变,即

$$n = n_c = \frac{(1-w)u_c}{D J_c} \tag{2-84}$$

将式(2-84)代入式(2-83),经整理得

$$X_T = \frac{1}{2}\rho L^2 (a_T u^2 + b_T u u_c + c_T u_c^2) \tag{2-85a}$$

或

$$X_T = \frac{1}{2}\rho L^2 u^2 \left[a_T + b_T \left(\frac{u_c}{u}\right) + c_T \left(\frac{u_c}{u}\right)^2 \right] \tag{2-85b}$$

式中:无因次系数 a_T、b_T、c_T 分别为

$$\begin{cases} a_T = \mu k_2, \quad b_T = \mu k_1 / J_c, \quad c_T = \mu k_0 / J_c^2 \\ \mu = 2(1-t)(1-w)^2 D^2 / L^2 \end{cases} \tag{2-86}$$

当 $u = u_c$ 时,螺旋桨推力和潜艇阻力平衡,于是有

$$\frac{1}{2}\rho L^2 u^2 (a_T + b_T + c_T) + \frac{1}{2}\rho L^2 u^2 X'_{uu} = 0$$

所以有

$$a_T + b_T + c_T = -X'_{uu} \tag{2-87}$$

由某艇　　$a_T = 0.45 \times 10^{-3}$,　$b_T = -0.27 \times 10^{-2}$,　$c_T = 0.35 \times 10^{-2}$

如果潜艇的机动幅度较小,也可近似地认为机动过程中螺旋桨的负荷不变,进速比也不变,推力系数 K_T 是个常数。此时,可将式(2-84)直接代入式(2-81),可得关于推力的简化表达式为

$$X_T = a_1 \frac{1}{2}\rho L^2 u_c^2 \qquad (2-88)$$

其中

$$a_1 = \mu K_T / J_c^2 \qquad (2-89)$$

如果螺旋桨轴线不与 Gx 轴重合,设桨轴线的垂向坐标为 z_T,则有纵倾力矩

$$M_T = X_T \cdot z_T \qquad (2-90)$$

相应的无因次形式为

$$M_T' = a_T \cdot z_T' \qquad (2-91)$$

其中

$$a_T = \frac{X_T}{\frac{1}{2}\rho V^2 L^2}$$

$$z_T' = \frac{z_T}{L} \qquad (2-92)$$

对泵喷推进情况按专门技术文献计算。

第五节　水平面操纵运动方程式

操纵运动方程是研究潜艇操纵性的基础。根据使用目的和具有的水动力系数情况,确定操纵方程的构成。这里介绍潜艇操纵性研究中常用的平面运动方程。

一、水平面操纵运动线性方程式

线性方程式只适用于运动参数 Δu、v、r、δ 为小量的弱机动情况,可将运动方程式(2-9)也进行线性化,即略去运动参数 Δu、v、r、δ 的二阶以上的量。

由式(2-9)可知

$$\begin{cases} m(\dot{u}-rv) = X \\ m(\dot{v}+ru) = Y \\ I_z\dot{r} = N \end{cases}$$

其中第一式中,有

$$rv = \Delta r \cdot \Delta v \approx 0$$

而第二式的"ur"可表示为

$$ur = (u_0+\Delta u)\Delta r = u_0\Delta r + \Delta u \cdot \Delta r \approx u_0 r$$

则式(2-9)可改写成

$$\begin{cases} m\dot{u} = X \\ m(\dot{v}+u_0 r) = Y \\ I_z \dot{r} = N \end{cases} \tag{2-93}$$

这样,式(2-93)的第二式、第三式中已不含 u(只含常数 u_0),从而可与第一式分离开。第一式用于确定航速 u,在弱机动时,u 变化很小,一般取 $u=u_c$(或 $u=V\cos\beta \approx V$),$\dot{u}=0$,从而可忽略 X 方程,认为潜艇在 $u=u_0$ 航速下运动,这是线性运动方程的假设之一。

其二,作用于潜艇的水动力函数用泰勒级数展开时,考虑到是弱机动,略去展开式中的二阶及其以上项,只保留线性项(见式(2-79)、式(2-80)),并认为 $Y_0 = N_0 = 0$。

取动系坐标原点在重心,并考虑到潜艇的首、尾部不对称,由此所得的潜艇水平面操纵运动线性方程式为

$$\begin{cases} (m-Y_{\dot{v}})\dot{v} - Y_v v + Y_{\dot{r}}\dot{r} + (mV-Y_r)r = Y_\delta \delta \\ (I_z-N_{\dot{r}})\dot{r} - N_r r - N_{\dot{v}}\dot{v} - N_v v = N_\delta \delta \end{cases} \tag{2-94a}$$

相应地,无因次形式(横向力方程遍除"$\frac{1}{2}\rho V^2 L^2$",偏航力矩方程遍除"$\frac{1}{2}\rho V^2 L^3$")得

$$\begin{cases} (m'-Y'_{\dot{v}})\dot{v}' - Y'_v v' + Y'_{\dot{r}}\dot{r}' + (m'-Y'_r)r' = Y'_\delta \delta \\ (I'_z-N'_{\dot{r}})\dot{r}' - N'_r r' - N'_{\dot{v}}\dot{v}' - N'_v v' = N'_\delta \delta \end{cases} \tag{2-94b}$$

当认为潜艇对称于舯横剖面时,上述方程式中的 $Y_{\dot{r}} = N_{\dot{v}} = 0$,即附加质量 $\lambda_{62} = \lambda_{26} = 0$。

当运动参数 $\dot{v} = \dot{r} = 0$,可得水平面定常回转运动(u、v、r 为常数)的线性方程式为

$$\begin{cases} Y_v v - (mV-Y_r)r = -Y_\delta \delta \\ N_v v + N_r r = -N_\delta \delta \end{cases} \tag{2-95a}$$

相应地,无因次形式为

$$\begin{cases} Y'_v v' - (m'-Y'_r)r' = -Y'_\delta \delta \\ N'_v v' + N'_r r' = -N'_\delta \delta \end{cases} \tag{2-95b}$$

若按 MMG 分离模型,式(2-9)的水平面操纵运动方程可写成

$$\begin{cases} m(\dot{u}-vr) = X = X_H + X_P + X_R \\ m(\dot{v}+ur) = Y = Y_H + Y_R \underline{+Y_P} \\ I_z \dot{r} = N = N_H + N_R \underline{+N_P} \end{cases} \tag{2-96}$$

式中:力 X、Y、N 的下标 H、P、R 分别表示艇体、螺旋桨和舵;"—"上的螺旋桨横向

力 Y_P 及其对动系原点(重心)的力矩 N_P 很小,可省略。

二、水平面操纵运动响应方程

潜艇在广阔水域中的水平面运动,最关心的是航向,因此,需要研究潜艇的首向角对操舵的响应,这对于自动操舵系统尤为有用。

由潜艇操纵运动线性方程式(2-94a)中消去 v,可得潜艇首摇响应线性方程式

$$T_1 T_2 \ddot{r} + (T_1 + T_2) \dot{r} + r = K\delta + KT_3 \dot{\delta} \qquad (2\text{-}97a)$$

其中

$$T_1 T_2 = \left(\frac{L}{V}\right)^2 \frac{(I_z' - N_r')(m' - Y_{\dot{v}}')}{C_H} \qquad (2\text{-}97b)$$

$$T_1 + T_2 = \left(\frac{L}{V}\right)^2 \frac{[-(I_z' - N_r')Y_v' - N_r'(m' - Y_{\dot{v}}')]}{C_H} \qquad (2\text{-}97c)$$

$$T_3 = \left(\frac{L}{V}\right) \frac{(m' - Y_{\dot{v}}')N_\delta'}{Y_\delta' N_v' - N_\delta' Y_v'} \qquad (2\text{-}97d)$$

$$K = \left(\frac{V}{L}\right) \frac{Y_\delta' N_v' - N_\delta' Y_v'}{C_H} \qquad (2\text{-}97e)$$

$$C_H = N_r' Y_v' + N_v'(m' - Y_r') \qquad (2\text{-}97f)$$

同样,从式(2-94a)中消去 r,可得潜艇横漂响应线性方程式

$$T_1 T_2 \ddot{v} + (T_1 + T_2) \dot{v} + v = K_\beta \delta + K_\beta T_{3\beta} \dot{\delta} \qquad (2\text{-}98)$$

式中:K_β、$T_{3\beta}$ 不同于式(2-97a)中的 K、T_3,即

$$T_{3\beta} = \left(\frac{L}{V}\right) \frac{-(I_z' - N_r')Y_\delta'}{N_r' Y_\delta' + N_\delta'(m' - Y_r')} \qquad (2\text{-}99a)$$

$$K_\beta = \frac{N_r' Y_\delta' + N_\delta'(m' - Y_r')}{C_H} \qquad (2\text{-}99b)$$

用式(2-97a)对分析航向稳定性是很方便的,也称二阶线性 $K\text{-}T$ 方程。1957年,野本谦作用自动调节原理的方法(求传递函数),分析式(2-97a)后提出,在操舵不是很频繁的情况下,可近似地用下式代替,即

$$T\dot{r} + r = K\delta \qquad (2\text{-}100)$$

其中

$$T = T_1 + T_2 - T_3 \qquad (2\text{-}101)$$

式(2-100)即是著名的一阶 $K\text{-}T$ 方程,也称野本方程。由于它是一阶线性微分方程,求解和分析问题方便,且系数 K、T 有鲜明的物理意义,又便于试验测定,所以在水面舰船的操纵性研究中得到广泛应用,也可用于潜艇的水平面运动研究。

式(2-97a)、式(2-100)由于作了线性假设,只适用于潜艇在小舵角下的运动,

对于大舵角下的运动和研究不稳定潜艇的操纵特性就不适合了。伯奇(M. Bech)和野本等在式(2-97a)的基础上,增加一些非线性项,提出了非线性响应方程,也称简化型非线性运动方程,常用的有以下两种形式,即

$$T_1 T_2 \ddot{r} + (T_1 + T_2)\dot{r} + r + \alpha r^3 = K\delta + KT_3\dot{\delta} \tag{2-102}$$

$$T_1 T_2 \ddot{r} + (T_1 + T_2)\dot{r} + KH(r) = K\delta + KT_3\dot{\delta} \tag{2-103}$$

式中:α 是系数;$H(r)$ 是 r 的非线性函数,可用自航船模螺线试验确定。

由式(2-97a)可知,当 $\ddot{r} = \dot{r} = \dot{\delta} = 0$ 时,潜艇进入定常回转,定常回转角速度 r 和方向舵角 δ 之间具有线性关系,即

$$r = K\delta \tag{2-104a}$$

根据非线性方程式(2-102)、式(2-103)则有

$$\begin{cases} r + \alpha r^3 = K\delta \\ H(r) = \delta \end{cases} \tag{2-104b}$$

若取 $H(r) = \dfrac{1}{K}(r + \alpha r^3)$,则式(2-103)就与式(2-102)相同。

同样,也有一阶非线性 K-T 方程

$$T\dot{r} + r + \alpha r^3 = K\delta \tag{2-105}$$

三、水平面操纵运动非线性方程式

潜艇的实际运动表明,运动参数 v、r 数值较大,必须考虑运动速度的变化和水动力非线性的影响。为此,将式(2-63a)和推力式(2-85)代入水平面运动一般方程式(2-9),于是得到坐标原点在重心的水平面操纵运动非线性方程式为

$$\begin{cases} m(\dot{u} - vr) = X_{\dot{u}}\dot{u} + X_{uu}u^2 + X_{vv}v^2 + X_{rr}r^2 + X_{vr}vr + X_{\delta\delta}\delta^2 + X_T \\ m(\dot{v} + ur) = Y_{\dot{v}}\dot{v} + Y_{\dot{r}}\dot{r} + Y_v v + Y_r r + Y_{v|v|}v|v| + Y_{r|r|}r|r| + Y_{v|r|}v|r| + Y_\delta \delta + Y_{|r|\delta}|r|\delta \\ I_z \dot{r} = N_{\dot{v}}\dot{v} + N_{\dot{r}}\dot{r} + N_v v + N_r r + N_{v|v|}v|v| + N_{|v|r}|v|r + N_{r|r|}r|r| + N_\delta \delta + N_{|r|\delta}|r|\delta \end{cases} \tag{2-106}$$

或引入无因次水动力系数,并将各(角)加速度项置于等式的左端,其他各项位于右端,并引进计入螺旋桨负荷变化对水动力影响的($\eta - 1$)项,式(2-106)可改写成

$$\begin{cases} \left(m - \dfrac{1}{2}\rho L^3 X_{\dot{u}}'\right)\dot{u} = f_1(u, v, r, \delta) \\ \left(m - \dfrac{1}{2}\rho L^3 Y_{\dot{v}}'\right)\dot{v} - \dfrac{1}{2}\rho L^4 Y_{\dot{r}}'\dot{r} = f_2(u, v, r, \delta) \\ \left(I_z - \dfrac{1}{2}\rho L^5 N_{\dot{r}}'\right)\dot{r} - \dfrac{1}{2}\rho L^4 N_{\dot{v}}'\dot{v} = f_3(u, v, r, \delta) \end{cases} \tag{2-107}$$

其中

$$
\begin{cases}
\begin{aligned}
f_1(u,v,r,\delta) = & \frac{1}{2}\rho L^4(X'_{rr}r^2) + \frac{1}{2}\rho L^3(X'_{vr}vr + m'vr) \\
& + \frac{1}{2}\rho L^2(X'_{uu}u^2 + X'_{vv}v^2 + X'_{\delta\delta}u^2\delta^2) \\
& + \frac{1}{2}\rho L^2(a_T u^2 + b_T uu_c + c_T u_c^2) \\
& + \frac{1}{2}\rho L^2(X'_{v\eta}v^2 + X'_{\delta\delta\eta}u^2\delta_r)(\eta-1)
\end{aligned} \\[2mm]
\begin{aligned}
f_2(u,v,r,\delta) = & \frac{1}{2}\rho L^3(Y'_r ur - m'ur + Y'_{v|r|}v|r| + Y'_{|r|\delta}|r|\delta) \\
& + \frac{1}{2}\rho L^2(Y'_v uv + Y'_{v|v|}v|v| + Y'_\delta u^2\delta) \\
& + \frac{1}{2}\rho L^3 Y'_{r\eta}ur(\eta-1) \\
& + \frac{1}{2}\rho L^2(Y'_{v\eta}uv + Y'_{v|v|\eta}v|v| + Y'_{\delta\eta}u^2\delta)(\eta-1)
\end{aligned} \\[2mm]
\begin{aligned}
f_3(u,v,r,\delta) = & \frac{1}{2}\rho L^5(N'_{r|r|}r|r|) + \frac{1}{2}\rho L^4(N'_r ur + N'_{|v|r}|v|r + N'_{|r|\delta}u|r|\delta) \\
& + \frac{1}{2}\rho L^3(N'_v uv + N'_{v|v|}v|v| + N'_\delta u^2\delta) \\
& + \frac{1}{2}\rho L^4 N'_{r\eta}ur(\eta-1) \\
& + \frac{1}{2}\rho L^3(N'_{v\eta}uv + N'_{v|v|\eta}v|v| + N'_{\delta\eta}u^2\delta)(\eta-1)
\end{aligned}
\end{cases}
\tag{2-108}
$$

式(2-107)是一个关于 $\dot{u}$、$\dot{v}$、$\dot{r}$ 的代数方程组，由此可解出 $\dot{u}$、$\dot{v}$、$\dot{r}$ 为

$$
\begin{cases}
\dot{u} = \dfrac{f_1}{m - \dfrac{1}{2}\rho L^3 X'_{\dot{u}}} \\[6mm]
\dot{v} = \dfrac{\left(I_z - \dfrac{1}{2}\rho L^5 N'_{\dot{r}}\right)f_2 + \left(\dfrac{1}{2}\rho L^4 Y'_{\dot{r}}\right)f_3}{\left(m - \dfrac{1}{2}\rho L^3 Y'_{\dot{v}}\right)\left(I_z - \dfrac{1}{2}\rho L^5 N'_{\dot{r}}\right) + \left(\dfrac{1}{2}\rho L^4 N'_{\dot{v}}\right)\left(-\dfrac{1}{2}\rho L^4 Y'_{\dot{r}}\right)} \\[8mm]
\dot{r} = \dfrac{\left(m - \dfrac{1}{2}\rho L^3 Y'_{\dot{v}}\right)f_3 + \left(\dfrac{1}{2}\rho L^4 N'_{\dot{v}}\right)f_2}{\left(m - \dfrac{1}{2}\rho L^3 Y'_{\dot{v}}\right)\left(I_z - \dfrac{1}{2}\rho L^5 N'_{\dot{r}}\right) + \left(\dfrac{1}{2}\rho L^4 N'_{\dot{v}}\right)\left(-\dfrac{1}{2}\rho L^4 Y'_{\dot{r}}\right)}
\end{cases}
\tag{2-109}
$$

其中

$$\dot{\psi} = r, \ddot{\psi} = \dot{r}$$

对于一定的潜艇,艇的长度、重量、转动惯量、螺旋桨推力和各水动力系数都是已知的。因此,给定航速和操舵规律 $\delta = \delta(t)$ 时,使用计算机进行数值计算,即可求解潜艇的水平面运动参数 $r(t)$、$\psi(t)$、$\beta(t)$ 和回转运动轨迹。

第六节   垂直面操纵运动方程式

潜艇在垂直面中作操纵运动,从平面运动角度看,与水平面运动是相似的,但也有显著不同的特点。潜艇在垂直面运动时,除了受到流体动力作用外,还受到静力及其力矩的作用,对潜艇的垂直面运动产生重要影响,为此,在介绍操纵运动方程式之前,首先补充介绍垂直面运动中所受的静力。

一、作用于潜艇的静力及其力矩

作用于垂直面运动潜艇上的静力,是指静止漂浮于水中的潜艇所受的重力、浮力及其力矩,还有纵向扶正力矩(图 2-6-1)。

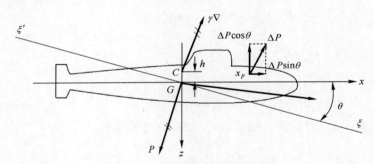

图 2-6-1   作用于运动潜艇的静力

潜艇的重力 $P = mg$,包括主压载水舱和非水密艇体中的水重,即水下全排水量。重力作用于全排水量的重心 G。

潜艇的浮力 $B = \gamma\nabla$,∇ 为水下全排水容积。浮力作用于相应的浮心 C 上。

潜艇水下航行时,习惯上把实际浮力与实际重力之差称为剩余浮力(或称浮力差),即

$$\Delta B = B - P$$

这种情况的产生是因为 B、P 皆是变量。引起剩余浮力的内因是艇内可变载

荷,如鱼雷、水雷、导弹、食品淡水、燃滑油、高压气、蒸馏水等的消耗和代换,使潜艇产生浮力差;其外因则是由于海水密度、温度的变化和潜水深度改变引起艇壳、消声瓦的压缩等原因造成的。如 2014 年初发生的 372 潜艇在大深度低速定深航行时,遭遇海区海水密度突变,惯称"海区断崖",使浮力变小、艇重。加上深度变化大引起通海管路次生破损事故,造成潜艇掉深、进水的严重险情。

由于采用的坐标系和符号规则的缘故,如图 2-6-1 所示,当 B>P 时,称"艇轻",艇将上浮。但按符号规则,此时,剩余浮力 ΔB<0。为此,改用剩余静载替代剩余浮力这一静力学术语,用 ΔP 替代 ΔB,于是有(注意:这里 P、B 仅表示实际重力、浮力,皆取正号)

$$\Delta P = P - B \tag{2-110}$$

当 ΔP>0 时,P>B,艇重,将下沉。

当 ΔP<0 时,P<B,艇轻,将上浮。

当 ΔP=0 时,P=B,中性浮力,悬浮状态。

但是,对运动潜艇来讲,在一定条件下不一定就是上述结论,即 P>B 时,不一定就是潜艇下沉。因为运动潜艇还有水动力的作用,艇的沉浮取决于二者的综合作用。

由于剩余静载不一定恰好作用于艇的重心处,因此,一般还有剩余静载力矩 ΔM_p(或称力矩差)。如图 2-6-1 所示,ΔP 的位置坐标为 x_p(忽略垂向位置的区别,取 $z_p \approx 0$),则 ΔM_p 可近似取为(式中 ΔP、x_p 皆有正负号,式中的"-"是按符号规则引入的)

$$\Delta M_p = -\Delta P \cdot x_p \tag{2-111}$$

此外,由船舶静力学可知,由于潜艇的重力与浮力不作用在同一铅垂线上构成扶正力矩,而且潜艇的水下纵向扶正力矩与横向扶正力矩基本相等,并有

$$M_H(\theta) = -mgh\sin\theta \tag{2-112}$$

式中:h 为对应于水下全排水量的初稳心高;m 为对应于水下全排水量的潜艇质量;g 为重力加速度;θ 为纵倾角;负号"-"是由于 $M_H(\theta)$ 与 θ 反向,为了保证符号一致而采用的。

当纵倾角不大时,取 $\sin\theta \approx \theta$,并写成力矩系数形式,即

$$M_H(\theta) \approx M_\theta \theta \tag{2-113}$$

其中

$$M_\theta = -mgh$$

为了便于比较分析,可写成无因次形式,并略去前置号"Δ",于是,得到无因次静力参数 P'、M_p'、M_θ' 如下,即

$$\begin{cases} P' = \dfrac{P}{\frac{1}{2}\rho V^2 L^2}, x'_p = \dfrac{x_p}{L} \\[3mm] M'_p = \dfrac{M_p}{\frac{1}{2}\rho V^2 L^3}(\,\text{或}\ M'_p = -P' \cdot x'_p\,) \\[3mm] M'_H(\theta) = M'_\theta \theta, M'_\theta = \dfrac{M_\theta}{\frac{1}{2}\rho V^2 L^3} = -\dfrac{m'gh}{V^2} \end{cases} \tag{2-114}$$

二、垂直面操纵运动线性方程式

当潜艇在垂直面内作弱机动,运动参数 Δu、w、q、δ_b、δ_s 为小量时,仿照水平面线性方程式(2-93)也有

$$\begin{cases} m\dot{u} = X \\ m(\dot{w} - u_0 q) = Z \\ I_y \dot{q} = M \end{cases} \tag{2-115}$$

根据同样的原因,将式(2-115)中的第一式分离为独立的航速方程,代入线性水动力式(2-74),计及剩余静载 P、M_p 和扶正力矩 $M_\theta \theta$,可得动系坐标原点在重心,并考虑潜艇前、后体不对称时的垂直面操纵运动线性方程式为

$$\begin{cases} (m - Z_{\dot{w}})\dot{w} - Z_w w - Z_{\dot{q}}\dot{q} - (mV + Z_q)q = Z_0 + Z_{\delta_b}\delta_b + Z_{\delta_s}\delta_s + P \\ (I_y - M_{\dot{q}})\dot{q} - M_q q - M_{\dot{w}}\dot{w} - M_w w = M_0 + M_{\delta_b}\delta_b + M_{\delta_s}\delta_s + X_T z_T + M_p + M_\theta \theta \end{cases} \tag{2-116a}$$

相应地,无因次形式(垂向力方程遍除"$\frac{1}{2}\rho V^2 L^2$",纵倾力矩方程遍除"$\frac{1}{2}\rho V^2 L^3$")为

$$\begin{cases} (m' - Z'_{\dot{w}})\dot{w}' - Z'_w w' - Z'_{\dot{q}}\dot{q}' - (m' + Z'_q)q' = Z'_0 + Z'_{\delta_b}\delta_b + Z'_{\delta_s}\delta_s + P' \\ (I'_y - M'_{\dot{q}})\dot{q}' - M'_q q' - M'_{\dot{w}}\dot{w}' - M'_w w' = M'_0 + M'_{\delta_b}\delta_b + M'_{\delta_s}\delta_s + a_T z'_T + M'_p + M'_\theta \theta \end{cases} \tag{2-116b}$$

当认为潜艇对称于舯横剖面时,式(2-116a)中的 $Z_{\dot{q}} = M_{\dot{w}} = 0$,即附加质量 $\lambda_{35} = \lambda_{53} = 0$。

当运动参数 $\dot{w} = \dot{q} = 0$ 且 $q = 0$,可得 u、w、θ 为常数的垂直面等速直线潜浮运动,常称为俯仰定常运动,其方程式可由式(2-116a)退化得到平衡方程为

$$\begin{cases} Z_w w + Z_{\delta_b}\delta_b + Z_{\delta_s}\delta_s + Z_0 + P = 0 \\ M_w w + M_{\delta_b}\delta_b + M_{\delta_s}\delta_s + M_0 + X_T z_T + M_p + M_\theta \theta = 0 \end{cases} \tag{2-117a}$$

相应地,无因次形式为

$$\begin{cases} Z'_w w' + Z'_{\delta_b}\delta_b + Z'_{\delta_s}\delta_s + Z'_0 + P' = 0 \\ M'_w w' + M'_{\delta_b}\delta_b + M'_{\delta_s}\delta_s + M'_0 + a_T z'_T + M'_p + M'_\theta\theta = 0 \end{cases} \qquad (2\text{-}117b)$$

潜艇的工程设计和实际操纵表明,垂直面操纵运动线性方程式(2-116a)和平衡方程式(2-117a)的应用广泛,使用方便直观,可用于研究潜艇行进间均衡、保持定深航行、计算承载负浮力和评价垂直面深度机动的操纵性特征量。主要不足在于没有反映操纵运动过渡过程的特性。

三、垂直面操纵运动响应方程

潜艇在垂直面运动,深度的变化与保持无疑是最为操艇者所关心的,同时,为了研究垂直面的运动稳定性,需要研究潜艇对操舵或改变静载的响应,或受到瞬时干扰后潜艇的运动响应情况。

由方程式(2-116a)消去 w,并认为 Z_0、M_0、$X_T z_T$ 已在均衡中被消除,航速改变后引起 Z_0、M_0 等的差别计入剩余静载 P、M_P 中,由此可得单操首(或尾)升降舵时的潜艇纵倾响应线性方程式为

$$A_3\dddot{\theta} + A_2\ddot{\theta} + A_1\dot{\theta} + A_0\theta = (M_w Z_{\delta_{b,s}} - M_{\delta_{b,s}}Z_w)\delta_{b,s} - Z_w M_p + M_w P \qquad (2\text{-}118)$$

其中

$$\begin{cases} A_3 = (I_y - M_{\dot{q}})(m - Z_{\dot{w}}) - Z_{\dot{q}}M_{\dot{w}} \\ A_2 = -M_q(m - Z_{\dot{w}}) - (I_y - M_{\dot{q}})Z_w - M_w Z_{\dot{q}} - (mV + Z_q)M_{\dot{w}} \\ A_1 = M_q Z_w - M_\theta(m - Z_{\dot{w}}) - M_w(mV + Z_q) \\ A_0 = M_\theta Z_w \end{cases} \qquad (2\text{-}119)$$

同理,从式(2-116a)中消去 θ,可得潜艇攻角响应线性方程式为

$$A_3\dddot{w} + A_2\ddot{w} + A_1\dot{w} + A_0 w = -M_\theta Z_{\delta_{b,s}}\delta_{b,s} - M_\theta P \qquad (2\text{-}120)$$

或写成攻角 α 的单参数方程式,并计及

$$\alpha \approx \frac{w}{V} = w'$$

$$A_3\dddot{\alpha} + A_2\ddot{\alpha} + A_1\dot{\alpha} + A_0\alpha = -M'_\theta Z'_{\delta_{b,s}}\delta_{b,s} - M'_\theta P' \qquad (2\text{-}121)$$

式中:系数 $A_i(i=0,1,2,3)$ 亦表示成无因次形式,即

$$\begin{cases} A_3 = (I'_y - M'_{\dot{q}})(m' - Z'_{\dot{w}}) - Z'_{\dot{q}}M'_{\dot{w}} \\ A_2 = -M'_q(m' - Z'_{\dot{w}}) - (I'_y - M'_{\dot{q}})Z'_w - M'_w Z'_{\dot{q}} - (m' + Z'_q)M'_{\dot{w}} \\ A_1 = M'_q Z'_w - M'_\theta(m' - Z'_{\dot{w}}) - M'_w(m' + Z'_q) \\ A_0 = M'_\theta Z'_w \end{cases} \qquad (2\text{-}122)$$

四、垂直面操纵运动非线性方程式

当潜艇以高速、大舵角作强机动时,此时,线性方程就不适用了。为此,用式(2-70a)置换式(2-74a),并代入推力公式,可得垂直面操纵运动非线性方程式为

$$
\begin{cases}
m(\dot{u}+wq)=X_{\dot{u}}\dot{u}+X_{uu}u^2+X_{ww}w^2+X_{qq}q^2+X_{wq}wq \\
\qquad\qquad +X_{\delta_s\delta_s}\delta_s^2+X_{\delta_b\delta_b}\delta_b^2+X_T+P\theta \\
m(\dot{w}-uq)=Z_0+Z_{\dot{w}}\dot{w}+Z_{\dot{q}}\dot{q}+Z_w w+Z_{|w|}|w|+Z_q q \\
\qquad\qquad +Z_{w|w|}w|w|+Z_{ww}w^2+Z_{w|q|}w|q|+Z_{q|q|}q|q| \\
\qquad\qquad +Z_{\delta_s}\delta_s+Z_{\delta_b}\delta_b+Z_{|q|\delta_s}|q|\delta_s+P \\
I_y\dot{q}=M_0+M_{\dot{w}}\dot{w}+M_{\dot{q}}\dot{q}+M_w w+M_{|w|}|w|+M_q q+M_{w|w|}w|w| \\
\qquad\qquad +M_{ww}w^2+M_{w|q|}w|q|+M_{q|q|}q|q|+M_{\delta_s}\delta_s+M_{\delta_b}\delta_b \\
\qquad\qquad +M_{|q|\delta_s}|q|\delta_s+X_T z_T+M_p+M_\theta\theta \\
q=\dfrac{\mathrm{d}\theta}{\mathrm{d}t}=\dot{\theta}
\end{cases} \tag{2-123}
$$

或用无因次系数表示成有因次形式,并引入原标准运动方程中考虑螺旋桨负荷变化对水动力影响的($\eta-1$)项(注:详见第三章第三节),即

$$
\begin{cases}
m(\dot{u}+wq)=\dfrac{1}{2}\rho L^4(X'_{qq}q^2)+\dfrac{1}{2}\rho L^3(X'_{\dot{u}}\dot{u}+X'_{wq}wq) \\
\qquad +\dfrac{1}{2}\rho L^2(X'_{uu}u^2+X'_{ww}w^2+X'_{\delta_s\delta_s}u^2\delta_s^2+X'_{\delta_b\delta_b}u^2\delta_b^2) \\
\qquad +\dfrac{1}{2}\rho L^2(a_T u^2+b_T uu_c+c_T u_c^2)+\dfrac{1}{2}\rho L^2(P'u^2\theta) \\
\qquad +\dfrac{1}{2}\rho L^2(X'_{ww\eta}w^2+X'_{\delta_s\delta_s\eta}u^2\delta_s^2)(\eta-1) \\
m(\dot{w}-uq)=\dfrac{1}{2}\rho L^4(Z'_{\dot{q}}\dot{q}+Z'_{q|q|}q|q|) \\
\qquad +\dfrac{1}{2}\rho L^3(Z'_{\dot{w}}\dot{w}+Z'_q uq+Z'_{w|q|}w|q|+Z'_{|q|\delta_s}u|q|\delta_s) \\
\qquad +\dfrac{1}{2}\rho L^2(Z'_0 u^2+Z'_w uw+Z'_{|w|}u|w|+Z'_{w|w|}w|w| \\
\qquad +Z'_{ww}w^2+Z'_{\delta_s}u^2\delta_s+Z'_{\delta_b}u^2\delta_b)+\dfrac{1}{2}\rho L^2(P'u^2) \\
\qquad +\dfrac{1}{2}\rho L^3 Z'_{q\eta}uq(\eta-1)+\dfrac{1}{2}\rho L^2(Z'_{w\eta}uw+Z'_{w|w|\eta}w|w|+Z'_{\delta_s\eta}u^2\delta_s)(\eta-1)
\end{cases}
$$

$$
\begin{cases}
I_y \dot{q} = \dfrac{1}{2}\rho L^5 \left(M_{\dot{q}}' \dot{q} + M_{q|q|}' q\,|q| \right) \\[2mm]
\qquad + \dfrac{1}{2}\rho L^4 \left(M_{\dot{w}}' \dot{w} + M_{q}' uq + M_{w|q|}' w\,|q| + M_{|q|\delta_s}' u\,|q|\delta_s \right) \\[2mm]
\qquad + \dfrac{1}{2}\rho L^3 \left(M_0' u^2 + M_w' uw + M_{|w|}' u\,|w| + M_{w|w|}' w\,|w| \right. \\[2mm]
\qquad \left. + M_{ww}' w^2 + M_{\delta_s}' u^2 \delta_s + M_{\delta_b}' u^2 \delta_b \right) + \dfrac{1}{2}\rho L^3 \left(M_p' u^2 + M_\theta' u^2 \theta \right) \\[2mm]
\qquad + \dfrac{1}{2}\rho L^4 M_{q\eta}' uq\,(\eta-1) + \dfrac{1}{2}\rho L^3 \left(M_{w\eta}' uw + M_{w|w|\eta}' w\,|w| + M_{\delta_s\eta}' u^2 \delta_s \right)(\eta-1) \\[2mm]
q = \dot{\theta}
\end{cases}
\tag{2-124}
$$

上述运动方程中含有 $u(t)$、$w(t)$、$q(t)$ 和 $\theta(t)$ 4 个未知运动参数,通常只有轴向力方程(X 方程)、垂向力方程(Z 方程)和纵倾力矩方程(M 方程),为此,补充运动关系式 $q = \dot{\theta}$。当给定操纵规律 $\delta_s(t)$、$\delta_b(t)$ 和静载情况 $P(t)$、$M_p(t)$,即可求得潜艇的运动响应 $u(t)$、$w(t)$、$q(t)$ 和 $\theta(t)$。其数值解法与水平面运动方程的解法类似。

第七节 潜艇重心运动轨迹方程式

为了确定作平面运动的潜艇在水平面或垂直面的位置,即潜艇在固定坐标系 $\xi E\eta$ 或 $\xi E\zeta$ 平面中艇的重心运动轨迹及首向角、纵倾角为 $\xi_G(t)$、$\eta_G(t)$、$\psi(t)$ 及 $\xi_G(t)$、$\zeta_G(t)$、$\theta(t)$。因此,对于某一定潜艇,若已知诸水动力系数,对于给定的操舵规律 $\delta(t)$ 和静载作用 $P(t)$、$M_p(t)$ 后,即可由平面运动方程式解出运动参数 $\{u(t)$、$v(t)$、$r(t)\}$ 和 $\{u(t)$、$w(t)$、$q(t)\}$,再由这些参数求得重心位置参数(图 1-4-3)。

一、水平面运动轨迹

水平面运动轨迹为

$$
\begin{cases}
\xi_G(t) = \displaystyle\int_0^t V_\xi(t)\,\mathrm{d}t = \int_0^t (u\cos\psi - v\sin\psi)\,\mathrm{d}t \\[3mm]
\eta_G(t) = \displaystyle\int_0^t V_\eta(t)\,\mathrm{d}t = \int_0^t (u\sin\psi + v\cos\psi)\,\mathrm{d}t \\[3mm]
\psi(t) = \displaystyle\int_0^t r(t)\,\mathrm{d}t
\end{cases}
\tag{2-125}
$$

线性化条件下,$u = V = $ 常数,$\cos\psi \approx 1$,$\sin\psi = \psi$,计及 $v = -V\beta$,故有

$$\begin{cases} \xi_G(t) \approx Vt \\ \eta_G(t) \approx V\int_0^t [\psi(t) - \beta(t)]\,\mathrm{d}t \end{cases} \tag{2-126}$$

以上取潜艇的初始位置($t=0$ 时刻)$\xi_{G0} = \eta_{G0} = 0$,即动系原点与定系原点重合。

二、垂直面运动轨迹

垂直面运动轨迹为

$$\begin{cases} \xi_G(t) = \int_0^t V_\xi(t)\,\mathrm{d}t = \int_0^t (u\cos\theta - w\sin\theta)\,\mathrm{d}t \\ \zeta_G(t) = \int_0^t V_\zeta(t)\,\mathrm{d}t = \int_0^t (-u\sin\theta + w\cos\theta)\,\mathrm{d}t \\ \theta(t) = \int_0^t q(t)\,\mathrm{d}t \end{cases} \tag{2-127}$$

线性化条件下,$u = V = $ 常数,$\cos\theta \approx 1$,$\sin\theta \approx \theta$,计及 $w \approx V\alpha$,故有

$$\begin{cases} \xi_G(t) \approx Vt \\ \zeta_G(t) \approx V\int_0^t [\alpha(t) - \theta(t)]\,\mathrm{d}t \end{cases} \tag{2-128}$$

这里亦取 $t=0$,艇的位置 $\xi_{G0} = \zeta_{G0} = 0$。

思考题

1. 为什么说船舶(潜艇)操纵运动是个刚体平面运动?

2. 在潜艇操纵性研究中,对作用于潜艇的流体动力作了哪些假设?

3. 将 Z 向力按多元函数泰勒展开式展开到三阶导数表示式:$Z = f_Z(u, w, q, \dot{u}, \dot{w}, \dot{q}, \delta_b, \delta_s)$。

4. 写出 Z_0、M_0、Y_v、M_{δ_s} 的定义式,并简述其意义和正负号。

5. 说明加速度系数 $N'_{\dot{v}}$、$M'_{\dot{q}}$ 的意义及其对应的附加质量 λ_{ij},并分析影响其量值大小的主要因素。

6. 简述速度导数 Z_w、M_w 的意义及其正负号,并分析说明潜艇垂直面运动的水动力中心臂 l_α 的表示式及其位置的影响因素。

7. 试分析说明角速度导数 Y_r、N_r、Z_q、M_q 的特点及其正负号。

8. 试用刚体力学一般原理分析潜艇垂直面操纵运动线性方程式(2-116a)的组成及意义,并根据垂直面等速直线俯仰定常运动的定义,写出其运动平衡方程式。

第三章　潜艇空间操纵运动方程

引言　随着潜艇水下航速的提高和潜深的增加,潜艇在水中的运动已成为六自由度的空间运动。虽然在许多情况下,在航行的极大部分时间内,基本上仍是个平面运动,然而,为了充分发挥潜艇的战技性能,研究潜艇的空间运动性能是十分重要的。

本章介绍潜艇重心 G 与动系原点 O 不重合的情况下,也就是把潜艇当作质点研究,推导潜艇六自由度运动的一般方程式,在第二章基础上进一步分析空间运动时作用于潜艇的外力(矩)表示式,然后,列出当前常用的空间操纵运动方程的两种典型形式,最后,介绍水下悬停运动及其数学模型。

第一节　潜艇六自由度运动的一般方程

一、质点的线速度

一般情况下,潜艇的重心 G 与动系 O 不重合(注:这里暂时取动系原点为"O"点),此时,可把重心看成作一般运动的刚体上的一点 $S_i(x,y,z)$,根据理论力学的速度合成定理可知,该点(S_i)相对于地球(即定系)的运动速度向量 V_i(即绝对速度)可写成

$$V_i = V_0 + \Omega \times R_i \tag{3-1}$$

式中:V_0 为动系原点 O 相对于定系的速度,即质点 S_i(有时是指潜艇重心 G 点)的牵连速度;Ω 为质点 S_i 绕 O 点的转动角速度,在同一瞬时,潜艇上各点的转动角速度为常数,因为这里视艇体为刚体;R_i 为质点 S_i 相对于 O 点的矢径,且有 $R_i = x\boldsymbol{i} + y\boldsymbol{j} + z\boldsymbol{k}$ 或 $|R_i| = (x^2 + y^2 + z^2)^{1/2}$。

于是,式(3-1)可用分量形式写成

$$V_i = (u\boldsymbol{i} + v\boldsymbol{j} + w\boldsymbol{k}) + (p\boldsymbol{i} + q\boldsymbol{j} + r\boldsymbol{k}) \times (x\boldsymbol{i} + y\boldsymbol{j} + z\boldsymbol{k}) \tag{3-2}$$

式中:u、v、w 为 O 点分别沿 ox、oy、oz 轴的速度分量;p、q、r 为 S_i 点分别绕 ox、oy、oz 轴的角速度分量;$\boldsymbol{i}$、$\boldsymbol{j}$、$\boldsymbol{k}$ 为在动系 ox、oy、oz 轴方向的单位向量,即有

$$|\boldsymbol{i}| = |\boldsymbol{j}| = |\boldsymbol{k}| = 1$$

这里所取的艇体动系 $o\text{-}xyz$ 是一右旋直角坐标系,参照向量积的法则,有

$$\begin{cases} i \times j = k, & j \times k = i, & k \times i = j \\ i \times i = 0, & j \times j = 0, & k \times k = 0 \\ j \times i = -k, & k \times j = -i, & i \times k = -j \end{cases} \quad (3-3)$$

将式(3-3)代入式(3-2),并参照式(2-7),则有

$$\begin{aligned} V_i &= (ui+vj+wk)+pyk-pzj-qxk+qzi+rxj-ryi \\ &= (u+qz-ry)i+(v+rx-pz)j+(w+py-qx)k \end{aligned} \quad (3-4)$$

由 1.4 节可知,设 V 与潜艇纵中剖面的夹角为漂角 β,V 与艇的基面之夹角为攻角 α,参看图 1-4-7(a),有

$$\begin{cases} u = V\cos\beta\cos\alpha \\ v = -V\sin\beta \\ w = V\cos\beta\sin\alpha \end{cases} \quad (3-5)$$

二、质点的加速度

由于 i、j、k 是动系坐标轴上的单位向量,其模是常数,其方向随时间而变化。当动系以角速度 $\boldsymbol{\Omega}$ 转动时,根据向量导数的法则,有

$$\begin{cases} \dfrac{di}{dt} = \boldsymbol{\Omega} \times i = 0i + rj - qk \\[2mm] \dfrac{dj}{dt} = \boldsymbol{\Omega} \times j = 0j + pk - ri \\[2mm] \dfrac{dk}{dt} = \boldsymbol{\Omega} \times k = 0k + qi - pj \end{cases} \quad (3-6)$$

将式(3-4)对时间求导,并代入式(3-6)得

$$\begin{aligned} \frac{dV_i}{dt} &= \frac{d}{dt}\big[(u+qz-ry)i+(v+rx-pz)j+(w+py-qx)k\big] \\ &= \frac{d}{dt}(u+qz-ry)i+(u+qz-ry)\frac{di}{dt} \\ &\quad + \frac{d}{dt}(v+rx-pz)j+(v+rx-pz)\frac{dj}{dt} \\ &\quad + \frac{d}{dt}(w+py-qx)k+(w+py-qx)\frac{dk}{dt} \\ &= \big[(\dot{u}-vr+wq)-x(q^2+r^2)+y(pq-\dot{r})+z(pr+\dot{q})\big]i \\ &\quad + \big[(\dot{v}-wp+ur)-y(r^2+p^2)+z(qr-\dot{p})+x(qp+\dot{r})\big]j \\ &\quad + \big[(\dot{w}-uq+vp)-z(p^2+q^2)+x(rp-\dot{q})+y(rq+\dot{p})\big]k \end{aligned} \quad (3-7)$$

如本节开始时的假定那样,现用潜艇重心 G 点置换质点 S_i,用重心坐标(x_G,

y_G,z_G)代替 $S_i(x,y,z)$,则重心的速度 $\boldsymbol{V}_G$、加速度$\dfrac{\mathrm{d}\boldsymbol{V}_G}{\mathrm{d}t}$如式(3-4)、式(3-7)所列。

三、潜艇六自由度运动的一般方程式

（一）力的方程式

由动量定理可知,当潜艇(刚体)的动量 $\boldsymbol{B}$ 用质量 m 和质心速度 $\boldsymbol{V}_G$ 的乘积表示,即此时动量定理即是质心运动定理,设作用于潜艇的外力为 $\boldsymbol{F}$,则有

$$m\frac{\mathrm{d}\boldsymbol{V}_G}{\mathrm{d}t}=\boldsymbol{F} \tag{3-8}$$

将式(3-7)代入式(3-8)得

$$\begin{aligned}
\boldsymbol{F}=m\{&[(\dot{u}-vr+wq)-x_G(q^2+r^2)+y_G(pq-\dot{r})+z_G(pr+\dot{q})]\boldsymbol{i}\\
&+[(\dot{v}-wp+ur)-y_G(r^2+p^2)+z_G(qr-\dot{p})+x_G(qp+\dot{r})]\boldsymbol{j}\\
&+[(\dot{w}-uq+vp)-z_G(p^2+q^2)+x_G(rp-\dot{q})+y_G(rq+\dot{p})]\boldsymbol{k}\}
\end{aligned} \tag{3-9}$$

如将外力 $\boldsymbol{F}$ 分解为沿 ox、oy、oz 轴的分量 X、Y、Z,于是有

$$\boldsymbol{F}=X\boldsymbol{i}+Y\boldsymbol{j}+Z\boldsymbol{k} \tag{3-10}$$

则有

$$\begin{cases}
X=m[(\dot{u}-vr+wq)-x_G(q^2+r^2)+y_G(pq-\dot{r})+z_G(pr+\dot{q})]\\
Y=m[(\dot{v}-wp+ur)-y_G(r^2+p^2)+z_G(qr-\dot{p})+x_G(qp+\dot{r})]\\
Z=m[(\dot{w}-uq+vp)-z_G(p^2+q^2)+x_G(rp-\dot{q})+y_G(rq+\dot{p})]
\end{cases} \tag{3-11}$$

式(3-11)即是重心 G 与动系原点 O 不重合时,质心运动定理在动系上的表示式。它表示作用于刚体的外力与运动参数之间的关系,也称为力的方程式。

（二）欧拉动力学方程

下面推导刚体绕定点转动的欧拉动力学方程式。取作用于刚体(潜艇)上任一质点 S_i,S_i 的外力对动系原点 O 的力矩 $\mathrm{d}\boldsymbol{M}_i$ 为

$$\mathrm{d}\boldsymbol{M}_i=\boldsymbol{R}_i\times\mathrm{d}\boldsymbol{F}_i \tag{3-12}$$

式中:$\boldsymbol{R}_i$ 为质点 S_i 相对于 O 点的矢径,可表示为

$$\boldsymbol{R}_i=x\boldsymbol{i}+y\boldsymbol{j}+z\boldsymbol{k} \tag{3-13a}$$

$\mathrm{d}\boldsymbol{F}_i$ 为作用于 S_i 的外力,由牛顿第二定律可知

$$\mathrm{d}\boldsymbol{F}_i=\mathrm{d}m_i\frac{\mathrm{d}\boldsymbol{V}_i}{\mathrm{d}t} \tag{3-13b}$$

$\mathrm{d}m_i$ 为质点 S_i 的质量,记为

$$\mathrm{d}m_i=\rho\mathrm{d}x\mathrm{d}y\mathrm{d}z \tag{3-14}$$

其中,ρ 为质点 $S_i(x,y,z)$ 的密度,$\mathrm{d}x\mathrm{d}y\mathrm{d}z$ 为 S_i 的微元体积。

当在潜艇水下全排水体积∇范围内积分时,可得潜艇质量为

$$m = \int_\nabla \rho \, dx dy dz \qquad (3-15a)$$

类似还有

$$\begin{cases} mx_G = \int_\nabla \rho x \, dx dy dz \\ my_G = \int_\nabla \rho y \, dx dy dz \\ mz_G = \int_\nabla \rho z \, dx dy dz \end{cases} \qquad (3-15b)$$

将式(3-13)、式(3-7)代入式(3-12),并在∇范围内积分,于是有

$$\begin{aligned} \boldsymbol{M} = & [\, I_{xx}\dot{p} + (I_{zz}-I_{yy})qr - I_{zx}(\dot{r}+pq) + I_{yz}(r^2-q^2) + I_{xy}(pr-\dot{q}) \\ & + my_G(\dot{w}+pv-qu) - mz_G(\dot{v}+ru-pw)\,]\boldsymbol{i} \\ & + [\, I_{yy}\dot{q} + (I_{xx}-I_{zz})rp - I_{xy}(\dot{p}+qr) + I_{zx}(p^2-r^2) + I_{yz}(qp-\dot{r}) \\ & + mz_G(\dot{u}+qw-rv) - mx_G(\dot{w}+pv-qu)\,]\boldsymbol{j} \\ & + [\, I_{zz}\dot{r} + (I_{yy}-I_{xx})pq - I_{yz}(\dot{q}+rp) + I_{yx}(q^2-p^2) + I_{zx}(rq-\dot{p}) \\ & + mx_G(\dot{v}+ru-pw) - my_G(\dot{u}+qw-rv)\,]\boldsymbol{k} \qquad (3-16) \end{aligned}$$

其中

$$\begin{cases} I_{xx} = \sum m_i(y_i^2 + z_i^2) = \int_\nabla \rho(y_i^2 + z_i^2)\, dx dy dz \\ I_{yy} = \sum m_i(z_i^2 + x_i^2) = \int_\nabla \rho(z_i^2 + x_i^2)\, dx dy dz \\ I_{zz} = \sum m_i(x_i^2 + y_i^2) = \int_\nabla \rho(x_i^2 + y_i^2)\, dx dy dz \end{cases} \qquad (3-17a)$$

$$\begin{cases} I_{xy} = \sum m_i x_i y_i = \int_\nabla \rho x_i y_i \, dx dy dz \\ I_{yz} = \sum m_i y_i z_i = \int_\nabla \rho y_i z_i \, dx dy dz \\ I_{zx} = \sum m_i z_i x_i = \int_\nabla \rho z_i x_i \, dx dy dz \end{cases} \qquad (3-17b)$$

式中:I_{xx}、I_{yy}、I_{zz}为潜艇质量m对ox、oy、oz轴的转动惯量(即$I_{xx}=I_x$,$I_{yy}=I_y$,$I_{zz}=I_z$);I_{xy}、I_{yz}、I_{zx}为潜艇质量m对xoy、yoz、xoz平面的惯性积。

考虑到潜艇操纵性研究中采用的动系是与艇体惯性主轴重合的,于是有$I_{xy}=I_{yz}=I_{zx}=0$。此外,作用于潜艇的外力矩$\boldsymbol{M}$在动系上的分量为

$$\boldsymbol{M} = K\boldsymbol{i} + M\boldsymbol{j} + N\boldsymbol{k}$$

从而有

$$\begin{cases} K = I_{xx}\dot{p} + (I_{zz}-I_{yy})qr + m[y_G(\dot{w}+pv-qu) - z_G(\dot{v}+ru-pw)] \\ M = I_{yy}\dot{q} + (I_{xx}-I_{zz})rp + m[z_G(\dot{u}+qw-rv) - x_G(\dot{w}+pv-qu)] \\ N = I_{zz}\dot{r} + (I_{yy}-I_{xx})pq + m[x_G(\dot{v}+ru-pw) - y_G(\dot{u}+qw-rv)] \end{cases} \quad (3-18)$$

当动系原点取在艇的重心 G 点时,式(3-18)简化成

$$\begin{cases} K = I_{xx}\dot{p} + (I_{zz}-I_{yy})qr \\ M = I_{yy}\dot{q} + (I_{xx}-I_{zz})rp \\ N = I_{zz}\dot{r} + (I_{yy}-I_{xx})pq \end{cases} \quad (3-19)$$

式(3-19)就是刚体绕定点转动的动力学方程,通常称为欧拉动力学方程,是1776年欧拉首先导出的。在推导过程中作了两次简化。

(1)采用固连于刚体的动系,以使 I_{xx}、I_{xy} 等都是常数。

(2)采用原点上的惯性主轴为动系的坐标轴,以消去惯性积 I_{xy} 等。由此使方程组多出了 $(I_{zz}-I_{yy})qr$ 等项,即回转效应。

(三) 潜艇空间运动的一般方程

将式(3-11)、式(3-18)或式(3-19)合在一起,即是潜艇在空间六自由度运动方程的一般形式。此时,艇的重心 G 与动系原点 O 不重合(或重合),但动系三坐标轴是艇体的惯性主轴,即

$$\begin{cases} X = m[(\dot{u}-vr+wq) - x_G(q^2+r^2) + y_G(pq-\dot{r}) + z_G(pr+\dot{q})] \\ Y = m[(\dot{v}-wp+ur) - y_G(r^2+p^2) + z_G(qr-\dot{p}) + x_G(qp+\dot{r})] \\ Z = m[(\dot{w}-uq+vp) - z_G(p^2+q^2) + x_G(rp-\dot{q}) + y_G(rq+\dot{p})] \\ K = I_{xx}\dot{p} + (I_{zz}-I_{yy})qr + m[y_G(\dot{w}+pv-qu) - z_G(\dot{v}+ru-pw)] \\ M = I_{yy}\dot{q} + (I_{xx}-I_{zz})rp + m[z_G(\dot{u}+qw-rv) - x_G(\dot{w}+pv-qu)] \\ N = I_{zz}\dot{r} + (I_{yy}-I_{xx})pq + m[x_G(\dot{v}+ru-pw) - y_G(\dot{u}+qw-rv)] \end{cases} \quad (3-20)$$

对于潜艇在水平面运动的一般方程:

取 $w=p=q=\dot{w}=\dot{p}=\dot{q}=0$,由式(3-12)、式(3-18)(下同)退化得到

$$\begin{cases} m(\dot{u}-vr-x_G r^2-y_G\dot{r}) = X \\ m(\dot{v}-ur-y_G r^2-x_G\dot{r}) = Y \\ I_{zz}\dot{r} + m[x_G(\dot{v}+ur) - y_G(\dot{u}-vr)] = N \end{cases} \quad (3-21a)$$

同理,垂直面运动的一般方程为

$$\begin{cases} m(\dot{u}+wq-x_G q^2+z_G\dot{q}) = X \\ m(\dot{w}-uq-z_G q^2-x_G\dot{q}) = Z \\ I_{yy}\dot{p} + m[z_G(\dot{u}+qw) - x_G(\dot{w}-qu)] = M \end{cases} \quad (3-21b)$$

还有,横滚面运动的一般方程为

$$\begin{cases} m(\dot{v}-wp-y_G p^2+z_G \dot{p})=X \\ m(\dot{w}+vp-z_G p^2+y_G \dot{p})=Z \\ I_{zz}\dot{p}+m[y_G(\dot{w}+vp)-z_G(\dot{v}-pw)]=K \end{cases} \tag{3-21c}$$

如果假定 G、O 点重合,上述三组方程可进一步简化。此时,$x_G=y_G=z_G=0$,将其代入式(3-21a)和式(3-21b)即得式(2-9)、式(2-10)。

第二节　空间运动的受力表示式

本节介绍潜艇空间运动时所受的外力(矩),包括重力与浮力等静力、艇体水动力、舵力和螺旋桨推力等的空间表示式,故需将定系中的量转换到动坐标系。

一、坐标轴变换

潜艇空间运动的坐标系如图 1-4-1 所示,为了与平面运动区别,这里取动系原点为 O。潜艇在空间的位置取决于动坐标系原点在定系中的 3 个坐标分量 ξ_0、η_0、ζ_0 以及动系对于定系的 3 个姿态角 ψ、θ、φ。这 3 个空间姿态角重新定义如下(图 3-2-1)。

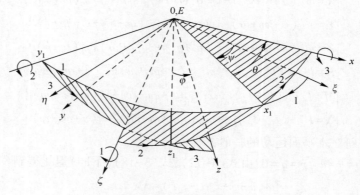

图 3-2-1　空间姿态角

首向角 ψ——艇体 ox 轴在水平面 $\xi o\eta$ 上的投影 ox_1 与 $E\xi$ 轴之间的夹角。

纵倾角 θ——ox 轴与水平面 $\xi o\eta$ 之间的夹角。

横倾角 φ——艇体对称面 xoz 与通过 ox 轴的铅垂面 $xo\zeta$ 之间的夹角。

各角度的正向都以定系为起点按右手法则确定。因此,定系通过 3 次旋转即可与动系重合(图 3-2-2)。

第一次,绕 $o\zeta$ 轴旋转首向角 ψ:$o\xi \rightarrow ox_1$,$o\eta \rightarrow oy_1$。

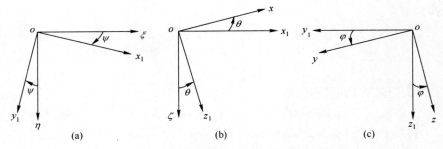

图 3-2-2　由固定坐标系到动坐标系的 3 次旋转变换

第二次,绕 oy_1 轴旋转纵倾角 θ:$ox_1{\rightarrow}ox$,$o\zeta{\rightarrow}oz_1$。

第三次,绕 ox 轴旋转横倾角 φ:$oy_1{\rightarrow}oy$,$oz_1{\rightarrow}oz$。

参看图 3-2-2,第一次绕 $o\zeta$ 轴旋转 ψ 后,则有

$$\begin{bmatrix} \xi \\ \eta \\ \zeta \end{bmatrix} = \begin{bmatrix} \cos\psi & -\sin\psi & 0 \\ \sin\psi & \cos\psi & 0 \\ 0 & 0 & 1 \end{bmatrix} \begin{bmatrix} x_1 \\ y_1 \\ \zeta \end{bmatrix} \tag{3-22a}$$

第二次绕 oy_1 轴旋转 θ 角后,则有

$$\begin{bmatrix} x_1 \\ y_1 \\ \zeta \end{bmatrix} = \begin{bmatrix} \cos\theta & 0 & \sin\theta \\ 0 & 1 & 0 \\ -\sin\theta & 0 & \cos\theta \end{bmatrix} \begin{bmatrix} x \\ y_1 \\ z_1 \end{bmatrix} \tag{3-22b}$$

第三次绕 ox 轴旋转 φ 角后,则有

$$\begin{bmatrix} x \\ y_1 \\ z_1 \end{bmatrix} = \begin{bmatrix} 1 & 0 & 0 \\ 0 & \cos\varphi & -\sin\varphi \\ 0 & \sin\varphi & \cos\varphi \end{bmatrix} \begin{bmatrix} x \\ y \\ z \end{bmatrix} \tag{3-22c}$$

综合式(3-22a)~式(3-22c),可得坐标转换关系式为

$$\begin{bmatrix} \xi \\ \eta \\ \zeta \end{bmatrix} = \begin{bmatrix} \cos\psi & -\sin\psi & 0 \\ \sin\psi & \cos\psi & 0 \\ 0 & 0 & 1 \end{bmatrix} \begin{bmatrix} \cos\theta & 0 & \sin\theta \\ 0 & 1 & 0 \\ -\sin\theta & 0 & \cos\theta \end{bmatrix} \begin{bmatrix} 1 & 0 & 0 \\ 0 & \cos\varphi & -\sin\varphi \\ 0 & \sin\varphi & \cos\varphi \end{bmatrix} \begin{bmatrix} x \\ y \\ z \end{bmatrix} \tag{3-23}$$

或

$$\begin{bmatrix} \xi \\ \eta \\ \zeta \end{bmatrix} = T \begin{bmatrix} x \\ y \\ z \end{bmatrix} \tag{3-24}$$

式中:旋转矩阵 T 为

$$T = \begin{bmatrix} \cos\psi\cos\theta & \cos\psi\sin\theta\sin\varphi-\sin\psi\cos\varphi & \cos\psi\sin\theta\cos\varphi+\sin\psi\sin\varphi \\ \sin\psi\cos\theta & \sin\psi\sin\theta\sin\varphi+\cos\psi\cos\varphi & \sin\psi\sin\theta\cos\varphi-\cos\psi\sin\varphi \\ -\sin\theta & \cos\theta\sin\varphi & \cos\theta\cos\varphi \end{bmatrix} \tag{3-25}$$

逆变换为

$$
\begin{bmatrix} x \\ y \\ z \end{bmatrix} = \boldsymbol{T}^{-1} \begin{bmatrix} \xi \\ \eta \\ \zeta \end{bmatrix}
\tag{3-26}
$$

式中:$\boldsymbol{T}^{-1}$为矩阵$\boldsymbol{T}$的逆矩阵,即

$$
\boldsymbol{T}^{-1} = \begin{bmatrix} \cos\psi\cos\theta & \sin\psi\cos\theta & -\sin\theta \\ \cos\psi\sin\theta\sin\varphi-\sin\psi\cos\varphi & \sin\psi\sin\theta\sin\varphi+\cos\psi\cos\varphi & \cos\theta\sin\varphi \\ \cos\psi\sin\theta\cos\varphi+\sin\psi\sin\varphi & \sin\psi\sin\theta\cos\varphi-\cos\psi\sin\varphi & \cos\theta\cos\varphi \end{bmatrix}
\tag{3-27}
$$

二、静力

作用在潜艇上的静力包括重力、浮力及它们的力矩。重力可以分成两部分,即水下全排水量P_0和载荷的改变量ΔP,前者作用于重心$G(x_G, y_G, z_G)$,后者作用于$G_i(x_{Gi}, y_{Gi}, z_{Gi})$。

浮力也可以分成两部分:水下全排水容积浮力B_0,作用于$C(x_c, y_c, z_c)$;浮力的改变量ΔB,作用于$C_j(x_{cj}, y_{cj}, z_{cj})$。所以,总的重力和浮力为

$$
\begin{cases} P = P_0 + \Delta P = P_0 + \sum P_i (i=1,2,\cdots,n) \\ B = B_0 + \Delta B = B_0 + \sum B_j (j=1,2,\cdots,m) \end{cases}
\tag{3-28}
$$

其中,$P_0 = B_0$,且有$x_G = x_c$,$y_G = y_c$,$Z_c - Z_G = h$。

由于重力和浮力的方向总是铅垂的,所以在定系中的分量为$\{0, 0, P-B\}$。将其转移到动系上去,按式(3-28)有

$$
\begin{bmatrix} X \\ Y \\ Z \end{bmatrix} = \boldsymbol{T}^{-1} \begin{bmatrix} 0 \\ 0 \\ P-B \end{bmatrix}
\tag{3-29}
$$

由式(3-24)得

$$
\begin{cases} X = -(P-B)\sin\theta \\ Y = (P-B)\cos\theta\sin\varphi \\ Z = (P-B)\cos\theta\cos\varphi \end{cases}
\tag{3-30}
$$

静力对于动系原点的力矩为

$$
\boldsymbol{M} = \boldsymbol{R}_{Gi} \times \Delta P_i + \boldsymbol{R}_{cj} \times \Delta B_j
\tag{3-31}
$$

式中:$\boldsymbol{R}_{Gi}$、$\boldsymbol{R}_{cj}$为重力和浮力作用点对于动系原点的矢径。将此式展开得

$$
\boldsymbol{M} = \Delta P_i \begin{vmatrix} \boldsymbol{i} & \boldsymbol{j} & \boldsymbol{k} \\ x_{Gi} & y_{Gi} & z_{Gi} \\ -\sin\theta & \cos\theta\sin\varphi & \cos\theta\cos\varphi \end{vmatrix} - \Delta B_j \begin{vmatrix} \boldsymbol{i} & \boldsymbol{j} & \boldsymbol{k} \\ x_{cj} & y_{cj} & z_{cj} \\ -\sin\theta & \cos\theta\sin\varphi & \cos\theta\cos\varphi \end{vmatrix}
\tag{3-32}
$$

或用分量表示,并略去改变量符号"Δ",则有

$$\begin{cases} K = (\bar{y}_G P - \bar{y}_c B)\cos\theta\cos\varphi - (hP_0 + \bar{z}_G P - \bar{z}_c B)\cos\theta\sin\varphi \\ M = -(hP_0 + \bar{z}_G P - \bar{z}_c B)\sin\theta - (\bar{x}_G P - \bar{x}_c B)\cos\theta\cos\varphi \\ N = (\bar{x}_G P - \bar{x}_c B)\cos\theta\sin\varphi + (\bar{y}_G P - \bar{y}_c B)\sin\theta \end{cases} \quad (3-33)$$

其中

$$\begin{cases} \bar{x}_G = \dfrac{\sum\limits_{i=1}^{n} x_{Gi} p_i}{\Delta P}, \ \bar{y}_G = \dfrac{\sum\limits_{i=1}^{n} y_{Gi} p_i}{\Delta P}, \ \bar{z}_G = \dfrac{\sum\limits_{i=1}^{n} z_{Gi} p_i}{\Delta P} \\[4mm] \bar{x}_c = \dfrac{\sum\limits_{j=1}^{m} x_{cj} B_j}{\Delta B}, \ \bar{y}_c = \dfrac{\sum\limits_{j=1}^{m} y_{cj} B_j}{\Delta B}, \ \bar{z}_c = \dfrac{\sum\limits_{j=1}^{m} z_{cj} B_j}{\Delta B} \end{cases} \quad (3-34)$$

为简化书写,省去式(3-34)中的符号"—"。注意:式中的 P、B 与 (x_G, y_G, z_G) 及 (x_c, y_c, z_c) 是指重力与浮力的改变量及它们的作用位置。

三、潜艇所受的黏性水动力

在第二章介绍了两个平面运动中所受的线性和非线性黏性类水动力,对惯性类水动力则作了整体介绍,本节仅补充介绍空间运动中黏性水动力的一些特殊情形。

(一) 横摇运动时角速度 p 引起的水动力

潜艇在直航中叠加横倾角速度 p,潜艇的瞬间运动犹如是个螺旋运动。该运动对于主艇体的影响是引起了横倾阻尼力矩;对于指挥室围壳、舵和稳定翼等附体,将改变它们的局部攻角从而引起附加水动力,这些附加水动力也将构成部分横倾阻尼力矩。由 p 引起的横倾阻尼力矩可分成线性项 $K_p p$ 和非线性项 $K_{p|p|} p|p|$。此外,如果直航时相对于艇体的流动存在不对称性,如单桨艇,还有零力矩 $K_0 u^2$,故有

$$K(p) = K_0 u^2 + K_p p + K_{p|p|} p|p| \quad (3-35)$$

另外,由于艇体上下不对称,p 引起的附加水动力除了产生横倾阻尼力矩外,还导致其他坐标轴方向上的力和力矩 $Y(p)$、$Z(p)$ 和 $N(p)$、$M(p)$,并且 $Y(p)$ 和 $N(p)$ 是 p 的奇函数,$Z(p)$ 和 $M(p)$ 是 p 的偶函数。其中 $Z(p)$ 和 $M(p)$ 要比 $Y(p)$ 和 $N(p)$ 小得多,通常忽略,并可表示为

$$\begin{cases} Y(p) = Y_p p + Y_{p|p|} p|p| \\ N(p) = N_p p + N_{p|p|} p|p| \\ Z(p) = Z_{pp} p^2 \\ M(p) = M_{pp} p^2 \end{cases} \quad (3-36)$$

(二) 两个平面运动之间的相互影响

由于艇形左右对称,故垂直面运动参数 w、q 只引起 $Z(w, q)$、$M(w, q)$,而不会

产生 Y、N、K 力。但因为艇形上下不对称,水平面运动参数 v、r 不只引起 $Y(v,r)$、$N(v,r)$,而且还会产生 $Z(v,r)$、$M(v,r)$ 和 $K(v,r)$。Z、M 为偶函数,该项就是水平面回转运动引起的垂直面的艇重(下沉力)和尾重(尾倾力矩),而 $K(v,r)$ 是奇函数。它们可写成

$$\begin{cases} Z(v,r)=Z_{vv}v^2+Z_{rr}r^2+Z_{vr}vr \\ M(v,r)=M_{vv}v^2+M_{rr}r^2+M_{vr}vr \\ K(v,r)=K_v v+K_{v|v|}v|v|+K_r r+K_{r|r|}r|r| \end{cases} \tag{3-37}$$

(三)其他耦合系数

当艇以 β、α 作斜侧直航,水动力中将出现 $v\sim w$ 交叉耦合影响,攻角的存在,将使 $Y(v)$ 产生附加水动力,这部分即是 $v\sim w$ 的耦合力,即

$$\begin{aligned} Y(v,w)&=Y(v)+\Delta Y(v,w)\\ &=Y_v v+Y_{v|v|}v|v|+Y_{vw}vw+Y_{v|v|w}v|v|w \end{aligned}$$

式中:Y_{vw} 反映了 w 对于 $Y(v)$ 线性部分的影响;$Y_{v|v|w}v|v|w$ 反映了对于 $Y(v)$ 非线性部分的影响。通常将其简化为

$$Y(v,w)=Y_v v+Y_{vw}vw+Y_{v|v|}v|(v^2+w^2)^{1/2}| \tag{3-38}$$

同理,w 对 $Y(v,r)$、$K(v,r)$、$N(v,r)$ 以及 v 对 $Z(w,q)$、$M(w,q)$ 的非线性耦合系数,都可以用相同的方法予以合并简化,可参看下一节的空间运动方程。

关于侧向速度 v、w 和角速度 p、q、r 或两种角速度 pq、pr、qr 的耦合运动,由此引起的耦合水动力系数,除了前面介绍的各项黏性力(如 Z_{rr} 等)外,还由于艇体对称性缘故而为零(如 Y_{wq} 等),或由于其值很小而略去(如 Z_{qr} 等)的项,详见表 3-2-1。

表 3-2-1　v、w 与 p、q、r 等的耦合水动力系数一览表

	X	Y	Z	K	M	N
vp	—	—	Z_{vp}	—	M_{vp}	—
vq	—	Y_{vq}	—	K_{vq}	—	N_{vq}
vr	X_{vr}	—	—	—	—	—
wp	—	Y_{wp}	—	K_{wp}	—	N_{wp}
wq	X_{wq}	—	—	—	—	—
wr	—	—	—	K_{wr}	—	—
pq	—	Y_{pq}	—	K_{pq}	—	N_{pq}
pr	X_{pr}	—	Z_{pr}	—	M_{pr}	—
qr	—	—	—	K_{qr}	—	—

(四)空间运动时的舵力

根据第二章第四节,潜艇操纵运动时的舵力可表示为

$$
\begin{cases}
X(\delta) = X_{\delta_r\delta_r}\delta_r^2 + X_{\delta_s\delta_s}\delta_s^2 + X_{\delta_b\delta_b}\delta_b^2 \\
Y(\delta) = Y_{\delta_r}\delta_r + Y_{|r|\delta_T}|r|\delta_r \\
Z(\delta) = Y_{\delta_b}\delta_b + Z_{\delta_s}\delta_s + Z_{|q|\delta_s}|q|\delta_s \\
K(\delta) = K_{\delta_r}\delta_r \\
M(\delta) = M_{\delta_b}\delta_b + M_{\delta_s}\delta_s + M_{|q|\delta_s}|q|\delta_s \\
N(\delta) = N_{\delta_r}\delta_r + N_{|r|\delta_r}|r|\delta_r
\end{cases}
\tag{3-39}
$$

（注意：这里方向舵角添加了下标，即 δ_r。）

（五） 螺旋桨推力

空间运动时的螺旋桨推力，作为一种近似，不考虑斜流对于轴向推力的影响及斜流引起的侧向推力分量和螺旋桨扭矩。于是，可用水平运动的推力表达式，即

$$
X_T = \frac{1}{2}\rho L^2(a_T u^2 + b_T u u_c + c_T u_c^2)
\tag{3-40}
$$

但需要说明，以上介绍的水动力表示方法，是针对下一节（第三节）将要介绍的第一种空间运动标准方程而言的；同时，由第三节可知，虽然有些水动力系数项在新的修正方程中不再使用，但从了解潜艇操纵运动方程变化和发展情况则是必需的。

第三节 潜艇六自由度空间操纵运动方程式

一、潜艇六自由度空间操纵运动方程

在 1967 年泰勒海军舰船研究和发展中心（DTNSRDC）发表了 M. 格特勒（Gertler）和 G. R. 哈根（Hagen）的《用于潜艇模拟研究的标准运动方程》[7]（详见3.3.4 节）。下面所要介绍的六自由度空间运动方程是以上述标准方程为基础，主要省略了螺旋桨负荷的影响，即认为潜艇机动过程中桨的负荷变化小，近似认为 $J = J_c$ 或 $J_c/J = \eta = 1$。

同时，设动坐标系的原点 O 与艇的重心 G 重合，并用 Z'_0、M'_0 代替 Z'_*、M'_*，将第二节、第三节有关表示式代入第一节的空间运动一般方程式（3-20），由此可得如下常用的六自由度空间运动方程。

（1）轴向力方程为

$$
m(\dot{u} - vr + wq) = \frac{1}{2}\rho L^4[X'_{qq}q^2 + X'_{rr}r^2 + X'_{rp}rp]
$$

$$
+ \frac{1}{2}\rho L^3[X'_{\dot{u}}\dot{u} + X'_{vr}vr + X'_{wq}wq]
$$

$$+\frac{1}{2}\rho L^2\left[X'_{uu}u^2+X'_{vv}v^2+X'_{ww}w^2\right]$$

$$+\frac{1}{2}\rho L^2u^2\left[X'_{\delta_r\delta_r}\delta_r^2+X'_{\delta_b\delta_b}\delta_b^2+X'_{\delta_s\delta_s}\delta_s^2\right]$$

$$+\frac{1}{2}\rho L^2\left[a_Tu^2+b_Tuu_c+c_Tu_c^2\right]$$

$$-(P-B)\sin\theta \tag{3-41a}$$

（2）侧向力方程为

$$m(\dot{v}-wp+ur)=\frac{1}{2}\rho L^4\left[Y'_r\dot{r}+Y'_{\dot{p}}\dot{p}+Y'_{p|p|}p\,|\,p\,|+Y'_{pq}pq+Y'_{qr}qr\right]$$

$$+\frac{1}{2}\rho L^3\left[Y'_{\dot{v}}\dot{v}+Y'_{vq}vq+Y'_{wp}wp+Y'_{wr}wr\right]$$

$$+\frac{1}{2}\rho L^3\left[Y'_rur+Y'_pup+Y'_{r|\delta_r}u\,|\,r\,|\,\delta_r+Y'_{v|r|}\frac{v}{|v|}(v^2+w^2)^{1/2}\,|\,|\,r\,|\right]$$

$$+\frac{1}{2}\rho L^2\left[Y'_0u^2+Y'_vuv+Y'_{v|v|}v\,(v^2+w^2)^{1/2}\,|\,\right]$$

$$+\frac{1}{2}\rho L^2\left[Y'_{vw}vw+Y'_{\delta_r}u^2\delta_r\right]$$

$$+(P-B)\cos\theta\sin\varphi \tag{3-41b}$$

（3）垂向力方程为

$$m(\dot{w}-uq+vp)=\frac{1}{2}\rho L^4\left[Z'_{\dot{q}}\dot{q}+Z'_{pp}p^2+Z'_{rr}r^2+Z'_{rp}rp\right]$$

$$+\frac{1}{2}\rho L^3\left[Z'_{\dot{w}}\dot{w}+Z'_{vr}vr+Z'_{vp}vp\right]$$

$$+\frac{1}{2}\rho L^3\left[Z'_quq+Z'_{|q|\delta_s}u\,|\,q\,|\,\delta_s+Z'_{w|q|}\frac{w}{|w|}(v^2+w^2)^{1/2}\,|\,|\,q\,|\right]$$

$$+\frac{1}{2}\rho L^2\left[Z'_0u^2+Z'_wuw+Z'_{w|w|}w\,(v^2+w^2)^{1/2}\,|\,\right]$$

$$+\frac{1}{2}\rho L^2\left[Z'_{|w|}u\,|\,w\,|+Z'_{ww}\,|\,w\,(v^2+w^2)^{1/2}\,|\,\right]$$

$$+\frac{1}{2}\rho L^2\left[Z'_{vv}v^2+Z'_{\delta_b}u^2\delta_b+Z'_{\delta_s}u^2\delta_s\right]$$

$$+(P-B)\cos\theta\cos\varphi \tag{3-41c}$$

（4）横摇力矩方程为

$$I_{xx}\dot{p}+(I_{zz}-I_{yy})qr=\frac{1}{2}\rho L^5\left[K'_{\dot{p}}\dot{p}+K'_{\dot{r}}\dot{r}+K'_{qr}qr+K'_{pq}pq+K'_{p|p|}p\,|\,p\,|\right]$$

$$+\frac{1}{2}\rho L^4\left[\,K'_p up+K'_r ur+K'_{\dot{v}}\dot{v}\,\right]$$

$$+\frac{1}{2}\rho L^4\left[\,K'_{vq}vq+K'_{wp}wp+K'_{wr}wr\,\right]$$

$$+\frac{1}{2}\rho L^3\left[\,K'_0 u^2+K'_v uv+K'_{v|v|}v\,|\,(v^2+w^2)^{1/2}\,|\,\right]$$

$$+\frac{1}{2}\rho L^3\left[\,K'_{vw}vw+K'_{\delta_r}u^2\delta_r\,\right]$$

$$-ph\cos\theta\sin\varphi \tag{3-41d}$$

（5）纵倾力矩方程为

$$I_{yy}\dot{q}+(I_{xx}-I_{zz})rp=\frac{1}{2}\rho L^5\left[\,M'_{\dot{q}}\dot{q}+M'_{pp}p^2+M'_{rr}r^2+M'_{rp}rp+M'_{q|q|}q\,|\,q\,|\,\right]$$

$$+\frac{1}{2}\rho L^4\left[\,M'_{\dot{w}}\dot{w}+M'_{vr}vr+M'_{vp}vp\,\right]$$

$$+\frac{1}{2}\rho L^4\left[\,M'_q uq+M'_{|q|\delta_s}u\,|\,q\,|\,\delta_s+M'_{|w|q}\,|\,(v^2+w^2)^{1/2}\,|q\,\right]$$

$$+\frac{1}{2}\rho L^3\left[\,M'_0 u^2+M'_w uw+M'_{w|w|}w\,|\,(v^2+w^2)^{1/2}\,|\,\right]$$

$$+\frac{1}{2}\rho L^3\left[\,M'_{|w|}u\,|\,w\,|+M'_{ww}\,|\,w(v^2+w^2)\,|^{1/2}\,\right]$$

$$+\frac{1}{2}\rho L^3\left[\,M'_{vv}v^2+M'_{\delta_b}u^2\delta_b+M'_{\delta_s}u^2\delta_s\,\right]$$

$$-ph\sin\theta \tag{3-41e}$$

（6）偏航力矩方程为

$$I'_{zz}\dot{r}+(I_{yy}-I_{xx})pq=\frac{1}{2}\rho L^5\left[\,N'_r\dot{r}+N'_{\dot{p}}\dot{p}+N'_{pq}pq+N'_{qr}qr+N'_{r|r|}r\,|\,r\,|\,\right]$$

$$+\frac{1}{2}\rho L^4\left[\,N'_{\dot{v}}\dot{v}+N'_{wr}wr+N'_{wp}wp+N'_{vq}vq\,\right]$$

$$+\frac{1}{2}\rho L^4\left[\,N'_p up+N'_r ur+N'_{|r|\delta_r}u\,|\,r\,|\,\delta_r+N'_{|v|r}\,|\,(v^2+w^2)^{1/2}\,|r\,\right]$$

$$+\frac{1}{2}\rho L^3\left[\,N'_0 u^2+N'_v uv+N'_{v|v|}v\,|\,(v^2+w^2)^{1/2}\,|\,\right]$$

$$+\frac{1}{2}\rho L^3\left[\,N'_{vw}vw+N'_{\delta_r}u^2\delta_r\,\right] \tag{3-41f}$$

辅助方程——运动关系式为

$$
\begin{cases}
\dot{\varphi}=p+q\tan\theta\sin\varphi+r\tan\theta\cos\varphi\\
\dot{\theta}=q\cos\varphi-r\sin\varphi\\
\dot{\psi}=(q\sin\varphi+r\cos\varphi)/\cos\theta
\end{cases} \tag{3-42a}
$$

$$
\begin{cases}
\dot{\xi}_G=\dot{\xi}_0=u\cos\psi\cos\theta+v(\cos\psi\sin\theta\sin\varphi-\sin\psi\cos\varphi)\\
\qquad\quad+w(\cos\psi\sin\theta\sin\varphi+\sin\psi\sin\varphi)\\
\dot{\eta}_G=\dot{\eta}_0=u\sin\psi\cos\theta+v(\sin\psi\sin\theta\sin\varphi+\cos\psi\cos\varphi)\\
\qquad\quad+w(\sin\psi\sin\theta\cos\varphi-\cos\psi\sin\varphi)\\
\dot{\zeta}_G=\dot{\zeta}_0=-u\sin\theta+v\cos\theta\sin\varphi+w\cos\theta\cos\varphi
\end{cases} \tag{3-42b}
$$

二、修正的潜艇标准运动方程式[20]

1979 年,美国泰勒海军舰船研究和发展中心发表了修正的潜艇标准运动方程,介绍如下。

(1) 轴向力方程为

$$
\begin{aligned}
m[\dot{u}-vr&+wq-x_G(q^2+r^2)+y_G(pq-\dot{r})+z_G(pr+\dot{q})]\\
&=\frac{1}{2}\rho L^4[X'_{qq}q^2+X'_{rr}r^2+X'_{rp}rp]\\
&\quad+\frac{1}{2}\rho L^3[X'_{\dot{u}}\dot{u}+X'_{vr}vr+X'_{wq}wq]\\
&\quad+\frac{1}{2}\rho L^2[X'_{vv}v^2+X'_{ww}w^2]\\
&\quad+\frac{1}{2}\rho L^2u^2[X'_{\delta_r\delta_r}\delta_r^2+X'_{\delta_b\delta_b}\delta_b^2+X'_{\delta_s\delta_s}\delta_s^2]\\
&\quad-(P-B)\sin\theta+F_{xp}
\end{aligned} \tag{3-43a}
$$

其中

$$
F_{xp}=\begin{cases}
X_T-X_R\\
\dfrac{\rho}{2}L^2[(a_T+\Delta x)u^2+b_Tcuu_c+c_Tc^2u_c^2]
\end{cases}
$$

式中:X_T、X_R 分别为艇的推力、阻力的纵向分量;ΔX 为考虑缩尺模型的推力和阻力相对于实艇的修正系数,而 c 是 ΔX 的函数。

此外,当有推进特性曲线时,取 $F_{xp}=X_T-X_R$;反之,用 F_{xp} 的第二式。

(2) 侧向力方程为

$$
\begin{aligned}
m[\dot{v}-wp&+ur-y_G(r^2+p^2)+z_G(qr-\dot{p})+x_G(qp+\dot{r})]\\
&=\frac{1}{2}\rho L^4[Y'_r\dot{r}+Y'_p\dot{p}+Y'_{p|p|}p|p|+Y'_{pq}pq]
\end{aligned}
$$

$$+\frac{1}{2}\rho L^3 \left[Y'_r ur + Y'_p up + Y'_{\dot v} \dot v + Y'_{wp} wp \right]$$

$$+\frac{1}{2}\rho L^2 \left[Y'_0 u^2 + Y'_v uv + Y'_{v|v|R} v \left| (v^2+w^2)^{1/2} \right| \right]$$

$$+\frac{1}{2}\rho L^2 \left[Y'_{\delta_r} u^2 \delta_r + Y'_{\delta_r \eta} u^2 \delta_r \left(\eta - \frac{1}{c} \right) c \right]$$

$$+(P-B)\cos\theta\sin\varphi$$

$$-\frac{\rho}{2} C_d \int_L h(x) v(x) \{ [w(x)]^2 + [v(x)]^2 \}^{1/2} \mathrm{d}x$$

$$-\frac{\rho}{2} L \, \overline{C}_L \int_{x_2}^{x_1} w(x) \overline{v}_{fw} [t-\tau(x)] \mathrm{d}x \qquad (3\text{-}43\text{b})$$

式中：$C_d = \dfrac{横流阻力}{\dfrac{1}{2}\rho A_z u^2}$ 为横流阻力系数，A_z 为艇体在 xoy 面上的投影面积；$\overline{C}_L$ 为计算

由于指挥室围壳升力对艇体附着涡的影响，经修正的无因次切片升力曲线的斜率；$h(x)$ 为艇体在 xoz 平面里的局部高度，且 $A_y = \int_L h(x) \mathrm{d}x$ 是艇体在纵中剖面 xoz 平面上的投影面积；$v(x)=v+xr$ 为任一 x 坐标值处，在 y 轴方向的速度分量；$w(x)=w-xq$ 为任一 x 坐标值处，在 z 轴方向的速度分量；$\overline{v}_{fw}$ 为指挥室围壳升力在艇体附着涡的起始位置 x_1 处的 y 轴方向的速度分量，且有 $\overline{v}_{fw}=v+x_1 r-z_{fw} p$。其中 z_{fw} 为指挥室围壳在 42%展长处的 z 向坐标。同时，$\overline{v}_{fw}[t-\tau(x)]$ 为 $\overline{v}_{fw}$ 在时间 $(t-\tau(x))$ 的值，其中 $\tau(x)$ 为涡从 x_1 转移到 x_1 之后的任一 x 值的时间间隔，即

$$\int_{t-\tau(x)}^{t} u(t) \mathrm{d}t = x_1 - x$$

$\eta = u_c/u$（或 V_c/V），其中 u_c 为基准定常航速，此时，$\alpha=\beta=\delta=0$，也称为初始指令航速。η 是考虑螺旋桨负荷和航速变化的影响系数。

（3）垂向力方程为

$$m \left[\dot w - uq + vp - z_G(p^2+q^2) + x_G(rp-\dot q) + y_G(rq+\dot p) \right]$$

$$=\frac{1}{2}\rho L^4 Z'_{\dot q} \dot q$$

$$+\frac{1}{2}\rho L^3 \left[Z'_{\dot w} \dot w + Z'_q uq + Z'_{vp} vp \right]$$

$$+\frac{1}{2}\rho L^2 \left[Z'_0 u^2 + Z'_w uw \right]$$

$$+\frac{1}{2}\rho L^2 \left[Z'_{\delta_s} u^2 \delta_s + Z'_{\delta_b} u^2 \delta_b + Z'_{\delta_s \eta} u^2 \delta_s \left(\eta - \frac{1}{c} \right) c \right]$$

$$+\frac{1}{2}\rho L^2\big[\,Z'_{|w|}u\,|\,w\,|+Z'_{ww}|\,w\,(\,v^2+w^2\,)^{1/2}\,|\,\big]$$

$$-\frac{\rho}{2}C_d\int_L b(x)w(x)\{\,[\,w(x)\,]^2+[\,v(x)\,]^2\}^{1/2}\mathrm{d}x$$

$$+\frac{\rho}{2}L\,\overline{C}_L\int_{x_2}^{x_1}v(x)\bar{v}_{fw}[\,t-\tau(x)\,]\mathrm{d}x$$

$$+(P-B)\cos\theta\cos\varphi \tag{3-43c}$$

式中:$b(x)$ 为艇体在 xoy 平面内的当地宽度,且 $A_z=\displaystyle\int_L b(x)\mathrm{d}x$ 是艇体在 xoy 平面内的投影面积。

(4) 横摇力矩方程为

$$I_{xx}\dot{p}+(I_{zz}-I_{yy})qr-(\dot{r}+pq)I_{zx}+(r^2-q^2)I_{yz}$$
$$+(pr-\dot{q})I_{xy}+m[\,y_G(\dot{w}-uq+vp)-z_G(\dot{v}-wp+ur)\,]$$

$$=\frac{1}{2}\rho L^5\big[\,K'_p\dot{p}+K'_r\dot{r}+K'_{qr}qr+K'_{p|p|}p\,|\,p\,|\,\big]$$

$$+\frac{1}{2}\rho L^4\big[\,K'_p up+K'_r ur+K'_{\dot{v}}\dot{v}+K'_{wp}wp\,\big]$$

$$+\frac{1}{2}\rho L^3\big[\,K'_0 u^2+K'_{vR}uv+K'_i uv_{fw}(\,t-t_T\,)\,\big]$$

$$+\frac{1}{2}\rho L^3\Big[\,K'_{\delta_r}u^2\delta_r+K'_{\delta_r\eta}u^2\delta_r\Big(\eta-\frac{1}{c}\Big)c\,\Big]$$

$$+\frac{\rho}{2}L^3(u^2+v_s^2+w_s^2)\beta_s^2\big[\,K'_{4s}\sin4\varphi_s+K'_{8s}\sin8\varphi_s\,\big]$$

$$+\frac{\rho}{2}L^2 z'_1\,\overline{C}_L\int_{x_2}^{x_1}w(x)\bar{v}_{fw}[\,t-\tau(x)\,]\mathrm{d}x$$

$$+(y_G P-y_c B)\cos\theta\cos\varphi-(z_G P-z_c B)\cos\theta\sin\varphi$$

$$-Q_p \tag{3-43d}$$

式中:$K'_{vR}=K_{vR}\big/\dfrac{1}{2}\rho L^3$,$K_{vR}$ 表示作为 uv 函数的 K 系数,但不含从指挥室围壳发出的

涡对尾升降舵的干扰影响;$K'_i=K_i\big/\dfrac{1}{2}\rho L^3$,$K_i$ 表示从指挥室围壳发出的涡对尾升降

舵的干扰影响的 K 系数;v_{fw} 为指挥室围壳上在 y 轴方向的速度分量,且有 $v_{fw}=v+x_{fw}r$

$-z_{fw}p$,x_{fw} 是指挥室围壳在 1/4 弦长处的 x 坐标;$v_{fw}(t-\tau_T)$ 为 v_{fw} 在 $t-\tau_T$ 时的值,且

$\displaystyle\int_{t-\tau_T}^t u(t)\mathrm{d}t=x_{fw}-x_t$,其中,$x_t=\dfrac{1}{2}(x_s+x_R)$,而 x_s、x_R 分别为尾升降舵、方向舵在 1/4

弦长处的 x 坐标;v_s、w_s 分别为尾升降舵在 1/4 弦长处的 y、z 轴方向的速度分量,且有 $v_s=v+x_s \cdot r, w_s=w-x_s \cdot q$;$\beta_s$ 为尾升降舵的几何流入角,且有

$$\beta_s = \arctan \frac{(v_s^2+w_s^2)^{1/2}}{u}$$

$$\left.K'_{4s}=\frac{K_{4s}}{\frac{1}{2}\rho L^3 v_s^2} \text{和} K'_{8s}=\frac{K_{8s}}{\frac{1}{2}\rho L^3 v_s^2}\right\}$$ 为尾升降舵的 φ_s 引起的 K 系数;$v_s=(u^2+v_s^2+w_s^2)^{1/2}$ 为

尾升降舵相对于水的速度;$\varphi_s=-\arctan\dfrac{w_s}{v_s}$ 为尾升降舵的水动力横倾角;z_1 为艇体中心线的 z 坐标;Q_p 为螺旋桨的扭矩。

(5)纵倾力矩方程为

$$I_{yy}\dot{q}+(I_{xx}-I_{zz})rp-(\dot{p}+qr)I_{xy}+(p^2-r^2)I_{zx}$$
$$+(qp-\dot{r})I_{yz}+m[z_G(\dot{u}-vr+wq)-x_G(\dot{w}-uq+vp)]$$
$$=\frac{1}{2}\rho L^5[M'_{\dot{q}}\dot{q}+M'_{rp}rp]$$
$$+\frac{1}{2}\rho L^4[M'_{\dot{w}}\dot{w}+M'_q uq]$$
$$+\frac{1}{2}\rho L^3[M'_0 u^2+M'_w uw+M'_{w|w|}w|(v^2+w^2)^{1/2}|]$$
$$+\frac{1}{2}\rho L^3[M'_{|w|}u|w|+M'_{ww}|w(v^2+w^2)|^{1/2}]$$
$$+\frac{1}{2}\rho L^3\left[M'_{\delta_s}u^2\delta_s+M'_{\delta_b}u^2\delta_b+M'_{\delta_s\eta}u^2\delta_s\left(\eta-\frac{1}{c}\right)c\right]$$
$$+\frac{\rho}{2}C_d\int_L xb(x)w(x)\{[w(x)]^2+[v(x)]^2\}^{1/2}\mathrm{d}x$$
$$-\frac{\rho}{2}L\,\overline{C}_L\int_{x_2}^{x_1}xv(x)\bar{v}_{fw}[t-\tau(x)]\mathrm{d}x$$
$$-(x_G P-x_c B)\cos\theta\cos\varphi-(z_G P-z_c B)\sin\theta \qquad (3-43\mathrm{e})$$

(6)偏航力矩方程为

$$I_{zz}\dot{r}+(I_{yy}-I_{xx})pq-(\dot{q}+rp)I_{yz}+(q^2-p^2)I_{xy}$$
$$+(rq-\dot{p})I_{zx}+m[x_G(\dot{v}-wp+ur)-y_G(\dot{u}-vr+wq)]$$
$$=\frac{1}{2}\rho L^5[N'_r\dot{r}+N'_{\dot{p}}\dot{p}+N'_{pq}pq]$$
$$+\frac{1}{2}\rho L^4[N'_p up+N'_r ur+N'_{\dot{v}}\dot{v}]$$

$$+\frac{1}{2}\rho L^3 \left[N_0' u^2 + N_v' uv + N_{v|v|R}' \left| (v^2+w^2)^{1/2} \right| \right]$$

$$+\frac{1}{2}\rho L^3 \left[N_{\delta_r}' u^2 \delta_r + N_{\delta_r\eta}' u^2 \delta_r \left(\eta-\frac{1}{c} \right) c \right]$$

$$-\frac{\rho}{2} C_d \int_L xh(x)v(x) \{ [w(x)]^2 + [v(x)]^2 \}^{1/2} \mathrm{d}x$$

$$-\frac{\rho}{2} L \overline{C}_L \int_{x_2}^{x_1} xw(x)\overline{v}_{fw} [t-\tau(x)] \mathrm{d}x$$

$$+(x_G P - x_c B)\cos\theta\sin\varphi + (y_G P - y_c B)\sin\theta \tag{3-43f}$$

式中:x_1、x_2分别为指挥室围壳升力在船体附着涡的开始位置与最后位置的x坐标,即

$$x_2 = \begin{cases} x_{Ap}, & |\beta| \leq \beta_{sT} \\ x_1 - (x_1-x_{Ap})(s_1+s_2|\beta|), & |\beta| > \beta_{sT} \end{cases}$$

式中:x_{Ap}为艇的尾垂线的x坐标;β为漂角;β_{sT}为艇体附着涡在艇体上分离处的漂角β值(以 rad 表示);s_1、s_2为用于计算x_2时的常数。

(7)辅助方程为

$$\begin{cases} \dot{\varphi} = p + \dot{\psi}\sin\theta \\ \dot{\theta} = q\cos\varphi - r\sin\varphi \\ \dot{\psi} = (q\sin\varphi + r\cos\varphi)/\cos\theta \\ \dot{\xi}_0 = u\cos\theta\cos\psi + v(\cos\psi\sin\theta\sin\varphi - \sin\psi\cos\varphi) \\ \quad\quad + w(\sin\varphi\sin\psi + \cos\varphi\sin\theta\cos\psi) \\ \dot{\eta}_0 = u\cos\theta\sin\psi + v(\cos\varphi\cos\psi + \sin\varphi\sin\theta\sin\psi) \\ \quad\quad + w(\cos\varphi\sin\theta\sin\psi - \sin\varphi\cos\psi) \\ \dot{\zeta}_0 = -u\sin\theta + v\cos\theta\sin\varphi + w\cos\theta\cos\varphi \end{cases} \tag{3-44}$$

三、标准运动方程的特点及适用性

潜艇操纵运动方程的形式在很大程度上依赖于水动力系数的试验方法和表达方式,而对水动力的了解和掌握的程度(种类、数量和精确度)决定了可能采用的操纵运动方程。

1967 年发表的格特勒等的潜艇标准运动方程,进一步统一了潜艇运动方程的坐标系、符号以及水动力的表达形式。方程中的水动力主要是通过以 PMM 为主,辅之以悬臂装置测定的,非线性水动力系数均以二阶项表示。同时以$(\eta-1)$的形式考虑了潜艇在机动过程中,由于螺旋桨负荷和航速的变化对艇体及舵的水动力的影响,其中

$$\eta = J_c / J = \frac{V_c}{nD} \bigg/ \frac{V}{nD} \quad （相对进程比）$$

当螺旋桨的转速 n 恒定不变时，$\eta = V_c / V$。在实船自航点时，$V = V_c$，$n = n_c$，则 $\eta - 1 = 0$，其中 n_c、V_c 为指令转速和航速。

该方程主要用于实船模拟，故方程是以有因次形式给出的。由于该方程是建立在大量船模试验（拘束船模和自航船模）、占有大量实艇试航资料的基础上，并是带有官方性质的机构发表的，因此具有很高的权威性。费尔德曼（J. Feldman）1975 年根据对计算机模拟预报和实艇试验结果的相关性分析指出，利用 DTNSRDC（1967 年）的标准运动方程及其相应的水动力系数，据文献［21］披露，是在攻角 $0° \sim 18°$ 范围给出的。在大多数情况下，可以对潜艇水下前进运动的轨迹和常规机动运动作出精度相当高的预报，与实艇试验结果吻合得好，重复性也好。然而，在高速、大舵角回转中，对深度改变、纵倾角和横倾角的预报尚需改进。在此基础上，DTNSRDC 又发表了上面介绍的"修正的潜艇标准运动方程"。

修正后的标准运动方程与其第一版相比，主要有如下特点。

（1）在高速大舵角回转运动中，横向流是十分突出的，从垂直面和水平面的平面运动研究中已得知，通常情况下，垂直面运动可用线性方程求解，但水平面运动则不允许。由于漂角大，横向流严重，水动力的非线性很突出，故在横向力、垂向力、纵倾力矩和偏航力矩方程中，将 $\frac{1}{2}\rho L^2 Z'_{w|w|} w | (v^2 + w^2)^{1/2} |$ 等非积分形式引入横向流阻力形式的系数 C_d，垂向力方程中改用积分形式，如

$$\frac{\rho}{2} C_d \int_L b(x) w(x) \{ [w(x)]^2 + [v(x)]^2 \}^{1/2} \mathrm{d}x$$

式中：$\int_L b(x)\mathrm{d}x = A_z$ 为艇体在 xoy 平面内的投影面积；$b(x)$ 为该平面艇长 x 处的当地宽度；$w(x)$、$v(x)$ 为当地 z、y 方向的线速度，用理论计算方法确定，并可与拘束船模试验结果进行比较、验证。此外，具体表达形式与作者的看法密切相关。

在操纵运动预报中，一般不考虑攻角（$\alpha = w'$）、漂角（$\beta = -v'$）对舵水动力的影响。但一些拘束船模试验表明，攻角变化对尾升降舵舵力 $Z(\delta_s)$、$M(\delta_s)$ 的影响很小，可忽略。由舵和稳定翼构成的组合尾鳍，平面运动时的线速度 v、w 与舵角 δ_r、δ_s 的耦合影响，取决于方向舵的弦长 b_r 与组合垂直尾鳍的平均弦长 b_{vsf} 的比值。当 $b_r / b_{vsf} \geqslant 0.45$ 时，线速度与舵角的耦合影响就不能忽略。漂角对方向舵的舵力（矩）有显著影响，使 $Y(\delta_r)$、$N(\delta_r)$ 减小 $25\% \sim 12\%$（漂角 $\beta = 3° \sim 6°$ 时）。此时，方向舵的舵力表达式应改写成

$$\begin{cases} Y(v, \delta_r) = Y_0 + Y_v v + Y_{v|v|} v | v | + Y_{\delta_r} \delta_r + Y_{|v|\delta_r} | v | \delta_r \\ N(v, \delta_r) = N_0 + N_v v + N_{v|v|} v | v | + N_{\delta_r} \delta_r + N_{|v|\delta_r} | v | \delta_r \end{cases} \quad (3\text{-}45)$$

一般尾升降舵的 $b_s/b_{hsf}<0.45$（注意：b_s 为尾升降舵的弦长，b_{hsf} 为水平组合尾鳍的平均弦长），可不考虑 v 与尾升降舵角 δ_s 的耦合影响。

类似地，角速度 r、q 与舵角 δ_r、δ_b、δ_s 的耦合影响，在标准运动方程中已引入 $|r|\delta_r$、$|q|\delta_s$ 的耦合影响项，对于 $b_r/b_{vsf}>0.45$ 的组合式方向舵，应增加"$vr\delta_r$"的耦合项，即 $Y_{vr\delta_r}vr\delta_r$、$N_{vr\delta_r}vr\delta_r$。

在标准运动方程中，包含了 $Z(v,r)$、$M(v,r)$，但没有涉及 v、δ_b 间的影响。空间运动状态时，运动参数 v 与围壳舵角 δ_b 的耦合影响对垂向力 Z 和纵倾力矩 M 的影响比与尾升降舵角 δ_s 的耦合影响大得多。在仅有 v 与 δ_b 或 δ_s 的运动状态时，Z、M 的表示式应写成

$$\begin{cases} Z(v,\delta_b) = Z_0u^2+Z_{vv}v^2+Z_{vv\delta_b}v^2\delta_b \\ M(v,\delta_b) = M_0u^2+M_{vv}v^2+M_{vv\delta_b}v^2\delta_b \\ M(v,\delta_s) = M_0u^2+M_{vv}v^2+M_{vv\delta_s}v^2\delta_s \end{cases} \tag{3-46}$$

（注意：其中右边最后一项为增加项。）

据相应的数值仿真与实艇试验结果表明，引入上述等影响后，使潜艇回转角速度下降，回转中的横倾角趋于较大的实际值，并有利于增加深度和纵倾角（ζ，θ）的自动定深系统的稳定性。

（2）考虑了运动过程中水动力产生的历程效应（记忆效应）。当潜艇进入回转，升力是逐渐产生的，由指挥室围壳泄出的涡，涡强不断变化，沿着艇体向下游（艇尾）转移，流经尾操纵面（图3-3-1）[22]。涡在艇体上产生升力，而且在尾操纵面上产生附加控制力，因而，有必要在方程中引入上述影响，并且考虑一定时间间隔这一因素。例如，垂向力方程中有

$$\frac{\rho}{2}L\,\overline{C}_L\int_{x_2}^{x_1}v(x)\,\overline{v}_{fw}[t-\tau(x)]\mathrm{d}x$$

式中：$\overline{v}_{fw}[t-\tau(x)]$ 表示指挥室围壳升力引起的在艇体附着涡的起始位置 x_1 处的 y 方向速度，在时间 $[t-\tau(x)]$ 的值；$\tau(x)$ 则是涡从 x_1 位置转移到下游某一点 x 的时间。然后，由试验得到的 Z'_{vv} 和 M'_{vv} 值确定指挥室围壳在有艇体情况下的升力系数 $\overline{C}_L$。这样，围壳后艇体上某一位置 x 的瞬时升力就可由围壳舵的升力系数、当地横向速度分量 $v(x)$ 和涡从围壳泄出时，在围壳上产生的当地横向速度 $\overline{v}_{fw}$ 的积表示。艇体上总的力则可对围壳后的艇体区段上进行积分求得。在侧向力、横摇力矩、纵倾力矩和偏航力矩方程中也用类似方法考虑这一影响。

（3）对原方程的水动力系数进行了较大的调整。例如，垂向力方程中，原有22项中只留下11项，另外考虑横向流、围壳泄出涡的影响等两项。去掉了 Z'_{pp}、Z'_{rr}、Z'_{rp}、$Z'_{|q|\delta_s}$、Z'_{vr}、Z'_{vv}，以及 $Z'_{q\eta}$、$Z'_{w\eta}$、$Z'_{w|\eta|\eta}$ 等项。又如，侧向力方程中除去了 Y'_{qr}、Y'_{vq}、Y'_{wr}、$Y'_{|r|\delta_r}$、$Y'_{v|r|}$、Y'_{vw} 及 $Y'_{r\eta}$、$Y'_{v\eta}$、$Y'_{v|v|\eta}$ 9项，也增添了类似的两项。原方程的水动力系

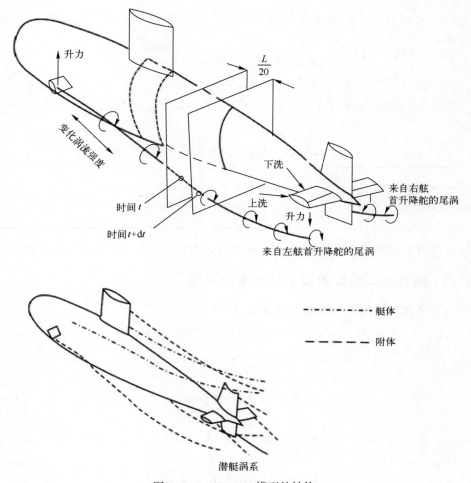

升力

变化涡流强度

$\dfrac{L}{20}$

下洗

来自右舷
首升降舵的尾涡

时间 t

上洗

升力

时间 $t+\mathrm{d}t$

来自左舷首升降舵的尾涡

艇体

附体

潜艇涡系

图 3-3-1　SUBSIM 模型的结构

数是按照多元函数用泰勒级数展开,并考虑艇形原因等因素获得的,但未更多地考虑各因素对水动力影响的大小,和操纵运动时流场的流动情况,所以改变较多。

（4）从多型潜艇近年来实际使用标准运动方程预报操纵性能的实践来看,该方程对于潜艇的水下正常操纵、水平面与垂直面的航向机动性、深度机动性的理论预报,与实艇试航结果一致性良好。尾舵卡、舱室进水为代表的应急操纵工况,是操纵运动参数变化幅度大的所谓"水下大机动运动"。在舵卡挽回运动中,航速改变大,将引起螺旋桨负荷的变化。因此,对应急操纵运动性能研究,关键是要补充大攻角范围的艇体及操纵面的水动力特性、螺旋桨负荷变化对潜艇水动力影响以及耦合运动时的水动力。

此外,有些水动力,如水下转向时,水平面运动(v,r)对垂直面运动产生的耦合

水动力 $Z(v,r)$、$M(v,r)$，是水下回转中"艇重""尾重"现象的力学原因之一，且可表示成

$$\begin{cases} Z(v,r) = Z_{vv}v^2 + Z_{vr}vr + Z_{rr}r^2 \\ M(v,r) = M_{vv}v^2 + M_{vr}vr + M_{rr}r^2 \end{cases} \tag{3-47}$$

某试验艇型的式(3-47)中各水动力系数的初期拘束模型试验值如表 3-3-1 所列。

表 3-3-1　耦合水动力系数试验值

Z'_{vv}	15.73×10^{-2}	M'_{vv}	2.467×10^{-2}
Z'_{vr}	-2.049×10^{-2}	M'_{vr}	-1.049×10^{-2}
Z'_{rr}	-6.211×10^{-3}	M'_{rr}	-2.202×10^{-3}

上述水动力系数可用来估算转向逆速，但在 1979 年的修正方程中未作显性表示。

四、格特勒和哈根的潜艇标准运动方程

格特勒和哈根的潜艇标准运动方程(1967)为

$$m[\dot{u} - vr + wq - x_G(q^2+r^2) + y_G(pq-\dot{r}) + z_G(pr+\dot{q})]$$

$$= \frac{1}{2}\rho L^4 [X'_{qq}q^2 + X'_{rr}r^2 + X'_{rp}rp]$$

$$+ \frac{1}{2}\rho L^3 [X'_{\dot{u}}\dot{u} + X'_{vr}vr + X'_{wq}wq]$$

$$+ \frac{1}{2}\rho L^2 [X'_{uu}u^2 + X'_{vv}v^2 + X'_{ww}w^2]$$

$$+ \frac{1}{2}\rho L^2 u^2 [X'_{\delta_r\delta_r}\delta_r^2 + X'_{\delta_b\delta_b}\delta_b^2 + X'_{\delta_s\delta_s}\delta_s^2]$$

$$+ \frac{1}{2}\rho L^2 [a_i u^2 + b_i uu_c + c_i u_c^2]$$

$$- (W-B)\sin\theta$$

$$+ \frac{1}{2}\rho L^2 [X'_{vv\eta}v^2 + X'_{ww\eta}w^2 + X'_{\delta_r\delta_r\eta}\delta_r^2 u^2$$

$$+ X'_{\delta_s\delta_s\eta}\delta_s^2 u^2](\eta-1) \tag{3-48a}$$

$$m[\dot{v} - wp + ur - y_G(r^2+p^2) + z_G(qr-\dot{p}) + x_G(qp+\dot{r})]$$

$$= \frac{1}{2}\rho L^4 [Y'_{\dot{r}}\dot{r} + Y'_{\dot{p}}\dot{p} + Y'_{p|p|}p|p| + Y'_{pq}pq + Y'_{qr}qr]$$

$$+ \frac{1}{2}\rho L^3 [Y'_{\dot{v}}\dot{v} + Y'_{vq}vq + Y'_{wp}wp + Y'_{wr}wr]$$

$$+\frac{1}{2}\rho L^3\left[Y_r' ur+Y_p' up+Y_{|r|\delta_r}' u\,|\,r\,|\,\delta_r+Y_{v|r|}'\frac{v}{|v|}(v^2+w^2)^{1/2}\,|\,r\,|\right]$$

$$+\frac{1}{2}\rho L^3\left[Y_*' u^2+Y_v' uv+Y_{v|v|}' v\,|\,(v^2+w^2)^{1/2}\,|\,\right]$$

$$+\frac{1}{2}\rho L^2\left[Y_{vw}' vw+Y_{\delta_r}' u^2\delta_r\right]$$

$$+(W-B)\cos\theta\sin\varphi$$

$$+\frac{1}{2}\rho L^3 Y_{r\eta}' ur(\eta-1)$$

$$+\frac{1}{2}\rho L^2\left[Y_{v\eta}' uv+Y_{vv\eta}' v\,|\,(v^2+w^2)^{1/2}\,|+Y_{\delta_r\eta}'\delta_r u^2\right](\eta-1) \tag{3-48b}$$

$$m\left[\dot{w}-uq+vp-z_G(p^2+q^2)+x_G(rp-\dot{q})+y_G(rq+\dot{p})\right]$$

$$=\frac{1}{2}\rho L^4\left[Z_{\dot{q}}'\dot{q}+Z_{pp}' p^2+Z_{rr}' r^2+Z_{rp}' rp\right]$$

$$+\frac{1}{2}\rho L^3\left[Z_{\dot{w}}'\dot{w}+Z_{vr}' vr+Z_{vp}' vp\right]$$

$$+\frac{1}{2}\rho L^3\left[Z_q' uq+Z_{|q|\delta_s}' u\,|\,q\,|\,\delta_s+Z_{w|q|}'\frac{w}{|w|}\,|\,(v^2+w^2)^{1/2}\,|\,|\,q\,|\right]$$

$$+\frac{1}{2}\rho L^2\left[Z_*' u^2+Z_w' uw+Z_{w|w|}' w\,|\,(v^2+w^2)^{1/2}\,|\,\right]$$

$$+\frac{1}{2}\rho L^2\left[Z_{|w|}' u\,|\,w\,|+Z_{ww}'\,|\,w\,(v^2+w^2)^{1/2}\,|\,\right]$$

$$+\frac{1}{2}\rho L^2\left[Z_{vv}' v^2+Z_{\delta_s}' u^2\delta_s+Z_{\delta_b}' u^2\delta_b\right]$$

$$+(W-B)\cos\theta\cos\varphi$$

$$+\frac{1}{2}\rho L^3 Z_{q\eta}' uq(\eta-1)$$

$$+\frac{1}{2}\rho L^2\left[Z_{w\eta} uw+Z_{w|w|\eta}' w\,|\,(v^2+w^2)^{1/2}\,|+Z_{\delta_s\eta}\delta_s u^2\right](\eta-1) \tag{3-48c}$$

$$I_x\dot{p}+(I_x-I_y)qr-(\dot{r}+pq)I_{zx}+(r^2-q^2)I_{yz}+(pr-\dot{q})I_{xy}$$

$$+m\left[y_G(\dot{w}-uq+vp)-z_G(\dot{v}-wp+ur)\right]$$

$$=\frac{1}{2}\rho L^5\left[K_{\dot{p}}'\dot{p}+K_{\dot{r}}'\dot{r}+K_{qr}' qr+K_{pq}' pq+K_{p|p|}' p\,|\,p\,|\right]$$

$$+\frac{1}{2}\rho L^4\left[K_p' up+K_r' ur+K_{\dot{v}}'\dot{v}+K_{vq}' vq+K_{wp}' wp+K_{wr}' wr\right]$$

$$+\frac{1}{2}\rho L^3 \left[K'_* u^2 + K'_v uv + K'_{v|v|} v \left| (v^2+w^2)^{1/2} \right| \right]$$

$$+\frac{1}{2}\rho L^3 \left[K'_{vw} vw + K'_{\delta_r} u^2 \delta_r \right]$$

$$+(y_G W - y_B B)\cos\theta\cos\varphi - (z_G W - z_B B)\cos\theta\sin\varphi$$

$$+\frac{\rho}{2} L^3 K'_{*\eta} u^2 (\eta - 1) \tag{3-48d}$$

$$I_y \dot{q} + (I_x - I_z) rp - (\dot{p} + qr) I_{xy} + (p^2 - r^2) I_{zx} + (qp - \dot{r}) I_{yz}$$
$$+ m[z_G(\dot{u} - vr + wq) - x_G(\dot{w} - uq + vp)]$$

$$=\frac{1}{2}\rho L^5 \left[M'_{\dot{q}} \dot{q} + M'_{pp} p^2 + M'_{rr} r^2 + M'_{rp} rp + M'_{q|q|} q|q| \right]$$

$$+\frac{1}{2}\rho L^4 \left[M'_{\dot{w}} \dot{w} + M'_{vr} vr + M'_{vp} vp \right]$$

$$+\frac{1}{2}\rho L^4 \left[M'_q uq + M'_{|q|\delta_s} u|q|\delta_s + M'_{|w|q} \left| (v^2+w^2)^{1/2} \right| q \right]$$

$$+\frac{1}{2}\rho L^3 \left[M'_* u^2 + M'_w uw + M'_{w|w|} w \left| (v^2+w^2)^{1/2} \right| \right]$$

$$+\frac{1}{2}\rho L^3 \left[M'_{|w|} u|w| + M'_{ww} w (v^2+w^2) \left|^{1/2} \right| \right]$$

$$+\frac{1}{2}\rho L^3 \left[M'_{vv} v^2 + M'_{\delta_s} u^2 \delta_s + M'_{\delta_b} u^2 \delta_b \right]$$

$$-(x_G W - x_B B)\cos\theta\cos\varphi - (z_G W - z_B B)\sin\theta$$

$$+\frac{1}{2}\rho L^4 M'_{q\eta} uq (\eta - 1)$$

$$+\frac{1}{2}\rho L^3 \left[M'_{w\eta} uw + M'_{w|w|\eta} w \left| (v^2+w^2)^{1/2} \right| + M'_{\delta_s \eta} \delta_s u^2 \right] (\eta - 1) \tag{3-48e}$$

$$I_z \dot{r} + (I_y - I_x) pq - (\dot{q} + rp) I_{yz} + (q^2 - p^2) I_{xy} + (rq - \dot{p}) I_{zx}$$
$$+ m[x_G(\dot{v} - wp + ur) - y_G(\dot{u} - vr + wq)]$$

$$=\frac{1}{2}\rho L^5 \left[N'_{\dot{r}} \dot{r} + N'_{\dot{p}} \dot{p} + N'_{pq} pq + N'_{qr} qr + N'_{r|r|} r|r| \right]$$

$$+\frac{1}{2}\rho L^4 \left[N'_{\dot{v}} \dot{v} + N'_{wr} wr + N'_{wp} wp + N'_{vq} vq \right]$$

$$+\frac{1}{2}\rho L^4 \left[N_p up + N'_r ur + N'_{|r|\delta_r} u|r|\delta_r + N'_{|v|r} \left| (v^2+w^2)^{1/2} \right| r \right]$$

$$+\frac{1}{2}\rho L^3 \left[N'_* u^2 + N'_v uv + N'_{v|v|} v \left| (v^2+w^2)^{1/2} \right| \right]$$

$$+\frac{1}{2}\rho L^3\left[N'_{vw}vw+N'_{\delta_r}u^2\delta_r\right]$$

$$+(x_GW-x_BB)\cos\theta\sin\varphi+(y_GW-y_BB)\sin\theta$$

$$+\frac{1}{2}\rho L^4N_{r\eta}ur(\eta-1)$$

$$+\frac{1}{2}\rho L^3\left[N'_{v\eta}uv+N'_{v|v|\eta}v\,|\,(v^2+w^2)^{1/2}\,|+N'_{\delta_r\eta}\delta_ru^2\right](\eta-1) \qquad (3\text{-}48\text{f})$$

$$\begin{cases} U^2=u^2+v^2+w^2 \\ \dot{z}_0=-u\sin\theta+v\cos\theta\sin\varphi+w\cos\theta\cos\varphi \\ \dot{\varphi}=p+\dot{\psi}\sin\theta \\ \dot{\theta}=\dfrac{q-\dot{\psi}\cos\theta\sin\varphi}{\cos\varphi} \\ \dot{\psi}=\dfrac{r+\theta\sin\varphi}{\cos\theta\cos\varphi} \end{cases} \qquad (3\text{-}49)$$

第四节　空间定常螺旋运动

操方向舵和升降舵到某一固定舵角上,甚至只操方向舵,潜艇将逐渐进入空间定常螺旋运动。这时潜艇绕铅垂轴以等角速度$\dot{\psi}$回转,并有 θ、φ、β、α 为常量,艇的重心空间运动轨迹是一螺旋线(图 3-4-1)。

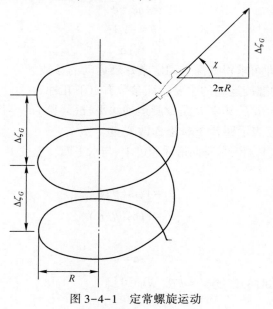

图 3-4-1　定常螺旋运动

定常螺旋运动过程中,虽然保持纵倾角、横倾角(θ、φ)为常量,但 p、q 并不等于零。而且,绕铅垂轴 $E\zeta$ 旋转角速度 $\dot{\psi}$ 是常量,但艇体动系的 z 轴并不和 $E\zeta$ 轴重合,所以 $\dot{\psi}$ 在动系坐标轴上的分量为 $p\boldsymbol{i}+q\boldsymbol{j}+r\boldsymbol{k}$。

由于是定常螺旋运动,可令加速度分量 $\dot{u}=\dot{v}=\dot{w}=\dot{p}=\dot{q}=\bar{r}=0$,并且 $u=V$(常量),可用

$$V=V_0(1-\mathrm{e}^{-0.52R/L}) \tag{3-50}$$

考虑小扰动,采用线性化处理的水动力,取动系原点在重心 G 点,即 $x_G=y_G=z_G=0$,认为基准运动已良好均衡,则 $\Delta P=\Delta B=0$,且其剩余静载力矩也等于零,各零水动力系数,如 Y_0'、Z_0'、M_0' 等皆已平衡,从而可由式(3-41)退化的 v、w、p、q、r 5 个运动参数的代数方程组如下,即

$$\begin{cases} Y_v v+Y_p p+(Y_r-mV)r=-Y_\delta\delta \\ Z_w w+(Z_q+mV)q=-Z_{\delta_b}\delta_b-Z_{\delta_s}\delta_s \\ K_v v+K_p p+K_r r=-K_\delta\delta \\ M_w w+M_q q+M_\theta\theta=-M_{\delta_b}\delta_b-M_{\delta_s}\delta_s \\ N_v v+N_p p+N_r r=-N_\delta\delta \end{cases} \tag{3-51}$$

由式(3-51)得

$$\begin{cases} p+r\theta=0 \\ q-r\varphi=0 \\ r+q\varphi=\dot{\psi} \\ v\approx -V\beta \\ w\approx V\alpha \end{cases} \tag{3-52}$$

当给定舵角,即可求得变深空间定常螺旋运动的参数。

表示空间定常螺旋运动的主要特征参数有以下几种。

(1)相对半径 R/L,其中 R 是螺旋运动水平投影(圆)的半径。

(2)升距 $\Delta\zeta_G$,表示回转 360° 潜深改变量。

(3)相对升速 V_ζ/V_t,是垂向潜浮速度 V_ζ 与水平回转速度 V_t 之比。由图 3-4-1 可知

$$\begin{cases} V_\zeta=V\sin(\theta-\alpha) \\ V_t=V\cos(\theta-\alpha) \end{cases} \tag{3-53}$$

其中

$$\theta-\alpha=\chi$$

由于定常圆周运动时的速度 $V_t=\dot{\psi}R$,从而可得

$$
\begin{cases}
R/L = \dfrac{V_t/\dot{\psi}}{L} = \dfrac{V\cos(\theta-\alpha)}{L(r+q\varphi)} \\[3mm]
\Delta\zeta_G = 2\pi R\tan(\theta-\alpha) \\[2mm]
V_\zeta/V_t = \tan(\theta-\alpha)
\end{cases}
\tag{3-54}
$$

第五节　水下悬停运动及其数学模型[23]

一、水下悬停的基本概念

水下悬停是指潜艇水下等速定深直航时,于低速停车,经准确均衡,用静力均衡方式,不操舵,使潜艇悬浮于一定深度的操艇方式。悬停也称悬浮,与潜坐海底、潜坐液体海底和水下锚泊是潜艇4种水下停泊方式之一。有的悬停与深度控制系统结合,通过调节海水压载进行小范围的深度控制。

潜艇的水下悬停操纵技术,早在20世纪六七十年代就开始研究并装艇使用。该技术的开发起因于核潜艇的紧急停堆事故,采用白天水下悬停隐蔽处于节能状态,以延长潜艇在水下逗留时间。后来把水下悬停发展为降噪隐身,增大声纳目标搜索范围,使悬停状态具有显著的战术机动意义。

近年来,我国潜艇从实操、战术运用考虑,演练了所谓"点底悬浮"操纵方法。该方法是指潜艇在工作深度水域,按潜坐海底操纵方法,保持较小首倾(约1°以内),慢速控制艇首局部触底,大部分艇体悬浮于贴近海底的水中。"点底悬浮"是把水下悬停与潜坐海底相结合,在近海海域进行的试验性操艇技术。

潜艇水下悬停运动控制系统一般由专用悬停水舱、悬停控制系统和控制装置三部分组成。

其中,专用悬停水舱是储存排、注调节潜艇浮力平衡水的舱室,其容积大约是潜艇排水量的0.6%~0.8%,水舱的纵向位置在艇的水下容积中心附近,垂向靠近舱底,并具有浮力调整水舱同样的耐压强度,以便参与均衡系统工作和发射导弹时的深度控制。如鲟鱼级潜艇设置了两个悬停水舱,容积为$2\times20.205\mathrm{m}^3$,而弗吉尼亚级潜艇的两个悬停水舱,容积为$37.5\mathrm{m}^3$与$30.4\mathrm{m}^3$,约合68.9t。

悬停控制系统由气压平衡系统和悬停排、注水系统组成。前者是使悬停水舱的气压与舷外海水压力保持一定差值的空气压力平衡系统,后者是利用专用水泵或悬停水舱与舷外海水压力差,控制悬停水舱的水量的海水系统。

悬停控制装置由深度传感器、流量计、压力计、调节阀等硬件设备和控制算法及处理软件等两部分组成。控制悬停深度的软件涉及的技术如下。

（1）水下悬停运动数学模型及影响悬停深度的干扰力数学模型。

（2）悬停控制策略模型,涉及控制算法、控制悬停的操纵规律。

二、水下悬停运动情况

潜艇水下悬停时,先降速到经航工况,良好均衡,再停车。根据潜艇垂直面运动规律,水下悬停的下沉与上浮,类似于潜艇在垂直面的惯性潜浮运动,为此,本节先讨论潜艇的惯性潜浮运动,然后再分析悬停运动的特点。

（一）潜艇的惯性潜浮运动

水下悬停状态的潜艇,取已均衡良好,航速、纵倾为零,即 $V=u=\theta=0$,其初始浮力力差、力矩差取为零,即 $Z_0 \approx M_0 \approx 0$。为了解悬停潜艇运动特性和悬停深度调节特点,可用悬停水舱或浮力调整水舱的注、排水,人为造成不大的负浮力或正浮力,潜艇在该浮力差作用下运动,可看成潜艇垂向的惯性潜浮运动,对于中型常规动力潜艇,将产生约 0.05m/s 的垂速。图 3-5-1 是某型潜艇的实艇试验数据。

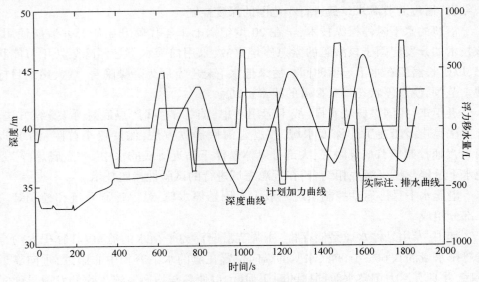

图 3-5-1 浮力差及深度变化曲线

由于人为加力(浮力差),相当于悬停初始的干扰力,由此产生的力矩差很小,可忽略不计。由物理学可知,当不考虑有限潜深深度内海水密度、温度、水压力对潜艇的影响时,潜艇的潜浮运动可看作初速度为零、加速度为 g(重力加速度)的匀加速直线运动,即是个特殊的自由落体运动。如不计水阻力的影响,则潜艇的垂向潜浮速度应是 $V_\zeta = g \cdot t$。

由于水阻力,潜艇在初始干扰力作用下的下沉与上浮的初期是个变速运动,只有当阻力与干扰力相当时,潜艇才做匀速潜浮。由牛顿第二定律可写出带剩余浮力 Z_p、无纵向航速 u 的潜艇的垂直面简化的单自由度运动为

$$\begin{cases} \left(m-\dfrac{1}{2}\rho L^3 Z'_{\dot{w}}\right)\dot{V}_\zeta = Z_p - Z_R \\ \dot{H} = V_\zeta = w \end{cases} \qquad (3\text{-}55)$$

式中:m 为潜艇水下全排水量 $\nabla\downarrow$ 的质量;ρ、L 分别为海水密度和潜艇长度;$\dot{H}$ 为潜艇变深速度,即垂速 V_ζ 或 w;$Z'_{\dot{w}} = -k_{33} \cdot 2\nabla\downarrow/L^3$ 为 z 轴向的流体惯性力系数,其中 k_{33} 为潜艇无因次附加质量系数;$\dot{V}_\zeta = \dot{w}$ 为垂向加速度;Z_p 为调控潜浮深度用的控制力,即剩余浮力或初始干扰力,大致是中型常规潜艇质量的 $0.05\% \sim 0.10\%$;Z_R 为潜艇垂向运动的水阻力,可近似表示为

$$Z_R = kSV_\zeta \qquad (Z_p \leqslant 0.7\%P\uparrow) \qquad (3\text{-}56)$$

或

$$Z_R = kSV_\zeta^2 \qquad (Z_p > 0.7\%P\uparrow)$$

式中:S 为潜艇的水平投影面积,如 R 型苏联潜艇为 409m^2;$P\uparrow$ 为潜艇水上排水量;k 为阻力系数。对老式潜艇可取 $k = 0.04 \sim 0.06$,水滴型现代潜艇略小,按垂向阻力等于调节水量使潜艇做匀速潜浮运动,有 $k \approx 0.010 \sim 0.025$。

潜艇垂向潜浮运动时的垂向($\alpha = \pm 90°$)阻尼力系数可用拘束船模试验测定。例如,某潜艇的 $Z'(90°) = 6.281 \times 10^{-2}$,而 $Z'(-90°) = -6.333 \times 10^{-2}$,并可测定相应的 $M'(90°)$、$M'(-90°)$ 等水动力系数值。

当 $\dot{w} = \dot{V}_\zeta = 0$ 时,可认为悬停潜浮运动是匀速运动,则式(3-55)可简化为

$$Z_p = Z_R = kSV_\zeta \qquad (3\text{-}57)$$

$$\dot{H} = V_\zeta = Z_p/kS \qquad (3\text{-}58)$$

由式(3-58)可求得调节潜艇水下悬停深度的控制力 Z_p 的大致量值范围。

据此,可用实艇试验的方法,在无航速、均衡良好、不操舵,仅周期性排、注少量的一定水量,记录潜艇深度 $H(t)$、纵倾角 $\theta(t)$ 的周期性变化值,类似图 3-5-1,由此推算潜艇的 V_ζ、q,估算潜艇的垂向阻力系数,作为建立水下悬停运动数学模型的技术基础。

(二) 水下悬停运动的特点

根据潜艇垂直面运动和实艇水下悬停试验情况,艇的下潜、上浮及俯仰纵倾运动归结起来具有下列特点,并作相应的假设。

(1) 没有航速,不使用舵。因此,水下悬停深度控制系统常称为无航速(或零航速)潜艇深度控制系统。

（2）潜艇水下悬停的潜浮运动是垂直面的垂向运动，遵循潜艇浮力平衡方程，与水平面运动无关，并伴有较小的俯仰纵倾运动。

（3）水下悬停的潜浮运动是幅度有限、垂速和纵倾都很小的缓慢运动。在甚小干扰作用下，纵倾与下潜深度的耦合影响很小，可分别进行控制。

（4）水下悬停运动仅用下列运动参数表示，其余潜艇垂直面运动参数取零，即有 $\dot{w} \neq 0, w \neq 0, \dot{q} \neq 0, q \neq 0$ 且 $\dot{\theta} = q$，为纵倾角速度；$V_\zeta = \dot{\zeta} = \dot{H} = w$，即垂向潜浮速度等于 z 轴方向的速度 w。

（5）作用于深水悬停运动的干扰力有以下几种。

① Z_{1o}：初始不均衡量。主要由停车、补充均衡的误差引起。

② Z_2：艇体及消声瓦的压缩引起的垂向力。

③ Z_3：海水密度的变化引起的垂向力。

④ Z_4：悬停控制水舱注排水产生的垂向力。

⑤ M_{1o}、M_4：由 Z_{1o}、Z_4 产生的纵倾力矩，还包括纵向平衡水舱间移水产生的纵倾力矩。

综上所述，对中型常规潜艇，总的不均衡量：$\sum Z_i \approx \pm 0.2 \sim 0.4\text{t}$（实际约为150L 左右），而 $\sum M_i \approx 0 (i = 1, 2, 3, 4)$。

（6）水下悬停潜艇的水平位置不予控制，允许水平漂移。水下悬停状态控制的主要参数是深度。此外，水下悬停运动控制系统是操艇系统的重要分系统之一。一般地，潜艇悬停于安全深度以下的工作深度，直至一百多米潜深。定深允许深度差 $\Delta H \leqslant \pm 3 \sim 5\text{m}$，纵倾差 $\Delta \theta \leqslant \pm 0.3° \sim 0.5°$。

三、潜艇水下悬停运动数学模型

根据潜艇垂直面运动与水下悬停运动情况及其假设，由潜艇垂直面操纵运动非线性方程式（2-124），经简化后，潜艇水下悬停运动基本数学模型为

$$
\begin{cases}
m\dot{w} = \dfrac{1}{2}\rho L^4 \left(Z_{\dot{q}}' \dot{q} + Z_{q|q|}' q|q| \right) + \dfrac{1}{2}\rho L^3 \left(Z_{\dot{w}}' \dot{w} + Z_{w|q|}' w|q| \right) \\
\qquad + \dfrac{1}{2}\rho L^2 \left(Z_{w|w|}' w|w| + Z_{ww}' w^2 \right) + (Z_{1o} + Z_2 + Z_3 + Z_4) \\
I_y \dot{q} = \dfrac{1}{2}\rho L^5 \left(M_{\dot{q}}' \dot{q} + M_{q|q|}' q|q| \right) + \dfrac{1}{2}\rho L^4 \left(M_{\dot{w}}' \dot{w} + M_{w|q|}' w|q| \right) \\
\qquad + \dfrac{1}{2}\rho L^3 \left(M_{w|w|}' w|w| + M_{ww}' w^2 \right) - mgh\theta + (M_{1o} + M_4) \\
\dot{H} = w, \quad \dot{\theta} = q
\end{cases}
\tag{3-59}
$$

简化、分析如下。

（一）水动力仅保留二次项

由于水下悬停运动是一个垂直面的垂向运动,只有 w、q 及其变化率 $\dot{w}$、$\dot{q}$ 不为零,即潜艇垂向运动只受到垂向阻力及纵倾阻尼力矩的作用,并含有一次式、二次式等水动力项。

但是,如果用一次线性式表示水动力 $Z(w,q)$、$M(w,q)$,其定义式中将出现潜艇航速 V 及纵向速度 u,如

$$Z'_w = Z_w \Big/ \frac{1}{2}\rho V L^2$$

这与潜艇水下悬停运动的航速为零、纵向速度为零矛盾。因此,仅用二次式表示,从而避免了理论形式上的矛盾。实际上,悬停的潜浮运动是个缓慢垂向运动,悬停深度的改变量 ΔH 取决于垂向阻力的大小。潜艇悬停中作潜浮运动时,由绕船体两侧绕流引起垂向阻力,其大小可看成与迎流速度平方(w^2)成正比。所以,式(3-59)的水动力只保留了二次项。

（二）垂向力方程中,$Z'_{\dot{q}}$、$Z'_{\dot{w}}$、Z'_{ww} 甚小,可忽略

由于 $Z_{\dot{q}} = -\lambda_{35}$,$\lambda_{35}$ 是由潜艇首尾不对称性产生的附加质量静矩,甚小,故忽略。$Z_{\dot{w}} = -\lambda_{33}$,$\lambda_{33}$ 是个与潜艇质量 m 相当量级的量,但悬停的垂向运动极其缓慢,w、$\dot{w}$ 很小,由此引起的流体惯性力系数也很小,故忽略。$Z_{ww} = \frac{1}{2}\left[Z^{(+)}_{w|w|} - Z^{(-)}_{w|w|} \right]$,表示艇体上下不对称对 $Z(w)$ 的影响而作的修正值。由于垂速 w 很小,垂向运动缓慢,不对称性的影响可忽略,故取 $Z'_{ww} \approx 0$。

同理,纵倾力矩方程中的 $M'_{\dot{q}}$、$M'_{\dot{w}}$ 和 M'_{ww} 项亦可忽略。

用方程左边的潜艇质量 m、质量转动惯量 I_y 遍除各方程的两边,于是,悬停运动基本数学模型式(3-59)可改写成如下状态方程式。

$$\begin{cases} \dot{w} = Z_{q|q|}q|q| + Z_{w|q|}w|q| + Z_{w|w|}w|w| + Z_m(Z_{1o} + Z_2 + Z_3 + Z_4) \\ \dot{q} = M_{q|q|}q|q| + M_{w|q|}w|q| + M_{w|w|}w|w| + M_{\theta}\theta + M_I(M_{1o} + M_4) \\ \dot{H} = w \\ \dot{\theta} = q \end{cases} \quad (3-60)$$

式中:各状态系数分别为

$$
\begin{cases}
Z_{q|q|} = \dfrac{1}{2m}\rho L^4 \cdot Z'_{q|q|}, & Z_{w|q|} = \dfrac{1}{2m}\rho L^3 \cdot Z'_{w|q|} \\[2mm]
Z_{w|w|} = \dfrac{1}{2m}\rho L^2 \cdot Z'_{w|w|}, & Z_m = \dfrac{1}{m} \\[2mm]
M_{q|q|} = \dfrac{1}{2I_y}\rho L^5 \cdot M'_{q|q|}, & M_{w|q|} = \dfrac{1}{2I_y}\rho L^4 \cdot M'_{w|q|} \\[2mm]
M_{w|w|} = \dfrac{1}{2I_y}\rho L^3 \cdot M'_{w|w|}, & M_{\theta I} = -\dfrac{mgh}{I_y} \\[2mm]
M_I = \dfrac{1}{I_y}
\end{cases}
\tag{3-61}
$$

式(3-60)中的水动力系数可用拘束船模试验或实艇试验测定,干扰力 Z_i、$M_i(i=1,2,3,4)$ 的表示式及其量值范围将在下一节讨论。

四、潜艇悬停状态时干扰力数学模型

了解水下悬停时作用在潜艇上的干扰力(矩),是研究悬停控制规律和确定控制系统的前提条件之一,也是进行水下悬停运动仿真试验的基础。这里仅介绍艇体和消声瓦的压缩、海水密度变化和初始不均衡等方面的干扰作用情况。

(一) 潜艇水下状态的浮力基本方程

潜艇在水下悬停,假设初始状态纵倾 θ、横倾 φ 为零,则由平面平行力系平衡原理可知,参照潜艇原理的平衡条件,悬浮于一定深度正浮的潜艇应同时满足下列两个平衡条件。

(1) 潜艇水下重量 $P_\downarrow$ 等于水下容积排水量$\nabla_\downarrow$提供的浮力 $B_\downarrow = \rho \nabla_\downarrow g$,其中 $\nabla_\downarrow = \nabla_0 + \sum v$,而∇_0 为固定浮容积,即潜艇水上容积排水量$\nabla_\uparrow$,$\sum v$ 为主压载水舱容积之和。

(2) 水下重力和浮力的作用点 $G_\downarrow$、$C_\downarrow$ 位于同一铅垂线。

于是,有

$$
\begin{cases}
P_\downarrow = B_\downarrow = \rho \nabla_\downarrow g \\
x_{G\downarrow} = x_{C\downarrow} \neq 0 \\
y_{G\downarrow} = y_{C\downarrow} = 0
\end{cases}
\tag{3-62}
$$

由于艇上变动载荷的消耗、航行海区的水文条件变化,$P_\downarrow$、$B_\downarrow$ 是个变量,潜艇水下状态时的浮力基本方程式(3-62)不具有自行恢复平衡的性质。水面舰船可以自行通过吃水和姿态的调整,在许可的载荷变动范围内使浮力平衡方程成立。水下状态的潜艇,由于储备浮力为零,对剩余浮力的作用很敏感,使潜艇下沉或上浮,必须进行人工或自动控制,才能保持悬停状态。

（二） 艇体和消声瓦的压缩产生的浮力变化

根据试验资料归纳得出的经验公式认为,潜艇在极限下潜深度内,耐压壳体水密容积的减小与压力成正比,即

$$Z_{z1} = \alpha_p \rho \cdot (H - H_0) \cdot \nabla_0 \qquad (3-63)$$

式中:α_p 为艇体压缩系数。

按照 B. Г. 弗拉索夫公式,取

$$\alpha_p = -\frac{13}{H_{max}} \times 10^{-4} (m^2/t)$$

式中:H_{max} 为潜艇的极限深度;ρ 为海水密度(t/m^3);H_0、H 分别为艇的初始深度、实际悬停深度(m);∇_0 为艇的固定浮容积(m^3)。

一些试验资料显示,潜艇由深度 50~150m,包括消声瓦压缩量在内的所有容积压缩随下潜深度基本呈线性变化,变化率与海水密度有关,海水密度较大时,压缩的变化量也较大,如 $\rho = 1.028$ 与 $\rho = 1.025$ 相比,其容积变化率的平均值(l/m)大一倍,并有

$$Z_2 = \Delta Z_2 \cdot \Delta H = (\Delta Z_{21} + \Delta Z_{22}) \cdot \Delta H \qquad (3-64)$$

式中:ΔZ_{21} 为艇体的压缩变化量,约为 $10l/m$;ΔZ_{22} 为消声瓦的压缩变化量,约为 $19l/m$;ΔH 为深度变化量(m)。

（三） 海水密度变化的影响

海水盐度、温度和海水压力对潜艇浮力的影响,可归结为海水密度的变化,一般考虑下列 3 种情形。

（1）潜艇在海水密度为 ρ_0 的海域均衡好后,过渡到密度为 ρ_1 的海区,引起浮力变化量为 Z_{31},即

$$Z_{31} = (\rho_1 - \rho_0) \cdot \nabla_\downarrow \qquad (3-65)$$

式中:$\nabla_\downarrow$ 为水下全排水量(m^3)。

（2）深度变化对海水密度的影响。海水密度一般是(潜水)深度 H 的连续单值曲线,其值如表 3-5-1 所列,并可作成图 3-5-2 所示的曲线。我国沿海水域的密度较小,在水深 25~300m 范围内,海水密度随水深变化大致在 $1.021 ~ 1.026 t/m^3$。表 3-5-2 是某海区的海水密度变化情形。

表 3-5-1 $\rho = f(H)$

H/m	0	25	50	100	200	300
$\rho/(t/m^3)$	1.02501	1.02628	1.02684	1.02750	1.02832	1.02889

表 3-5-2 海水密度随季节变化样表

水深 H/m	海水密度/(kg/m³)			
	1 月	3 月	7 月	10 月
5	1023.31	1023.26	1021.54	1021.97
30	1023.29	1023.32	1021.93	1022.04
50	1023.32	1023.41	1022.45	1022.09
100	1023.56	1023.68	1023.51	1022.72
150	1023.56	1024.13	1024.12	1023.49
200	1025.13	1024.77	1024.71	1024.30
250	1025.13	1025.15	1025.40	1024.79

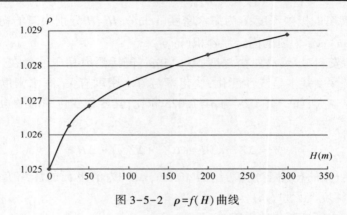

图 3-5-2 $\rho=f(H)$ 曲线

当潜艇处于任意深度时,根据图 3-5-2,可用折线段代替曲线,在各折线段按线性关系处理,从而可用简单插值法取数,即

$$
\begin{cases}
1.02501+\dfrac{1}{25} \cdot (1.02628-1.02501) \cdot H = 1.02501+0.508\times10^{-4} \cdot \Delta H & (H \leqslant 25\text{m}) \\[3mm]
1.02628+\dfrac{1}{50-25} \cdot (1.02684-1.02628) \cdot (H-25) \\
\qquad = 1.02628+0.224\times10^{-4} \cdot \Delta H & (25\text{m}<H \leqslant 50\text{m}) \\[3mm]
1.02684+\dfrac{1}{100-50} \cdot (1.02750-1.02684) \cdot (H-50) \\
\qquad = 1.02684+0.132\times10^{-4} \cdot \Delta H & (50\text{m}<H \leqslant 100\text{m}) \\[3mm]
1.02750+\dfrac{1}{200-100} \cdot (1.02832-1.02750) \cdot (H-100) \\
\qquad = 1.02750+0.082\times10^{-4} \cdot \Delta H & (100\text{m}<H \leqslant 200\text{m}) \\[3mm]
1.02832+\dfrac{1}{300-200} \cdot (1.02889-1.02832) \cdot (H-200) \\
\qquad = 1.02832+0.057\times10^{-4} \cdot \Delta H & (200\text{m}<H<300\text{m})
\end{cases}
$$

$$(3-66)$$

（3）海水密度变化梯度对水下悬停的影响。所谓海水密度变化梯度，是指海水密度在单位深度区间的改变量，一般有 4 种典型形式，如图 3-5-3 所示。

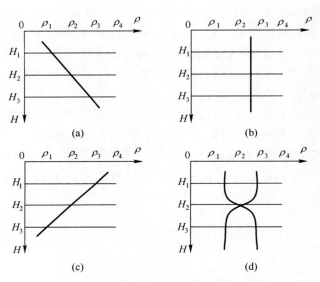

图 3-5-3　海水密度变化的 4 种典型梯度

① 正梯度。海水密度 ρ 随深度 H 增加而增大，即 $\Delta\rho>0$。

② 均匀层。ρ 不随 H 变化，即 $\Delta\rho=0$。

③ 负梯度。ρ 随 H 增加而减小，即 $\Delta\rho<0$。

④ 跃变层。ρ 开始不随 H 变化，当到达一定深度后，随深度增加而减小（或增大）。继续向下到达某一深度后，ρ 又基本不变的水域，称为阶跃层。当在 10m 左右的深度层内，ρ 的变化量在 1‰以上，该阶跃层称为"液体海底"，潜艇悬停在液体海底深度层对保持悬停深度是十分有利的。

潜艇悬停于具有正梯度的水层时，当潜艇受外部弱干扰作用，悬停深度将发生变化，当扰动作用停止后，潜艇易于依靠自身的特性，恢复到原悬停深度。例如，潜艇受瞬时干扰力使艇下沉，瞬时力停止后，艇依其惯性继续下沉。但由图 3-5-3(a) 可知，深度 H_3 的海水密度 ρ_3 大于深度 H_2 时的 ρ_2，艇的浮力增大，使潜艇由下沉转为上浮运动。同时，由于潜艇在潜浮运动中产生阻尼力，不断消耗潜艇作潜浮运动的惯性能量，使潜艇趋于预定的悬浮深度上。

（4）小结。海水密度、潜水深度及海水密度变化梯度，对潜艇浮力的影响较大，不同海区有显著的区别。一般可假设在大陆架附近水深 300m 范围内，考虑不同月份季节的变化，对中型潜艇（∇ 为 3000~3500t），±10m 范围内浮力变化约为

±2t,并要计及海水密度变化的正、负梯度的不同影响,如悬停深度变化范围为±5m时,其浮力变化量约为±1t。

(四) 潜艇进入悬停前的初始不均衡量

悬停水层的海水密度变化 $\Delta\rho \geqslant 1‰\nabla\downarrow$ 时,悬停操纵可按潜坐液体海底方法进行。因为海区若是液体海底,当潜艇以 $2°\sim3°$ 首倾(或尾倾)低速下潜(或上浮)过程中,若艇的深度变化缓慢或停止变化,纵倾向尾纵倾变化(或上浮升速突然加快,尾倾加大),则表示潜艇已进入液体海底,然后下令停车,按部署操控。可见,用车舵机动方式潜坐较为方便。

对于一般水域的悬停操纵,按通常变深方法,潜到预定的悬停深度,使潜艇艇首朝着目标可能的来向。在有流海区,应使艇首转到顶流航向。到达悬停深度,经均衡,减速到经航工况。动均衡航速越小,停车均衡量也越小,潜艇停车后也不易形成潜浮惯性。潜艇在 $2\sim3$ 节航速停车,自然减速为零,在这一过程中,按零升力 Z_0 及其力矩 M_0 公式计算浮力的变化量为

$$\begin{cases} Z_0 = -\dfrac{1}{2g}\rho L^2 Z_0'(u_1^2 - u_2^2) \\ M_0 = -\dfrac{1}{2g}\rho L^3 (M_0' + X_T' z_T')(u_1^2 - u_2^2) \end{cases} \tag{3-67a}$$

式中:Z_0、M_0 为自然减速至零而减小的零升力、零力矩;u_1 为停车航速(m/s),u_2 为停车后航速,即 $u_2 = 0$;z_T' 为推力臂,如某艇 $z_T' = 1.187 \times 10^{-3}$,一般现代潜艇 $z_T' = 0$;X_T' 为无因次推力。

可见,停车后产生的剩余浮力应补充均衡量,可按下式计算,即

剩余浮力差:$\Delta P = Z_0$(调整水舱的注、排水量)

剩余浮力矩差:$\Delta Q = \dfrac{M_0 + Z_0 \cdot x_{v1}}{L_{vbs}}$(纵倾平衡水舱的调水量) $\tag{3-67b}$

式中:x_{v1} 为 1 号浮力调整水舱容积中心到潜艇重心的纵坐标;L_{vbs} 为首尾纵倾平衡水舱容积中心之间的纵向距离。

实艇停车航速的大小、均衡精度、可能的人为误差,是影响初始不均衡量的主要因素。对于中型常规潜艇,可假设为 $0.2\sim0.4t$,即有

$$Z_{10} = 0.2 \sim 0.4t(近似认为 M_{10} \approx 0) \tag{3-68}$$

表 3-5-3 显示了某中型常规潜艇采用均衡装置,手工操作,水下悬停近 3.5h 的操纵过程。

表 3-5-3　水下悬停操纵过程表

时间	深度/m	注排水量/L	压水量/L	时间	深度/m	注排水量/L	压水量/L
3m53s	25	注 200		90m09s	23	注 100	
4m46s	24.5	注 100		87m55s	25		
5m23s	25	排 100		97m03s	25		
5m48s	25	排 100		99m	26	排 50	
6m26s	25	注 100		101m17s	23	注 50	
7m57s	25	排 100		101m40s	23	注 50	
8m45s	24.5	注 100	向首 100	108m51s	27	排 50	
9m05s	24	注 100		111m12s	24.5	注 100	
11m08s	24	注 50		120m12s	26	排 50	
11m36s	24	注 100		125m24s	23.5		
13m25s	23.5	注 50		126m19s	23	注 50	
18m	24	注 50		131m50s	26	排 50	
26m28s	25	排 100		134m21s	23.5	注 50	
27m20s	24	注 50		136m26s	23	注 50	
28m	24	注 50		141m31s	27	排 50	
30m	24.5			146m11s	22.5	注 100	
30m38s	25	排 100		149m50s	26.5	排 50	
31m27s	25	注 100		152m30s	25		
32m57s	23			153m36s	23.5		
37m	25			157m20s	23.5	注 50	
38m42s			向尾 50	169m34s	27	排 50	
43m	25.5	排 100		174m19s	23	注 150	
45m	24			175m01s	22.5	注 50	
47m	24.5			177m57s	22.3	注 50	
52m	25.5	排 100		181m34s	22.5	注 50	
54m	24.3	注 50		187m46s	23	注 50	
55m	23	注 100		193m39s	26	排 50	
56m	24						
57m17s	25	排 50					
59m37s	24.5	注 50					
62m57s	25						
67m	25.5	排 100					
73m	26	排 100					
74m44s	24.2	注 50					
77m34s	25	排 100					
79m08s	24.5	注 50					
80m02s	23.5	注 50					
85m07s	24						

五、水下悬停运动的操纵

潜艇水下悬停运动操纵可大致分成 3 个阶段。

（1）进入悬停阶段。从停车、补充均衡开始，至潜艇稳定于指令悬停深度。本阶段的操控目标是：消除初始不均衡量 Z_{10}、M_{10}，尽快使艇进入悬停的稳定深度状态。

（2）保持悬停深度阶段（准定常状态）。及时消除引起悬停深度波动的浮力差及力矩差，保持悬停深度。造成悬停深度波动的主要干扰力有 3 个方面。

① 初始不均衡量。

② 海水密度变化。

③ 消声瓦和艇体的压缩变化。

此外，悬停水域的水文情况、流速流向，尤其是对悬停过程中补充均衡的时机选择，本艇无航速潜浮惯性运动特性的认识和掌控，是实现稳定悬停的关键。

（3）退出悬停阶段。直接开车转入机动航行，并辅以补充均衡，同时注意敌情及海区情况。

思考题

1. 简述格特勒和哈根的潜艇标准空间运动方程的特点及其适用性。

2. 概述潜艇的空间运动操纵与平面运动（垂直面的深度机动与水平面的航向机动）操纵的主要特点（注意：学习第四章后再思考）。

第四章　潜艇操纵运动性能

引言　本章研究潜艇水平面运动与垂直面运动的基本操纵性,以及潜艇空间运动特性,属于攻角变化不大(约 10°左右)、正常情况下潜艇的操纵运动性能,包括如下 4 个方面的问题。

(1)水平面与垂直面的运动稳定性。

(2)潜艇的定深直线前进运动与变深潜浮运动特性。

(3)潜艇(水下)的回转运动性能。

(4)潜艇同时变深变向的空间机动特点。

涉及潜艇动稳定性与机动性能之间的协调与平衡,以及深度机动性与航向机动性能及其协调匹配。实际上,对直线航行状态的船舶,必须考虑两种基本工况:一是操控装置固定的工况,其中操纵面假定以零转角固定;二是操控装置工作状态,操纵面处于偏转的操作工况。也就是潜艇的动态稳定性和航向与深度机动性,即某种运动状态(参数)的保持与改变能力。

本章从潜艇水中机动的典型运动出发,结合《潜艇船体规范》、通用规范及《潜艇操纵性预报指南》《潜艇操纵性衡准》等专业军用标准,介绍潜艇操纵性能衡准的由来、公式、意义及其衡准指标值的变化发展情形。

第一节　潜艇垂直面与水平面运动的稳定性

评价潜艇操纵性的运动稳定性时,采用两类标准:静稳定性和动稳定性。所谓静稳定性,即是认为潜艇作定常运动,只有一个运动参数受扰动发生变化,其他运动参数不变时的初始运动状态的变化特性。静稳定性是一定条件下的动稳定性。动稳定性是相对静稳定性而言的,是运动稳定性的简称。潜艇垂直面和水平面的运动稳定性,是以动平衡状态——定常直航运动为初始状态,研究受扰动的参数有小偏离情况下的变化特性。本节首先介绍运动稳定性的基本概念,然后介绍两个平面的运动稳定性衡准参数及其影响因素。

一、运动稳定性的基本概念

（一）运动的稳定性含义

1. 平衡的稳定性

人们对于运动稳定性的概念,来源于最简单的运动——静止的稳定性。由物理学可知,刚体位置的稳定性是物体平衡状态的属性,并有 3 种不同的静止平衡类型,即稳定平衡、不稳定平衡和随遇平衡。判断某平衡(静止)位置是否稳定的方法是:给刚体瞬时小扰动,使其相对原平衡状态产生偏离,看其能否自动回复到原平衡状态,如能回到未受扰动时的状态,则此平衡位置相对于这种微扰动来说是稳定的,反之,是不稳定的或随遇平衡的。理论力学的基本定理表明,平衡位置是稳定的充分必要条件是:该位置的势能极小,即物体由平衡位置受瞬时小扰动后,其重心升高的情形。不稳定平衡在自然界或日常生活中是不常见的,因为这种状态只是暂时的,一有扰动就被破坏。类似于具有负初稳度的船舶,一有风浪就倾覆到正稳度状态。

物体的平衡状态可以是静止的,也可以是动态的。潜艇静力学研究静浮潜艇的平衡与稳定性,对于潜艇定常运动时的稳定性问题归结为运动稳定性。例如,潜艇作等速定深直航运动时,受到瞬时扰动,使首向角、或纵倾角、或航行深度等一个或一些运动参数产生偏离,不进行操纵,潜艇能否自行恢复到初始定常运动状态?这就是运动稳定性要回答的问题。

2. 运动稳定性定义

运动稳定性定义:潜艇作定常运动时,受瞬时弱干扰,受扰的运动参数能否自行回到初始运动状态的性能。如重心坐标 $\zeta_G(t)$(即航行深度)受扰后,最终能自行(未施加操舵等控制)回到初始的定常运动状态,则称 $\zeta_G(t)$ 具有自动稳定性。若不具有 $\zeta_G(t)$ 的自动稳定性,通过不断地操纵(操舵或静载等)能保持航行深度,则称潜艇具有 $\zeta_G(t)$ 的控制稳定性。

实践表明,潜艇的运动稳定性对各运动参数来说是不同的,一些运动参数是稳定的,而另一些运动参数则是不稳定的。因此,在研究潜艇的运动稳定性时必须指明是对哪一个运动参数而言的,如航行深度 ζ_G、纵倾角 θ、水平面的首向角 ψ、偏航角速度 r 等。就运动稳定性理论而言,上述结论是指非线性系统的稳定性问题[24]。

自动稳定性是一定几何形状的潜艇(艇体和舵翼等)自身的属性,故也称为潜艇的固有稳定性。潜艇的自动稳定性是整个双平面控制系统(水平面的航向控制系统与垂直面的深度控制系统)中的一个基本环节的重要特性,自动稳定性差的艇要保持航向与深度必须频繁地操舵,对舵手的技术要求高、工作紧张、舵装置磨损大、耗费功率多,增加航行阻力,甚至无法保持航向,难于定深。本书将主要讨论自动稳定性,对于控制稳定性仅做简要介绍。

（二） 稳定的种类

做匀速直线航行的潜艇,根据潜艇受扰后的最终航迹保持其初始定常运动状态的特性,运动稳定性可分成以下几种情况[6]。

（1）直线稳定性。受扰后潜艇沿另一航向仍做直线航行（图4-1-1中1）。如水平面运动,当 $t \to \infty$, $\Delta r \to 0$, $\Delta \psi \to$ 常数,而 $\Delta \eta_G \neq 0$,称为具有直线稳定性。

（2）方向稳定性。受扰后潜艇仍循原航向运动,但并不与原航线重合（图4-1-1中2）。如水平面运动,当 $t \to \infty$, $\Delta r \to 0$, $\Delta \psi \to 0$,但 $\Delta \eta_G \neq 0$,称为具有方向稳定性。

（3）航线稳定性。受扰后潜艇仍按原航线的延长线航行（图4-1-1中3）。如水平面运动,当 $t \to \infty$, $\Delta r \to 0$, $\Delta \psi \to 0$,且 $\Delta \eta_G \to 0$,称为具有航线稳定性,也称为位置运动稳定性。

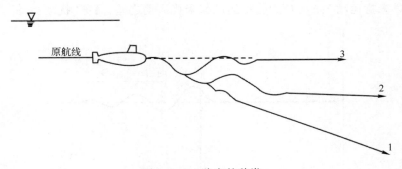

图4-1-1　稳定的种类
1—直线稳定性;2—方向稳定性;3—航线稳定性。

此外,还有定常回转运动的稳定性。

显然,具有航线稳定性的潜艇必同时具有直线稳定性和方向稳定性;具有方向稳定性的潜艇必同时具有直线稳定性;不具有直线稳定性的潜艇也一定不具有方向稳定性和航线稳定性。上述几种稳定性是按升级次序划分的,而且上述动稳定性的划分也适用于操舵控制的情形,但通常指的是舵固定时的自动稳定性。

由后面的内容可知,对潜艇在水平面和垂直面的平面运动来讲,在水平面与水面舰艇一样,不具有航线和方向的自动稳定性,只可能具有直线稳定性;在垂直面不具有航线稳定性（即航行深度 ζ_G ）,但具有方向和直线稳定性。实际上,在这两个平面运动中,最有意义的是关于航向和深度参数的稳定性,不论是否具有直线稳定性,但都要求通过人工操舵或设计合理的自动驾驶仪,保持良好的航向、深度,即具有航向、深度的良好控制稳定性。但是,如果稳定性过强,也给机动带来困难。因此,潜艇的运动稳定性必须适度。

（三） 扰动运动

潜艇的定常运动稳定性问题,是力学中物体运动稳定性这个一般问题的特殊情况。下面先将力学中研究运动稳定性的基本方法作一简要介绍。

设物体有 n 个运动参数 $s_1,s_2,\cdots,s_n$。它们是时间的函数,即

$$s_i = s_i(t) \quad (i=1,2,\cdots,n) \tag{4-1}$$

对于潜艇平面操纵运动,这些运动参数即为 $u(t)$、$v(t)$、$r(t)$、ψ、$\xi_G(t)$、$\eta_G(t)$ 及 $w(t)$、$q(t)$、$\theta(t)$、$\xi_G(t)$、$\zeta_G(t)$ 等。

由于某种偶然的瞬时干扰作用,使物体的运动状态发生了微小的变化,物体的参数(图 4-1-2)变为

$$s_i(t) = s_{i_0} + \Delta s_i(t) \tag{4-2}$$

式中:$s_i(t)$ 为受到干扰后的运动参数,简称"受扰运动";s_{i_0} 为受到干扰前的运动参数,简称"未扰运动";$\Delta s_i(t)$ 为受扰运动与未扰运动之差,简称"扰动运动"。

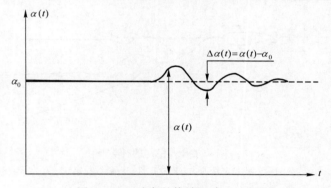

图 4-1-2　攻角的扰动运动 $\Delta\alpha(t)$

通常,由瞬时干扰引起的扰动运动,如打雷、发射导弹、误操舵等引起的潜艇扰动运动,称为自由扰动运动(简称自由运动);由持续作用于艇上的、按一定规律变化的干扰力引起的扰动运动,如操一定舵角或变动一定的静载等所引起的扰动运动,称为强迫扰动运动(简称强迫运动),该运动即是第二章、第三章介绍的操纵运动方程式所描述的运动。根据自由扰动运动研究潜艇的自动稳定性,根据强迫扰动运动研究操纵运动的动态特性,评价潜艇的机动性。

物体运动的稳定性,一般地说,可能有 3 种情况。

（1）当时间 $t\to\infty$,扰动运动 $\Delta s_i \to 0$,也即运动回复到未扰运动,此时,称未扰运动是"渐近稳定"的。

（2）当时间 $t\to\infty$,扰动运动 $\Delta s_i \to$ 常数(或有界),也即受扰运动最后不能回复到未扰运动,而相差一常量(或有界值),此时称未扰运动是"非渐近稳定"的。

（3）随着时间 $t\to\infty$,扰动运动 $\Delta s_i \to \infty$,则称未扰运动是"不稳定"的。

从潜艇的航向、深度是否具有自动稳定性角度看,只有航向渐近稳定、深度渐近稳定时,才是自动稳定的;对于非渐近稳定和不稳定的情况,要保持航向或深度都必须操舵,属于控制稳定性。

(四) 判别运动稳定性的一次近似方法

1. 扰动运动方程

要研究物体运动的稳定性,就要研究扰动运动 Δs_i 随时间的变化规律,为此,需建立扰动运动微分方程式。

设物体运动的 n 个微分方程式可写成

$$\frac{\mathrm{d}s_i}{\mathrm{d}t} = F_i(s_1, s_2, \cdots, s_n) \quad (i = 1, 2, \cdots, n) \tag{4-3}$$

式中:F_i 为物体特性和作用在物体上的力的已知函数。

物体受到某种微小的扰动后,上述方程式为

$$\frac{\mathrm{d}(s_i + \Delta s_i)}{\mathrm{d}t} = F_i(s_1 + \Delta s_1, s_2 + \Delta s_2, \cdots, s_n + \Delta s_n) \tag{4-4}$$

将式(4-4)右边用泰勒公式展开得

$$\text{式(4-4)右边} = F_i(s_1, s_2, \cdots, s_n) + c_{i1}\Delta s_1 + c_{i2}\Delta s_2 + \cdots + c_{in}\Delta s_n + \overline{F_i} \tag{4-5}$$

式中:系数 $c_{i1}, c_{i2}, \cdots, c_{in}$ 由下式确定,即

$$c_{i1} = \frac{\partial F_i}{\partial s_1}, c_{i2} = \frac{\partial F_i}{\partial s_2}, \cdots, c_{in} = \frac{\partial F_i}{\partial s_n} \tag{4-6}$$

式中:$\overline{F_i}(\Delta s_1, \Delta s_2, \cdots, \Delta s_n)$ 为包含 Δs_i 的二阶及高于二阶项的函数。

将式(4-5)代入式(4-4)得

$$\frac{\mathrm{d}(s_i + \Delta s_i)}{\mathrm{d}t} = F_i(s_1, s_2, \cdots, s_n) + c_{i1}\Delta s_1 + c_{i2}\Delta s_2 + \cdots + c_{in}\Delta s_n + \overline{F_i} \tag{4-7}$$

由式(4-7)减去式(4-3),得扰动运动微分方程式为

$$\frac{\mathrm{d}(\Delta s_i)}{\mathrm{d}t} = c_{i1}\Delta s_1 + c_{i2}\Delta s_2 + \cdots + c_{in}\Delta s_n + \overline{F_i} \tag{4-8}$$

按"一次近似方法",略去高阶项 $\overline{F_i}$,而只保留扰动 Δs_i 的线性项,则式(4-8)成为

$$\frac{\mathrm{d}(\Delta s_i)}{\mathrm{d}t} = c_{i1}\Delta s_1 + c_{i2}\Delta s_2 + \cdots + c_{in}\Delta s_n \tag{4-9}$$

扰动运动微分方程组(4-9)是常系数线性微分方程组,对其积分即可求得扰动运动 Δs_i 随时间的变化规律,就可以判别运动稳定性问题。

作为例题,下面介绍潜艇垂直面扰动运动方程的推导方法。

由于潜艇受到某种干扰的作用,使艇的运动状态发生微小改变,艇的运动参数由受扰前的定常运动常数 u_0、w_0、q_0 变为 $u(t)$、$w(t)$、$q(t)$,即

$$
\begin{cases}
u(t)=u_0+\Delta u(t) \\
w(t)=w_0+\Delta w(t) \\
\alpha(t)=\alpha_0+\Delta\alpha(t)
\end{cases}
$$
$$
\begin{cases}
q(t)=q_0+\Delta q(t) \\
\theta(t)=\theta_0+\Delta\theta(t)
\end{cases} \tag{4-10a}
$$

式中:$u(t)$、$w(t)$、$\alpha(t)$、$q(t)$、$\theta(t)$为受到干扰后的运动参数,即是受扰运动;u_0、w_0、α_0、q_0、θ_0为受到干扰前的定常运动参数,即是未扰运动;Δu、Δw、$\Delta\alpha$、Δq、$\Delta\theta$为受扰运动与未扰运动之差,即是扰动运动。

造成扰动运动最寻常的因素是舵角和静载的改变,如δ_{b_0}、δ_{s_0}、P_0为平衡状态(定常运动)时的值,现有增量,即

$$
\begin{cases}
\delta_b(t)=\delta_{b_0}+\Delta\delta_b(t) \\
\delta_s(t)=\delta_{s_0}+\Delta\delta_s(t) \\
P(t)=P_0+\Delta P(t)
\end{cases} \tag{4-10b}
$$

将式(4-10)代入式(2-116a),并考虑到俯仰定常运动方程式(2-117a),省略前置增量符号"Δ",并假设是静平衡的,则潜艇垂直面(弱)扰动运动方程为

$$
\begin{cases}
(m-Z_{\dot{w}})\dot{w}-Z_{\dot{q}}\dot{q}-Z_w w-(mV+Z_q)q=Z_{\delta_s}\delta_s+Z_{\delta_b}\delta_b \\
(I_y-M_{\dot{q}})\dot{q}-M_{\dot{w}}\dot{w}-M_w w-M_q q-M_\theta\theta=M_{\delta_s}\delta_s+M_{\delta_b}\delta_b
\end{cases} \tag{4-11a}
$$

相应地,无因次扰动运动方程为

$$
\begin{cases}
(m'-Z'_{\dot{w}})\dot{w}'-Z'_{\dot{q}}\dot{q}'-Z'_w w'-(m'+Z'_q)q'=Z'_{\delta_s}\delta_s+Z'_{\delta_b}\delta_b \\
(I'_y-M'_{\dot{q}})\dot{q}'-M'_{\dot{w}}\dot{w}'-M'_w w'-M'_q q'-M'_\theta\theta=M'_{\delta_s}\delta_s+M'_{\delta_b}\delta_b
\end{cases} \tag{4-11b}
$$

分析比较扰动方程式(4-11)与线性方程式(2-116)可知,扰动方程是以定常运动作为基准运动,而线性操纵运动方程式(2-116a)是从艇的静止状态出发的,但两者力学实质是相同的。

方程式(4-11)又称为强迫扰动运动方程,当令方程右端为零,则得瞬时干扰作用下的自由扰动运动方程。前者用于研究潜艇对操纵(转舵或改变静载)的响应特性,即研究潜艇在垂直面的机动性能;后者用于研究运动稳定性,是本节后续研究运动稳定性的基础。下面介绍运动稳定性的判别方法。

2. 古尔维茨(A. Huwitz)稳定性判据

如果只是为了判断运动的稳定性性质(是稳定的,还是不稳定的),则没有必要积分扰动运动微分方程式(4-9),而只要分析扰动运动方程组的特征方程式的根的情形就可以了。

设扰动运动微分方程组的特征方程式为

$$
a_0\lambda^n+a_1\lambda^{n-1}+a_2\lambda^{n-2}+\cdots+a_n=0 \tag{4-12}
$$

式(4-12)的 n 个根为 $\lambda_1,\lambda_2,\cdots,\lambda_n$，则扰动运动微分方程式(4-9)的解为

$$\Delta s_i = b_{i1}\mathrm{e}^{\lambda_1 t}+b_{i2}\mathrm{e}^{\lambda_2 t}+\cdots+b_{in}\mathrm{e}^{\lambda_n t} \qquad (4-13)$$

显然，由式(4-13)可知：

（1）若特征方程式(4-12)的根 λ_i 全部具有负实部（都是具有负实部的复数或者负实数），则当 $t\to\infty$，扰动 $\Delta s_i\to 0$，未扰运动是渐近稳定的。

（2）在特征方程的根 λ_i 中，只要有一个具有正实部，则当 $t\to\infty$，扰动 $\Delta s_i\to\infty$，未扰运动是不稳定的。

（3）若一次近似线性方程组的特征方程式的根中，有零实部的根（即有零根或虚根，而其余根的实部均为负），对于这种情况，运动稳定性理论的研究结果表明，方程式(4-8)右边非线性项 $\overline{F_i}$ 将起着重要的作用而影响到零解的稳定性，因而，一般不能用一次近似方法研究这种情况下的稳定性问题。

由上述结论可以得知，式(4-13)中的任意分量 $b_i\mathrm{e}^{\lambda_i t}$ 的函数性质仅与特征根 λ_i 有关，初始条件决定的待定常数 b_i，只决定该分量的大小和正负，不能决定函数的性质（是衰减或发散）。

用一次近似方法判断运动的稳定性，中心问题是要判断扰动运动微分方程式的特征方程(4-12)的所有的根实部的符号。解方程式(4-12)的根（尤其是在高次幂的情况）是一项繁重的工作，有时甚至是不可能的。为了判别一个代数方程式的根的符号，并不需要解出此方程的根来，在"自动调整原理"中有代数方法和频率方法，每个方法都称为一种判据。下面介绍常用的代数判据，即古尔维茨于1894年提出的线性系统的稳定性判别法。

设线性动力系统的特征方程式为 n 次代数方程，即

$$a_0\lambda^n+a_1\lambda^{n-1}+a_2\lambda^{n-2}+\cdots+a_n=0 \qquad (4-14)$$

（设 $a_0>0$，这并不损害一般性。）

作古尔维茨行列式：在主对角线上依次写出从方程的第二个系数 a_1 起的系数 $a_1,a_2,\cdots,a_n$，其他各列的元素以主对角线为准，向左时下标依次增加，向右时下标依次减少，凡下标大于 n 或小于零时，均以零代替，即

$$d_1=a_1,\quad d_2=\begin{vmatrix} a_1 & a_0 \\ a_3 & a_2 \end{vmatrix},\quad d_3=\begin{vmatrix} a_1 & a_0 & 0 \\ a_3 & a_2 & a_1 \\ a_5 & a_4 & a_3 \end{vmatrix}$$

$$\cdots$$

$$d_n=\begin{vmatrix} a_1 & a_0 & 0 & 0 & \cdots & 0 \\ a_3 & a_2 & a_1 & a_0 & \cdots & 0 \\ a_5 & a_4 & a_3 & a_2 & \cdots & 0 \\ \vdots & \vdots & \vdots & \vdots & \ddots & \vdots \\ 0 & 0 & 0 & 0 & \cdots & a_n \end{vmatrix} \qquad (4-15a)$$

方程式(4-14)的所有的根都具有负实部的充分和必要条件是:所有古尔维茨行列式都大于零,即

$$d_i>0 \quad (i=1,2,\cdots,n) \tag{4-15b}$$

例如,对于二次方程式 $\lambda^2+a_1\lambda+a_2=0(a_0=1>0)$ 的根都具有负实部的充要条件为

$$d_1=a_1>0, \quad d_2=\begin{vmatrix} a_1 & a_0 \\ 0 & a_2 \end{vmatrix}=a_1a_2>0 \tag{4-16a}$$

也即 $a_1>0,a_2>0$ 和 $a_0>0$。

又如,三次代数方程式

$$\lambda^3+a_1\lambda^2+a_2\lambda+a_3=0$$

的根都具有负实部的充要条件为

$$d_1=a_1>0, \quad d_2=\begin{vmatrix} a_1 & a_0 \\ a_3 & a_2 \end{vmatrix}=a_1a_2-a_3a_0>0$$

$$d_3=\begin{vmatrix} a_1 & a_0 & 0 \\ a_3 & a_2 & a_1 \\ 0 & 0 & a_3 \end{vmatrix}=a_3\begin{vmatrix} a_1 & a_0 \\ a_3 & a_2 \end{vmatrix}=a_3d_2>0$$

由于有 $d_2>0$,因此 $d_3>0$ 实质上就是要求 $a_3>0$,于是,可得到条件

$$a_1>0,a_2>0,a_3>0 \quad (a_0>0)$$
$$d_2=a_1a_2-a_3a_0>0 \tag{4-16b}$$

对于四次代数方程式的根都具有负实部的充要条件为

$$a_0>0,a_1>0,a_3>0,a_4>0$$
$$[a_1a_2a_3-(a_1^2a_4+a_0a_3^2)]>0 \quad (必有 a_2>0) \tag{4-16c}$$

由此可见,一阶、二阶系统稳定的充要条件是方程的全部系数为正,三阶系统除了满足系数全部为正外,对三阶系统还应使中间两项系数的乘积大于首尾项系数的乘积这样的附加条件。

二、垂直面运动稳定性

(一) 攻角（纵倾角）的扰动运动方程及其特征方程

潜艇在垂直面做定常直线运动,运动参数包括垂向速度 w、纵倾角速度 q,还有纵倾角 θ,对于静平衡状态,操纵力来自首水平舵(或围壳舵)的舵角 δ_b 及尾水平舵的舵角 δ_s。

如上节所述,采用扰动运动的特征方程的根判别运动的稳定性。对潜艇垂直面定常直线运动来讲,其扰动运动方程如式(4-11),此时,潜艇既不操舵($\delta_b=\delta_s=0$)也不改变静载($P=M_p=0$)。

由方程式(4-11b)中分别消去纵倾角 θ 或攻角 α 的 w',写成单参数攻角 $\Delta\alpha$ 的扰动运动方程

$$A_3(\Delta\dddot{\alpha})+A_2(\Delta\ddot{\alpha})+A_1(\Delta\dot{\alpha})+A_0(\Delta\alpha)=0 \qquad (4-17)$$

将式(4-17)中的 $\Delta\alpha$ 置换成 $\Delta\theta$,即是关于纵倾角 θ 的扰动运动方程,其中

$$\begin{cases} A_3=(I_y'-M_{\dot{q}}')(m'-Z_{\dot{w}}')-Z_{\dot{q}}'M_{\dot{w}}' \\ A_2=-M_q'(m'-Z_{\dot{w}}')-(I_y'-M_{\dot{q}}')Z_w'-M_w'Z_{\dot{q}}'-(m'+Z_q')M_{\dot{w}}' \\ A_1=M_q'Z_w'-M_{\theta}'(m'-Z_{\dot{w}}')-M_w'(m'+Z_q') \\ A_0=M_{\theta}'Z_w' \end{cases} \qquad (4-18)$$

方程式(4-17)是攻角(或纵倾角)单参数响应线性方程的齐次式,是瞬时干扰 $\alpha(t)=\alpha_0+\Delta\alpha(t)$ 产生的受扰运动 $\alpha(t)$ 中的扰动运动 $\Delta\alpha(t)$ 随时间的变化情形,即自由扰动运动(简称自由运动)的变化特性。略去增量符号"Δ",对式(4-17),一并写出 $\Delta\theta$ 的扰动运动方程,则有

$$A_3\dddot{\alpha}+A_2\ddot{\alpha}+A_1\dot{\alpha}+A\alpha_0=0$$
$$A_3\dddot{\theta}+A_2\ddot{\theta}+A_1\dot{\theta}+A\theta_0=0 \qquad (4-19)$$

可见,冲角、纵倾角的自由扰动运动方程式(4-19)是个常系数的三阶线性微分方程,它们具有相同的特征方程

$$A_3\lambda^3+A_2\lambda^2+A_1\lambda+A_0=0 \qquad (4-20)$$

式中的特征根 λ_1、λ_2、λ_3 可按代数学中的卡尔丹(Cardan)公式计算。其通解为

$$\begin{cases} \Delta\alpha(t)=C_1e^{\lambda_1 t}+C_2e^{\lambda_2 t}+C_3e^{\lambda_3 t} \\ \Delta\theta(t)=D_1e^{\lambda_1 t}+D_2e^{\lambda_2 t}+D_3e^{\lambda_3 t} \end{cases} \qquad (4-21)$$

式中:$e\approx2.718$;C_i、$D_i(i=1,2,3)$ 为积分常数,由初始条件决定。一般取 $\dot{\theta}_0=1(°)/s=0.01745rad/s$,$\alpha_0=1°=0.01745rad$,或由具体情况决定。

由式(4-21)可见,自由扰动运动 $\Delta\alpha(t)$、$\Delta\theta(t)$ 的时间特性,取决于根 λ_i 的性质。在早期的潜艇操纵性理论中,考虑到垂直面比水平面增加了纵向静稳性力矩 $M_{\theta}\theta$ 项,从而使自由扰动运动的特征方程由水平面的二阶升级为三阶,具有 3 个特征根 $\lambda_i(i=1,2,3)$,按动稳定性理论曾进行了一般性讨论:此时的 3 个特征根,可能一个是负实数根,另外两个是一对具有负实部的共轭复数根,也可能是 3 个负实数根,还可能存在一个正实数或实部为正的复数等情况。显然,前者当 $t\to\infty$ 时,$\Delta\alpha(\Delta\theta)\to0$,属于运动稳定情况,而后者,扰动运动 $\Delta\alpha(\Delta\theta)$ 将发散,属于动不稳定。

上述情况表明:特征根 λ_i 实部的正负决定了某种运动是否自动稳定,而 λ_i 实部负值的大小决定了扰动运动 $\Delta\alpha$、$\Delta\theta$ 衰减的快慢,特征根的形式(实数或复数)则决定了扰动运动随时间变化的形式(是周期性的振荡,或是非周期运动)。

下面根据古尔维茨判据,分析推导潜艇垂直面直航运动的自动稳定性的判别式与稳定性衡准的表达式。

(二) 垂直面动稳定性衡准公式

1. 动稳定条件

由古尔维茨判据可知,关于攻角 α 或纵倾角 θ 动稳定的充要条件是(式(4-16b))特征方程的系数满足

$$A_1>0,A_2>0,A_3>0 \quad (A_0>0)$$
$$A_1A_2-A_0A_3>0 \tag{4-22}$$

由于系数 $M_{\dot{q}}'$、M_q'、$Z_{\dot{w}}'$、Z_w'、M_θ' 都是负值,所以必然满足 A_0、A_1、A_2、A_3 皆大于零。于是,稳定与否归结于不等式 $A_1A_2-A_0A_3>0$。将有关系数代入,经过整理可得直线自动稳定性判别式为

$$C_v+C_{vh}>0 \tag{4-23}$$

其中

$$C_v=M_q'Z_w'-M_w'(m'+Z_q') \tag{4-24}$$

$$C_{vh}=\left[\frac{Z_w'(I_y'-M_{\dot{q}}')(m'-Z_{\dot{w}}')}{M_q'(m'-Z_{\dot{w}}')+(I_y'-M_{\dot{q}}')Z_w'}-(m'-Z_{\dot{w}}')\right]M_\theta' \tag{4-25}$$

若 $(C_v+C_{vh})>0$,则潜艇具有直线自动稳定性;若 $(C_v+C_{vh})<0$,则潜艇不具有直线自动稳定性。称系数 (C_v+C_{vh}) 为垂直面稳定性衡准。

式(4-23)中第一项"C_v"可正也可负;第二项"C_{vh}"括号[ ]中的前一项是正的,但后一项是负的,其代数和可正可负,同时 M_θ' 是负的,且与航速有关,因此,它们的乘积可正可负。所以条件式(4-23)并不是所有的潜艇在任何航速下都能满足的。

通常把判别式(4-23)改写成如下不等式,即

$$l_\alpha'<l_q'+kl_{FH}' \tag{4-26}$$

或

$$K_{vd}=\left(\frac{l_q'}{l_\alpha'}+k\frac{l_{FH}'}{l_\alpha'}\right)>1 \tag{4-27}$$

式中:K_{vd} 称为垂直面动稳定系数。

其他各无因次相对力臂定义为

$$l_\alpha'=-\frac{M_w'}{Z_w'}(\text{无因次水动力中心臂(或相对倾覆力臂)}) \tag{4-28}$$

$$l_q'=-\frac{M_q'}{(m'+Z_q')}(\text{无因次相对阻尼力臂}) \tag{4-29}$$

$$l_{FH}'=\frac{l_{FH}}{L}=\frac{M_\theta'}{Z_w'}(\text{无因次扶正力矩的相对力臂}) \tag{4-30}$$

常系数 k 为

$$k = \frac{-Z'_w(I'_y - M'_{\dot{q}})(m' - Z'_{\dot{w}})}{(m' + Z'_q)[M'_{\dot{q}}(m' - Z'_{\dot{w}}) + (I'_y - M'_{\dot{q}})Z'_w]} + \frac{m' - Z'_{\dot{w}}}{m' + Z'_q} \qquad (4-31)$$

2. 绝对稳定性衡准

根据水动力系数和潜艇的 m'、I'_y 可知,通常,系数 $k>0$,$l'_{FH}>0$,所以 $kl'_{FH}>0$。可见,静扶正力矩以 kl'_{FH} 形式和阻尼力矩(用 l'_q 表示)共同抵制倾覆力(用 l'_α 表示)的作用,增加艇的稳定程度。但扶正力矩的作用随航速增大而迅速降低。当取 $kl'_{FH} = 0$(即 $C_{vh}=0$),仍满足式(4-26),即有

$$K_{vd} = \frac{l'_q}{l'_\alpha} > 1 \qquad (4-32)$$

一般要求 K_{vd} 不小于 $1.5 \sim 3.0$(最大航速 $15 \sim 40$kn 时)。

式(4-32)表示在各航速下潜艇都是动稳定的,称为"绝对稳定"衡准,并作为潜艇操纵性的设计指标。文献[25]把 C_{vh}(含 M_θ 项)称作"极限安全系数",因为在低航速下的静稳性作用显著。式(4-32)中的 l_α 是攻角 α 引起的垂向水动力作用点 F 到潜艇重心 G 的距离,称为倾覆力臂。由 l_q 的表示式可知,其分母是角速度 q 产生的垂向水动力 $Z(q)$ 和离心力在 Gz 轴方向的分量 mVq 的代数和;分子是这个合力对 Gy 轴的力矩(由于离心力作用于重心,故对 Gy 轴的力矩为零),所以 l'_q 是 q 引起的垂向阻尼力 $Z(q)$ 的作用点 R 到艇重心的距离,称为阻尼力臂(图4-1-3)。直线稳定性的绝对稳定条件也可以说是倾覆力臂小于阻尼力臂。有时将上述衡准改写成

$$C_v = \left[1 - \frac{M'_w(m' + Z'_q)}{M'_q Z'_w}\right] > 0 \qquad (4-33)$$

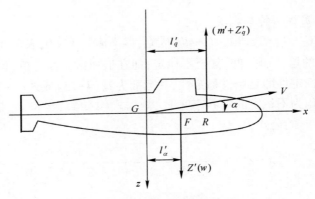

图 4-1-3　动稳定性作用力臂

根据统计,一些潜艇的 l'_α、l'_q、l'_q/l'_α 及 C_v 值列于表 4-1-1(注意:为了便于比较,表中同时列出了水平面的 C_H 值)[26,27]。一般要求 $K_{vd} \approx 1.5 \sim 3.0$,对低速艇允用下限值。一般按航速高低,分区规定动稳定性衡准值。

表 4-1-1　一些潜艇的动稳定衡准值

艇　　型	l'_α	K_{vd}	l'_β	K_{hd}	C_V	C_H	备　注
CS-1 艇	0.270	2.04	—		0.510		
CS-2 艇	0.177	2.857	0.316	1.707	0.650		
CS-3 艇	0.228	4.085	0.452	1.403	—		
CS-4 艇	0.2267	2.705	0.261	1.303	0.632		
CS-5 艇	0.239	1.629	—	1.342	—		
CS-6 艇	0.223	2.71	—	1.178	—		
CS-7 艇	0.230	2.99	0.305	1.462	—		
U21(德 XX1)	0.172	2.72			—		a. "CS"为中国潜艇。
W 级(苏 613 型)	0.156	2.93		0.63	0.519		b. 文献[25]建议:
R 级(苏 633 型)	0.276	2.07			0.517		$0.5 < C_V < 0.8$;
G 级(苏 629 型)	0.219	2.45		1.815	—		$0.2 < C_H < 0.4$。
580("长颌须鱼"级)					0.58	0.15	c. * 为"拉菲特"级 SSBN629
585R("鲣鱼"级)					0.76	0.20	"丹尼尔·布恩"号潜艇值
594"大鳕鱼"("长尾鲨"级)					0.32	-0.14	
610("伊桑·艾伦"级)					0.37	0.51	
613"三叶尾"鱼("长尾鲨"级)				0.63	0.45	0.24	
617"亚历山大·汉密尔顿"("拉菲特"级)				0.48*	0.58	0.43	
637("鲟鱼级"首艇)					0.78	-0.06	
671"一角鲸"					0.60	0.18	
688("洛杉矶"级首艇)					0.49	0.17	
"鳐鱼"级				0.40			
"乔治·华盛顿"级				0.45			

3. 条件稳定性与特征速度

如果满足 $C_v + C_{vh} > 0$,即 $l'_\alpha < l'_q + kl'_{FH}$ 成立,但不满足 $C_v > 0$,表示艇的直线自动稳定性随航速 V 的增大而降低,甚至不稳定,即在低速区是稳定的,但高速后不一定动稳定。这种稳定性即是条件稳定性,其衡准为式(4-23)或式(4-26)。

由稳定转化为不稳定的临界速度 V_{cr},根据式(4-26),当 $V = V_{cr}$ 时,应有 $l'_\alpha = l'_q + kl'_{FH}$,由此可得 V_{cr} 的公式为

$$V_{cr} = \sqrt{\frac{m'ghk}{Z'_w(l'_q - l'_\alpha)}} = (m' - Z'_w) \times \sqrt{\frac{m'ghM'_q}{[(M'_q - I'_y)Z'_w + M'_q(Z'_w - m')][M'_q Z'_w + M'_w(m' + Z'_q)]}}$$

(4-34)

如果设计艇达不到绝对稳定性的要求时,则应在艇速范围内是条件稳定的,即

临界速度 V_{cr} 应大于艇的最大航速 V_{smax}。现代潜艇必须满足条件式(4-32),尤其是高航速潜艇。

4. 垂直面动稳定性的特点

(1)垂直面的直线稳定性衡准也就是方向稳定性衡准。由第一章第四节可知,潜艇在垂直面的运动方向取决于潜浮角 χ。当 $\chi>0$ 时艇上浮,反之,艇下潜,而 $\chi=0$ 则作定深运动。潜浮角在数值上等于纵倾角与攻角之差,即

$$\chi=\theta-\alpha$$

此外,由于纵倾角 θ 和攻角 α 的扰动运动方程在形式上完全相同,具有相同的特征方程式,所以 θ 和 α 的动稳定条件也完全一样。若 α 是直线稳定的,θ 亦是直线稳定的,反之亦是如此。潜浮角 χ 的稳定性条件也应和 θ、α 完全一致。

由此可见,垂直面运动若具有直线稳定性,必同时具有方向稳定性。这和下一节要研究的水平面的稳定性是很不同的,而这一特点正是扶正力矩 $M(\theta)$ 作用的结果。$M(\theta)$ 的第一个作用是提高了扰动运动微分方程的阶次,从二阶升到三阶,因而,引入了方向稳定性。第二个作用使垂直面运动不会出现 $360°$ 翻筋斗运动(犹如水平面的回转运动),并使垂直面的潜浮定常运动具有许多特点。

(2)垂直面不具有深度的自动稳定性。受瞬时弱干扰后,潜艇的航行深度 ζ_G 的变化可根据线性化条件下的重心运动轨迹方程式(2-128)确定,即

$$\zeta_G(t) \approx V\int_0^t [\alpha(t)-\theta(t)]\mathrm{d}t \tag{4-35}$$

可见,$\zeta_G(t)$ 的稳定性取决于攻角 α 和纵倾角 θ 的稳定性质。对 α、θ 是动稳定的情况来说,则它们的特征根 $\lambda_i(i=1,2,3)$ 均有负实部,考虑到 α、θ 扰动运动方程的解(式(4-21)),将其代入式(4-35),则有

$$\begin{aligned}\zeta_G(t) &\approx V\int_0^t [\alpha(t)-\theta(t)]\mathrm{d}t\\ &=V\left\{\left[\frac{C_1-D_1}{\lambda_1}(\mathrm{e}^{\lambda_1 t}-1)\right]+\left[\frac{C_2-D_2}{\lambda_2}(\mathrm{e}^{\lambda_2 t}-1)\right]+\left[\frac{C_3-D_3}{\lambda_3}(\mathrm{e}^{\lambda_3 t}-1)\right]\right\}\end{aligned} \tag{4-36}$$

当 α、θ 动稳定时,潜艇受扰后的航行深度最终趋于某个常数,即

$$\zeta_G(t\rightarrow\infty)=V\left[\frac{C_1-D_1}{\lambda_1}+\frac{C_2-D_2}{\lambda_2}+\frac{C_3-D_3}{\lambda_3}\right] \tag{4-37}$$

若 α、θ 动不稳定时,则 $t\rightarrow\infty$,深度 $\zeta_G\rightarrow\infty$。所以,不论是哪种情况,都不具有航行深度的自动稳定性。之所以如此,力学上的原因是显而易见的,因为一旦艇的航行深度发生变化(下潜或上浮),并不存在任何能够促使深度自动复原的恢复力,此时,只有对潜艇实施操纵(转舵或补充均衡),方能保持既定深度的运动。

(三) 静稳定性的概念

不计阻尼力矩 $M(q)$ 和静扶正力矩 $M(\theta)$ 对扰动运动的抑制作用,则垂直面直

线自动稳定性衡准退化为静稳定衡准,即

$$l'_\alpha < 0 \tag{4-38}$$

静稳定条件是不计阻尼作用的动稳定性的特例。静稳定要求潜艇垂直面的水动力中心点 F 位于动系原点 G 之后。如图 4-1-4 所示,当垂直面定常直线运动受扰仅有增量 $\Delta\alpha$,产生水动力增量 $\Delta Z(w)$,水动力中心点 F 在 G 之前,即 $l_\alpha > 0$ 时,其力矩 $\Delta M(w) = -l_\alpha \cdot \Delta Z(w)$ 的作用,力图使偏离 $\Delta\alpha$ 增大,所以原来的定常直线运动是不稳定的。

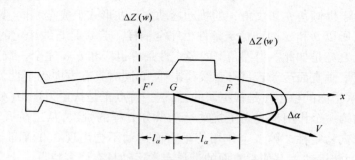

图 4-1-4　攻角的静稳定性

反之,$l_\alpha < 0$,F 点在 G 点之后,则随 $t \to \infty$,$\Delta\alpha \to 0$,所以是直线稳定的。于是,攻角的静稳定性,用无因次水动力中心臂 $l'_\alpha = l_\alpha/L = -M'_w/Z'_w$ 作为判据(衡准),即

$$l'_\alpha > 0 \quad (攻角静不稳定)$$
$$l'_\alpha = 0 \quad (攻角静中间) \tag{4-39}$$
$$l'_\alpha < 0 \quad (攻角静稳定)$$

并称 l'_α 为静不稳定系数,而水动力系数 Z'_w、M'_w 称为稳定性导数(水平面是 Y'_v、N'_v)。

由于现代艇型,首部圆钝、肥满,指挥室围壳的纵向位置趋向艇首(距首端 $L/4 \sim L/3$),使点 F 位于点 G 之前,主艇体本身的水动力性能是不稳定的,必须配置庞大、高效的水平尾鳍(水平稳定翼和尾水平舵),使艇的 F 点处于适宜位置,根据统计,$l'_\alpha \approx 0.20 \sim 0.30$。

可见,为了使潜艇垂直面具有直线稳定性,并不要求攻角是静稳定的,只要求 l'_α 为适当的正值。因为扰动不仅使攻角 α 变化,同时引起 θ、q 的扰动,产生附加的阻尼力(矩)$\Delta Z(q)$、$\Delta M(q)$ 及 $\Delta M(\theta)$,并且大于倾覆力(矩)$\Delta Z(w)$、$\Delta M(w)$,从而使扰动运动 $\Delta\alpha$ 衰减,保证直线运动稳定性。

(四) 影响稳定性的因素

垂直面动稳定性是潜艇重要的操纵性能之一,动稳定条件式(4-32)必须满足。根据文献[28],对某中型常规动力潜艇的水动力系数的估算结果列于表 4-1-2。

表 4-1-2　垂直面四项稳定性水动力系数组成情况

水动力系数/%	各水动力系数分量占各分量绝对值总和的百分比/%		
	艇体+指挥室围壳	尾水平鳍 （水平稳定翼+尾水平舵）	围壳舵
$\Delta Z'_w / Z'_w$	28.3	49.3	22.4
$\Delta M'_w / M'_w$	60.6	34.5	4.9
$\Delta Z'_q / Z'_q$	30.2	58.9	10.9
$\Delta M'_q / M'_q$	8.7	88.8	2.5

表 4-1-2 所列为潜艇垂直面稳定性水动力布局的基本情况,取决于总布置的主艇体和指挥室围壳贡献了 M'_w / Z'_w 的基本值,尾水平舵和围壳舵(或艏端首水平舵、中舵)分别给该值一个正、负的增量。大量实艇的现实表明,首水平舵或围壳舵都布置在倾覆力作用点 F 的首向,将增大静不稳定性系数 l'_α,降低动稳定性系数 K_{vd};尾水平舵和尾水平稳定翼位于 F 点之后的艇尾,将减小 l'_α(使 F 点后移),增大动稳定性系数 K_{vd}。但水平舵的设计主要由深度机动性能确定,因此,尾水平稳定翼成为调节 M'_w / Z'_w 的最重要因素,使 l'_α 符合"规范"要求,符合设计意图。

如果"主艇体+指挥室围壳"提供的 $(M'_w / Z'_w)_{艇体+指}$ 值过大,将造成调节困难,或形成超宽过多的庞大尾水平稳定翼。由布拉果(Бураро)公式可知,决定舵、稳定翼的效率的主要因素是其展弦比 λ、面积 S 及位置(力臂)。这 3 个因素中,往往仅有面积大小的选择性较大,但影响超宽问题,因此,总体设计要兼顾操纵性的基本性能要求,实现综合优化。

现代潜艇的垂直面稳定性要求的 l'_α、$K_{vd} = l'_q / l'_\alpha$ 值,一般首先要满足相应国军标的要求,同时参照类似的母型艇指标值进行校核分析。当垂直面稳定性不足时,可能发生如下操纵困难。

(1)操纵围壳舵时出现逆速(因为 F 点趋向艏部,l'_α 值过大了)。

(2)在定深回转时潜艇的攻角、纵倾角偏大,用升降舵来保持潜艇运动状态困难。

(3)变深机动过程中,纵倾角的控制过程复杂化。

(4)在定深直航运动时,用尾升降舵保持深度和纵倾的操舵频率和幅度增加,加大舵装置的磨损和噪声。

当垂直面稳定性过强时,即 K_{vd} 值偏大,可能出现下列现象。

(1)过大的稳定性使潜艇对操舵的响应变慢,初转期 t_a 值增大,机动的过渡过程延长,这种影响在低速区尤为显著。衡量机动性最基本的要求是:进入或退出某种机动的时间最短。

此外,垂直面的稳定性要求与航速有关,从船体规范来看,航速 20～30kn 的潜

艇的 K_{vd} 比 15~20kn 潜艇的 K_{vd} 大约 30%,而比 30~40kn 的潜艇的 K_{vd} 小约 20%。垂直面稳定性涉及深度、纵倾运动状态的安全性,因为保持垂直面(高速)定深运动的动态稳定性,要求相对高的动稳定性。将在下一节讨论的水平面稳定性与垂直面有着根本的不同,水平面稳定性与航速无关,水平面有些参数动不稳定但并不影响潜艇的安全性,有些甚至刻意设计成略有不稳定状态,以增加回转性能。

(2)使舵装置尺度和功率增加。

潜艇在垂直面运动稳定性的一般设计原则是:潜艇在垂直面要有足够的动稳定性,并具有良好的机动性,在保证具有所要求的动稳定性前提下,追求优良的机动性。

通常,操纵性衡准只规定了下限(要求),那么,稳定性的上限是怎么要求的?曾有一位资深核潜艇操纵性设计工程师对作者说过,他认为满足了机动性衡准值,如升速率等,也就自动限定了动稳定性的程度,实用上更多的是参照母型艇。

三、水平面运动稳定性

潜艇水平面运动的稳定性,与垂直面类似,也曾用静稳定性和动稳定性两类衡准评估。

(一)静稳定性

研究静稳定性时,也以水平面定常直线前进运动中仅漂角受扰动,有增量 $\Delta\beta(\Delta v)$,产生水动力增量 $\Delta Y(v)$、$\Delta N(v)$(注意:下面省略增量符号"Δ"),即

$$Y(v) = -\frac{1}{2}\rho L^2 v^2 Y_v' \cdot \beta$$

$$N(v) = -\frac{1}{2}\rho L^3 v^2 N_v' \cdot \beta$$

且

$$N(v) = l_\beta \cdot Y(v)$$

$$l_\beta' = \frac{l_\beta}{L} = \frac{N_v'}{Y_v'} \tag{4-40}$$

如图 4-1-5 所示,当水动力中心点 F(注意:为了简便,将潜艇水平面与垂直面的水动力中心点都用"F"表示,但二者不一定重合)在重心 G 点之前,即 $l_\beta > 0$,力矩 $N(v)$ 的作用使 $\Delta\beta$ 偏离增大,因此,运动是不稳定的;反之,$l_\beta < 0$,原直航运动是稳定的,将使 $\Delta\beta \to 0$。由此得静稳定条件为

$$l_\beta' = \frac{N_v'}{Y_v'} < 0 \tag{4-41}$$

现代潜艇的 l_β' 值为 0.25~0.30,比 20 世纪 50 年代的潜艇的 l_β' 值略大些,而

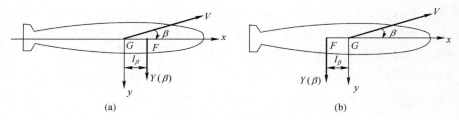

图 4-1-5　漂角的静稳定性
(a) 漂角静不稳定；(b) 漂角静稳定。

且，一般 l'_β 比 l'_α 略大。

目前，潜艇操纵性衡准中，水平面运动仅采用动稳定性衡准。

（二）动稳定性

1. 水平面没有方向的自动稳定性

分析水平面定常直航运动的方向自动稳定性，在于研究首向角的扰动运动 $\Delta\psi(t)$ 的变化情况。根据运动关系，首向角是角速度 r 的时间积分。参照攻角的扰动运动方程式（4-17）的建立方法，同样可取首摇响应线性运动方程式（2-97）的齐次方程，即

$$T_1 T_2 (\Delta\ddot{r}) + (T_1 + T_2)(\Delta\dot{r}) + \Delta r = 0 \tag{4-42}$$

其中

$$T_1 T_2 = \left(\frac{L}{V}\right)^2 \frac{(I'_z - N'_{\dot{r}})(m' - Y'_{\dot{v}})}{C_H} \tag{4-43a}$$

$$T_1 + T_2 = \left(\frac{L}{V}\right) \frac{[-(I'_z - N'_{\dot{r}})Y'_v - N'_{\dot{r}}(m' - Y'_{\dot{v}})]}{C_H} \tag{4-43b}$$

$$C_H = N'_r Y'_v + N'_v (m' - Y'_r) \tag{4-43c}$$

角速度的自由扰动运动方程式（4-42）是个常系数二阶线性齐次微分方程，其特征方程式为一元二次代数方程

$$T_1 T_2 \lambda^2 + (T_1 + T_2)\lambda + 1 = 0 \tag{4-44}$$

式（4-44）的两个特征根 λ_1、λ_2 可按代数学中的韦达定理求得

$$\lambda_1 = -\frac{1}{T_1}, \quad \lambda_2 = -\frac{1}{T_2} \tag{4-45}$$

扰动运动方程式（4-42）的通解为

$$\Delta r(t) = C_1 \mathrm{e}^{\lambda_1 t} + C_2 \mathrm{e}^{\lambda_2 t} \tag{4-46}$$

式中：积分常数 C_1、C_2 由初始条件确定。如 λ_1、λ_2 为复数，通解式（4-46）可写成三角函数形式。

由式（4-46）可见，若 λ_1、λ_2 都是具有负实部的特征根，则当 $t \to \infty$，有 $\Delta r(t) \to$

0,角速度具有自动稳定性。艇受扰后,经过一段时间,仍将做直线运动,即潜艇具有直线自动稳定性。反之,若 λ_1、λ_2 中有一个为正实数或两个都是实部为正的复数,则扰动运动就不会衰减,运动是不稳定的。

下面研究首向角 ψ 的自动稳定性。

由于 $\Delta\psi(t) = \int_0^t \Delta r(t)\mathrm{d}t$,将式(4-46)代入得

$$\Delta\psi(t) = \int_0^t (C_1\mathrm{e}^{\lambda_1 t} + C_2\mathrm{e}^{\lambda_2 t})\mathrm{d}t$$

$$= \frac{1}{\lambda_1}C_1\mathrm{e}^{\lambda_1 t} + \frac{1}{\lambda_2}C_2\mathrm{e}^{\lambda_2 t} + C_0 \tag{4-47a}$$

再将式(4-45)代入,则有

$$\Delta\psi(t) = -(T_1 C_1 \mathrm{e}^{-\frac{t}{T_1}} + T_2 C_2 \mathrm{e}^{-\frac{t}{T_2}}) + T_1 C_1 + T_2 C_2 \tag{4-47b}$$

由式(4-47b)可见,当角速度 r 是直线稳定的(λ_1、λ_2 都是具有负实部的根),$t\to\infty$,$\Delta r\to 0$,但 $\Delta\psi\to$ 常数($T_1 C_1 + T_2 C_2$),此时,潜艇沿新的航向做直线运动,即潜艇具有直线稳定性,而不具有方向稳定性。艇受干扰后,首向角总要改变的,水平面内唯一可能具有的是直线稳定性。但习惯上常将水平面的直线自动稳定性称为"航向自动稳定性",其实这里的"航向稳定性"术语的含义完全不同于保持航行方向的能力,后者实际上是指"方向"稳定性或运动的直线性。

与垂直面运动一样,特征方程式的根 $\lambda_i(i=1,2)$ 的实部的正负决定潜艇是否具有某种自动稳定性,而 λ_i 实部绝对值的大小决定扰动衰减的快慢,所以 λ_1、λ_2 可作为潜艇稳定性的一种度量,称为稳定性指数。

由式(4-45)可知,T_1、T_2 分别与 λ_1、λ_2 互为负倒数,所以常把 T_1、T_2 也作为稳定性的指数。

2. 直线稳定性的判别式与衡准

为了判断水平面的稳定性,只要判断特征方程式(4-44)的根的符号,而并不需要解出方程式的根。采用古尔维茨判别法,式(4-44)的两个根 λ_1、λ_2 都具有负实部的充要条件是方程式的系数全部大于零,即

$$T_1 T_2 > 0 \tag{4-48a}$$

$$T_1 + T_2 > 0 \tag{4-48b}$$

也即要求

$$T_1 > 0, T_2 > 0 \tag{4-49}$$

参见式(4-45),此时,有 $\lambda_1 < 0$、$\lambda_2 < 0$。

下面对上述两个条件作进一步分析。

由于水动力系数 $N_{\dot{r}}'$、$Y_{\dot{v}}'$、N_r'、Y_v' 都是负数,m'、I_z' 都是正数,所以直线稳定条件式

$$T_1 T_2 = \left(\frac{L}{V}\right)^2 \frac{(I_z' - N_r')(m' - Y_v')}{C_H}$$

$$T_1 + T_2 = \left(\frac{L}{V}\right) \frac{[-(I_z' - N_r')Y_v' - N_r'(m' - Y_v')]}{C_H}$$

中,分子都是正的。若使 $T_1 T_2 > 0$、$T_1 + T_2 > 0$,应有分母 $C_H > 0$。因此,潜艇直线稳定条件式(4-48)又可归结为如下等价的判别式,即

$$C_H = N_r' Y_v' + N_v'(m' - Y_r') > 0 \tag{4-50}$$

若 $C_H > 0$,则潜艇具有直线自动稳定性;若 $C_H < 0$,则潜艇不具有直线自动稳定性。系数 C_H 称为水平面稳定性衡准数。

式(4-50)中第一项总是正的,第二项中 Y_r' 可能是正的,也可能是负的,这取决于艇形,但数值很小,m' 是个较大的正数,一般总有 $(m' - Y_r') > 0$,而 N_v' 一般为负值,所以条件 $C_H > 0$ 并不是所有的潜艇都能满足的。常把条件 $C_H > 0$ 改写成

$$\frac{N_v'}{Y_v'} < -\frac{N_r'}{(m' - Y_r')} \tag{4-51}$$

或

$$l_\beta' < l_r', \quad K_{Hd} = l_r'/l_\beta' > 1 \tag{4-52}$$

可见,水平面的直线稳定性条件也要求倾覆力臂小于阻尼力臂(图4-1-6)。

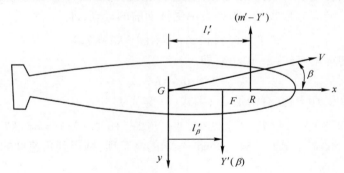

图 4-1-6　动稳定性作用力臂

也可把式(4-51)改写成

$$C_H = 1 + \frac{N_v'(m' - Y_r')}{N_r' Y_v'} > 0 \tag{4-53}$$

式中:K_{Hd} 为水平面动稳定性系数;C_H 为水平面稳定性衡准数;$l_\beta' = \dfrac{N_v'}{Y_v'}$ 为无因次水动力中心臂(相对倾覆力臂);$l_r' = \dfrac{l_r}{L} = -\dfrac{N_r'}{(m' - Y_r')}$ 为无因次相对阻尼力臂。

一般要求 $K_{Hd} \approx 1.2 \sim 1.5$。一些潜艇的 K_{Hd}、C_H 值如表 4-1-1 所列。

在水平面不采用阻尼比作为稳定性指标,因为潜艇在水平方向的受扰运动都是非振荡的,而其特征方程为二阶方程,且稳定性与航速无关。

关于潜艇水平面的动稳定性,如果 K_{Hd} 值偏大,将使潜艇的应舵性能下降,初转期 t_a 增大,操纵的过渡过程延长,为达到同样的回转能力,将使方向舵的尺度增加,造成对操纵设备的结构和布置产生困难。为此,一些潜艇为增加潜艇的航向机动性,选择 $K_{Hd} < 1$。文献[29]披露了 DCN 和 BEC 对法国潜艇操纵性的评估方法,并提出“可接受的不稳定性指标是总结几代潜艇经验的基础上得来的”见解。

第二节　定常回转运动的稳定性

一、回转运动稳定性衡准

根据稳定性的定义,当潜艇以角速度 r 做定常回转运动时,由于受到某种干扰而使角速度有增量 Δr,在不操舵的情况下,如果 $t \to \infty$、$\Delta r \to 0$,则称原来的定常回转运动具有自动稳定性;否则,就不具有自动稳定性。

考虑到回转运动一般操纵大舵角,故研究潜艇定常回转运动的稳定性时,采用简化型非线性响应方程式(2-102)表示受扰动前的运动,即

$$T_1 T_2 \ddot{r} + (T_1 + T_2)\dot{r} + r + \alpha r^3 = K\delta + K T_3 \dot{\delta} \tag{4-54}$$

对于定常回转运动有式(2-104b),即

$$r + \alpha r^3 = K\delta \tag{4-55}$$

当角速度受到干扰,有增量 Δr,则式(4-54)为

$$T_1 T_2 (\ddot{r} + \Delta \ddot{r}) + (T_1 + T_2)(\dot{r} + \Delta \dot{r}) + (r + \Delta r) + \alpha (r + \Delta r)^3 = K\delta + K T_3 \dot{\delta} \tag{4-56}$$

由式(4-56)减去式(4-54),并略去 Δr 的高阶项,则得到角速度的自由扰动运动方程式

$$T_1 T_2 \Delta \ddot{r} + (T_1 + T_2) \Delta \dot{r} + (1 + 3\alpha r^2)\Delta r = 0 \tag{4-57}$$

或

$$\Delta \ddot{r} + \frac{T_1 + T_2}{T_1 T_2}\Delta \dot{r} + \frac{1 + 3\alpha r^2}{T_1 T_2}\Delta r = 0 \tag{4-58}$$

用分析直线运动稳定性的同样方法,并用式(2-97a)等表示的 T_1、T_2、C_H,使 $\Delta r(t) \to 0$ 的回转运动稳定的充要条件为

$$C'_H = C_H (1 + 3\alpha r^2) > 0 \tag{4-59}$$

式中:C'_H 为回转稳定性衡准数;C_H 为水平面直线运动稳定性衡准数。

由式(4-59)可知,当角速度 $r = 0$,则 $C'_H = C_H$。

对于定常回转运动(即 $r \neq 0$),有以下两种情况。

(1) $C_H > 0$,即具有直线运动稳定性的潜艇,由于这种艇实际上具有 $\alpha > 0$,由式(4-59)可看出,对于任何定常回转角速度 r 值(或任何定常回转半径 R_s 值),都具有定常回转运动的自动稳定性,而且 $C_H' > C_H > 0$,所以回转运动比直线运动更稳定。

(2) $C_H < 0$,即不具有直线运动稳定性的潜艇。由于这种艇实际上具有 $\alpha < 0$,由式(4-59)可以看出,当 $|r| < \dfrac{1}{\sqrt{3|\alpha|}}$ 时,有 $C_H' < 0$,定常回转运动也是不稳定的;当 $|r| > \dfrac{1}{\sqrt{3|\alpha|}}$ 时,有 $C_H' > 0$,定常回转运动将是稳定的。

此外,还有 $C_H > 0$,$\alpha < 0$ 和 $C_H < 0$,$\alpha > 0$ 的组合情况,但对于实际船舶,它们是不会出现的。

从以上分析可见,具有直线稳定性的潜艇,必然同时具有定常回转运动的稳定性。对于不具有直线运动稳定性的潜艇,存在一个临界回转角速度

$$|r_{cr}| = \frac{1}{\sqrt{3|\alpha|}} \tag{4-60}$$

(或存在一个临界回转半径 $R_{cr} = V/r_{cr}$。)当 $|r| < |r_{cr}|$ 时,定常回转运动是不稳定的,$|r| > |r_{cr}|$ 时,定常回转运动是稳定的。

根据式(4-55),可求得对应于 r_{cr} 的舵角,称为临界舵角 δ_{cr},即

$$\delta_{cr} = \frac{4\sqrt{3}}{9} \cdot \frac{1}{K\sqrt{|\alpha|}} = \frac{0.769}{K\sqrt{|\alpha|}} \tag{4-61}$$

对于不具有直线稳定性的潜艇,临界角速度 r_{cr} 和临界舵角 δ_{cr} 是表示回转稳定性的重要参数,并与航向保持能力密切相关。

二、表征航向稳定性的 r-δ 曲线

上述两种情况,可用实船或船模试验验证。对于一系列舵角 δ 值测量出定常回转角速度 r,可作出 r-δ 曲线(称为"螺线试验",将在第六章第一节介绍),也可由计算作出 r-δ 曲线。

图4-2-1(a)是具有直线稳定性艇的 r-δ 曲线。此时,对于任一舵角,都有一个对应的定常回转角速度(或定常回转半径)。当舵角 $\delta = 0$ 时,$r = 0$,艇作直线运动。

图4-2-1(b)是不具有直线稳定性艇的 r-δ 曲线的形状。当以右舵角回转逐渐减小舵角时,r 将沿 cde 逐渐减小,但当舵角减小至零时,r 并不减小至零而为 r_0,对应于图中的 e 点。若舵角由零再向反方向(左舵)逐渐增大,r 将沿 ef 曲线继续减小(注意:这时已是左舵但仍是向右回转)。当舵向左增大至临界舵角 δ_{cr}(图中

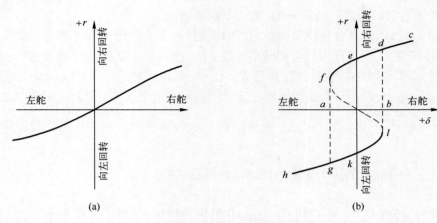

图 4-2-1　r-δ 曲线
（a）稳定的船；（b）不稳定的船。

的 a 点），对应的回转角速度 r 为临界角速度 r_{cr}（图中的 f 点），这时回转运动已是不稳定的，所以船就突然向左回转而最后稳定在 g 点（对应于 g 点的 $r>r_{cr}$，回转运动是稳定的）。再向左增大舵角，r 就沿 gh 增大。同样，若将舵角从左舵逐渐变化到右舵，则 r 将沿 $hgkldc$ 变化。所以，对于不具有直线稳定性的艇，r-δ 曲线不是单值曲线，而在 $\pm\delta_{cr}$ 之间构成一个"滞后环"，且当 $\delta=0$ 时，$r=r_0\neq0$（对应的定常回转半径 $R_s=R_{s_0}$）。现在计算 r_0 的值，对于 $\delta=0$，式（4-55）成为

$$r+\alpha r^3=0$$

前面已说明，对于 $C_H<0$ 的艇，实际上有 $\alpha<0$，上式可写成

$$r-|\alpha|r^3=0$$

可解得两个根为

$$r_0=0$$

$$r_0=\frac{1}{\sqrt{|\alpha|}} \tag{4-62}$$

第一个根 $r_0=0$，小于临界角速度 $|r_{cr}|=\dfrac{1}{\sqrt{3|\alpha|}}$，所以是不稳定的，潜艇实际上不能

自动保持这种运动（$r=0$ 为直线运动）。第二个根 $\dfrac{1}{\sqrt{|\alpha|}}>\dfrac{1}{\sqrt{3|\alpha|}}$，是稳定的，所以

对于不具有直线稳定性的艇，舵角 $\delta=0$ 时，艇将以角速度 $r_0=\dfrac{1}{\sqrt{|\alpha|}}$（相当于定常

回转半径 $R_{s_0} = \sqrt{|\alpha|} \cdot V_s$) 作稳定回转。要使潜艇脱离此回转,必须向回转的反方向转一个临界舵角 δ_{cr}。故 r-δ 曲线"滞后环"的环宽 $\overline{ab} = 2\delta_{cr} = B$ 和环高 $\overline{ek} = 2r_0 = H$,可作为不具有直线稳定性艇的不稳定程度的度量,δ_{cr}、r_0 越小,则不稳定程度越小。对于具有稳定性的艇,r-δ 曲线在原点处的斜率 $\left|\dfrac{\partial r}{\partial \delta}\right|$ 也可用来间接评定艇的稳定性,$\left|\dfrac{\partial r}{\partial \delta}\right|$ 越小,表示单位舵角产生的定常回转角速度越小,即 r 越不易受干扰,也就间接地表示艇的直线稳定性较好。但 $\dfrac{\partial r}{\partial \delta}$ 的数值还与舵的效率密切相关,所以只是相对比较而言。此外,有时稳定艇的 r-δ 曲线不经过原点,这是由于艇体或螺旋桨有不对称力,需转动一个初始舵角才能保持直航。但对于单桨潜艇,通常在安装垂直尾鳍时已设计了按常用航速时平衡不对称力的安装角。

螺线试验的 r-δ 曲线,也称为操纵性曲线。从它可以看出许多操纵性能:各舵角下艇的定常回转角速度;潜艇是否具有直线自动稳定性及稳定性的程度;不稳定艇 $\delta = 0$ 时的 r_0、δ_{cr} 和 r_{cr} 值。

关于空间运动的稳定性,文献[30]指出略大于平面运动时的稳定性。因此,根据平面运动的要求来选择操纵面的面积,也就可以保证潜艇的空间运动。

第三节　垂直面等速直线定深运动的平衡和操纵规律

一、概述

潜艇的垂直面运动指的是只改变或保持纵倾和深度而不改变航向的潜艇运动。潜艇在垂直面的水下运动有两种基本状态:定深运动和变深的潜浮运动。

潜艇的运动参数(含舵角)不随时间变化的运动称为定常运动,垂直面的定常运动又称为俯仰定常运动,并分无纵倾和有纵倾等速定深直线运动。若以潜艇水下运动的航向与深度来区分,则是定向定深运动。

潜艇在水下运动的大多数时间内,如航渡、巡逻、阵地待机、使用武器,或为方便机械操作、减阻降噪,都应处于或接近于无纵倾等速直线定深运动状态。国外一些潜艇,把 $\theta \leqslant \pm 1°$ 的状态看作水平运动状态。因此,俯仰定常运动虽是最简单的运动形式,却是潜艇最基本的、长时间的运动状态。实际上,任何操纵运动大致都是由定常运动→非定常运动→定常运动的这样一个交替过程。同时,垂直面定常运动特性,比较集中、直观地反映了潜艇操纵性的特点,所以它是潜艇操纵性的重要内容之一。

垂直面的机动性,则是研究潜艇对操纵(转舵或静载)的响应特性,包括深度机动性和转首性,并且俯仰定常运动也是机动性的一部分,是潜艇对操纵的响应特性的最终结果(稳态解)。

潜艇在水下航行,由于战术、技术性能及操纵安全上的需要,将航行深度划分为以下几种,如图4-3-1所示。

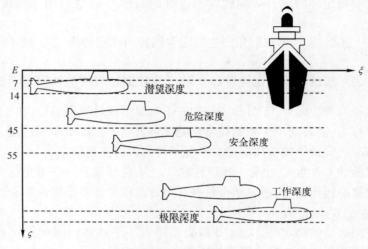

图 4-3-1 潜艇的航行深度

(1)潜望深度(含柴油机组水下工作深度)。水下航行使用潜望镜观察海面、通气管装置升起工作时,允许下潜的最大深度为 7~14m,属于近水面运动状态;

(2)危险深度。既不能使用潜望镜进行观察,又可能与水面舰船发生碰撞,且易于暴露自身目标的深度。禁止在该深度长时间航行或停留,应迅速通过。

(3)安全深度。潜艇下潜和浮起时,在 45~55m(或 25~45m)深度内完成各项准备工作。

(4)工作深度。不受停留时间及下潜次数限制的正常航行的潜水深度。以 H_0 表示最大工作深度,以 H_e 表示极限深度,一般 $H_0 = (0.8~0.9)H_e$。

(5)极限深度。潜艇只能短时、有限次数地停留的可下潜达到的最大下潜深度。一般潜艇结构强度用的计算深度 H_c 是 H_e 的 1.5 倍。

水下航行的潜艇,由于可变载荷作用,使潜艇的重力(载荷)与浮力的变化可能处于下述 5 种状态中的某一种状态:正常状态、重载、轻载、首重、尾重状态。为了实现等速直线定深运动,必须进行操纵、平衡潜艇,以达到正常状态,这就是本节研究的基本内容,具体如下。

(1)等速直线定深运动的保持规则。

(2)俯仰定常(定深直航)运动的平衡角。

(3)首尾升降舵的操纵特点。

二、无纵倾等速直线定深运动的保持

由于潜艇的不对称性,运动时产生零升力 Z_0 及零力矩 M_0,艇内食品、燃料等储备物的消耗、海区盐度或温跃层等的变化、大深度变化后艇体及消声瓦的压缩、近水面潜望深度时的波浪二阶波吸力等艇内、外因素,引起潜艇的重力、浮力改变,产生剩余静载及力矩。但是,水下潜艇的储备浮力为零,同时水下静稳性较小,水下一度纵倾力矩 M_θ° 对中型常规潜艇为 $12 \sim 16(t \cdot m)/(°)$。因此,水下定深航行时对剩余静载的作用很敏感,易于引起潜艇姿态或航行深度的变化,甚至出现大纵倾或深度失控,必须及时操舵,进行均衡补偿。通常,把实现(无纵倾)等速直线定深运动的平衡潜艇的措施(或操纵)称为均衡,即使运动的潜艇实现 $\sum Z_i = 0$、$\sum M_i = 0$,与静浮潜艇的平衡条件类似,只是这里研究的是定常运动中的定深直航时的动平衡问题。

控制垂直面保持深度平衡的一般方式有三种。

(1)操纵升降舵。

(2)调节静载(使用均衡纵倾平衡系统的注、排水及首尾移水)。

(3)舵、水联合控制。

在介绍具体操控平衡技术前,首先介绍所用的平衡方程式。

假设运动潜艇作用的剩余静载为 P,作用于纵坐标 x_p(取 $z_p \approx 0$)处,则其力矩为 $M_p = P \cdot x_p$。还有螺旋桨推力为 X_T,其轴线 z 向坐标为 z_T,潜艇以一定航速在水下做定深直线运动,此时,可由垂直面操纵运动线性方程式(2-116b)退化为 z 向力和纵倾力矩的平衡方程,或直接由俯仰定常运动方程式(2-117b)简化,得下列无纵倾等速直线定深运动平衡方程式

$$\begin{cases} Z_0' + Z_{\delta_b}'\delta_b + Z_{\delta_s}'\delta_s + P' = 0 \\ M_0' + M_{\delta_b}'\delta_b + M_{\delta_s}'\delta_s + M_p' + a_T z_T' = 0 \end{cases} \tag{4-63}$$

式中:P'、M_p' 及 a_T、z_T' 计算方法见式(2-114)、式(2-91)、式(2-92)。

(一)调节静载控制平衡

潜艇低速航行时,可用浮力调整水舱的注排水 ΔP_1 和首尾纵倾平衡水舱间的调水 ΔP_2,保持 $\alpha = \theta = \chi = 0$ 的等速定深直航运动。此时,艇的平衡方程由式(4-63)退化成

$$\begin{cases} Z_0' + P' = 0 \\ M_0' + M_p' + a_T z_T' = 0 \end{cases} \tag{4-64}$$

由式(4-64)可知

$$P = -\frac{1}{2}\rho L^2 V^2 Z_0' \qquad (4-65a)$$

$$M_p = -\frac{1}{2}\rho L^3 V^2 (M_0' + a_T z_T') \qquad (4-65b)$$

故由浮力调整水舱调节的水量为

$$\Delta P_1 = P \qquad (4-66)$$

考虑到 $Z_0' < 0$，$M_0' > 0$ 或 $M_0' < 0$ 的情况（图 2-4-7（a）），如若 $\Delta P_1 > 0$（艇轻），舷外向舱内注水；$\Delta P_1 < 0$（艇重），舱内向舷外排水。

由首尾纵倾平衡水舱间的调水量为

$$\Delta P_2 = \frac{M_p + \Delta P_1 \cdot x_v}{L_{bs}} \qquad (4-67)$$

式中：x_v 为所使用的浮力调整水舱容积中心至艇重心的距离；L_{bs} 为首尾纵倾平衡水舱容积中心间的距离。

根据符号规则，$\Delta P_2 > 0$（首重），由首舱向尾舱压水；$\Delta P_2 < 0$（尾重），由尾舱向首舱压水。

注意：为了简化书写，下面将推力矩（$a_T z_T'$）项计入 M_0' 中，即（$M_0' + a_T z_T'$）都算作零升力矩系数。此外，在一些老式潜艇中，由于桨轴线有一定纵倾角，且不与 x 坐标轴重合，除推力矩外，还有推力的垂向分量，则计入 Z_0' 中。

（二）操纵升降舵控制平衡

使运动的潜艇处于动平衡状态，最常用的、有效的、简便的方法是操纵升降舵。为了简单，考虑静平衡（即 $P = M_p = 0$）的潜艇，由于存在水动力 Z_0、M_0，使艇不平衡，为使平面力系的合力、合力矩同时平衡，必须同时操纵首、尾升降舵，方能保持等速直线定深运动。此时，平衡方程由式（4-63）改写成

$$\begin{cases} Z_0' + Z_{\delta_s}' \delta_s + Z_{\delta_b}' \delta_b = 0 \\ M_0' + M_{\delta_s}' \delta_s + M_{\delta_b}' \delta_b = 0 \end{cases} \qquad (4-68)$$

由此可解出应操的平衡舵角为

$$\begin{cases} \delta_s = \dfrac{M_0' Z_{\delta_b}' - M_{\delta_b}' Z_0'}{M_{\delta_b}' Z_{\delta_s}' - M_{\delta_s}' Z_{\delta_b}'} \\ \delta_b = \dfrac{-M_0' Z_{\delta_s}' + M_{\delta_s}' Z_0'}{M_{\delta_b}' Z_{\delta_s}' - M_{\delta_s}' Z_{\delta_b}'} \end{cases} \qquad (4-69)$$

从式（4-69）可以看出，已经静平衡的潜艇，定深航行的平衡舵角 δ_s、δ_b 与航速无关。这是由于式（4-69）中的各项水动力系数均随航速的平方增减，这一特点给潜艇操纵带来很大方便，在航速变动时，用升降舵控制艇的平衡显然要比用水量调

节简单得多。但必须同时操纵首、尾升降舵，这是因为在无纵倾（$\alpha=\theta=0$）的运动状态操一对舵，不能同时与 Z_0 和 M_0 平衡。

（三）操舵加调节静载控制平衡

用操舵控制平衡固然在操作上较方便，但有了压舵角，不仅增大航行阻力、减小升降舵在舵角范围内的有效摆幅、不利于操舵机动，而且实际潜艇还不一定是静平衡的，这样压舵角就更大了，所以在实艇操纵中是操舵和调节水量并用。一般在某一较低的航速下，一边用舵，一边用水量调节达到平衡。此时，平衡方程就是式（4-63），即

$$\begin{cases} Z_0' + Z_{\delta_b}'\delta_b + Z_{\delta_s}'\delta_s + P' = 0 \\ M_0' + M_{\delta_b}'\delta_b + M_{\delta_s}'\delta_s + M_p' = 0 \end{cases}$$

上式对一定潜艇来讲，其中尚有 4 个未定参数 P、M_p（或 x_p）和 δ_s、δ_b，一般给定 P、M_p，则可用图解法（图 4-3-2）或解析法，求得关于 δ_s、δ_b 的二元一次代数方程组的解。为此，把上式改写成标准形式为

$$\begin{cases} Z_{\delta_s}'\delta_s + Z_{\delta_b}'\delta_b = -(Z_0' + P') \\ M_{\delta_s}'\delta_s + M_{\delta_b}'\delta_b = -(M_0' + M_p') \end{cases} \tag{4-70}$$

则其解为

$$\begin{cases} \delta_s = \dfrac{(M_0' + M_p')Z_{\delta_b}' - (Z_0' + P')M_{\delta_b}'}{M_{\delta_b}'Z_{\delta_s}' - M_{\delta_s}'Z_{\delta_b}'} \\[3mm] \delta_b = \dfrac{(Z_0' + P')M_{\delta_s}' - (M_0' + M_p')Z_{\delta_s}'}{M_{\delta_b}'Z_{\delta_s}' - M_{\delta_s}'Z_{\delta_b}'} \end{cases} \tag{4-71}$$

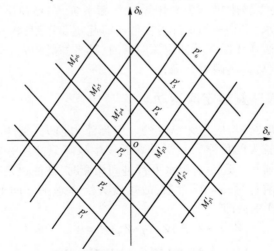

图 4-3-2　P、M_p-δ_s、δ_b 平衡图线

式中：由于 P'、M_p' 是速度的函数，所以这时的平衡舵角也是随航速而变的，并把保持潜艇动力平衡的舵角、攻角、纵倾角称为平衡角，记为 δ_{s_0}、δ_{b_0}、α_0、θ_0，但为了简便，下面省略下标符号"0"。

（四）讨论

根据上述保持深度的均衡操纵及平衡角公式，简要讨论如下。

（1）为了便于保持潜艇的无纵倾等速定深直线运动，应尽量使潜艇处于静平衡状态。所以，应及时消除潜艇的剩余静载 ΔP 及其力矩 ΔM_p，并准确均衡。

（2）平衡角参数表示艇体水动力对称的程度和升降舵保持潜艇深度的有效性，是重要的操纵性衡准。其衡准值用于评估操纵性设计中所采用结构措施的正确性。一般要求航速 10kn 时的平衡角衡准值是：无纵倾等速直线定深运动时，$\delta_s \leqslant 5°$，$\delta_b \leqslant 5°$；有纵倾等速直线定深运动时，$\delta_s \leqslant 3°$，$\theta \leqslant 1°$。

（3）潜艇的零升力系数 Z_0'、零升力矩系数 M_0' 越小越好。一般艇形其 $Z_0' < 0$，$M_0' < 0$，即 Z_0 是上浮力，M_0 为埋首力矩，力 Z_0 的作用点位于动系原点 G 之后（也有在 G 点之前的）。当 $|M_0'|$ 偏大时，将使潜艇产生"埋首"；当 $|Z_0'|$ 偏大时，也将使定深的平衡角偏大超标。这些现象在我国潜艇研制中都曾发生过，尤其是埋首问题造成了严重的后果。应使系数 Z_0'、M_0' 在合理范围，一般有 $|Z_0'| \approx 0.2 \times 10^{-3}$，$|M_0'| \approx 0.5 \times 10^{-4}$ 或更小。

（4）小量剩余静载及其力矩对潜艇运动的影响随航速增大而减小。一般来讲，低速时静力起主要作用。当潜艇由高速转换到低速时往往艇重，特别是微速航行，需及时补充均衡，仅靠操舵控制深度是困难的，甚至是不可能的。文献[31]介绍，有的攻击性核潜艇上，考虑到发射鱼雷时的航速不能高，舵效有限，为了减小鱼雷发射过程中静力造成的纵倾问题，把鱼雷发射管靠近艇中部布置。战略导弹发射时的深度保持，主要技术措施为专用瞬时平衡系统，在导弹出筒的同时，导弹瞬时补重水舱供气排水，也是利用了静力在低速时起重要作用这一特点。

（5）静平衡潜艇作无纵倾等速定深航行时，其平衡舵角 δ_b、δ_s 的大小与航速无关。但必需同时操纵首、尾两对升降舵。

三、有纵倾等速直线定深运动

在正常的定深航行时，应是无纵倾的。但当浮力损失、条件又允许时，则主动造成尾纵倾以承载较大的负浮力。当升降舵发生故障只能用一对舵来操纵时，也必须作有纵倾定深航行。还有潜艇水下行进间均衡时，往往也是有纵倾定深航行。

带纵倾作定深航行时，$\alpha = \theta = $ 常数，故速度矢恰在水平方向上（图 4-3-3），其平衡方程见式（2-117b），即

$$\begin{cases} Z_u'w' + Z_{\delta_s}'\delta_s + Z_{\delta_b}'\delta_b + Z_0' + P' = 0 \\ M_u'w' + M_{\delta_s}'\delta_s + M_{\delta_b}'\delta_b + M_0' + M_p' + M_\theta'\theta = 0 \end{cases} \tag{4-72}$$

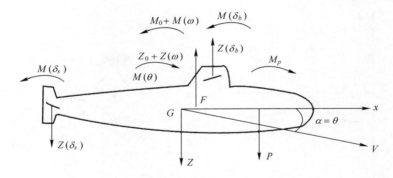

图 4-3-3　有纵倾等速定深运动

式(4-72)待定参变量有 δ_s、δ_b、θ 和 P、x_p（即 M_p）5 个,可以给定静载或取静平衡,单操首升降舵或尾升降舵实现有纵倾定深航行,或操双舵(但其中一对舵的舵角给定)使潜艇作有纵倾定深航行。

考虑一般情况(存在 P、M_p)操单舵时的有纵倾等速定深运动。由于 $w'=\alpha=\theta$,并以 δ 表示首舵角 δ_b 与尾舵角 δ_s,有时用 $\delta_{b,s}$ 表示,则其平衡方程又可写成

$$\begin{cases} Z'_\delta\delta+Z'_w\theta=-(Z'_0+P') \\ M'_\delta\delta+(M'_w+M'_\theta)\theta=-(M'_0+M'_p) \end{cases} \tag{4-73}$$

求解上述二元一次代数方程组得平衡角为

$$\begin{cases} \delta=\dfrac{-(M'_w+M'_\theta)(Z'_0+P')+(M'_0+M'_p)Z'_w}{(M'_w+M'_\theta)Z'_\delta-M'_\delta Z'_w} \\[3mm] \theta=\dfrac{-(M'_0+M'_p)Z'_\delta+M'_\delta(Z'_0+P')}{(M'_w+M'_\theta)Z'_\delta-M'_\delta Z'_w} \end{cases} \tag{4-74}$$

由于式(4-74)中的 P'、M'_p、M'_θ 等皆是航速的函数,所以平衡角 δ、θ 也是航速的函数。由此可作出 $\delta=f(V)$、$\theta=f(V)$ 的平衡角曲线,如图 4-3-4 所示。

根据平衡角曲线和式(4-74)作如下讨论。

（1）平衡角随航速增大趋于常数。

潜艇带纵倾作定深定常运动时,随航速增大,无论单操首舵或尾舵时,其平衡角 δ、θ 都趋于某一常数值,尤其是单操尾舵时更为显著。这是由于扶正力矩的作用随航速增大而迅速降低的缘故。当存在 P、M_p 时,对平衡角有显著影响(图 4-3-4(b)),当 P'、M'_p 较小时,其影响与 M'_θ 相当,二者作用规律是类似的,都是随航速提高使其作用降低。

（2）首、尾升降舵的操纵特点。

主要由于首、尾舵相对于重心或相对于水动力中心点 F 的位置不同,所以它们的操纵特性有显著的区别。若首舵是围壳舵时,其作用也与首端首舵有所不同。

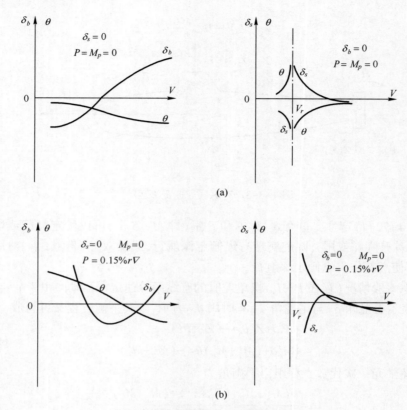

图 4-3-4　定深航行的平衡角曲线

若单操首舵,低速时平衡角比较小,但航速增大后,平衡角也随之增大,并趋于一个较大的常数。若单操尾舵,在低速区存在一个速度 V_i,当航速 $V \to V_i$ 时,平衡角 δ、θ 趋于无穷大。这表明,V_i 附近不可能用尾舵保持潜艇的定深航行。由式(4-74)的分母可见,由于 $M'_w > 0$、$M'_\theta < 0$ 和 Z'_{δ_s}、M'_{δ_s}、Z'_w 也小于零,从而在低速区存在 $(M'_w + M'_\theta) < 0$,这样使得分母在某一航速时为零,这个航速就是 V_i,但当 $V > V_i$ 并继续增大,即中、高速时,平衡角趋于一个较小的常数。航速"V_i"称为"逆速",详见本章第七节。

从希望定深航行的平衡角尽可能小的角度看,低速时宜用首舵保持定深,中、高速时应用尾舵保持定深。

（3）定深运动的平衡方程（无纵倾或有纵倾）式(4-63)、式(4-73)主要用于以下几方面。

① 计算运动潜艇的不平衡力（浮力差或剩余静载力差）和不平衡力矩（力矩差或剩余静载力矩差）,以便均衡潜艇。

② 计算定深航行的平衡角,确定首、尾舵在不同航速时的可操性。

③ 计算定深航行时,潜艇的(艇体和舵)水动力可以承载负浮力的能力,进行动力抗沉的预案设计。

四、定深航行操纵

(一) 三种定深直航工况

定深直航运动的实现和保持是潜艇水下航行的四类基本运动方式之一,按其受力与操纵性特点可分为三种工况。

(1) 深水中(工作深度)的定深直航运动操纵。

(2) 近水面(潜望深度)的定深直航运动操纵。

(3) 低速(微速或经航工况)航行时的定深直航操纵。

潜艇的下潜深度是以静水面至潜艇指挥舱深度计的高度为基准,一般常规潜艇布置了量程 30m、160m、400m、600m 等近 10 个深度计。

(二) 基本的动力学规则

任何潜艇都有低速和高速两种基本的操纵运动方式。低速时,以静稳性为主,用静载(注、排水或首尾移水)精确地平衡和调整潜艇;较高速时,用车与升降舵控制和调整纵倾与深度,潜艇的动稳性和升降舵的操纵能力最为重要。

操艇的基本动力学规则是:用围壳舵控制深度,以尾升降舵保持纵倾和深度。在较高航速时(即航速大于逆速),尾升降舵的操纵力矩大,操纵尾舵产生与深度变化方向相同的纵倾,但低速时(即航速小于逆速)则相反。潜艇重心运动轨迹与升降舵操纵规则相反,称为舵的反常操纵性,详见第七节。

(三) 定深操纵规则

根据上述潜艇动力学特性,定深航行操纵时应注意以下几方面。

(1) 均衡良好状态时,不要使用大舵角,一般宜用±5°(～10°)以内的单舵保持无纵倾定深航行。

(2) 航速较高时(大于均衡航速),应以尾升降舵保持操纵。航速越高,舵角应越小,操舵频率越高。此时,升降舵宜采用自动舵工况。

(3) 微速(经航工况)航行时,舵力小、舵效差、操纵能力低,应以首升降舵或围壳舵为主操纵。操艇实践表明,在微速条件下定深操纵,采用平行(上浮/下潜)舵方式的定深效果好。

(4) 熟知本艇运动惯性,及时用舵,合理用车。掌握操艇仪表(如纵倾仪、深度计)的指示往往滞后于实际数值,要过细地了解本艇各种操纵装置仪表的使用特点,实现准确操纵。

第四节　均　衡　计　算

一、概述

潜艇均衡工作按出海航行的时间顺序分为以下几种。

（1）每次出海前备航时的预先均衡，通过均衡计算进行。

（2）每次出海时必须到指定海区实际潜水均衡，通过行进间或停止间均衡实现。

（3）海上航行过程中的补充均衡，即是第三节介绍的保持定深直航运动的操纵。

潜艇均衡的根本目的是：保证潜艇的装载状态满足平衡条件，保证潜艇具有良好操纵性。通过预先均衡的均衡计算使潜艇具有下潜条件；出海时首次潜水均衡是实际验证考核潜艇是否满足水下平衡条件；水下航行过程中的经常性的补充均衡，是为了维护保持潜艇处于良好的水下动平衡状态，保证水下航行安全，避免发生危险纵倾、突然"掉深"。

本节介绍潜艇均衡计算方法，下一节研究行进间定速均衡潜艇的操纵。

二、均衡计算方法

（一）原理

潜艇试潜定重后的载荷称为正常载荷，即水上排水量或正常排水量。

潜艇载荷由固定载荷和变动载荷两部分组成。变动载荷由可能消耗或变动的载荷及均衡压载等组成，并影响潜艇的平衡条件。

均衡计算一般分两种情形。

（1）新艇及大、中、小修（及长期停泊和启封）后第一次出海潜水前，按潜艇的（水上）正常排水量为标准载重进行比较计算；

（2）在航艇每次出海前，按前次出海时潜艇行进间均衡后的实际载重进行比较计算。

现行的实际均衡计算方法，仅计算那些与正常载荷或前次均衡相比较有变化的可变载荷项的重量差和力矩差，而无需计算所有可变载荷项的重量差和力矩差，因为这些项的重量差、力矩差皆为零。

（二）方法

均衡计算按《均衡计算表》进行，如表 4-4-1 所列。具体步骤如下。

1. 横向算单项值

按表 4-4-1，依上面的计算原理，将⑤栏减去④栏得到第⑥栏中的每一项重量差,再将第⑥栏中的数值乘第③栏的力臂值,乘积即是每一项重量力矩差,填于第⑦栏。

2. 纵向相加得重量差、力矩差的和值

将第⑥栏中各数值纵向(竖向)相加,得总的重量差,即 $\Delta D = \sum \Delta D_i$,并填在总计的第⑥栏中。

将第⑦栏中各数值纵向(竖向)相加,得总的力矩差,即 $\Delta M = \sum \Delta M_i$,并填在总计的第⑦栏中。

按表4-4-1中给出的案例,计算结果为

$$\Delta D = +3.72\text{t}, \Delta M = +30.24\text{t}\cdot\text{m}$$

表4-4-1 均衡计算表

序号	载荷名称	重量/t	力臂/m	前次载重/t	实际载重/t	重量差/t	力矩差/(t·m)	附 注
		①	②	③	④	⑤	⑥	⑦
	①	②	③	④	⑤	⑤-④	⑥×③	1. 潜艇于深度____m至____均衡潜艇,计__min__s。
1	装水雷时发射管中环形间隙水	6.24	31.26					2. 下潜点:____
2	舰首发射管中的鱼雷(每条1.85t)	11.01	30.87					3. 舰首、尾、左舷、右舷的浪为____(用笔画出)。
3	舰首发射管中的水($\gamma=1.00$)	12	30.54	12.34	12.34			4. 风力____级,风向____,艇的航向____。
4	舰首发射管中的水雷	12.6	29.41					5. 水的密度:____。
5	2号燃油舱油和水	15.02	27.95	15.02	15.02			6. 最大下潜深度__。
6	舰首环形间隙水舱	4.7	26.6	4.6	4.6			7. 一昼夜潜水时间:__
7	舰首无泡发射水舱	3	26.4					8. 最长一次潜水时间__h__min。
10	1号燃油舱油和水	11.55	21.97	11.55	11.55			9. 最快潜水时间:____h__min。
11	鱼雷补重水舱的水	12.34	19.57	4	4			10. 速潜次数____正常下潜次数__。
12	1号淡水舱的水	2.65	18.04	0.8	2.65	1.85	33.37	11. 各舱人数1.__
13	水雷补重水舱的水	5.73	17.97	5.73	5.73			2.__ 3.__ 4.__ 5.__
14	4号燃油舱油和水	19.8	15.55					__6.__ 7.__总计
15	2号淡水舱的水	12.4	13.29	12.4	12.4			12. 油量表数字__
17	3号燃油舱油和水	28.82	11.93	28.82	28.82			__。
19	第三舱内的食品	2.526	5.8	1.95	3.32	1.37	7.946	
20	箱内蒸馏水	1.92	5.5	3.1	3	-0.1	-0.55	
22	3号淡水舱的水	1.86	2.64	0.86	0.86			

（续）

序号	载 荷 名 称	重量/t	力臂/m	前次载重/t	实际载重/t	重量差/t	力矩差/(t·m)	附　注		
24	1号清滑油舱的油（前半部）(γ=0.9)	6.22	-0.47	10.6	9.5	-1.1	0.517			
27	第四舱内的粮食	0.58	-2.55	0.4	0.75	0.35	-0.89			
29	2号污水舱的水	0.72	-6.65	0.4	0.4	0	0			
30	第五舱的粮食	0.03	-9			0	0			
31	左舷循环油舱滑油	2.073	-10.03	1.8	1.8	0	0			
32	右舷循环油舱滑油	2.14	-10.5	1.26	1.26	0	0			
34	日用油箱（燃油）	0.874	-10	0.7	0.7	0	0			
36	2号清滑油舱滑油	2.482	-12.9	2.03	2.03	0	0			
37	5号燃油舱油和水	14.65	-13.06	14.65	14.65	0	0			
38	注冷却水舱淡水	2.33	-14.17	2.2	2.2	0	0	13. 均衡水舱水量：首左＿＿＿首右＿＿＿尾左＿＿尾右＿＿＿		
39	第六舱内粮食	1.283	-15.65	0.52	0.85	0.33	-5.16			
40	推进电机滑油舱的滑油	1.18	-17.15	0.68	0.68	0	0			
41	3号污水舱的水	0.23	-21.15			0	0			
42	4号淡水舱的水	1.84	-24.15	1.84	1.84	0	0			
43	6号燃油舱油和水	28.66	-25.3	30.44	31.02	0.58	-14.7			
44	舰尾环形间隙水舱的水	1.3	-27.6	1.3	1.3	0	0			
46	舰尾发射管中的水雷	4.2	-29.41			0	0			
47	舰尾发射管中的水	4	-30.54	4.42	4.42	0	0			
49	装水雷时发射管中环形间隙水	2.08	-31.26			0	0			
50	鱼雷工具、食品和外加床铺	1	22	1.06	1.5	0.44	9.68	实际均衡量		
	总计					3.72	30.24	各舱柜内的水	重量误差	力矩误差
A	舰首均衡水舱(γ=1.000)	6.67	24.17	4	3.8	-0.2	-4.83	3.5	-0.3	-7.25
B	舰尾均衡水舱(γ=1.000)	7.46	-25.87	3.3	3.5	0.2	-5.17	4	0.5	-12.95
C	1号浮力调整水舱	6.34下/上13.73	4.35/5.43	12	8.28	-3.72	-20.3	9	0.72	3.92

（续）

序号	载 荷 名 称	重量/t	力臂/m	前次载重/t	实际载重/t	重量差/t	力矩差/(t·m)	附 注	
D	2号浮力调整水舱	15.88	2.97	6	6				
E	2号浮力调整水舱围壁	5.64	1.9	5.5	5.5				
						0	-0.06	0.92	-16.28

注:本表略作简化,未列出全部项目

3. 分析定性,均衡调整

若重量差 $\Delta D_0 > 0$,表示本次出海潜艇装载大于前次,艇重了,应排水。

若重量差 $\Delta D_0 < 0$,表示本次出海潜艇装载小于前次,艇轻了,应注水。

按表求出的 ΔD 数值,就是浮力调整水舱应排、注水的数量。

本例 $\Delta D_0 = +3.72t$,表示艇重,一般从1号浮力调整水舱排水3.72t,并在第⑥栏的C项中填入(-3.72t),在第⑤栏的C项中按(12-3.72=8.28)填入(8.28t)。

类似地,对总力矩差 ΔM:

若 $\Delta M_0 > 0$,表示本次出海潜艇有首倾力矩,首重了;

若 $\Delta M_0 < 0$,表示本次出海潜艇有尾倾力矩,尾重了。

为此,首重应自首均衡水舱向尾均衡水舱移水,尾重则应从尾向首移水。调水公式为

$$调水量\ q = \frac{\Delta M_0 + M_{v1}}{L_{vbs}} \qquad (4-75)$$

式中: ΔM_0 为均衡计算表第⑦栏总计中的总力矩差; M_{v1} 为采用1号浮力调整水舱注、排水补偿重量差 ΔD 时产生的附加力矩差,本例中 $M_{v1} = -3.72 \times 5.45 = -20.27$ t·m; L_{vbs} 为首、尾纵倾均衡水舱之间的纵距,本例 $L_{vbs} = 50$ m。

于是,可得调水量 $q \approx 0.2t$。调出的水量为(-),调入的水量为(+)。因此,第⑥栏中的A项应填入(-0.2t),而第⑥栏的B项则应填入(+0.2t)。最后,由第④栏与第⑥栏A项、B项分别相加,得到首、尾纵倾平衡水舱的实际水量分别为3.80t和3.50t,并填入第⑤栏的A项、B项中。

三、检查与误差

(一) 计算结果的检查与要求

由"总计"行开始往下计算最后的结果。

将第⑥栏中重量差总计、注排水量、首尾移水量的数值纵向(竖向)相加,要求其代数和应为零,即理论均衡计算结果浮力差为零。由表4-4-1可得,本例均衡

调整后的总重量差 $\Delta D = 3.72-0.20+0.20-3.72 = 0$,并将结论填入该计算表最后一行的第⑥栏中。

类似地,将第⑦栏中力矩差总计、注排水附加力矩和首尾纵向移水产生的力矩纵向(竖向)相加,要求其代数和不应大于±0.5t·m。由表可知,本例为 $\Delta M = 30.24-4.83-5.17-20.30 = -0.06t·m < |±0.5t·m|$,并将结论填入最后一行的第⑦栏中。

(二) 均衡计算表中的"附注"栏意义

附注栏的作用有两个方面。

(1) 由附注栏填写的13项内容可知,它记录了潜艇出海中潜水均衡的海区、天气和均衡结果,以及潜艇运动变化情况,可积累航海资料,并帮助操艇官兵总结经验。本栏除第6项~第10项返航后填写外,其余各项应在均衡完毕时填写。

(2) "实际均衡量"附表的作用:记录潜艇水下均衡后,实测的浮力调整水舱、纵倾平衡水舱的水量。如本例"各舱内的水",首纵倾平衡水舱(A项)、尾纵倾平衡水舱(B项)、1号浮力调整水舱(C项)分别为3.5t、4t、9t,该水量与第⑤栏的理论均衡计算后的实际载量(依次为)3.8t、3.5t、8.28t相减,得"重量误差"项,依次为-0.3、0.5、0.72。将重量误差与相应力臂相乘得"力矩误差"项。最后将各辅助水舱的重量误差和力矩误差纵向(竖向)相加,所得代数和填入下方最后一行。

(三) 均衡计算误差原因

经上述测量、计算,可检查实际均衡与预先理论均衡计算的误差,以便帮助分析产生误差的原因。通常,引起误差的原因有以下几方面。

(1) 计算误差。

(2) 可变载荷的重量和位置不准确。

(3) 海水密度的变化。

(4) 舰务人员在均衡调整(注、排、移水)时操作不够准确。

均衡计算一般由机电部门指挥员负责,然后送呈艇长、政委审批。

正常情况下,首尾纵倾平衡水舱水量应是总容积的1/3~2/3,最好为1/2;浮力调整水舱水量应是水舱总容积的1/3~3/4,最好为1/2。辅助水舱的水量在合理范围,是保证水下状态时对浮力差、力矩差的可调性。尤其远航巡逻,必须使辅助水舱的水量合理,保证潜艇的可操性,如果不合理,必须重新调整潜艇装载。

第五节　行进间均衡潜艇

一、概述

现代潜艇操艇系统中的均衡系统具有"自动""监视""随动""电动"和"手动"

等操作方式,这里主要介绍"手动"操作方式,"自动"均衡仅作原理介绍。

潜艇在某一航速下进行的均衡操作称为行进间定速均衡。

行进间均衡的目的是:检查固壳水密,消除由于均衡计算误差、海水密度变化等内外原因造成的浮力差、力矩差,以保证潜艇在水下具有良好的操纵性,在水上航渡中具有良好的下潜条件。

潜水均衡可在停止间和航行中进行。在航潜艇通常采用行进间均衡。行进间均衡通常在潜望深度进行,当海情较高、在潜望深度难以保持深度时,则应潜到安全深度或工作深度进行。

行进间均衡的特点是:操作方便,均衡时间短,均衡航速 4~6kn,均衡较准确。

潜艇离开基地后,都应首先到指定海区进行潜水均衡。潜艇由水上状态过渡到水下状态分一次下潜和二次下潜,二次下潜又称正常下潜。正常潜水一般分为:海区备潜;首、尾组主压载水舱注水,潜到半潜状态;中组主压载水舱注水,潜到预定深度等三个阶段。潜艇到达均衡深度,按选定的均衡航速,操纵首、尾升降舵,使潜艇作定深直航运动进行均衡。

二、行进间均衡公式

(一) 均衡公式

潜艇行进间均衡的基本运动状态是:有纵倾等速定深直线运动,可按式(2-117)直接写成有因次平衡方程

$$
\begin{cases}
\dfrac{1}{2}\rho L^2 V^2 \left(Z'_0 + Z'_w \theta + Z'_{\delta_b} \delta_b + Z'_{\delta_s} \delta_s \right) + P = 0 \\[2mm]
\dfrac{1}{2}\rho L^3 V^2 \left[M'_0 + \left(M'_w + M'_\theta \right)\theta + M'_{\delta_b}\delta_b + M'_{\delta_s}\delta_s \right] + M_{v1} + M_p = 0
\end{cases}
\tag{4-76}
$$

式中:Z'_0、M'_0 一般不计入均衡公式;$M_{v1} = P \cdot x_{v1} = -\dfrac{1}{2}\rho L^2 V^2 \left(Z'_w \theta + Z'_{\delta_b}\delta_b + Z'_{\delta_s}\delta_s \right) \cdot x_{v1}$ 为采用 1 号浮力调整水舱(容积中心纵坐标为 x_{v1})消除浮力差 P 时所产生的附加力矩 M_{v1}。

由于纵倾角 θ 和首尾舵角 δ_b、δ_s 有专门的仪表显示(图 4-5-1(a)、(b)),在实用均衡公式中把与这 3 个量无关的项,如 Z_0、M_0 项,分别计入浮力差 P、力矩差 M_p 中。对人工均衡方式,可将式(4-76)写成如下标准实用形式,并称下式为均衡公式(图 4-5-2),即

$$
\begin{cases}
\Delta P = a_1 \theta^0 + a_2 \delta_b^0 + a_3 \delta_s^0 & (\text{注排水量,kg}) \\[2mm]
\Delta M_p = b_1 \theta^0 + b_2 \delta_b^0 + b_3 \delta_s^0 & (\text{首尾移水量,kg})
\end{cases}
\tag{4-77}
$$

式中:系数 a_i、$b_i (i=1,2,3)$ 为均衡常数,按式(4-76)计算,具体公式如下:

$a_1 = \dfrac{1}{2}\rho L^2 V^2 Z'_w \cdot \dfrac{1}{57.3}$，记为 $Z(w)^0$，表示 $\theta = \alpha = 1°$ 时艇体水动力的注排水量(kg)；

$a_2 = \dfrac{1}{2}\rho L^2 V^2 Z'_{\delta_b} \cdot \dfrac{1}{57.3}$，记为 $Z(\delta_b)^0$，表示 $\delta_b = 1°$ 时首舵水动力的注排水量(kg)；

$a_3 = \dfrac{1}{2}\rho L^2 V^2 Z'_{\delta_s} \cdot \dfrac{1}{57.3}$，记为 $Z(\delta_s)^0$，表示 $\delta_s = 1°$ 时尾舵水动力的注排水量(kg)；

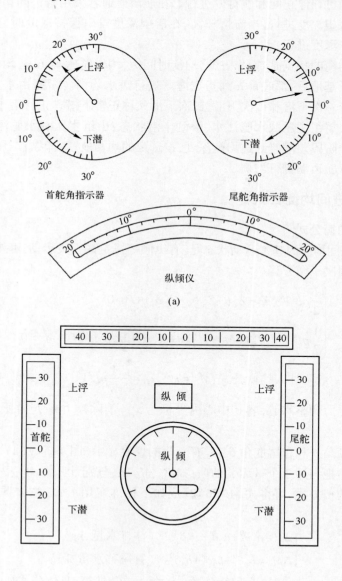

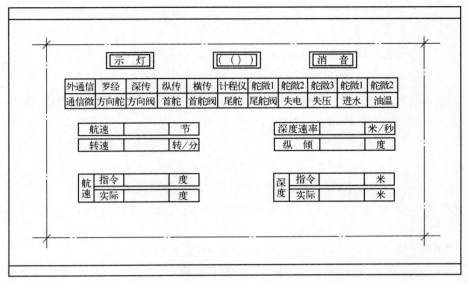

(b)

图 4-5-1　操纵参数 δ_s、δ_b、θ 的显示

（a）传统操艇的行进间均衡参数 δ_s、δ_b、θ 的显示；（b）现代操艇系统的操纵参数显示板。

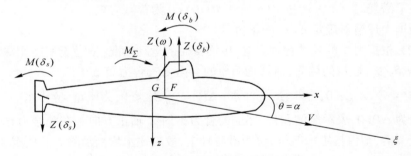

图 4-5-2　行进间均衡时艇的受力

$$b_1 = \left[\frac{1}{2}\rho L^3 V^2 (M'_w + M'_\theta) \frac{1}{57.3} + Z(w)^0 \cdot x_{v1} \right] / L_{vbs}$$，记为 $M(w)^0$，表示 $\theta = \alpha = 1°$ 时

艇体水动力矩的首尾压水量（kg）；

$$b_2 = \left[\frac{1}{2}\rho L^3 V^2 M'_{\delta_b} \frac{1}{57.3} + Z(\delta_b)^0 \cdot x_{v1} \right] / L_{vbs}$$，记为 $M(\delta_b)^0$，表示 $\delta_b = 1°$ 时首舵水

动力矩的首尾压水量（kg）；

$$b_3 = \left[\frac{1}{2}\rho L^3 V^2 M'_{\delta_s} \frac{1}{57.3} + Z(\delta_s)^0 \cdot x_{v1} \right] / L_{vbs}$$，记为 $M(\delta_s)^0$，表示 $\delta_s = 1°$ 时尾舵水动

力矩的首尾压水量（kg）。

在上述力矩差公式中,包括了消除浮力差时,由于浮力调整水舱偏离潜艇质心引起的附加力矩项 M_{v1},但人工均衡时是不考虑的。对以上公式进行整理,可得

$$\begin{cases} \Delta P = Z(w)^0 \cdot \theta + Z(\delta_b)^0 \cdot \delta_b + Z(\delta_s)^0 \cdot \delta_s & (\text{kg 或 L}) \\ \Delta M_p = M(w)^0 \cdot \theta + M(\delta_b)^0 \cdot \delta_b + M(\delta_s)^0 \cdot \delta_s & (\text{kg 或 L}) \end{cases} \quad (4\text{-}78)$$

如某型常规潜艇,均衡航速为 $V=6\text{kn}$,并取尾纵倾、首上浮、尾下潜舵,即 $\theta>0$、$\delta_b>0$、$\delta_s>0$ 作为基准状态,则该艇的均衡定量公式为(按实际判别,未计入正、负号)

$$\begin{cases} \Delta P = 1000 \cdot \theta^0 + 150 \cdot \delta_b^0 + 250 \cdot \delta_s^0 & (\text{L}) \\ \Delta M_p = 200 \cdot \theta^0 + 75 \cdot \delta_b^0 + 200 \cdot \delta_s^0 & (\text{L}) \end{cases} \quad (4\text{-}79)$$

上述计算中作了"取整"近似。实际均衡操作时的均衡量单位习惯上用升(L)。

(二) 判别(正负号规则)

均衡定量公式(4-78)中各项的正负号的判定有两种方式。

(1)按正负符号规则,并以基准状态为基础确定。

尾纵倾时,$\theta(\alpha)>0$,产生 $Z(w)<0$,$M(w)>0$ 为尾倾力矩,

但静扶正力矩 $M_\theta(h)<0$ 为首倾力矩;

首上浮舵时,$\delta_b>0$,产生 $Z(\delta_b)<0$,$M(\delta_b)>0$ 为尾倾力矩;

尾下潜舵时,$\delta_s>0$,产生 $Z(\delta_s)<0$,$M(\delta_s)<0$ 为首倾力矩。

根据上述情形确定 a_i、b_i 的正负号。

(2)根据力学的基本物理概念,按均衡时的运动情况,依潜艇实际定深的三平衡角(θ、δ_b、δ_s)显示的性质,估算均衡艇的合力 ΔP、合力矩 ΔM_p。

$\Delta P = \sum Z_i > 0$,为艇轻,应注水;$\Delta P = \sum Z_i < 0$,为艇重,应排水。

因为 $\Delta P>0$,表示艇体和首、尾舵的合力指向 Z 轴正方向。在此合力作用下潜艇本应下潜,却保持定深航行,说明潜艇轻了,故应注水均衡消除。若所有 M_i 力矩的合力矩 $\sum M_i = \Delta M_p > 0$,为尾倾力矩,潜艇应尾纵倾,在推力作用下上浮,但潜艇仍作定深航行,可见首重了,应由首向尾压水。同理,$\sum M_i = \Delta M_p < 0$,为首倾力矩,尾重,应由尾向首压水。

(3)结论

合力 $\sum Z_i = \Delta P > 0$,艇轻,应注水;

$\qquad \sum Z_i = \Delta P < 0$,艇重,应排水。

$\qquad \sum M_i = \Delta M_p > 0$,首重,向尾压水;

$\qquad \sum M_i = \Delta M_p < 0$,尾重,向首压水。

（4）实例

某艇，航速 6kn，用首上浮舵 15°、尾上浮舵 5°，保持尾倾 5°，于 9m 深度航行，试求均衡量。

解：该型艇均衡公式如式（4-79），即

$$\begin{cases} \Delta P = 1000 \cdot \theta^0 + 150 \cdot \delta_b^0 + 250 \cdot \delta_s^0 & (L) \\ \Delta M_p = 200 \cdot \theta^0 + 75 \cdot \delta_b^0 + 200 \cdot \delta_s^0 & (L) \end{cases}$$

浮力差为

$$\Delta P = 1000\times5\uparrow + 150\times15\uparrow + 250\times(-5)\downarrow = 6000\text{kg}（或 L）\uparrow$$

判别：① 合力是个铅垂向上的正浮力，与之平衡的浮力差 ΔP 应是铅垂向下，否则，潜艇应上浮，现定深航行，故艇重排水；

② 若用符号规则，应为

$$\Delta P = -1000\times5 - 150\times15 - 250\times(-5) = -6000\text{kg}（或 L）\quad 艇重，排水$$

力矩差为

$$\Delta M = 200\times5（逆）+ 75\times15（逆）+ 200\times5（逆）= 3025\text{kg}（或 L）（逆）$$

判别：① 合力矩是尾倾力矩，与之平衡的力矩差应是首倾力矩，首重，应由首向尾调水；

② 用符号规则：$\Delta M > 0$，首重，向尾调水。

需补充说明的是：人工均衡计算结果与潜艇的实际浮力差、力矩差略有差别，因为计算中未考虑 Z_0、M_0 和 $M_{v1} = \Delta P \cdot x_{v1}$（注意：公式中包括了该项，实际计算仅凭仪表显示的 θ、δ_b、δ_s 度数估算），但对均衡无实质性影响。如 Z_0、M_0 项，在试航中确定各均衡辅助水舱的初始水量时已予消除，差别仅在于均衡航速与试航时的航速不同所产生的改变量，其值较小可忽略。实际均衡工作是个逐步逼近静平衡的过程。

三、行进间均衡的一般方法

（一）先粗调后细调

粗调一般是在深度没有稳定之前，根据潜艇运动现象，用物理学基本概念判断来进行的。如潜艇潜不下去或下潜过快，显示艇轻或艇重了，应向（1 号）浮力调整水舱注水或排水。又如，操纵相对下潜舵，潜艇反而出现尾纵倾，说明尾重了，应立即下令"向首压水"。

细调则是在深度稳定后，按行进间均衡要领进行仔细均衡，达到"两零、一五、一定深"的要求，即 $\theta = 0$，$\delta_b(\delta_s) = 0$，$\delta_s(\delta_b) \leqslant \pm 5°$，深度保持稳定。

（二）先定性后定量

所谓定性，就是根据纵倾仪、舵角指示器和深度计变化量的大小，迅速判定艇重或艇轻、尾重或首重等情形。

所谓定量,就是根据均衡定量公式估算出注排水量和压水量,一次不准确可以数次调节。

(三) 均衡的定性要领

保持定深航行,行进间均衡潜艇的定性要领如下:

尾纵倾、首上浮舵、尾下潜舵→艇重,应排水;

首纵倾、首下潜舵、尾上浮舵→艇轻,应注水。

下潜舵→尾重,应自尾向首压水;

上浮舵→首重,应自首向尾压水。

尾纵倾,当 $M_\theta(H)^0 < M(w)^0$ 时,首重,应向尾压水;

当 $M_\theta(H)^0 > M(w)^0$ 时,尾重,应向首压水。

首纵倾,当 $M_\theta(H)^0 < M(w)^0$ 时,尾重,应向首压水;

当 $M_\theta(H)^0 > M(w)^0$ 时,首重,应向尾压水。

其中,$M_\theta(H)^0$ 为纵倾角 1°时的静扶正力矩的压水量值,$M(w)^0$ 为攻角 1°时的艇体水动力矩的压水量值。

均衡中一般先消除浮力差,后消除力矩差。其优点是:消除浮力差的注、排水产生的附加力矩 $M_{v1} = \Delta P \cdot x_{v1}$,将和力矩差共同被消除。

(四) 均衡中的异常现象

(1) 反复出现首尾纵倾:这种现象多属于存在"自由液面"流动影响。

此时应令"检查舱室水密",发现舱底积水应及时排除;分组"解除主压载水舱的气压",使主压载水舱注满水;进行"主水管、发射管通风",消除气垫。当自由液面消除后,这种现象即可消失。

(2) 反复出现艇重:这种情形多属于舱室少量进水引起的。

应令严查舱室水密,检查辅助水舱的水量,发现进水应予排除。

(3) 反复出现艇轻:这种情形多属于失事排水站某总分隔阀未关紧,造成漏气,使主压载水舱的水逐渐小量地被排除造成的。

四、停止间均衡潜艇的概况

停车时潜艇所进行的均衡称为停止间均衡。

停止间均衡潜艇的时机:对正常潜水均衡,由于海区狭窄、机动受限或为了训练科目而进行;也有为了隐蔽待机等战术目的,实施悬停时。

停止间均衡潜艇是根据深度计、纵倾仪变化,按剩余浮力曲线进行均衡的,重点掌握潜浮惯性。中组主压载水舱注水后,根据剩余浮力曲线逐渐向浮力调整水舱部分注水。深度 7m 前,每次注水 500L;深度 7m 后,每次注水 100L。均衡步骤与试潜定重均衡时相同,按相关条令条例执行。

五、自动均衡的基本概念

(一) 均衡系统的多种工作方式

操艇系统中的均衡系统,在集中控制主操纵台的浮力均衡、纵倾均衡面板显示均衡情况。当实施自动移水均衡时,将操纵方式开关置于"自动"位置,"自动"指示灯亮,系统处于自动操纵状态,此时,潜艇处于等速定深直线航行状态,当潜艇进行其他机动时,则不能使用"自动"移水方式,只能采用"随动"移水。失电或无液压时,可采用"手动"移水,用手扳动浮力调整系统注、排水阀手柄,靠海水自流注水,人工启动主疏水泵(大离心泵)或舱底泵(往复泵)进行排水;用手扳动纵倾平衡系统的电液球阀手柄,进行纵倾平衡移水。"随动"均衡方式发生故障时,可用"电动"应急移水。"随动"移水均衡时,操作者通过键盘设定移水量和方向。

(二) 自动均衡

当均衡系统处于"自动"移水状态时,计算机系统不断自动采集 δ_b、δ_s 及 $\theta(t)$,采用递推方法不断解算浮力不均衡量和纵倾不均衡量,并显示。如某艇 6kn 均衡时,采用如下公式计算,即

$$\begin{cases} \Delta P = (-38.6\theta - 8.89\delta_b - 9.79\delta_s)V^2 \\ \Delta M_p = \Delta q = (8.73\theta + 2.19\delta_b - 8.21\delta_s)V^2 - 237\theta \end{cases}$$

式中:V 为航速,237θ 项为静稳性力矩 $Dh\sin\theta \approx Dh\theta$。

一般取 300s 为一个计算时段。当到达规定的时间,若不均衡量超过规定的灵敏度("死区")时,则自动启动移水系统按计算值"移水",完成定向、定量移水后,系统休止工作 10s,以待惯性影响消失,然后重新转入计算,即按图 4-5-3 步骤循环进行工作,直到计算的不均衡量小于规定的灵敏度为止。

图 4-5-3 移水计算循环

系统工作过程中,若需"中止"工作,按"提前"键则中断,可立即转入下一阶段。

(三) 监视均衡

均衡操纵时,当采用电动、随动、监视、自动等均衡方式时,均衡管路系统、阀、泵需做好工作准备,主疏水泵和舱底泵的启动器应处于"自动"位置。"监视"均衡方式,把操纵方式开关置于"监视"位置,监视指示灯亮,计算机系统自动计算浮力、纵倾的不均衡量,并显示,但无灵敏度限制。操作者认为需要移水时,按"提

前"键,系统自动按计算值移水,移水完毕,休止 10s,再重新计算,仍处于"监视"状态。因此,监视均衡方式很方便、安全,是一种较实用的操纵方式。

第六节 潜艇承载力计算方法的发展

一、潜艇承载力的基本概念

潜艇作有纵倾或无纵倾等速定深直线运动时,用车、舵承载负浮力的能力,称为潜艇的承载力。承载力概略地表示了潜艇动力抗沉的能力。

承载力理论预报的目的是:使潜艇指战员对本艇利用车、舵抗沉能力有一个大概量的概念,作为选择动力抗沉方案的依据,争取挽危时间。

当潜艇损失浮力的量已超过车、舵抗沉能力,或潜艇深度或纵倾失控时,应果断供气排水。可见,承载力计算结果为潜艇指挥员灵活使用车、舵、气进行应急操纵提供技术支持。

潜艇的各种操纵装置(车、舵、气、泵等)的操纵能力是有限的,操控人员必须熟练、准确地掌握,以应对各种航行情况。

二、承载力计算方法的发展

从一些文献来看,承载力计算方法(图线)大致经历了三个发展阶段。

(一) 剩余浮力—升降舵角的平衡曲线(约 1960 年)

1960 年,海军工程大学(原海军工程学院)留苏学员从苏联带回来的听课笔记有图 4-3-2,这是最早的关于首、尾升降舵平衡剩余浮力及其力矩的操纵能力的图线。

以有纵倾等速定深直线运动为例,其平衡方程见式(4-72),即

$$\begin{cases} Z'_w w' + Z'_{\delta_s}\delta_s + Z'_{\delta_b}\delta_b + Z'_0 + P' = 0 \\ M'_w w' + M'_{\delta_s}\delta_s + M'_{\delta_b}\delta_b + M'_0 + M'_p + M'_\theta \theta = 0 \end{cases}$$

对一定潜艇,当给定纵倾角 θ 时,其中未定参数为 P'、$M'_p(x'_p)$ 和 δ_b、δ_s,从而可改写成($w' = \alpha = \theta$)

$$\begin{cases} Z'_{\delta_s}\delta_s + Z'_{\delta_b}\delta_b + Z'_w \theta = -(Z'_0 + P') \\ M'_{\delta_s}\delta_s + M'_{\delta_b}\delta_b + (M'_w + M'_\theta)\theta = -(M'_0 + M'_p) \end{cases} \tag{4-80}$$

给定一组 P、$M_p(x_p)$,可求得一定纵倾角 θ 下的首、尾升降舵 δ_b、δ_s,或反之。可见,在 4 个待定参数中,任意给定 2 个,即可求得另外 2 个参数,绘出如图 4-3-2 的 P、$M_p \sim \delta_s$、δ_b 平衡图线。

由于首、尾升降舵 δ_b、δ_s 受最大舵角的限制,允用纵倾角也是个定量,一般 θ_{max} ≤10°~12°,并且应是尾纵倾。因此,在许用航速范围,一定潜艇用车、舵平衡剩余浮力 P、$M_p(x_p)$ 的操纵能力是有限制的,如苏联的 R 级 33 潜艇,航速 10kn 时的平衡能力如表 4-6-1 所列。

表 4-6-1 R 级 33 潜艇的平衡能力

进水舱室		I 舱	III 舱	V 舱	VI 舱	VII 舱
平衡角	δ_b^0	25	25	2.7	2.3	-2.9
	δ_s^0	-2.1	21	30	30	30
	θ^0	10	10	5	2	1
承载力 $\Delta P(t)$		26.5	38.9	28.5	22.4	19.3
无纵倾状态 $\theta=0°$						
平衡角	δ_b^0	25	25	25	/	4.5
	δ_s^0	0.4	7.2	22	/	30
承载力 $\Delta P(t)$		7.8	11.3	18.8	/	18.8

（二）潜艇承载力图（约 1990 年）

对于有纵倾等速直线定深运动的平衡方程式(4-72),将其无因次静载力矩改用 M'_{WB} 表示,并写成

$$\begin{cases} M'_{WB}=Z'_{WB}\cdot x'_{WB} \\ x'_{WB}=x_{WB}/L \end{cases} \tag{4-81}$$

式中:$Z'_{WB}=P'$;$x'_{WB}=x'_p$。取 $w'=\alpha=\theta$,则有

$$\begin{cases} Z'_{\delta_s}\delta_s+Z'_{\delta_b}\delta_b+Z'_w\theta=-(Z'_0+Z'_{WB}) \\ M'_{\delta_s}\delta_s+M'_{\delta_b}\delta_b+(M'_w+M'_\theta)\theta=-(M'_0+Z'_{WB}\cdot x'_{WB}) \end{cases} \tag{4-82}$$

式中:Z'_{WB} 为无因次剩余静载;x'_{WB} 为 Z'_{WB} 的无因次纵坐标。

将平衡方程式(4-82)的两式,左端相加,右端相加,并使其成为直接含未知量剩余静载 Z'_{WB} 的一次式,即

$$Z'_{WB}=A+M'_{WB} \tag{4-83}$$

$$A=Z'_0+M'_0+(Z'_w+M'_w+M'_\theta)\theta+(Z'_{\delta_b}+M'_{\delta_b})\delta_b+(Z'_{\delta_s}+M'_{\delta_s})\delta_s \tag{4-84}$$

当给定纵倾角 θ,给定航速 V,给定舵角 δ_b、δ_s 的极限值和 Z_{WB} 的纵坐标 x_{WB} 值(一般为各舱室容积中心),由(4-83)式可求得 Z_{WB},并可绘成相应的平行四边形图谱,如图 4-6-1 和图 4-6-2 所示。

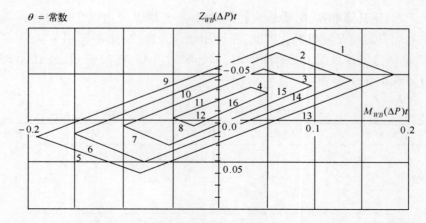

1—$\delta_s = 20°$；2—15°；3—10°；4—5°；5—$\delta_s = -20°$；6——15°；7——10°；8——5°；
9—$\delta_b = 20°$；10—15°；11—10°；12—5°；13—$\delta_b = -20°$；14——15°；15——10°；16——5°。

图 4-6-1 承载力图谱

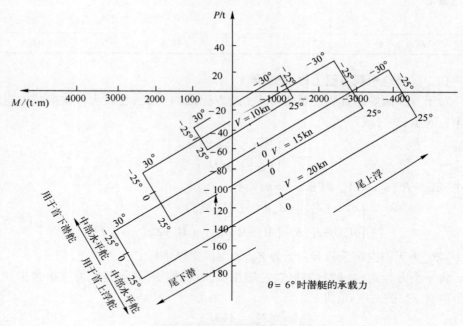

图 4-6-2 某艇承载力图谱实例

由 Z_{WB}、$M_{WB}(x_{WB})$ 为直角坐标系的竖轴和横轴,以首、尾最大(极限)舵角($\delta_b = \pm 25°$、$\delta_s = \pm 30°$)组成限界线,构成框图。同时,应注意以下几方面。

(1)一张图谱对应一个纵倾角,但可以包括 3~4 个航速。

(2)每一长方形框图对应一个航速,长方形的 4 个角即是首、尾升降舵的最大舵角。显然,只有处于长方形框图内的 Z_{WB}、$M_{WB}(P$、$M_p)$ 组合才是可操纵的,处于长方形框图外的 Z_{WB}、M_{WB} 组合是不可操纵的,超越了升降舵的操纵极限(能力)。

(3)承载力图线的使用方法如下。

① 首先选择潜艇运动工况:航速 V、纵倾角 θ。

② 确定承载力(P、M_p)作用点。

使用艇应备有各舱室容积 $v(\mathrm{m}^3)$ 及各舱室容积中心距潜艇重心 G 的近似值 x_v (即 x_p)。

③ 按给定的 P、M_p 值点作平行于平行四边形各边的直线,由该直线与平行四边形的各边的交点处,求出在选择工况(V、θ)下必需的首、尾操纵舵角 δ_b、δ_s。

(三) 潜艇均衡图线(Ballastometer)

文献[32]介绍,在英国近期服役的"机敏"级(Astute Class)潜艇操纵与下潜控制系统中引入了"均衡图线"(图 4-6-3)式的均衡管理系统,对于潜艇航行过程中的剩余静载(浮力差 P、力矩差 M_p),实现了有效的控制。操艇人员只需根据"均衡图线",依均衡管理系统给出的操控指令进行操作即可。

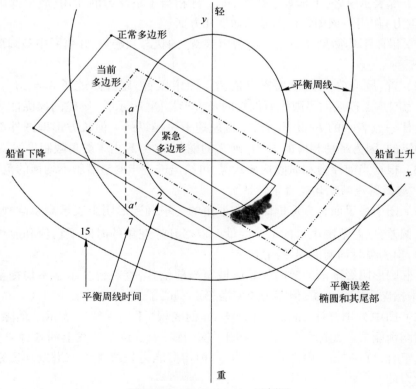

图 4-6-3 Ballastometer 示例图

潜艇水下运动的操控,传统上是通过深度控制和灵活升降舵实现的,该艇的操纵把运动控制与均衡状态紧密结合,并为了发生险情时方便应急操纵,将有关潜艇操纵信息的显示置放于操控台。这些信息包括以下几方面。

(1)深度与深度速率、纵倾与纵倾角速度。

(2)航向与航向变化率。

(3)横摇,航速与转速。

(4)舵角。

(5)龙骨下水深(Depth Below the Keel)。

(6)波浪中安全操纵极限(SME Breach)。

(7)均衡图线。

下面介绍均衡图线的组成及其作用。

1. 均衡图线的组成及含义

均衡图线是表示潜艇均衡状态的屏幕式显示台。横轴 x 表示力矩差(纵倾力矩)M_p,并规定 x 轴右侧是抬首力矩,左侧为埋首力矩;竖轴 y 表示浮力差 P,该轴在 x 轴上部表示艇轻,下部表示艇重,即上部相当于正浮力的作用,而下部则为负浮力(重力)作用。该图线可以显示如下几方面。

(1)潜艇不均衡量浮力差 P 与力矩差 M_p 的状态和趋势,并由图中椭圆形的阴影部分表示。

(2)首、尾升降舵的最大操纵能力。图中以首、尾升降舵角 $\delta_s = \pm\delta_{smax}$、$\delta_b = \pm\delta_{bmax}$,为四角点连接的界限线所围封的长方形框图,表示首、尾舵的操纵能力。该框图内任一点表示的 P、M_p 组合,是该航速下可操纵的。但长方形框图外部则是不可操纵的,因为平衡相应的 P、M_p 所需的舵角 δ_b、δ_s 超出了舵角限制界线。

(3)根据当前浮力和纵倾均衡状况,可给出进一步调整潜艇不均衡的范围。

2. 均衡图线的流体静力学特性

(1)图中最里面长方形框图的右下角的一串椭圆形阴影表示剩余静载 P、M_p 的均衡偏差,偏差范围用坐标 x、y 度量。根据升降舵角的时间平均值和艇体水动力特性,预测瞬时均衡的误差幅度。

由椭圆形阴影渐渐消散的起始区域至当前位置,直观地显示了不均衡量的变化,其中抬艏力矩变小了,但浮力差使潜艇更"重"了(图4-6-3)。

(2)图中分别标注 2min、7min、15min 的 3 根"平衡周线",表示了消除 P、M_p 组合的均衡能力。如标注 7min 的椭圆平衡周线,表示位于该线上的各种 P、M_p 不均衡量组合,可在 7min 内消除。显然,这种均衡能力是取决于该潜艇均衡系统的操纵能力的。

(3)需要说明的是,由图4-6-3可见,平衡周线不对称于 x 轴,但对称于 y 轴。

例如,x轴上方的点a,表示的剩余静载P是"艇轻"(P<0),需向浮力调整水舱注水。a点的关于x轴的对称点a',由于该点的P是"艇重"(P>0),需用水泵向舷外排水。在水下状态,舷外水压力高,注水比排水要快得多,所以a点比a'点处于一个更小的椭圆环线上,平衡周线也就不对称于x轴了。

但对于同一剩余静载P,相对于艇首的"+x"点与对称的艇尾"−x"点,它们的纵倾力矩M_p数值相同,只是方向相反,所以纵向移水消除"$±M_p$"的时间相同,因此平衡周线对称于y轴。

3. 均衡周线的流体动力学特性

该图线显示的3个长方形,分别表示了在3种航速状况下当前可利用的所有水平舵的最大水动力与力矩,分别如下。

(1)额定的计程仪航速(额定封闭折线)——中间虚线长方形。

(2)基于指令主轴转速预报的航速(指令封闭折线)——外面的长方形。

(3)基于紧急情况下推进发动机转轴最大转速预报的航速(紧急封闭折线)——最里面的长方形。

4. 均衡图线的计算

(1)均衡图线中的3个封闭折线组成的长方形,与图4-6-1、图4-6-2的潜艇承载力图线相同,可按类似平衡方程公式、方法进行计算、绘制。原文献没有明确均衡图线的潜艇纵倾状态,可按实艇情况设定若干典型状况。

(2)均衡图线中的3个椭圆所列2min、7min、15min的平衡周线,可按计算潜艇均衡系统的浮力调整系统和纵倾平衡系统的均衡能力确定,其平衡时间应是可以重新设计调整的。

均衡系统消除浮力差P、力矩差M_p,一般采用自流方式从舷外向均衡水舱或浮力调整水舱注水,用主疏水泵(离心泵)或舱底泵(往复泵)排水,用中压气进行首、尾纵倾平衡水舱间相互调水或排水。

如某中型常规潜艇用压缩空气进行首、尾平衡水舱间调水速度不低于10L/s,用水泵排水调整浮力时,排水能力与航行深度有关,如主泵在50m深度内并联工作时,其排量可达150m³/h,即41.7L/s,但在深水时泵的排量较小。

根据剩余静载P、M_p的状况和潜艇的均衡能力,依照实艇消除不均衡量的操纵实践,即可确定典型的平衡时间为Xmin。

第七节　俯仰潜浮运动操纵和升速率与逆速

一、概述

俯仰和潜浮运动是水下状态的潜艇在垂直面内的两个自由度上发生的运动,

是潜艇的运动区别于水面舰船的运动之特点处。

改变深度的方法如下:通过速潜水舱的注水或浮力调整水舱的注排水或首尾纵倾平衡水舱间的压水造成浮力差、力矩差等静载方法,使艇潜浮或同时形成纵倾,再用车变深,最常用的是用舵保持纵倾或无纵倾变深。这些方法可单独使用,也可结合使用,但由于操舵改变深度操纵简便、迅速,又易控制,所以是最基本的变深方式,也是本节讨论的重点。

操纵升降舵怎样改变潜艇深度?怎样表示操舵后潜艇变深的快慢,影响变深的主要因素及其要求等,是本节研究的中心问题。研究的顺序是:首先介绍操纵升降舵后潜浮运动过程及其特点、运动方程;然后介绍表示垂直面机动性参数——升速率、逆速;最后分析静力引起的直线潜浮运动。

二、潜浮运动操纵过程

潜艇在定深航行中把升降舵操到某一固定舵角,潜艇将进入定常直线潜浮运动。如果把升降舵回舵到原来位置,潜艇在新的深度上做定深航行。这和把方向舵转到某一固定舵角所引起的转首运动是不同的(图 4-7-1 与图 2-1-1)。

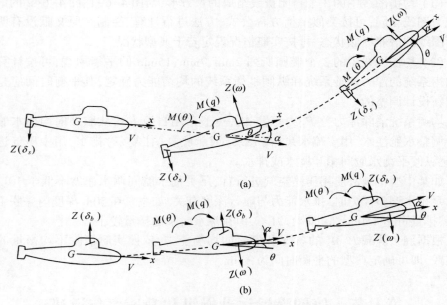

图 4-7-1 潜艇操升降舵的上浮运动
(a) 操尾升降舵上浮;(b) 操首升降舵上浮。

潜艇的变深机动,就操纵升降舵而言,可以操单舵(如尾下潜舵或首下潜舵),快速潜浮时可操相对舵(如首、尾舵同时操纵下潜舵),需要无纵倾变深时可操纵平行舵(如同时操纵首下潜舵和尾上浮舵的平行下潜舵),灵活地下潜或上浮。一般变深机动指令纵倾角 θ_0 为 3°~5°,快速机动为 5°~7°,或大于 7°。通常操纵相对舵,首舵置于满舵,尾舵开始操纵大舵角,迅速形成所需 θ 角,再回舵,保持 θ_0。

此外,变深操纵中,一定的指令纵倾角 θ_0,适于的最小深度改变量 ΔH_{min} 应与航速匹配。如 $V=10kn$,$\theta_0=10°$,则 ΔH_{min} 应不小于 20m,若 $\theta_0=25°$,则 $\Delta H_{min} \geq 80m$;如 $V=15kn$,$\theta_0=10°$,则 $\Delta H_{min} \geq 30m$,若 $\theta_0=25°$,则 $\Delta H_{min} \geq 96m$。上述是某常规潜艇人工手操尾舵变深的仿真计算结果。

现以单操尾舵上浮为例,分析潜艇的受力和运动过程(图 4-7-1(a))。以无纵倾等速直线定深运动为基准运动,当操尾舵上浮,条件许可时,变深机动可能经历下列 3 个阶段。

(一) 进入阶段

从转舵开始到进入定常直线潜浮运动这一段时间为进入阶段。

随着尾舵转动舵角 δ_s($\delta_s<0$,即尾上浮舵),舵板上的水动力逐渐增大。为了分析舵力的作用,可将其分解成 $X(\delta_s)$、$Z(\delta_s)$,其中纵向分力 $X(\delta_s)$ 使艇的阻力增加,垂向分力 $Z(\delta_s)$ 方向向下,使艇产生向下的垂向加速度,逐步形成反向位移,力矩 $M(\delta_s)$ 使艇产生绕重心的逆时针方向旋转,有正的(抬首)角加速度,于是,潜艇抬首而下潜。但是,在转舵过程中,由于时间短,潜艇的惯性大,舵力较小,由其引起的加速度和角速度很小,所以潜艇实际上仍按原航线运动。

随着时间的增长,艇在 $Z(\delta_s)$ 作用下逐渐下潜,在力矩 $M(\delta_s)$ 作用下,使航速 V 和艇体 Gx 轴之间逐渐偏离,形成夹角 α,称为攻角。由攻角又引起新的水动力,也可分解成 3 个分量:阻力 $X(w)$、向上的垂向力 $Z(w)$ 和抬首力矩 $M(w)$。由于艇体的水动力 $Z(w)$ 比 $Z(\delta_s)$ 大得多,由阻止潜艇反向下潜、停止下潜到转向上浮,在同向的力矩 $M(\delta_s)$、$M(w)$ 作用下,使艇加速绕重心旋转,使攻角增大,引起纵倾角 θ,产生阻尼力矩 $M(q)$、扶正力矩 $M(\theta)$,抑制艇的旋转,并在推力作用下,潜艇迅速变深上浮。

(二) 定常阶段

如果操舵角 δ_s 保持不变(若变深的深度足够大,海区深度和艇的工作深度允许),潜艇最终可能进入定常直线潜浮运动。在通常的变深运动中,当变深幅度较大,设定的变深纵倾角较小,使用的航速也不大,海区水深允许时,可能出现短时间的定常直线潜浮运动;否则,只能是个非定常的过渡阶段。当潜艇在变深过程中处于定常运动时,力矩 $M(q)$、$M(\theta)$ 与 $M(w)$、$M(\delta_s)$ 反向并平衡,保持一定纵倾角 θ。另一方面,这时,潜艇迅速上浮表示速度方向进一步上偏,致使攻角 α 反而减小,直到 $Z(w)$ 和 $Z(\delta_s)$ 取得平衡。

(三) 拉平阶段

当接近预定深度之前,视所用航速的大小适时提前回舵,使纵倾恢复到零,潜艇依惯性作用缓慢地潜浮到预定深度。提前恢复纵倾时的深度提前量 ΔH 值,对中型常规潜艇来说,大致为:$V < 6\text{kn}$ 时,$\Delta H \approx 2 \sim 3\text{m}$;$V = 6 \sim 8\text{kn}$ 时,$\Delta H \approx 3 \sim 4\text{m}$;$V > 8\text{kn}$ 时,$\Delta H > 4\text{m}$。当潜艇的惯性过大,有超越预定深度的趋势时,应立即操相反舵,控制艇的惯性,以保证准确到达预定深度。

从变深运动过程可知,操升降舵的作用与水平面中操纵方向舵的作用相同,主要是利用舵力矩 $M(\delta_s)$,转动艇体形成纵倾、产生攻角,艇体的水动力 $Z(w)$ 直接改变运动体的速度方向,使潜艇速度偏向变深方向(这里是上浮方向)。尾舵舵力 $Z(\delta_s)$ 本身对于速度改向是个不利因素,故在运动初始阶段出现了反向位移(上浮时反而下潜)。这一现象随转舵速度的提高和航速增大迅速减小,但操首舵时没有这一现象。

三、潜浮定常运动方程及其参数的意义

对于静平衡($P = M_p = 0$)并经良好潜水均衡后的潜艇,假设潜艇处于无纵倾等速直线定深运动状态($\alpha_0 = \theta_0 = \chi_0 = 0$),为了简单起见,平衡舵角也取为 $\delta_{b0} = 0$、$\delta_{s0} = 0$(或由其平衡值算起),此时,Z_0、M_0、M_T 等皆可认为已经平衡消除,以此初始状态作为基准运动,只操纵尾舵:$\delta_{s0} \to \delta_{s0} + \delta_s$(由于 $\delta_{s0} = 0$,故尾舵角的改变量就是 δ_s),潜艇最终趋向定常直线潜浮运动,其运动平衡方程式由式(2-117a)退化可得

$$\begin{cases} Z'_w w' + Z'_{\delta_s} \delta_s = 0 \\ M'_w w' + M'_\theta \theta + M'_{\delta_s} \delta_s = 0 \end{cases} \tag{4-85}$$

由于 $w' = \alpha$,并给定操舵角 δ_s,则有

第一式求得攻角 α:

$$\alpha = -\frac{Z'_{\delta_s}}{Z'_w} \delta_s \tag{4-86}$$

将 α 代入第二式求得纵倾角 θ:

$$\theta = -\frac{1}{M'_\theta} \left[\frac{M'_w}{Z'_w} + \frac{M'_{\delta_s}}{Z'_{\delta_s}} \right] Z'_{\delta_s} \delta_s \tag{4-87}$$

考虑到

$$l'_\alpha = -\frac{M'_w}{Z'_w}$$

$$l'_{\delta_s} = \frac{M'_{\delta_s}}{Z'_{\delta_s}}$$

$l_{FS} = l_\alpha + l_{\delta_s}$ 表示尾升降舵力作用点 S 到艇的水动力中心点 F 的距离,$l'_{FS} = \dfrac{l_{FS}}{L}$,因此,纵倾角 θ 又可改写成

$$\theta = \frac{V^2}{m'gh}(l'_\alpha + l'_{\delta_s})Z'(\delta_s) = -\frac{1}{M'_\theta}Z'(\delta_s)l'_{FS} \tag{4-88}$$

参照式(1-2)可得操纵尾舵时的潜浮角 χ 为

$$\chi = \theta - \alpha = -\frac{1}{M'_\theta}\left[-\frac{M'_w}{Z'_w} + \frac{M'_{\delta_s}}{Z'_{\delta_s}} - \frac{M'_\theta}{Z'_w}\right]Z'_{\delta_s}\delta_s \tag{4-89}$$

式中,令

$$l'_{CF} = \frac{l_{CF}}{L} = \frac{M'_\theta}{Z'_w} \tag{4-90}$$

代入 l'_α、l'_{δ_s}、l'_{FS} 等无因次力臂(图4-7-2),取

$$l'_{CS} = l'_\alpha + l'_{\delta_s} - l'_{CF} \tag{4-91}$$

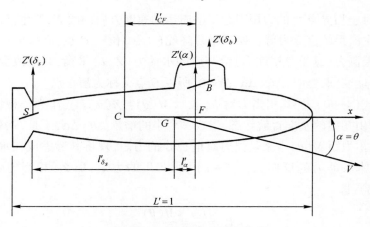

图 4-7-2　垂直面无因次力臂

于是,潜浮角式(4-89)可改写成

$$\chi = -\frac{1}{M'_\theta}Z'(\delta_s)\cdot l'_{CS} \tag{4-92}$$

或将式(4-88)、式(4-92)写成

$$M'_\theta\theta = -Z'(\delta_s)l'_{FS} \tag{4-93}$$

$$M'_\theta\chi = -Z'(\delta_s)l'_{CS} \tag{4-94}$$

下面对潜艇运动参数 α、θ 及 χ 与无因次力臂 l'_{CF}、l'_{CS} 和 C 点的意义进行讨论。

(1) 由式(4-86)可知,定常直线潜浮运动的攻角 α 与航速 V 无关,仅由转舵角的大小确定。通常,Z'_{δ_s}/Z'_w 大致是 1/4 左右,所以在常用的升降舵舵角范围内,攻角只不过几度。纵倾角的大小与航速 V^2 成正比,又正比于舵力对水动力中心点的力矩 $[Z'(\delta_s)l'_{FS}]$,且纵倾角的方向与该力矩方向相同,故操舵可造成几十度的纵倾角,所以高速时用尾升降舵要格外谨慎。在实艇正常操纵中,出于航行安全的考

虑及艇内设备的技术要求(如有的主电机,当 $\theta = 30°$ 时只能短时工作),对允许的最大纵倾角 $\theta_{\max}$ 是有限定的,我国潜艇大致是 $\theta_{\max} \leqslant \pm(7° \sim 10°)$。

(2)把尾舵力作用点 S 对于 C 点的力臂 l_{SC},看作尾舵力用以引起潜浮角的有效力臂,英国的襄威勒(Nonweiler)称 C 点为"临界点"(Critical Point)或"逆速点"(Reversal Point),所以,从升降舵的作用效果来看,有以下几方面。

舵力对于水动力中心点 F 的力矩引起了艇体旋转,产生纵倾角,l'_{FS} 为使潜艇产生纵倾的有效力臂。如果尾升降舵(S 点)位于 F 点,即 $l'_{\delta_s} = l'_\alpha$ 时,则操舵不引起纵倾角,此时,控制力矩(这里是尾舵力矩)恰与艇的水动力矩($M_w w$)和扶正力矩($M_\theta \theta$)平衡,使艇无纵倾地下潜或上浮,所以 F 点又称为中性点(Neutral Point)。

舵力对于临界点 C 的力矩引起了潜艇运动速度方向的改变,产生潜浮角,l_{CS} 为使潜艇产生潜浮的有效力臂。如果尾升降舵(S 点)位于 C 点,则操舵不引起潜浮角,此时,控制力(这里是尾舵力)恰与艇的水动力($Z_w w$)平衡,只能改变纵倾产生攻角,但不能变深,这时,$\Delta\theta = \Delta\alpha$,$\Delta\mathcal{X} = 0$,所以 C 点又称为潜浮点。

(3)式(4-90)表明,相当力臂 l_{CF} 表示 $M(\theta) = Z(w)l_{CF}$,作为一种设想,可认为:当潜艇由初始的基准直航状态,形成一个小的增量 $\Delta\theta = \Delta\alpha$,于是,就有 $Z(w)$ 和 $M(\theta)$。扶正力矩 $M(\theta)$ 本来是浮力对重心 G 的力矩,现将其考虑成在水动力中心点 F 有艇体水动力的反向力 $[-Z(w)]$ 所产生的力矩,那么,相当力臂就是 l_{CF}(图4-7-3),即

$$l'_{CF} = \frac{l_{CF}}{L} = \frac{M(\theta)}{Z(w)L}$$

而

$$M(\theta) = \frac{1}{2}\rho L^3 V^2 M'_\theta \Delta\theta$$

$$Z(w)L = \frac{1}{2}\rho L^3 V^2 Z'_w \Delta\alpha$$

因 $\Delta\theta = \Delta\alpha$,故有

$$l'_{CF} = \frac{M'_\theta}{Z'_w}$$

实际上,l_{CF} 是用来直观地表示扶正力矩对潜浮角影响的相当力臂。临界点 C 的位置 x_c(规定 C 点在重心之前 $x_c > 0$,反之 $x_c < 0$),如图4-7-3所示,即

$$x_c = l_{CG} = -(l_{CF} - l_\alpha) = f(V) \tag{4-95a}$$

或

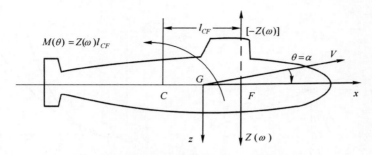

图 4-7-3　扶正力矩相当力臂 l_{CF} 与临界点 C

$$x'_c = \frac{x_c}{L} = -(l'_{CF} - l'_\alpha) \tag{4-95b}$$

式中:括号前的负号由 x_c 的符号规则决定的。

由式(4-90)或式(4-95)可知,临界点 C 随航速的增大,使 C 点$\to$$F$ 点($x_c \to l_\alpha$),并以 F 点为极限;反之,随航速的减小,使 C 点向艇尾后移,可与尾升降舵舵力作用点 S 重合,甚至在 S 点之后,所以临界点是航速的函数 $x'_c(V)$。

(4) 对于首升降舵(包括围壳舵),亦有类似的定义式和表示式,只需将上述公式中的 δ_s 置换成 δ_b 即可,对应的公式为

$$\alpha = -\frac{Z'_{\delta_b}}{Z'_w}\delta_b \tag{4-96}$$

$$\theta = \frac{1}{M'_\theta}\left[\frac{M'_w}{Z'_w} - \frac{M'_{\delta_b}}{Z'_{\delta_b}}\right]Z'_{\delta_b}\delta_b = \frac{1}{M'_\theta}Z'(\delta_b)l'_{Fb} \tag{4-97}$$

其中

$$l'_{Fb} = l'_{\delta_b} - l'_\alpha \tag{4-98}$$

$$l'_{\delta_b} = -\frac{M'_{\delta_b}}{Z'_{\delta_b}} \tag{4-99}$$

$$\chi = \frac{1}{M'_\theta}\left[\frac{M'_w}{Z'_w} - \frac{M'_{\delta_b}}{Z'_{\delta_b}} + \frac{M'_\theta}{Z'_w}\right]Z'_{\delta_b}\delta_b = \frac{1}{M'_\theta}Z'(\delta_b)l'_{cb} \tag{4-100}$$

$$l'_{cb} = (-l'_\alpha + l'_{\delta_b} + l'_{CF}) \tag{4-101}$$

四、升速率

当潜艇以速度 V 按某一潜浮角做定常直线潜浮运动时,艇速在定系 $E\text{-}\xi\zeta$(垂直面)中沿铅垂方向的分量 V_ζ 就是潜浮速度,亦称为"升速",并由图 4-7-4(a)可知

$$V_\zeta = -V\sin\chi \approx -V\chi \tag{4-102}$$

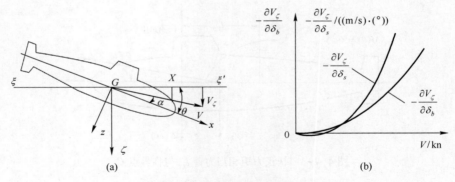

图 4-7-4　升速和升速率曲线

当操尾舵时，则有

$$V_{\zeta s} = \frac{V^3}{m'gh}\left[\frac{M'_w}{Z'_w} - \frac{M'_{\delta_s}}{Z'_{\delta_s}} + \frac{M'_\theta}{Z'_w}\right]Z'_{\delta_s}\delta_s \quad (\text{m/s}) \qquad (4-103)$$

并称导数

$$\frac{\partial V_\zeta}{\partial \delta_s} = \frac{V^3}{57.3m'gh}\left[\frac{M'_w}{Z'_w} - \frac{M'_{\delta_s}}{Z'_{\delta_s}} + \frac{M'_\theta}{Z'_w}\right]Z'_{\delta_s} \quad ((\text{m/s})\cdot(°)) \qquad (4-104)$$

为尾升降舵的升速率。它表示操 1°尾舵角能够产生的垂速改变量,并可作为垂直面机动性的一项指标。由式(4-104)可以看出影响升速率的各种因素,其中尤为突出的是艇速。所以,凡提到升速率,必须同时说明是哪个航速下的升速率。为了高速时升速率不致过大而失控,低速时又不能太小而不能操纵潜艇,即达到高速时可控和低速时可操的目的。为此,通常尾升降舵以中速(如 10kn 航速)时的升速率作为潜浮机动性的指标。

图 4-7-4(b)给出了升速率曲线的一般变化规律。

对升速率的认识上有以下两个要点。

(1) 升速率是表示升降舵变深有效性的重要间接指标之一。

评价这一有效性时,升降舵是从潜艇作等速直线定深前进运动时的平衡舵角状态操舵,使艇作定常潜浮运动所产生的定常垂向速度值(称为升速 V_ζ)。

在文献[9]中,认为升速率是定常潜浮运动的特征量,对高速潜艇,由于下潜深度的限制,很难出现稳定潜浮运动,为此,提出了操升降舵后纵倾角变化到 8°的时间作为过渡阶段的品质要求,这样的认识与初转期 t_a 有些类同。

(2) 升速与舵角 δ_s(或 δ_b)的线性关系,仅适用于低速小舵角的弱机动。

由于升速率衡准是定常潜浮运动的特征量,在小舵角下升速与舵角关系可以是线性的"$\dfrac{\partial V_\zeta}{\partial \delta_{s,b}} \times \delta_{s,b}$"。但航速、舵角较大时,上述线性关系是不成立的,这也是升速率为垂直面深度机动性间接指标的另一重要原因。

作为案例,表4-7-1给出了CS4型常规潜艇的升速率特性(仿真值)。

表 4-7-1　CS4 型潜艇 $\delta_s = 1°$ 时的 θ、ΔH(100s)及 $\partial V_\zeta / \partial \delta_s$

航速 V/kn	18	16	14	12	10	9	8	7	6	备　注
升速率 $\dfrac{\partial V_\zeta}{\partial \delta_s}$/((m/s)·(°))	1.10	0.72	0.60	0.50	0.36	0.30	0.25	0.20	0.15	
纵倾角 θ/(°)	-10.7	-7.8	-5.4	-3.5	-2.8	-2.6	-2.5	-2.3	-1.8	
100s 变深 ΔH/m	99.3	81.9	64.9	50.9	37.1	31.5	26.3	20.4	15.3	

五、逆速

(一) 尾舵逆速

当潜艇在等速直线定深稳定运动状态、升降舵的任何转舵都不能改变潜深时的航速称为"逆速"(或"临界航速"),首、尾升降舵的逆速分别记为 V_{ib}、V_{is}。

这是由于操纵升降舵产生的水动力 $\Delta Z(\delta_{s,b})$、$\Delta M(\delta_{s,b})$,将形成攻角 $\Delta\alpha$ 和纵倾角 $\Delta\theta$,从而又产生艇体水动力 $\Delta Z(w)$、$\Delta M(w)$ 以及扶正力矩 $\Delta M_h(\theta)$。其中攻角 $\Delta\alpha$ 只与舵角有关,而与航速无关,扶正力矩也与航速无关,但纵倾角与航速有关。在逆速情况下,恰使 $\Delta\theta = \Delta\alpha$,从而使 $V_\zeta = V(\Delta\theta - \Delta\alpha) = V\Delta\chi = 0$,表示逆速下,操舵虽然产生纵倾角,但不能改变潜浮角 χ,因此失去了改变航行深度的能力,使潜艇在垂直面内失去操纵。

对于尾舵 V_{is} 的表示式,可按其定义求得,即式(4-104)或式(4-92),令其

$$\frac{\partial V_\zeta}{\partial \delta_s} = 0 \text{ 或 } l'_{CS} = 0$$

得

$$V_{is} = \sqrt{\frac{m'ghZ'_{\delta_s}}{Z'_{\delta_s}M'_w - Z'_w M'_{\delta_s}}} \quad \text{(m/s)} \tag{4-105a}$$

或

$$V_{is} = \sqrt{\frac{-m'gh/Z'_w}{l'_\alpha + l'_{\delta_s}}} \tag{4-105b}$$

当 $V > V_{is}$ 时,由式(4-92)可知,操尾下潜舵($\delta_s > 0$)艇下潜($\chi < 0$),操尾上浮舵($\delta_s < 0$)艇上浮($\chi > 0$),称为正常操纵,此时,临界点 C 在尾舵力点 S 之前。

当 $V = V_{is}$ 时,操尾舵后虽有纵倾角的改变(因为 $l'_{FS} \neq 0$),但与攻角的改变相等

$\Delta\theta-\Delta\alpha=\Delta\chi=0$，航行深度不变，此时，相当于临界点 C 与 S 点重合，潜浮有效力臂 $l'_{CS}=0$，所以操舵失效。在这一航速（V_{is}）既不能操舵变深，也不能操舵保持等速定深直航，故有逆速之称。

当 $V<V_{is}$ 时，操尾下潜舵，潜艇不下潜反而上浮，操尾上浮舵艇却下潜，称为反常操纵，此时，C 点在 S 点之后了。

由逆速式（4-105）得知，影响逆速 V_{is} 的主要因素是艇的水动力作用点 F 的位置（即 l_α 值）、尾升降舵的位置（即 l_{δ_s}）和相应于水下全排水量的稳心高 h。设计经验表明，当主艇体（主尺度、形状）一经确定，除 $\sqrt{h}$ 外的其他因素也随之确定，并且是个变化幅度甚小的常数，而 $\sqrt{h}$ 虽与 V_{is} 成正比，但 h 值可能变化范围也是甚小的，可见，V_{is} 值主要取决于主艇体。一般尾升降舵的逆速为 1.5~3.5kn。

当将式（4-105）代入式（4-104）时，则操尾升降舵的深度变化率可改写成

$$\frac{\partial V_\zeta}{\partial \delta_s}=\frac{-V}{57.3}\left(1-\frac{V^2}{V_{is}^2}\right)\frac{Z'_{\delta_s}}{Z'_w}\quad((\text{m/s})\cdot(°))\tag{4-106}$$

（二）首升降舵的升速率和逆速

对于首升降舵来说，它的升速率和逆速的相应表示式，参照式（4-104）与式（4-105）有

$$\frac{\partial V_\zeta}{\partial \delta_b}=\frac{V^3}{57.3m'gh}\left[\frac{M'_w}{Z'_w}-\frac{M'_{\delta_b}}{Z'_{\delta_b}}+\frac{M'_\theta}{Z'_w}\right]Z'_{\delta_b}\tag{4-107}$$

$$V_{ib}=\sqrt{\frac{m'gh/Z'_w}{l'_{\delta_b}-l'_\alpha}}\tag{4-108}$$

首端首升降舵不会存在逆速 V_{ib}。实际上，当 $l_{\delta_b}>l_\alpha$（即首舵力的作用点 b 在 F 点之前），又 $Z'_w<0$，所以式（4-108）的平方根号内的数是个负数。但现代某些潜艇的围壳首舵，由于围壳的布置和增大水平尾鳍尺度受超宽的限制等原因，使得围壳首舵舵力的作用点 b_{fp} 可能在 F 点附近。通常要求围壳首舵也应无逆速，如果确有困难时，应设计在高于常用航速，特别应在使用武器的航速以外的高航速区域。一般发射弹道导弹的航速在 3kn 左右，发射鱼雷和飞航式导弹的航速通常在 10kn 左右，前者正是尾舵的逆速区，后者则是可能的围壳首舵的逆速区。所以操纵性设计规范要求为

$$V_{is}<V_{s.\min}（水下经航电机的最小航速）$$
$$无\ V_{ib}\ 或\ V_{i.fp}>V_{s.\max}$$

尾舵逆速 V_{is} 可根据临界点的位置坐标 $x'_c = x_c/L$ 的傅汝德数的函数曲线，即 $x_c/L = f\left(Fr = \dfrac{V}{\sqrt{gL}}\right)$ 求得[33]。如图 4-7-5 所示，当给定适宜的尾舵位置 l'_{δ_s} 使其与 x'_c 相等，即

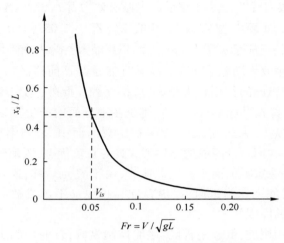

图 4-7-5 $x'_c = f(Fr)$ 曲线和 V_{is} 的确定

$$l'_{\delta_s} = x'_c \left(或 \frac{M'_{\delta_s}}{Z'_{\delta_s}} = \frac{x_c}{L} \right) \qquad (4-109)$$

又因为

$$x'_c = l'_\alpha - l'_{CF} = f(V)$$

如这时 x'_c 所对应的 Fr 值为

$$\frac{V_{is}}{\sqrt{gL}} = 0.05$$

且艇长 L 已知(如 $L=100\text{m}$)，则可求得

$$V_{is} \approx 3\text{kn}$$

六、操纵首、尾升降舵的特点

分析升速率曲线和平衡角曲线(图 4-7-4(b)及图 4-3-4)或它们的计算公式,可知首、尾升降舵有如下操纵特点。

(1)操首舵时,舵力的作用与舵力矩的作用方向相同,首舵的舵力也是促使潜艇运动速度改变方向的作用力之一。因此,操首舵时没有反向位移,转舵

一开始就能迅速改变速度方向,潜艇对首舵的响应较快。所以变深机动时,应先操首舵,用尾舵控制纵倾角的大小。首舵的舵力和力矩作用方向同一的特点,还用来克服部分二阶波浪吸力,以保持艇的潜望深度。

(2)操首舵引起的纵倾角远比操尾舵为小。因为艇的水动力中心点 F 偏于首部,首舵的纵倾有效力臂 l_{bF} 远小于尾舵的纵倾有效力臂 l_{sF},所以尾舵对纵倾的控制比首舵有效得多,如某中型常规潜艇的 $Z'_{\delta_s}/Z'_{\delta_b} = 1.057$,$|M'_{\delta_s}/M'_{\delta_b}| = 2.193$,$l'_{\delta_s}/l'_{\delta_b} = 2.077$。通常,正常操纵情况($V>V_{is}$)下,以尾舵为主操纵,首舵协助配合操艇。

首、尾舵的作用效果随航速而变。高速时临界点 C 前移,使 l_{sc} 比 l_{bc} 大得多,所以首舵控制深度和纵倾的作用越来越小,应操尾舵。此外,第二次世界大战期间,在德国"U"型艇上首先发现了首端首舵使艇在垂直面内产生摆动现象,当航速超过 12kn 时便产生纵摇,为此,需增大水平稳定翼的面积[34]。因此,出现了折叠或伸缩方式的首舵。收回首升降舵的结构形式具有双重优点,既消除了首舵的阻力,又可适当减小水平稳定翼的面积。但低速时,由于 C 点后移,操首舵的效果增大,尤其当航速处于尾舵逆速附近时,操纵首舵显得更加不可或缺,这也是需要布置首、尾两对升降舵的原因之一。

中、高速主要用尾舵,低速用首舵;尾舵控制纵倾,首舵控制定深,这样一种传统的操艇方式,在现代潜艇上依然发挥重要的作用。当协同使用首、尾升降舵,使潜艇处于 $\theta = \alpha = 0°$ 的平衡状态时,不会出现逆速。

(3)首、尾舵的不同位置的影响。

如首舵是围壳舵,由于围壳首舵的面积比首端首舵大,又与艇的水动力中心点 F 相近,所以围壳舵可提供较大的升力和较小的纵力力矩,适于保持深度和无纵倾或以甚小纵倾来变深。为了降噪,提高舵效,适应北极冰下巡逻,伸缩式首舵正在替代部分围壳舵布置形式。

尾舵的位置有桨后和桨前之分,舵在桨后受到螺旋桨排出流的作用,使舵效有明显提高,舵在桨前虽也受到螺旋桨吸入流的抽吸作用,比敞水中来流速度略高,但不及排出流的作用大,现代潜艇都是桨前舵。尾舵远离 F 点,假如 $l'_\alpha = 0.20 \sim 0.25$,首、尾舵相对于重心 G 等距,则首、尾舵对 F 点的力臂大致是 $0.25L : 0.75L$,所以尾舵力矩远较首舵力矩大,操纵尾舵易于迅速造成纵倾或恢复纵倾,尤其当航速较大时,尾舵具有很强的操纵能力,要慎重用舵。

(4)平行潜浮运动的攻角 α_{max}。

当要求无纵倾变深(平行潜浮)时,如水下发射飞航式导弹、鱼雷攻击或水下重装鱼雷过程中必须变深时,可用平行舵,即首舵操满舵,用尾舵控制纵倾角,使 $\theta \approx 0°$。由此联合操舵所确定的攻角称为平行潜浮最大攻角,记为 α_{max}。

根据 $\theta = 0$、$\chi = \alpha =$ 常数,则平行潜浮运动的平衡方程,可由式(2-116)退化得

$$\begin{cases} Z_w'w' + Z_{\delta_b}'\delta_b + Z_{\delta_s}'\delta_s = 0 \\ M_w'w' + M_{\delta_b}'\delta_b + M_{\delta_s}'\delta_s = 0 \end{cases} \tag{4-110}$$

由式(4-110)中消去 δ_s，取 $\delta_b = \delta_{b\max}$，并注意 l_α'、l_{δ_b}'、l_{δ_s}' 的符号，可求得

$$\alpha = \alpha_{\max} = -\frac{Z_{\delta_b}'}{Z_w'} \cdot \frac{l_{\delta_s}' + l_{\delta_b}'}{l_\alpha' + l_{\delta_s}'}\delta_{b\max} \tag{4-111}$$

若以 CS4 型艇的相关水动力特征量代入，并取 $\delta_{b\max} = 25°$（上浮满舵），则可求得平行上浮的攻角 $\alpha_{\max} = -4.72°$。通常，操纵性衡准指标要求 $\alpha_{\max} > 4°$。

平行潜浮时达到的最大攻角 $\alpha_{\max}$，用来评估首、尾升降舵联合操纵时的有效性。同时要求 $l_{\delta_b}' > l_\alpha'$，即操纵首升降舵时不会产生逆速。

七、静载引起的直线潜浮运动

当潜艇以一定航速做定深直线航行时，若受到静载 P 的持续作用，一般情况下，尚有静力矩 $M_p = P \cdot x_p$（注意：为了与其他水动力臂书写形式上的一致性，下面用 l_p 代替 x_p 或二者并用）。例如，速潜柜注水或排水等，在经过一段非定常运动后（不操舵），潜艇最终将进入一新的定常直线潜浮运动，相对于原等速定深直航运动来讲，新增加的静载及其力矩应满足以下的平衡方程（这里假定 Z_0'、M_0' 已均衡消除），即

$$\begin{cases} P' + Z_w'w' = 0 \\ -P' \cdot l_p' + M_w'w' + M_\theta'\theta = 0 \end{cases} \tag{4-112}$$

由此可解出

$$\alpha = -\frac{P'}{Z_w'} \tag{4-113a}$$

$$\theta = \frac{P'}{M_\theta'}(l_p' - l_\alpha') = -\frac{P'}{m'gh}l_{pF}'V^2 \tag{4-113b}$$

其中静载对 F 点的力臂（$l_{pF}' = l_p' - l_\alpha'$，$l_p' = l_p/L$）是静载造成纵倾的有效力臂。潜浮角 χ 为

$$\chi = \theta - \alpha = \frac{P'}{M_\theta'}(l_p' - l_\alpha' + l_{CF}') \tag{4-114a}$$

故

$$\chi = \frac{P'}{M_\theta'}l_{pc}' = -\frac{P'}{m'gh}l_{pc}'V^2 \tag{4-114b}$$

式(4-114b)表明，潜浮角的大小取决于静载对于临界点 C 的力矩。$l_{pc}' = (l_p' - l_\alpha' + l_{CF}')$ 是静载造成潜浮角的有效力臂。由于临界点 C 是随航速而变化的，因此，同样的静载作用在同一位置，会因航速不同而产生不同的效果。这是由于潜艇的水动

力也是随航速增减的,但静载一经给定就是个常量。此外,当静载处于不同的纵向位置时其作用也将很不相同,如图 4-7-6 所示。

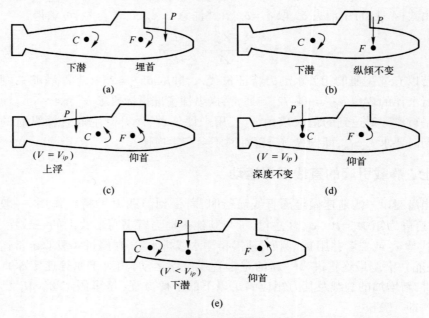

图 4-7-6 静载引起的潜浮运动

由图 4-7-6 可知:

(1)静载作用在 F 点之前。重力引起埋首下潜,浮力引起抬首上浮,如图 4-7-6(a)所示。

(2)静载正好作用在 F 点上。重力引起平行下潜,浮力引起平行上浮,如图 4-7-6(b)所示。

(3)静载作用在 F 点之后。重力将引起抬首,浮力则引起埋首。潜艇是下潜或上浮取决于载荷作用点 P 与临界点 C 的相对位置。

当航速高, C 点向首移动,以致 C 点位于 P 点之前。此时,重力将引起抬首上浮,浮力将引起埋首下潜,如图 4-7-6(c)所示。

当航速低, C 点向尾移动,以致 C 点位于 P 点之后。此时重力将引起抬首下潜,浮力将引起埋首上浮,如图 4-7-6(e)所示。

对于某一特定航速使得 C 点与 P 点重合。于是,载荷只造成艇的纵倾,而不引起深度的改变(图 4-7-6(d))。令 $\chi=0$,由式(4-114)求得对应的航速为

$$V_{ip} = \sqrt{\frac{m'gh}{M'_w + Z'_w l'_p}} \qquad (4\text{-}115)$$

式中：V_{ip}为静载逆速，并与升降舵逆速 V_i 具有类似的性质。当升降舵处于艇长的不同位置时，V_i 值亦不同，如尾升降舵、首端首舵和围壳首舵就是一例。同理，当载荷位置不同时，它们所对应的静载逆速值也不同。当静载分布在 F 点之前就不存在 V_{ip}。作为一个特例，如当潜艇突然进入密度较小的海域，相当于在浮心上（此时，$l_p=0$）受到一个负浮力作用，此时，潜艇一定会下潜吗？显然与当时的艇速有关。由于这时的静载逆速为

$$V_{ip} = \sqrt{\frac{m'gh}{M'_w}} \qquad (4\text{-}116)$$

当 $V>V_{ip}$ 时，此负浮力最终将使潜艇抬首上浮；反之，若 $V<V_{ip}$ 时，潜艇最终将在负浮力作用下抬首下潜。图 4-7-7 是某艇快潜水舱注满水的试验结果[35]。

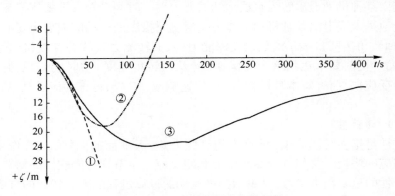

图 4-7-7　不同的深度变化规律

①—$V=2kn$ 时理论计算结果；②—$V=5kn$ 时理论计算结果；③—$V=5kn$ 时实艇试验结果。

但上述分析是在仅有静载作用时的情形，如果升降舵参与操艇，则另当别论。即使只有静载作用时，艇的运动也会有一个过渡过程，而上述讨论只是针对其最终形成的定常直线运动状态而言的。同时作用的静载相对艇的排水量是个小量。

第八节　垂直面的深度机动性与 K_θ、T_θ 参数

一、机动性概述

（一）机动性含义

潜艇按照预定轨迹运动的能力称为机动性。就垂直面的潜艇运动控制而言，主要是指改变与保持深度，称为深度机动性。它研究潜艇对于升降舵和静载的操纵响应特性。潜艇在水平面内的运动控制，基本要求是航向的保持与改变，称为航

向机动性,在第十节讨论。

实际的操舵(含改变静载)可区分为周期操舵(如正弦规律)和非周期操舵(如阶跃规律等)两种类型。改变深度、潜浮机动的用舵可看作非周期性操舵;保持深度、恢复纵倾则可视为周期性操舵。把自动控制理论应用于操纵运动,则潜艇对于非周期操舵的响应特性——输出量的时间函数,称为输出量的过渡过程,包括瞬态响应特性(从初始状态到进入定常状态,也称暂态解)和稳态响应特性(最终的定常状态,也称稳态解)。对于周期操舵的稳态响应特性又称为频率特性。

从力学上讲,在一定规律操舵或静载持续作用下,所产生的扰动运动是个强迫扰动运动,它由自由运动(暂态解)和纯强迫运动(稳态解)两部分组成。

从实施操纵要求来看,衡量潜艇对操纵响应的实用标准是:从直线运动进入某种机动或由某种机动退出转为直线运动的能力——时间最短。即要求潜艇具有尽可能迅速地进入或退出某种机动的能力。潜艇对操纵的运动响应要有足够的变深速度(或回转角速度),表示潜艇的变深能力(及回转能力),称为深度机动性(及航向机动性)。同时要求达到这个变深速度(及回转角速度)的时间要短,并且初始响应也要反应快,前者野本教授称其为"快速响应"[36,37],也称为应舵性,后者称为转首性。

(二) 转首性

转首性是指在转船力矩(垂直面的纵倾力矩,水平面的回转力矩)作用下,潜艇初始响应的快慢。犹似百米赛跑中的起跑反应。本节梯形操舵中的初转期 t_a 是表示转首性的重要衡准参数,是表示操纵运动的过渡过程的瞬态特性的重要参数。

前几节研究的等速直线定深运动和潜浮定常运动,本节将证明只是潜艇对操纵响应的稳态值。同时,潜艇的机动往往未达到稳定状态,就转入另一运动,可见,研究非定常运动的过渡过程是很有实际意义的。

潜艇操纵的机动性包括两个方面。

(1)给定某种操纵规律,求潜艇怎样运动。

(2)给定潜艇做某种运动规律,求如何操艇(即用舵或改变静载)。

上述问题实际上是一个问题的两个方面,即是力学上的已知力求运动及其逆命题。因此,从数学上来看,就是求解强迫干扰运动微分方程式(4-116),现将其重新写出,即

$$\begin{cases} (m'-Z'_{\dot{w}})\dot{w}'-Z'_w w'-Z'_{\dot{q}}\dot{q}'-(m'+Z'_q)q' = Z'_{\delta_s}\delta_s+Z'_{\delta_b}\delta_b+P' \\ (I'_y-M'_{\dot{q}})\dot{q}'-M'_q q'-M'_{\dot{w}}\dot{w}'-M'_w w'-M'_\theta\theta = M'_{\delta_s}\delta_s+M'_{\delta_b}\delta_b+M'_p \end{cases} \tag{4-117}$$

当给定作用力的形式,结合潜艇重心运动轨迹方程式(2-128),即可求得 $\alpha(t)$、$\theta(t)$ 及 $\zeta_G(t)$ 的时间特性,从而预报或确定各种实际工程问题。

(三) 干扰力的基本形式

就升降舵的操纵、剩余静载的变动来讲,作用于潜艇的强迫干扰力实际上是比

较复杂的、随机的。不过,从数学处理来看,复杂的函数常可展开为几种典型函数的叠加。各种复杂干扰力作用下的潜艇机动问题,如齐放鱼雷、连射导弹、速潜等,可用叠加各典型干扰力的方法求得。为此,将干扰力化简为以下基本形式(图4-8-1)。

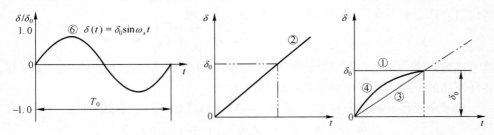

图 4-8-1　强迫干扰力的基本形式

(1)按突变规律转舵(即阶跃操舵)或改变静载。

(2)按线性规律转舵或改变静载。

(3)按坡形规律转舵或改变静载。

(4)按指数规律转舵或改变静载。

(5)按梯形规律转舵或改变静载(图4-8-4)。

(6)按正弦规律转舵或改变静载。

上述前5种属于非周期性干扰,最后1种为周期性干扰。实践表明,按突变规律所得的操纵运动响应与(2)~(4)的3种干扰力所得的运动响应,主要区别是转舵速度$\dot{\delta}(°)/s$的不同对操纵运动的影响。

二、阶跃操尾升降舵时的强迫扰动运动

由于强迫扰动运动是比较复杂的操纵运动,当攻角或纵倾角的单参数方程是三阶时,在低速时特征方程的3个根中有一对共轭复根。其解析解很繁杂,并且当前已普遍采用计算机,用数值方法,如龙格-库塔法求解,所以这里仅以阶跃操舵为例,介绍求解的一般情况,同时对不同规律干扰力作用下的运动响应结果作一定性介绍。

为了简化起见,根据叠加原理,设 $P=M_p=\delta_b=0$,仅操尾升降舵即 $\delta_s(t)=\delta_0$,这样式(4-117)可改写成

$$\begin{cases} (m'-Z'_{\dot{w}})\dot{w}'-Z'_{\dot{q}}\dot{q}'=Z'_w w'+(m'+Z'_q)q'+Z'_{\delta_s}\delta_0=f_2 \\ -M'_{\dot{w}}\dot{w}'+(I'_y-M'_{\dot{q}})\dot{q}'=M'_w w'+M'_q q'+M'_\theta\theta+M'_{\delta_2}\delta_0=f_3 \end{cases} \quad (4-118)$$

应用代数方法易于改写成

$$\begin{cases} \dot{w}'=[(I'_y-M'_{\dot{q}})f_2+Z'_{\dot{q}}f_3]/[(m'-Z'_{\dot{w}})(I'_y-M'_{\dot{q}})-M'_{\dot{w}}Z'_{\dot{w}}] \\ \dot{q}'=[-M'_{\dot{w}}f_2-(m'-Z'_{\dot{w}})f_3]/[Z'_{\dot{q}}M'_{\dot{w}}-(I'_y-M'_{\dot{q}})(m'-Z'_{\dot{w}})] \end{cases} \quad (4-119)$$

计及运动关系

$$\begin{cases} q' = \dot{\theta}' \\ w' = \alpha \end{cases} \qquad (4-120)$$

考虑垂直面潜艇的重心运动轨迹方程式(2-128),即

$$\zeta_C(t) \approx V \int_0^t [\alpha(t) - \theta(t)] \mathrm{d}t + \zeta_{C0} \qquad (4-121)$$

将上述方程进一步统一写成状态方程的形式,采用数值方法能方便地求出潜艇在各种规律的干扰力作用下的运动响应特性。

对于单操尾舵时的解析解,可将式(4-117)写成如下标准形式,即

$$\begin{cases} (m' - Z'_{\dot{w}}) \dot{w}' - Z'_w w' - Z'_{\dot{q}} \dot{q}' - (m' + Z'_q) q' = Z'_{\delta_s} \delta_0 \\ (I'_y - M'_{\dot{q}}) \dot{q}' - M'_q q' - M'_{\dot{w}} \dot{w}' - M'_w w' - M'_\theta \theta = M'_{\delta_s} \delta_0 \end{cases} \qquad (4-122)$$

对于一定的潜艇,在某一航速下,式(4-122)是个非齐次线性常系数微分方程组,其全解(强迫扰动运动)等于齐次式的通解(自由扰动运动)加上非齐次的特解(纯强迫运动),一般可写成

$$\begin{cases} \alpha_s = \widetilde{\alpha}_s(t) + \overline{\alpha}_s = c_1 \mathrm{e}^{\lambda_1 t} + c_2 \mathrm{e}^{\lambda_2 t} + c_3 \mathrm{e}^{\lambda_3 t} + \overline{\alpha}_s \\ \theta_s = \widetilde{\theta}_s(t) + \overline{\theta}_s = d_1 \mathrm{e}^{\lambda_1 t} + d_2 \mathrm{e}^{\lambda_2 t} + d_3 \mathrm{e}^{\lambda_3 t} + \overline{\theta}_s \end{cases} \qquad (4-123)$$

或

$$\begin{cases} \alpha_s = \sum c_i \mathrm{e}^{\lambda_i t} + \overline{\alpha}_s \\ \theta_s = \sum d_i \mathrm{e}^{\lambda_i t} + \overline{\theta}_s \end{cases} \quad (i = 1,2,3) \qquad (4-124)$$

式中:λ_i 为式(4-122)的特征方程的根(这里仅是 λ_i 为实数根时的情形);c_i、d_i 为待定常数,要在有了全解形式后,由初始条件来决定,一般取 $t = 0, \alpha_0 = \theta_0 = \dot{\theta}_0 = 0$;$\sum c_i \mathrm{e}^{\lambda_i t}$、$\sum d_i \mathrm{e}^{\lambda_i t}$ 为齐次通解(即自由扰动运动);$\overline{a}_s$、$\overline{\theta}_s$ 为非齐次特解(即纯强迫运动),取决于干扰力的性质。

现在来求特解。由高等数学可知,非齐次线性微分方程式的特解,与其非齐次项(强迫干扰力)有类似的解析形式。因此,根据阶跃操舵规律,设式(4-122)的特解为

$$\begin{cases} \overline{a}_s = A\delta_0 \\ \overline{\theta}_s = B\delta_0 \end{cases} \qquad (4-125)$$

式中:A、B 为待定系数。

对于具有方向稳定性的艇,将式(4-125)代入式(4-122),考虑到 $\alpha = w', \dot{\theta} = \ddot{\theta} = 0$,则有

$$\begin{cases} -Z'_w A\delta_0 = Z'_{\delta_s} \delta_0 \\ -M'_w A\delta_0 - M'_\theta B\delta_0 = M'_{\delta_s} \delta_0 \end{cases} \qquad (4-126)$$

从而可得

$$
\begin{cases}
A = -\dfrac{Z'_{\delta_s}}{Z'_w} \\[3mm]
B = \dfrac{1}{M'_\theta}\left[\dfrac{M'_w}{Z'_w} - \dfrac{M'_{\delta_s}}{Z'_{\delta_s}}\right]Z'_{\delta_s}
\end{cases}
\tag{4-127}
$$

将系数 A、B 代入式(4-125)得特解为

$$
\begin{cases}
\overline{\alpha}_s = -\dfrac{Z'_{\delta_s}}{Z'_w}\delta_0 \\[3mm]
\overline{\theta}_s = -\dfrac{1}{M'_\theta}\left[-\dfrac{M'_w}{Z'_w} + \dfrac{M'_{\delta_s}}{Z'_{\delta_s}}\right]Z'_{\delta_s}\delta_0
\end{cases}
\tag{4-128}
$$

将特解式(4-128)与第七节中的平衡角式(4-86)、式(4-87)相比可知,强迫扰动运动的特解,就是定常直线潜浮运动中单操尾舵时的平衡角。特解表示动稳定的艇,其齐次方程式的通解所决定的自由扰动运动,经过一定时间后,衰减成纯强迫运动,即定常直线潜浮运动了。

　　自由扰动运动的时间特性,由齐次常系数线性微分方程的通解决定,其衰减形式视为其特征方程的根的形式。由理论力学或物理学的阻尼振动可知,阻尼谐振有 3 种情况,其中过阻尼、临界阻尼因阻尼大,以致不发生振动,只有欠阻尼情形,因阻尼小才有振动现象。如图 4-8-2 所示,图中 γ 为阻尼系数,ω 为固有频率。在低速区,恢复力矩($mgh\sin\theta$)作用较大,这时特征根中有一对共轭复根和一个实根,对动稳定潜艇,自由扰动运动呈振荡衰减,这里就不作介绍了。

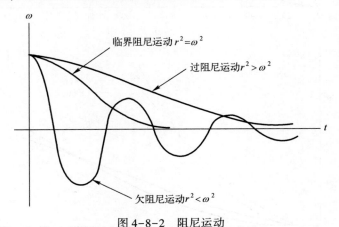

图 4-8-2　阻尼运动

　　怎样评价一个衰减振荡系统的品质?就潜艇垂直面的机动性来讲,最关心的是以下两个方面。

（1）过渡时间 t_s。运动响应达到稳态值的95%～98%所需的时间,也称为调节时间;或者讲,运动响应达到稳态误差5%～2%所需的时间。t_s 小,表示潜艇对操纵的反应快。

（2）最大过调量 M_p。过渡过程中响应值超过稳态值的最大值,通常采用最大百分比过调量,对纵倾角为

$$M_p = \frac{\theta_{max} - \bar{\theta}}{\bar{\theta}} \times 100\% \tag{4-129}$$

式中:M_p 为超调量,其大小表示潜艇动稳定的程度,取决于阻尼比的大小。从实践看,在超调量允许的范围内,应使调节时间最短。

不同航速下阶跃操舵时的纵倾角 θ、深度 ζ_G 的时间特性曲线如图 4-8-3 所示。由图可见,航速越高,单位阶跃舵角所引起的机动幅度越大,而达到最终稳态值所经历的时间也越长。

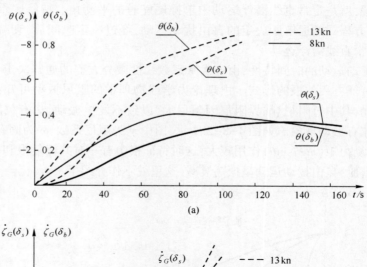

(a)

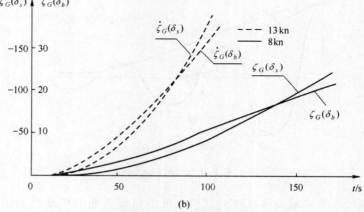

(b)

图 4-8-3　阶跃操舵的响应

关于稳心高 h,研究表明,当其减小时,机动幅度加大而调节时间延长。

三、垂直面确定性机动——梯形操舵的响应

(一) 工况设定

研究垂直面机动性时,典型确定性操纵常用梯形操舵方式。

例如,潜艇做无纵倾等速定深直航中,仅操尾舵下潜舵角(遵从线性规律)δ_0,潜艇形成首纵倾而下潜,到达一定的纵倾角和深度后再回舵,使尾舵回到初始舵角(这里取初始舵角为零),纵倾角逐渐归零而艇进入另一个深度做无纵倾直航。这种操舵方式称为梯形操舵,并可写成

$$\delta(t) = \begin{cases} \dot{\delta}t, & t \leq t_1 \\ \delta_0, & t_1 \leq t \leq t_2 \\ \delta_0 - \dot{\delta}(t-t_2), & t_2 \leq t \leq t_3 \end{cases} \quad (4-130)$$

式中:$\dot{\delta} = \delta_0/t_0$ 为匀速转舵速度((°)/s);δ_0、t_0 分别为指令舵角、指令时间,一般 $\dot{\delta} = 3\sim6((°)/s)$。

潜艇对于梯形操舵的运动响应如图 4-8-4 所示。当舵开始回舵时,由于惯性,纵倾角和深度继续增大。

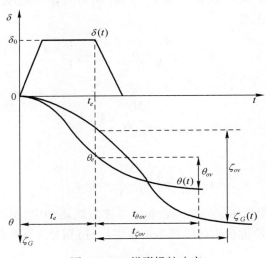

图 4-8-4 梯形操舵响应

(二) 特征参数

表示潜艇对梯形操舵的运动响应的主要特征参数有 t_e、θ_{ov} 和 ζ_{ov}。

1. 执行时间 t_e

从转舵开始到纵倾角达到指令纵倾角 θ_e 所经历的时间(s),称为执行时间 t_e。在变深机动时,通常根据要求变深的快慢和海区深度、安全性等因素,规定变深的纵倾角之大小。该纵倾角就是指令纵倾角 θ_e,其大小一般为 $3° \sim 7°$。当潜艇的纵倾角达到 θ_e 时,立即回舵,此时,所对应的时间就是 t_e。它表示潜艇的纵倾角对于操纵升降舵的应舵快慢,从尽快地进入或退出某种机动来看,要求 t_e 值要小,这样转首性快(注意:由后面的 Z 形试验、超越试验可知,执行时间 t_e 也就是初转期 t_a)。

反映潜艇对操舵的转首响应快慢,尚有初始转首角加速度参数 $C_{p\theta}$。根据垂直面线性扰动方程式(4-122),刚操舵时,$\dot{w} \neq 0$、$\dot{q} \neq 0$,但 $w = q = \theta = 0$,所以方程式(4-122)对于阶跃操舵可改写成

$$\begin{cases} (m' - Z_{\dot{w}}')\dot{w}' - Z_{\dot{q}}'\dot{q}' = Z_{\delta_s}'\delta_s(t) \\ -M_{\dot{w}}'\dot{w}' + (I_y' - M_{\dot{q}}')\dot{q}' = M_{\delta_s}'\delta_s(t) \end{cases} \tag{4-131}$$

消去 $\dot{w}'$ 得 $\dot{q}'$ 为

$$\dot{q}' = \frac{-Z_{\delta_s}'M_{\dot{w}}' - M_{\delta_s}'(m' - Z_{\dot{w}}')}{Z_{\dot{q}}'M_{\dot{w}}' - (I_y' - M_{\dot{q}}')(m' - Z_{\dot{w}}')}\delta_s \tag{4-132}$$

不考虑首尾不对称性,或者认为 $Z_{\dot{q}}'$ 和 $M_{\dot{w}}'$ 相对其他系数项来说是个小量,于是,式(4-132)可简化成

$$\dot{q}' = \frac{M_{\delta_s}'}{(I_y' - M_{\dot{q}}')}\delta_s, \quad \dot{q}' = \dot{q}\frac{L^2}{V^2}$$

故

$$\dot{q} = \left(\frac{V}{L}\right)^2 \frac{|M_{\delta_s}'|}{(I_y' - M_{\dot{q}}')}\delta_s = C_{p\theta}\delta_s \tag{4-133}$$

称

$$C_{p\theta} = \left(\frac{V}{L}\right)^2 \frac{|M_{\delta_s}'|}{I_y' - M_{\dot{q}}'}(1/s^2) \tag{4-134}$$

为初始转首(纵倾)角加速度参数。它表示等速直线运动中,阶跃操舵一个单位升降舵角,在转舵瞬间所能产生的纵倾角加速度。对 $\dot{q}$ 积分二次得纵倾角为

$$\theta = \frac{1}{2}C_{p\theta}t^2\delta_s$$

则

$$t = \sqrt{\frac{2\theta}{\delta_s}} \cdot \frac{1}{\sqrt{C_{p\theta}}} \tag{4-135}$$

当操舵角 δ_s，使纵倾角 $\theta(t)$ 达到 $0.5\delta_s$ 时，潜艇运动所经历的时间等于 $1/\sqrt{C_{p\theta}}$。定义

$$t_a = \frac{1}{\sqrt{C_{p\theta}}} = \left(\frac{L}{V}\right)\sqrt{\frac{I'_y - M'_{\dot{q}}}{|M'_{\delta_s}|}} \tag{4-136}$$

为潜艇操尾舵时的初始转首时间或简称为初转期。

实际转首改变纵倾，要比式(4-136)慢，因为实际操舵速度是有限的。通常认为，操尾舵 $\delta_s = 15°$，纵倾角变化 $\theta_e = 3° \sim 5°$ 所经历的时间为初转期；对首舵或围壳舵则为 $\delta_b = 15°$、$\theta_e = 3°$。当潜艇到达 θ_e 值即反向操舵回到初始舵角，这时初转期也就是执行时间，即 $t_a = t_e$。例如，文献[39]给出了舵角 $\delta_s = 15°$ 时，t'_e（由于 $t'_e = t_e \cdot V/L$，其中 V 表示艇速(m/s)，L 表示艇长(m)，故 t'_e 表示在 t_e 时间内以艇速 V 所行经的艇长数）与 θ_e 之间的关系曲线，如图4-8-5所示。

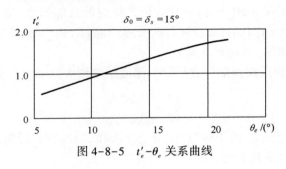

图 4-8-5 $t'_e - \theta_e$ 关系曲线

由式(4-134)、式(4-136)可见，若使初转期 t_a 的时间短，尽快使潜艇进入变深机动，在同样的 $\dot{\delta}_s$ 和 $M(\theta)$ 下，增大 $C_{p\theta}$ 值、减小 t_a 值所可能采取的措施有以下几种。

(1) 增大升降舵的力矩系数 $|M'_{\delta_s}|$，即增大舵面积，加大舵力的力臂，改进舵的流体动力性能；

(2) 减小 L 和 I'_y，即减小艇的长度和惯性。

(3) 提高航速 V。这表明高速航行时，潜艇对于舵的初始速应性比低速好。

加大 $C_{p\theta}$ 对于转首性的改善并非总是有效的。国外设计经验表明，操 $\delta_s = 15°$、达到 $\theta_e = 5°$ 时的 $t_e - C_{p\theta}$ 曲线如图4-8-6所示[38]。由该图可知，$C_{p\theta}$ 值较小时曲线很陡，但 $C_{p\theta}$ 较大时的曲线却相当平坦，当 $C_{p\theta}$ 值增大到一定程度后，执行时间 t_e 几乎不变了。这一情况实际上反映航速较高时 t'_e 随航速的变化是很小的。事实上，如果不考虑 δ_s 和 $M(\theta)$ 的影响时，对任意给定的潜艇，t'_e 应该是不随航速改变的。这一点与水平面的水下定常回转直径不随航速而变是相类似的。

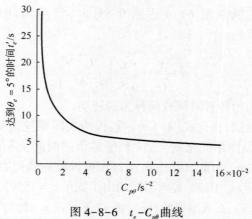

图 4-8-6 t_e-$C_{p\theta}$曲线

此外,式(4-136)$|M'_{\delta_s}|/(I'_y-M'_q)$是升降舵的效能指数,显然这个比值大,$t_a$ 将减小;还有速长比 V/L 小,表示转首的节奏(Tempo)快,是潜艇运动的时间缩尺。

2. 超越纵倾角 θ_{ov} 与超越深度 ζ_{ov}

θ_{ov} 与 ζ_{ov} 分别为反向操舵后,纵倾角、深度继续增大的幅度。由图 4-8-4 可知

$$\begin{cases} \theta_{ov}=\theta_{\max}-\theta_e \\ \zeta_{ov}=\zeta_{\max}-\zeta_{ta} \end{cases} \tag{4-137}$$

(注意:这里省略艇深 ζ_G 的下标"G")理论分析和试验表明,影响超越纵倾角 θ_{ov} 大小的因素主要是以下几方面。

(1)潜艇的稳定性程度。稳心高 h 大、动稳定性好,则 θ_{ov} 小。

(2)升降舵的舵效。舵效高 θ_{ov} 大,舵角大和转舵速率δ小,则 θ_{ov} 亦增加。

(3)航速。航速提高使 θ_{ov} 增大(图 4-8-7)。

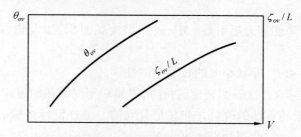

图 4-8-7 机动性基本参数

超越深度和超越纵倾角存在着依存关系,由式(2-128)可知,深度的变化为

$$\zeta_G(t)=V\int_0^t[\alpha(t)-\theta(t)]\,\mathrm{d}t \approx -V\int_0^t\theta(t)\,\mathrm{d}t$$

由此可见，$\zeta_G(t)$ 的变化滞后于 $\theta(t)$，并且 $\zeta_G(t)$ 在数值上正比于 $\theta(t)$ 曲线和时间轴 t 之间所围得面积。所以 ζ_{ov} 与 θ_{ov} 具有类似的规律，并且即使 θ_{ov} 不甚大，但 $\theta(t)$ 持续的时间较长也会导致比较大的深度超越。

上述结论对于变深机动或保持深度的实际操纵具有重要应用价值。操艇人员回舵定深，不只是按照深度变化来操舵的，还要按纵倾角速度 $\dot{\theta}$ 及纵倾角 θ 的变化用舵，否则，势必造成较大超深，难于准确保持指令深度。对于水平面的航向来讲，则是按 $\dot{r}$、r 的变化操舵，若按偏航角 $\Delta\psi$ 用舵也将造成较大的时间滞后，难于良好地保持指令航向。

最后，简要介绍周期性操舵后的运动响应特点。

四、正弦操舵响应特点

潜艇航行深度的保持，需使升降舵时上（浮舵）时下（潜舵）地转动，类似于周期规律操舵，从而使潜艇围绕预定深度上下蛇形摆动，也类似于周期运动。

根据谐分析原理，任意的周期运动，乃至于非周期运动，都可以用若干正弦或余弦运动的叠加近似。这里以正弦操舵作为周期操舵的典型形式，研究潜艇的运动响应特点。

设操舵规律为

$$\delta(t) = \delta_0 \sin\omega_\delta t \tag{4-138}$$

式中：δ_0 为操舵的摆幅；$\omega_\delta = 2\pi/T_0$ 为转舵频率，其中 T_0 为转舵周期（图 4-8-1）。

将式（4-138）代入式（4-122）置换阶跃操舵，采用数值计算方法即得纵倾角、深度对于升降舵周期操舵的响应，如图 4-8-8 所示。

由图可得如下结论。

（1）对于动稳定的艇，经过一段过渡过程后，潜艇的稳态响应 $\theta(t)$ 和 $\zeta_G(t)$ 也以同样的频率（即运动响应的振荡频率 $\omega_n = \omega_\delta$）作周期振荡，如图 4-8-8（a）所示。

（2）稳态响应的纯强迫运动的振幅 θ_0、ζ_0 与舵角摆幅 δ_0 成正比，θ_0/δ_0、ζ_0/δ_0 随操舵频率 ω_δ 增大而减小，但相位滞后于舵角。振幅比、相位差 ε_θ、ε_ζ 与航速有关，如图 4-8-8（b）、（c）所示。

（3）航速的影响。

随着艇速的提高，潜艇对于周期性操舵的纵倾和深度的响应幅度增大而相位滞后减小；同一航速下，随操舵频率提高，运动响应的振幅比显著减小，而相位差增大。前者由于航速增大，使得升降舵的效能指数 $\lfloor |M'_\delta|/(I'_y - M'_{\dot{q}}) \rfloor$ 也增大，从而使响应幅度增加、响应速度加快；后者由于操舵机构、艇的惯性（包含流体惯性力）等原因，使得作为输出量的运动响应比输入量的操舵角有一个时间滞后。

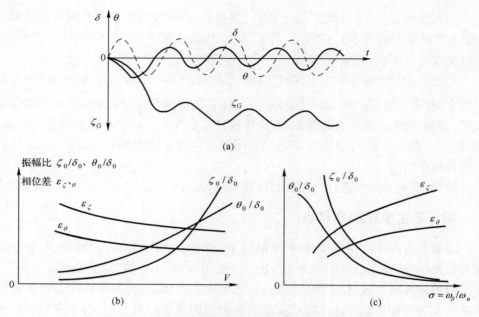

图 4-8-8　航速和操舵频率比对于频率响应特性的影响

（4）振幅比和相位差是衡量周期操舵机动性的重要衡准数。

在实艇操纵中,中、高航速时,为了良好地保持定深,操舵角要小、摆舵频率要加快;低速时,显然相反。这与定常运动的结论和实艇操纵的感受是一致的。航速与摆舵频率的关系,一些艇对均衡好的、用尾升降舵保持定深的实操统计如表 4-8-1 所列[27]。

表 4-8-1

V_s/kn	ω_{δ_s}/（次/min）
3~4	4~8
4~6	8~12
6~8	12~16
>8	>16

五、静载作用的响应

设有小量阶跃静载 P 和静载力矩 M_p 作用于潜艇,采用垂直面线性运动方程,以 P'、M_p' 置换式（4-122）的阶跃操舵得

$$\begin{cases} (m'-Z_{\dot{w}}')\dot{w}'-Z_w'w'-Z_{\dot{q}}'\dot{q}'-(m'+Z_q')q'=P' \\ (I_y'-M_{\dot{q}}')\dot{q}'-M_q'q'-M_{\dot{w}}'\dot{w}'-M_w'w'-M_\theta'\theta=M_p' \end{cases} \quad (4-139)$$

采用数值方法不难求得潜艇对静载的运动响应 $\theta(t)$、$\alpha(t)$ 和 $\zeta_G(t)$。

典型的静载作用莫过于速潜水舱的注排水问题。潜艇速潜时,传统方法需向速潜水舱注水 $P(t)$,同时有静载力矩 $M_p = -x_p \cdot P$(其中 x_p 为水舱容积中心坐标,位于重心前 $x_p > 0$),将它们代入式(4-139),可解得采用速潜水舱注水速潜过程中各运动参数的响应,图4-8-9即是一例。

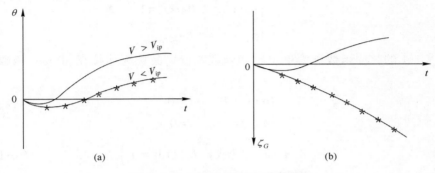

图4-8-9　速潜过程中的静载效应

由图4-8-9得知:

(1)在各不同航速下,纵倾开始时都是首纵倾,然后逐渐转为尾纵倾。航速越高,初始首倾越小,过渡时间越短,并且最终的尾纵倾角和航速平方成正比。

(2)深度的变化在不同航速时有本质的差别。低速时一直下潜;高速时,先下潜一段时间,以后就转而上浮。航速越高,初始下潜的深度越小,转变为上浮越早。

出现上述现象的原因就是本章第三节、第七节所介绍的两个方面。

(1)给定的静载,其作用效果随航速提高而减小,在低速时起重要作用,至于开始的首纵倾和下潜是由注水和水舱位置决定的。

(2)临界点 C 随航速而变。随航速提高临界点 C 前移,当移到速潜水舱位置,虽然能改变纵倾但不变深,移到速潜水舱之前,不仅不下潜反而变成上浮了(见第七节)。因此,在潜艇设计中确定速潜水舱的位置时,要考虑到使用该水舱的航速范围。现代潜艇往往不设置专门的速潜水舱,当需要用增加负浮力方法快潜时,可向某个浮力调整水舱注一定水量实现,这时也要顾及相应航速的临界点 C 的位置,如在所用浮力调整水舱处或前面,也将出现上述反常现象。上述结果,曾在我国"33"型潜艇上由于一次偶然的速潜水舱排水失灵事故中被证实,有关研究设计院曾作过专门的实艇试验验证。

此外,潜艇上所承受的静载也可以是短暂作用的静载,例如,鱼雷发射后立即抽吸补偿水,导弹发射后超重立即排专门的瞬时补偿水舱的水。又如,速潜水舱注水后不久即排空等,皆属于短暂作用的载荷或称为脉动载荷。

脉动载荷的响应,可以用两个幅度相等、方向相反、开始作用时间有一定间隔的阶跃载荷的响应叠加而成,为此,可用式(4-139)求解叠加。

脉动载荷的响应也可用脉冲载荷的响应近似。在一个极短的时间内作用于系统的输入称为脉冲输入。对于作用时间 $t_0 = 1$、幅度为 A 的脉动函数 $f(t)$,当 $t_0 \to 0$,在脉动强度 A 保持不变的情况下,脉动函数即趋于脉冲函数(图4-8-10),即

$$f(t) = \begin{cases} \lim\limits_{t_0 \to 0} A/t_0, & 0 < t < t_0 = 1 \\ 0, & t < 0, t_0 < t \end{cases}$$

强度等于1的脉冲函数称为单位脉冲函数 $\delta_c(t)$,又称为迪拉克(Dirac)函数,它满足

$$\begin{cases} \delta_c(t) = 0, & t \neq 0 \\ \delta_c(t) = \infty, & t = 0 \end{cases}$$

$$\int_{-\infty}^{+\infty} \delta_c(t)\,\mathrm{d}t = 1 \left(\text{或} \int_{0^-}^{0^+} \delta_c(t)\,\mathrm{d}t = 1 \right) \qquad (4\text{-}140)$$

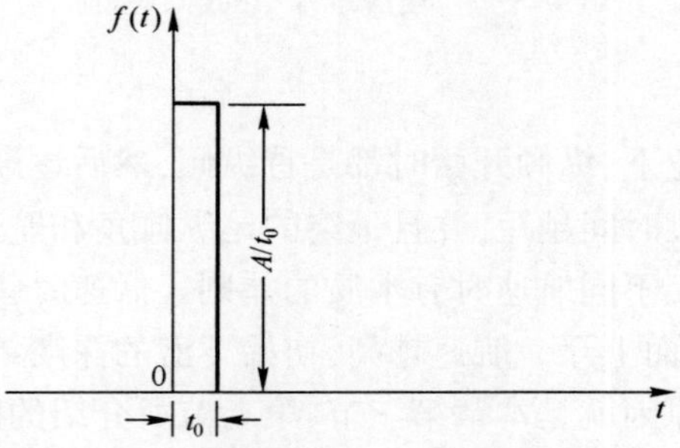

图4-8-10　脉冲函数

单位脉冲函数可以认为是在间断点上单位阶跃函数对时间的导数,即

$$\delta_c(t) = \frac{\mathrm{d}}{\mathrm{d}t} 1(t) \qquad (4\text{-}141)$$

反之,积分单位脉冲函数便得到单位阶跃函数。

求解脉冲作用的响应时,可应用线性系统的重要性质:系统对于输入函数的导数(或积分)的响应,等于系统对于输入函数响应的导数(或积分)。单位脉冲函数正好是单位阶跃函数的导数,所以,脉冲作用的响应,可以直接对阶跃作用的响应进行微分得到,如速潜水舱注水又立即排空后的潜艇运动,可直接对注水时所得到的结果进行微分而得到。

六、垂直面不定常运动的 K_θ、T_θ 衡准参数

1957年,日本野本谦作教授用自动调节原理的方法提出著名的一阶 K-T 方程

后,这一方法就逐渐移植到潜艇操纵性的研究中。

与水面船舶的一阶 $K-T$ 响应方程

$$T\dot{r} + r = K\delta$$

相对应的垂直面不定常运动的常系数线性 $K_\theta - T_\theta$ 微分方程可由式(2-118)简化整理为

$$T_\theta \dot{q} + q = K_\theta \delta_s \tag{4-142}$$

式中:K_θ、T_θ 分别为

$$T_\theta = \frac{I'_y - M'_{\dot{q}}}{|M'_q|(1-l'_\alpha/l'_q)} \cdot \frac{L}{V}$$

$$K_\theta = \frac{|M'_{\delta_s}|}{|M'_q|(1-l'_\alpha/l'_q)} \cdot \frac{L}{V} \tag{4-143}$$

其中,参数 T'_θ 表示操纵尾升降舵变纵倾运动响应的时间滞后,这是由于潜艇惯性(及阻尼)造成的,并按式(4-144)计算,即

$$T'_\theta = \frac{I'_y - M'_{\dot{q}}}{|M'_q|(1-l'_\alpha/l'_q)} \tag{4-144}$$

由于 K_θ 参数表示尾升降舵舵效指数,这里取 K'_θ/T'_θ 表示操纵尾升降舵纵倾响应参数,即

$$\frac{K'_\theta}{T'_\theta} = \frac{|M'_{\delta_s}|}{I'_y - M'_{\dot{q}}} \tag{4-145}$$

比较式(4-134)与式(4-145)可见,初始转首纵倾角加速度参数 $C_{p\theta}$ 与 K'_θ/T'_θ 都是表示尾升降舵舵效的一种方式。

第九节　垂直面的近水面操纵性

一、概述

在研究潜艇操纵性能时,通常假设潜艇运动在深而广的平静水域中,即不考虑波浪和水表面对艇的操纵运动的影响。实际上,由于任务需要,艇将航行在潜深较小,如潜望镜深度、柴油机水下工作深度等状态,此时,艇体受到水表面的影响,艇的受力和运动特性不同于大潜深状态。把潜艇受水表面影响比较显著的深度范围内的航行称为近水面运动。

潜艇在近水面运动是一种重要的运动状态。常规动力潜艇在此深度上长时间的航行充电、侦察、进行通信、导航,尤其是发射弹道导弹等也需在近水面航行。潜

艇用低速在波浪中近水面定深航行时,可能出现非意愿的上浮,甚至上抛露出水面的非线性现象。图 4-9-1 给出了三种波浪下,一定初始潜深时顶浪航行潜艇重心时间历程的情况。这种"上浮露背"的定深不稳定问题,是近水面操纵性研究的重点,特别是潜望镜深度和发射弹道导弹的深度保持更有现实价值。

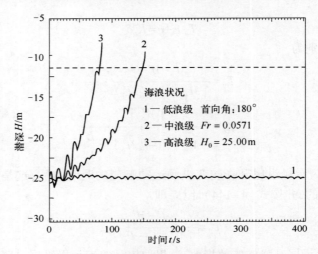

图 4-9-1　潜艇深度(重心处)时间历程

在受力上,相对于大深度运动而言,潜艇在近水面运动时,还将受到以下外力的作用。

(1) 波浪力。按其量阶可分为一阶波浪力和二阶波浪力。

(2) 静水中近水面运动时,艇体—舵的水动力系数的改变。

(3) 静水中近水面运动时的文丘里效应产生的吸力。

目前,对波浪下近水面操纵性运动方程的处理,是在原操纵性运动方程的基础上再加上波浪的作用力,如垂直面为

$$\begin{cases} (m-Z_{\dot{w}})\dot{w}-Z_{\dot{q}}\dot{q}=Z+Z_{\text{wave}} \\ (I_y-M_{\dot{q}})\dot{q}-M_{\dot{w}}\dot{w}=M+M_{\text{wave}} \end{cases} \tag{4-146}$$

式中:Z、M 为潜艇在静水中近水面下的水动力,包括黏性力,如 Z_w、M_w、Z_q、M_q 等,控制力,如 Z_{δ_b}、M_{δ_b}、Z_{δ_s}、M_{δ_s} 等,静载 P、M 也在其中;Z_{wave}、M_{wave} 为波浪力。

近水面运动时不同深度的水动力系数,可用拘束船模试验测定,而近水面潜艇波浪力,采用势流理论方法进行计算,结合拘束船模波浪力试验结果的比较验证。下面仅就近水面运动时艇的受力和对操纵性能的影响作一简介。

二、波浪作用力和近水面操纵性

（一） 一阶波浪力

由流体力学波浪理论得知,当海面有波浪时,水的自由表面成为波面,此时,波形以一定的波速 C 传播,但水的质点并不流走,在微幅波情况下而是围绕其原来静止位置以角速度 ω 作圆周运动,圆周运动的半径就是波幅 ζ_a。水面上的水质点在做圆周运动的同时,还带动水面以下一定水深范围内的水质点,以相同的 ω 做圆周运动,但圆周的半径随水深增大而迅速减小(图 4-9-2),称水中质点波动形成的波形为次波面,水深 $|Z|$ 处的次波面方程为

$$\zeta_{|Z|} = \zeta_a e^{-k|Z|} \cos(k\xi - \omega t) \tag{4-147}$$

式中: $k = 2\pi/\lambda$ 为波数, λ 为波长(注意:这里的符号沿用耐波性学科的符号规则); $\zeta_a e^{-k|Z|}$ 为次波面的波幅 $\zeta_{a|Z|}$,即

$$\zeta_{a|Z|} = \zeta_a e^{-k|Z|} \tag{4-148}$$

当水深 $|Z| = \lambda/2$ 时, $\zeta_{a|Z|} = 0.04\zeta_a \approx 0$,可见, $\lambda/2$ 以下深度的水质点基本就不波动了。

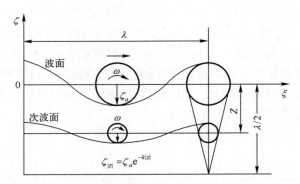

图 4-9-2　次波面

由于次波面的存在,波浪中水的压力不能完全按水深计算,如图 4-9-2 中深度 $|Z|$ 处水的压力应为

$$P_{|Z|} = P_0 + \rho g |Z| + \rho g \zeta_a e^{-k|Z|} \cos(k\xi - \omega t) \tag{4-149}$$

式中: P_0 为自由水面的大气压力; $\rho g |Z|$ 为深度 $|Z|$ 处的静水压力; ρ 为水的密度; g 为重力加速度; $\rho g \zeta_a e^{-k|Z|} \cos(k\xi - \omega t)$ 为次波面的波动压力,是位置 ξ 和时间 t 的函数。

当潜艇在波浪下近水面运动时,正是由于波浪压力作用于艇体,而从式(4-149)可知,次波面是个等压力面,且次波面倾斜于艇体,使得艇体所受压力是不对称的,从而产生了波浪扰动力(矩),幅值大(对中型潜艇可达 10^6 N 量级)[39],就是通常

所讲的一阶波浪力的主要部分。它是一种高频周期力,依波型相同的频率做振荡,相位落后于波浪。

由于潜艇是个惯性很大的系统,在一阶波浪力这种高频周期力的作用下,将迫使潜艇作横摇、纵摇、垂荡等摇荡运动。

潜艇在有波浪的海面做水下顶浪航行时,主要产生垂荡和纵摇运动,这将增加潜艇定深操纵的困难或增大自动控制操纵的复杂性。此时,对深度控制的原则,是用升降舵保持平均深度,使潜艇依次波面机动,而不是用舵去克服一阶波浪力[40]。波浪摇荡力可用文献[41]中介绍的方法计算。

(二) 二阶平均波浪力(或称波吸力)

潜艇在近水面受到的波浪力其平均值不为零,也就是说,波浪力中除了振荡性质的力以外,还有定常力的成分。对潜艇运动影响最大的则是指向水表面的垂向力(及其力矩),称为波吸力。其成因可直观地理解为:在潜艇附近的水质点受到波浪运动的影响并做圆周运动,因为水质点的圆周运动速度随深度衰减,根据伯努利方程,艇体上部压力的降低大于下部,从而形成向上的吸力。

波吸力属二阶力,其大小与一阶波浪力的幅值相比属小量,并随时间有所波动,但它始终是个正值(图4-9-3)[42],在长时间内的平均波吸力是个定值,但其瞬时值可比平均值大几倍。波吸力与次波面遵循同一规律衰减,随航行深度减小而增大,或者讲波吸力与波高平方成正比,而波高随深度呈指数规律急剧减小。因此,波吸力给深度的保持造成困难,促使潜艇向水面抛甩,一旦潜艇被吸力上抛,潜深显著减小后,考虑到波吸力上述变化规律,就难于再自行返回到原来潜深。克服波吸力的影响,必须采取主动控制措施。

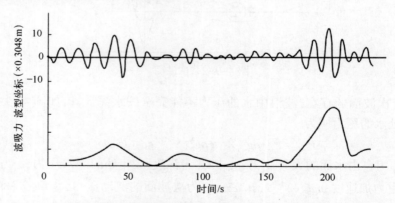

图4-9-3 典型的波浪和相应的吸力记录(龙骨深度18.288m(60英尺))

此外,二阶波浪力不仅对垂直面产生影响(波吸力),在水平面还会产生慢漂移运动,对水平面操纵性有影响。

（三）近水面定深运动的稳定性

波浪中近水面定深运动不稳定，主要原因如下。

（1）在二阶波浪力向上（指向水面）波吸力作用下和波频摇摆耦合下，使潜艇向水面抛甩。

（2）航速偏低，使得升降舵的控制力小，不足以平衡向上的二阶波浪力。

（3）操纵上没有及时启动均衡系统注水均衡。

潜艇在波浪力作用下上浮水面的不稳定现象具有如下规律。

（1）初始潜深越小，潜艇越于上浮（图4-9-4）。存在初始潜深稳定性界限曲

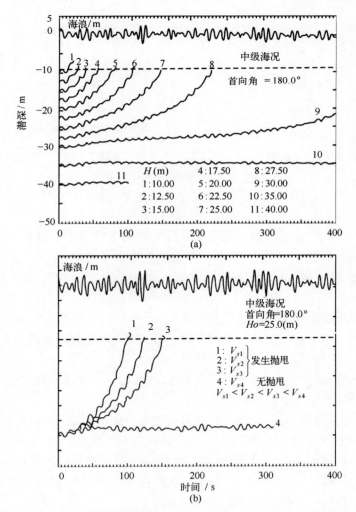

图4-9-4　潜深变化的时域曲线（a）与深度（重心处）时间历程（航速的影响）（b）

线,如图4-9-5所示。曲线上方的潜深区为初始定深不稳定区,下方为定深稳定区。定深运动稳定性界限曲线是浪级、相对浪向、航速与潜深的组合结果。

(2)低航速时定深不稳定,易于上浮,航速增高时趋于稳定。

(3)迎浪、顺浪时易为不稳,横浪则趋于稳定。

(4)低浪级时平稳摇荡不上浮,中、高浪级易上浮出水(图4-9-5)。

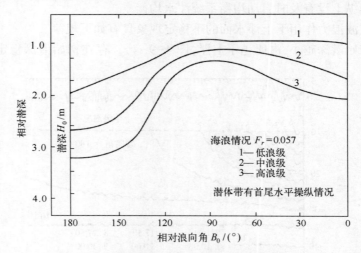

图4-9-5　垂直面定深运动稳定性界限曲线示意图

在实艇操纵中,为了抵消二阶波吸力的作用,通常采用补加压载水的方法。例如,中型常规潜艇在4~5级海况时,向浮力调整水舱多注水3~6t,并用首舵控制深度,用尾舵操控纵倾。图4-9-6为中型潜艇用的克服二阶波浪力的补充均衡曲线。

此外,高海况下宜用人工随机操舵方式,可根据干扰作用的情形,采取灵活地操舵措施,或用自适应控制的自动舵工况。实操表明,近水面波浪中定深航行时,根据潜艇上浮惯性,应及时采取如下操纵。

(1)带适当的负浮力,并及时补充均衡,必要时,令"快潜水舱注水",以防止潜艇突然跃出水面,出现危险横倾。

(2)正确操纵首、尾升降舵。当浮力调整水舱注水量较大时,可操平行上浮舵保持定深航行;当潜艇上浮惯性大时,应立即操相对下潜舵。

(3)正确选择航向。为增强舵效,可顶浪航行;顶浪航行深度保持不好时,可选择与浪向成30°~50°的斜浪航行;当深度确难保持,可采用横浪航行。

(4)条件许可时可增速或增大下潜深度。

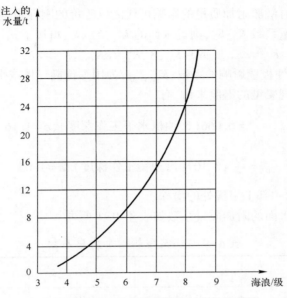

图 4-9-6 有浪时,在潜望状态补充均衡曲线

三、静水中近水面的操纵性

(一) 文丘里效应引起的吸力

潜艇在接近静水面航行时,也会受到向上的吸力。这是由于自由水表面是一界面,潜艇和自由表面之间有水的加速流动,而流体的动压力比静压力小,艇体上、下部表面的压差便产生向上的吸力,这就是文丘里效应。吸力随下潜深度的增加呈指数规律衰减。艇体首、尾不对称于舯船横剖面,故吸力将产生抬首力矩。这些都将影响潜艇的航行深度。

当潜艇的潜深 $\zeta \leqslant 3D$(D 为艇的直径),将有较明显的这种吸力和力矩。为了保持定深运动,通常用尾升降舵和艇体的首倾产生反向的垂向水动力和力矩与其平衡。

文丘里效应在潜艇接近海底时也会发生,显然,此时吸力是指向海底的。所以在操纵条例上规定了潜坐(或离开)海底时,当到达龙骨下富余水深 10m 时应停车(离开时则相反),以惯性和负浮力缓慢潜坐,但其影响比波浪的影响小,在自动舵设计中可不加考虑。

(二) 静水中近水面(潜深)对操纵性的影响

1. 近水面航行时对水动力系数的影响

在弱机动条件下,潜艇在自由水表面附近的扰动运动,其运动参数的变化较慢,此时,水表面对潜艇附加质量的影响可代之以等价的刚性板壁影响。当已知深潜水中的附加质量系数 $K_{ij\infty}$ 时,则近水面的 K_{11}、K_{33}、K_{55} 可按下式计算,即

$$K_{11} = \varepsilon K_{11\infty}(\text{或} \approx K_{11\infty}), K_{33} = \varepsilon K_{33\infty}, K_{55} = \varepsilon K_{55\infty}$$

式中:ε 为估计刚性板壁影响的系数;$K_{11,33,55\infty}$ 为用等价椭球体或平截面法计算。

对某中型常规艇型的潜艇来讲,有

$$\zeta_1' = \frac{\zeta_1}{L} = 0.066(\text{柴油机水下工作深度}), \varepsilon = 1.16$$

$$\zeta_2' = \frac{\zeta_2}{L} = 0.107(\text{潜望镜工作深度}), \varepsilon = 1.05$$

式中:ζ_2 为潜艇船中部上甲板处的潜深。

该型艇在近水面的附加质量系数如表 4-9-1 所列。

表 4-9-1 某型艇附加质量系数

ζ_i' \\ K_{ij}	K_{11}	K_{33}	K_{55}
ζ_1'	0.013	1.020	0.860
ζ_2'	0.012	0.925	0.780

自由水表面对黏性类水动力系数的影响,可以用不同潜深的拘束船模试验测定。对上述中型常规艇型的潜艇来说,试验结果初步表明:

(1) $Z_w' \approx Z_{w\infty}'$,但 M_w' 比 $M_{w\infty}'$ 增大 5%~10%(图 4-9-7);

(2) $Z_{\delta_s}' \approx Z_{\delta_s\infty}'$,$M_{\delta_s}' = M_{\delta_s\infty}'$,但 Z_{δ_b}' 比 $Z_{\delta_b\infty}'$ 减小 10%~20%,首舵的力矩系数也大致如此;

(3) $Z_q' \approx Z_{q\infty}'$,但 M_q' 比 $M_{q\infty}'$ 增大 13%~18%。

上述增大或减小都随潜深减小呈显著影响,增大者增加更多,减小者减得也更多,即相对潜深越小,自由水表面的影响越大。

2. 对潜艇操纵性能的影响

通过上述试验和理论计算,并对该型艇的稳定性和机动性做了验算,结果表明:

(1) 潜艇在近水面运动时,对等速直线定深运动的平衡角没有显著影响,但首端首舵的舵效将显著下降(因为 Z_{δ_b}' 减小),所以为了有效地保持动力平衡状态,主要用尾舵保持航行深度。有的潜艇为了增大首端首舵的浸深,将其布置在潜艇底部就是克服近水面的不利影响。

(2) 潜艇在近水面运动时,艇的动稳定性储量与大深度相比有所减小。从 M_w' 增大、$|Z_w'|$ 基本不变可知,艇的倾覆力臂 l_α' 增大,从而减小了艇的动稳定性程度,使得自由扰动运动的衰减变慢。绝对动稳定衡准与条件动稳定衡准随潜深 ζ 的变

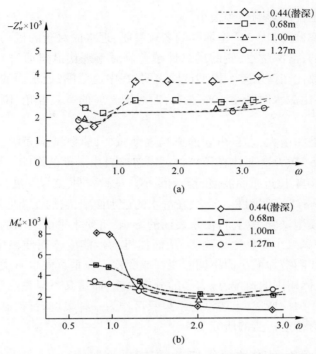

(a)

(b)

图 4-9-7　潜深对 Z'_w 的影响（a）和潜深对 M'_w 的影响（b）

化,如图 4-9-8 所示。

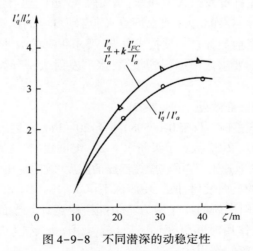

图 4-9-8　不同潜深的动稳定性

由图 4-9-8 可见,潜深 $\zeta_G > 14\text{m}$ 后, $l'_q/l'_\alpha > 1$; $\zeta_G < 30\text{m}$,潜艇的稳定性急剧下降,表示水自由表面影响大;潜深在 $30 \sim 38\text{m}$ 的曲线较平坦,说明这一深度时,水自由

表面对潜艇稳定性的影响已经很小。

（3）对于像德国"U-21"型那样的老式潜艇,近水面对艇的机动性和稳定性的影响总是不利的,潜深越小,艇的操纵性越差。对于现代潜艇而言,其围壳舵在潜望镜深度的舵效比在深水差。模型试验表明,在中速范围,近水面的围壳舵水动力系数 Z'_{δ_b}、M'_{δ_b} 将比深水时减小 10% 左右,但对围壳舵的有效舵角、围壳舵的正常使用尚无影响。

（4）随着潜深增大,水自由表面影响逐渐减弱,船模试验表明,当潜深艇长比 $\zeta/L \geqslant 0.35$ 或 $\zeta_G > 3D(D$ 为艇体直径$)$ 时,可以忽略自由表面的影响。此外,自由水表面对水动力的影响,比近水面波浪的影响要小。试验表明,如果深度自动操舵仪在一定波浪条件下具有良好的性能,那么,在静水的近水面中,它的性能也是足够的。

（5）有的模型试验表明,自由水表面的影响,将使水平面运动的线性项导数中的大多数,随潜深减小而呈增长趋势,从而使机动性能变差而使稳定性有所改进,而且其变化并非随潜深减小而单调的变好或变差。在垂直面也有类似现象。潜深的影响,促使艇体周围的速度、压力场的分布改变,而这又不只是与潜深有关,还与艇体形状密切相关。所以,上述试验结果只可作为一种案例看待,有关近水面运动时水动力特性有待进一步的研究工作。

四、水下发射导弹的操纵运动特点

（一）受力特点

潜艇在水下一定深度发射大型导弹,是用燃气/蒸汽动力弹射装置从垂直发射筒中推出,飞出水面后导弹点火(或水下点火)启动自身的推进装置升空。现代弹道导弹核潜艇水下发射导弹是一项技术复杂、要求很高的战斗任务,对潜艇的运动状态也提出了很高的要求。根据国外报道,水下发射大型导弹从操纵运动角度看有如下受力特点。

（1）发射航速低,舵效差,一般 2~3kn。

例如,"乔治·华盛顿"号(SSBN-598)水下 20~30m 发射"北极星(A-3)"弹道导弹时的航速为 2kn。又如,俄亥俄级艇水下 27~45m 发射"三叉戟"I、II型导弹,航速 $V \leqslant 2$kn。在这样低的航速下,仅用舵操控潜艇的深度、航向是比较困难的。

（2）存在巨大的反向发射冲量,使艇深下沉 1~2m。

导弹发射时,弹对潜艇的反作用力将引起潜艇运动状态的偏离。该反作用力的大小随时间变化,作用时间极短(小于 1s),规律复杂,但从对艇的运动影响来看,可用一个冲量对艇的作用代替。

由物理学得知,作用于某物体上的力与力的作用时间的乘积,称为该力对这个物体的冲量 I,可写成

$$I = F \cdot t = \int_{t_1}^{t_2} F \mathrm{d}t$$

冲量是力对时间的积累效应。该作用力(变力)也称为冲力,是作用时间很短的作用力,而冲量则等于动量的变化,可表示为 $F \cdot t = m\Delta V$(或 mV)。因此,导弹试验中用仪表测得冲量 I,则可换算得冲力 F 的平均值为

$$F = I/t \qquad\qquad (4-150)$$

冲力 F 是个很大的力,视弹情形可达数百吨力。

(3)导弹出筒后存在正的静载 P(及相应力矩 M_p),即艇重。

一般导弹自重加发射筒中空气小于导弹筒进水后的重量,二者之差即为剩余静载 P,其大小视导弹射程而定,可高达一二十吨,并可表示为

$$P_i = P_{wi} - P_{mi}$$

式中:P_i 为第 i 枚导弹出筒后新增的静载差;P_{wi} 为发射第 i 枚导弹时发射筒的进水量;P_{mi} 为第 i 枚导弹重。

(4)有一定近水面影响。

上述情况将使潜艇在垂直面的运动发生重大变化。诸如,产生升沉速度,引起艇的升沉运动;产生纵倾角速度,形成纵倾角,改变艇的运动姿态,给艇的发射运动状态的保持造成困难。为保证导弹顺利发射,提高命中率,对作为发射平台的潜艇运动有如下基本要求。

① 准确保持航行深度,深度误差小于数米(一般为 $\pm 1 \sim 2m$)。

② 运动平稳,速度要小(一般为 $2 \sim 3kn$)。

③ 艇的航向偏差、纵倾角速度、垂向速度等小于某个规定的小量。

例如,俄亥俄级潜艇水下发射"三叉戟"导弹时有如下要求。

① 海情不大于 6 级。

② 海水主要的物理参数:温度范围为 $-2.2 \sim 29.4℃$,密度范围为 $0.995 \sim 1.04$,海平面大气压力 $0.93 \sim 1.02$ 标准大气压。

③ 地面风:不大于 40kn。

④ 发射深度 $30 \sim 48m$(龙骨下最小到最大深度为 $27 \sim 45m$)。

⑤ 潜艇航速 $V \le 2kn$,升沉速度 $V_\zeta \le 0.3m/s$,横摇角和纵摇角小于或等于 $1°$。

(二) 保持发射条件的技术措施和发射运动预报

导弹发射后,能否及时恢复和保持艇的航行深度与纵倾,则是保证连续发射的重要条件。

为此,在设计上要采取一定的专门技术措施,常用的方法是设置各类导弹补重水舱,并在发射前于发射航速下准确均衡好潜艇。早期的导弹潜艇上还安装了稳定陀螺,如第一代乔治·华盛顿级潜艇,在辅机舱布置重达 50t 的陀螺消摆器,而第三代拉菲特级潜艇布置了 28t 的陀螺减摇稳定器,第四代的俄亥俄级潜艇水下

排水量18750t,同时,围壳舵是分离差动式舵,并在水平尾鳍上设置了6.10×6.10m的端板,保证潜艇动稳定性。

发射导弹时潜艇操纵运动的计算,与本节前面介绍的基本相同,关键在于对外力情况的分析和数学处理,根据报道简介如下。

(1)对于发射冲量目前有两种处理方法:一种是根据冲量按一定公式计算各排发射管的初始攻角α_0、初始纵倾角速度q_0,作为求解垂直面线性操纵运动方程的初始条件;另一种方法是把冲量作为其作用时间的平均力,如式(4-146),添加在运动方程中。

(2)关于弹筒进水通常大部分按瞬时进水,少量按试验获取的进水数学模型处理,大约是二八开。专用补重水舱的排水一般采用线性规律。

(3)采用"跳跃"式对角线发射顺序,减小发射后引起的艇重浮力差影响。减小发射间隙也是重要的保持定深的措施。如1990年2月12日,俄亥俄级的"田纳西"号(SSBN-734)水下连射2枚"三叉戟"Ⅱ型导弹,发射间隔为15s,报道称,发射24枚的总时间为15~6min,一般发射1~2组(编组:通常4枚为1组,如1、24、2、23号顺序为第一组;11、14、12、13号为第二组等)即机动转移,下潜到更大深度隐蔽。然后无规律地(指地点、时间)接近发射深度,择机发射其余各组导弹。

(4)水下大于30m发射时,可忽略自由水表面的影响。

舵是保持潜艇运动状态的有效工具。理论预报时,首、尾升降舵角范围各为

$$\delta_b = \pm 20° (\text{或 } \delta_{fp} = \pm 20°)$$

$$\delta_s = \pm 25°$$

即各留5°余量。

此外,计算导弹发射时的初始运动可取等速定深直线运动,且是静平衡的,视计算方法的不同,α_0、q_0可以等于零,也可以不等于零。

第十节　潜艇水平面的回转运动

一、概述:回转运动、回转圈及回转性

直航中的潜艇,把方向舵转到一定舵角并保持不变,这时,潜艇将偏离原航线作曲线运动,称为水平面回转运动。潜艇作回转运动时重心的轨迹,称为回转曲线或回转圈,如图4-10-1所示。潜艇是否易于回转的性能称为回转性。

回转运动是潜艇定深直航、变深潜浮和转向机动三种最基本、最重要的运动方式之一。对于潜艇在水平面内的运动控制而言,良好地保持航向与迅速改变航向是其基本要求,因此,回转性是水平面机动性的重要性能,它反映大舵角时改变航

向的能力,又称为航向机动性。但进行完整回转的情况很少,经常是从一个航向改变到另一个航向或保持航向的操舵机动,其特点是机动幅度不大,可用标准机动中的 Z 形操舵机动反映这种中等舵角时的航向改变性。此时,艇对操舵的响应快慢是个重要性能,即应舵性或转首性,或称初始回转性。因此,潜艇的水平面机动性也包含两个方面,即反映机动能力的回转性和表示运动响应快慢的转首性(或应舵性),并统称为航向机动性。

本节介绍如下问题。

(1) 回转运动的三阶段与航向操纵。

(2) 回转运动的特征参数和回转直径。

(3) 回转中的航速和横倾。

(4) 水下回转。

二、回转运动的 3 个阶段

回转运动时,潜艇重心轨迹的形状如图 4-10-1 所示,先保持一段直线,然后弯曲,最后为一圆。根据回转运动过程中运动参数变化的特点,通常把回转运动分成以下三个阶段。

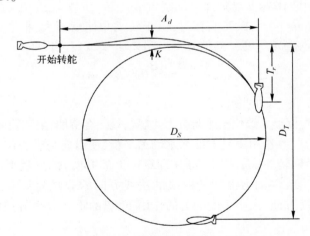

图 4-10-1　回转的几何特征参数

(1) 转舵阶段。从转舵开始到舵转至规定舵角(一般为 8~15s)。

设潜艇自直线航行中操一右舵,随着舵的转动,方向舵上的舵力 $Y(\delta)$ 和力矩 $N(\delta)$ 也不断增大,使艇减速并产生 $(-\dot{u})$、$(-\dot{v})$ 和 $\dot{r}$,但由于舵的水动力较小而艇的惯性很大,转舵时间又短,所以产生的 v、r 很小,潜艇几乎仍按原航线减速运动,只是由于舵力 $Y(\delta)$ 的作用,潜艇多少有些被推向外侧,由于横向位移的方向与回转方向相反,因此称为"反向横移"或"外冲"。

（2）发展阶段。从转舵终了到潜艇进入定常回转运动为止。

一般需改变航向 90° 以上，对十字尾为 50°~90°，而 T 字尾为 90°~100° 才进入定常回转运动，随艇型而变。

随着时间的增长，潜艇在车及舵力矩作用下，边前进边旋转，并有反向横移，于是，产生水动力角 β，称为漂角（图 2-1-1）。在艇体上又产生了水动力：纵向力 $X(\beta)$、横向力 $Y(\beta)$ 和偏航力矩 $N(\beta)$，并随漂角的增大而增加。纵向力使航速继续降低，横向力的增大逐渐克服了反向的 $Y(\beta)$，制止了反向横移，$N(\beta)$ 使艇体绕重心向回转内侧加速旋转，并使重心轨迹向回转一侧弯曲，艇首伸向回转圈内，艇尾向外甩，这时，潜艇既有 $\dot{v}$、$\dot{r}$，也有 v、r 等。随着角速度 r 的增大，使阻止潜艇旋转的阻尼力矩 $N(r)$ 也迅速增大，当 $N(\delta)+N(\beta)=N(r)$ 时，诸力矩平衡，则 $\dot{r}=0$，$r=$ 常数，漂角 β 和航速 V 也逐渐达到常值，艇的运动就进入了定常回转阶段。

发展阶段的特点：作用在艇上的水动力是随时间变化的，所以 V、β、r 和回转曲线的曲率半径也在不断变化，潜艇作非定常运动，是个刚体在水中的平面运动。

回转运动过程中，沿艇长方向上各点速度的大小和方向（即漂角）都是改变的。分布规律见式（2-1）和图 2-1-2，即由艇尾向艇首逐渐减小，在艇首某一点 p 处 $\beta=0$（即 $v=0$）。对于站在 p 点上的人看来，好像潜艇一方面以 V_p 向前平动，另一方面，艇上前、后体各点以角速度 r 绕点 p 旋转，所以称 $\beta=0$ 的点为"枢点"或"转心"（Pivot Point）。刚操舵回转时，由于转动角速度不大，枢心趋于艇艏，逐渐后移，定常回转时固定不变。其位置可由图 2-1-2 或定义得知

$$x_p = \frac{V\sin\beta}{r} \approx \frac{V\beta}{r}（\text{或 } R_s\sin\beta）\qquad(4-151)$$

式中：V、r、β 都是重心处的参数。

定常回转时，枢点大致位于距艇首 1/4 艇长处。客货船、集装箱船约为 $L/3$ 处。

（3）定常阶段。作用于艇上的诸水动力平衡，使潜艇绕重心作匀速转动。

诸水动力沿回转曲线的切线方向（即艇速 V 的方向）的分量平衡，艇速 V 达到最小值并保持不变；水动力沿回转曲线的法线方向的分量为常值，提供一个向心力，在垂直于速度方向、大小不变的力的作用下，艇的重心 G 做等速圆周运动，艇的运动轨迹是一圆。

三、回转运动的特征参数

回转运动的主要特征，可用下列空间和时间两类参数描述（图 4-10-1）。

（1）定常回转直径 D_s。定常回转圆的直径，它是表示潜艇在水平面内机动性最方便、常用且最重要的特征参数，通常用相对比值 D_s/L 表示，或用 R_s/L（R_s 为定常回转半径，L 为艇长）表示，其大小为

$$\text{水下状态}：D_{s\downarrow}=(3.5~5.0)L$$

水上状态:$D_{s\uparrow} = (3\sim5)L$

（2）战术直径 D_T。潜艇回转 180°时，艇的重心到初始直航线的距离，即航向改变 180°时潜艇重心的横向移动距离。战术直径又称为回转初径，是个易于测量、直接判断回转性的很实用的重要参数，一般为

$$D_T = (0.9\sim1.2)D_s$$

（3）纵距 A_d。自转舵开始的操舵点至首向改变 90°时，潜艇重心沿初始直航线移动的距离，也称进距，是初始回转性的重要参数，也是水平面航迹自动控制的主要参数。它表示潜艇在航行中，发现前方有障碍物而转舵避碰的最短距离，一般为

$$A_d = (0.6\sim1.2)D_{s\uparrow}$$

（4）正横距 T_r。转向 90°时艇重心至初始直航线移动的距离，一般为

$$T_r = (0.25\sim0.50)D_{s\uparrow}$$

（5）反横距 K。潜艇重心离开初始直航线，向回转的相反方向横移的最大距离，一般 $K \leqslant B/2$（B 为艇宽），水面客货船满舵回转的反横距约为船长的 1/100，此时，船尾甩出的反向横移为船长的 1/10~1/5。这一特性可用于近距避碰的紧迫局面。

上述（3）~（5）表示了初始回转性能，即转首性的空间特征参数。

（6）定常回转的航速 V_s、漂角 β_s、横倾角 φ_s（有时将省略下标"s"）。定常回转的航速 V 比直航时的航速 V_0 降低 20%~30%，并可用下式估算，即

$$水下回转:V_\downarrow = (1-e^{-0.52R_s/L})V_0 \qquad (4-152a)$$

$$水上回转:V_\uparrow = 0.767\left(1.45-\frac{L}{R_s}\right)V_0 \qquad (4-152b)$$

漂角通常不大，在 10°左右，可采用下式估算：

$$\beta_s^0 \cdot R_s/L = 0.3\sim0.5 \qquad (4-153a)$$

或

$$\beta_s^0 = 22.5L/R_s+(1.45\sim18)\frac{L}{R_s} \qquad (4-153b)$$

（7）回转周期 T。从转舵起至回转 360°所经历的时间，用来衡量潜艇大幅度转向的快慢程度。也有以定常回转 360°所需的时间定义回转周期，于是，周期 T 与定常回转角速度 r_s 间应有关系

$$r_s = 2\pi/T \qquad (4-154)$$

万吨级船舶满载旋回 360°约需时 6min，载重量 30 万吨级超大型油船（VLCC）满舵旋回 360°需时 13.5min 左右。

（8）初始转首时间 t_a。转舵瞬时起至首向角 ψ 改变某一小角度所需要的时间。一般指 ψ 改变 5°，操方向舵 10°或 15°，即 Z 型操舵机动 $\delta/\psi \rightarrow 15°/5°$ 所需经历

的时间。t_a 表示潜艇首向角对于转舵的响应的快慢程度。

上述特征参数中,前 5 项是衡量回转区域大小的空间特征参数。其中 D_T、A_d 尤为有用,表示了潜艇回转必需的最小水域。此外,尚需计及艇尾外甩所占的海域,其宽度取决于艇长 L,大约等于 $L[\cos(90°-\beta_s)]$。特征参数的最后两项是衡量回转快慢程度的时间特征参数。回转直径和周期,对于潜艇的机动、攻击和编队航行,都是重要参数。

四、定常回转直径的确定

用定常回转的线性运动方程,求解小舵角缓慢定常回转的直径;用非线性运动方程和空间运动方程求解大舵角时的定常回转直径及其他回转运动特征参数。

(一) 定常回转运动的线性运动方程

定常回转的线性运动方程可按等速圆周运动直接求得。这里采用式(2-95b),即

$$\begin{cases} Y'_v v' - (m' - Y'_r) r' = -Y'_\delta \delta \\ N'_v v' + N'_r r' = -N'_\delta \delta \end{cases} \tag{4-155}$$

由此可解得

$$r_s = K\delta \tag{4-156}$$

其中

$$K = \left(\frac{V}{L}\right) K' = \left(\frac{V}{L}\right) \frac{N'_v Y'_\delta - N'_\delta Y'_v}{N'_v (m' - Y'_r) + N'_r Y'_v} \quad (1/s) \tag{4-157}$$

或

$$r'_s = K'\delta \tag{4-158}$$

定常回转时的角速度 $r_s = V/R_s$,所以相对回转半径 R_s/L 为

$$\frac{R_s}{L} = \frac{1}{r'_s} = \frac{1}{K'\delta} = \frac{N'_v (m' - Y'_r) + N'_r Y'_v}{N'_v Y'_\delta - N'_\delta Y'_v} \cdot \frac{1}{\delta} \tag{4-159}$$

同理,由式(4-155)解出横向速度 v,得定常回转的漂角 β_s(图 4-10-2)为

$$\beta_s = -\frac{v}{V} = K'_\beta \delta \tag{4-160}$$

其中

$$K'_\beta = \frac{N'_\delta (m' - Y'_r) + N'_r Y'_\delta}{N'_v (m' - Y'_r) + N'_r Y'_v} \tag{4-161}$$

由以上可知,比例系数 K 在数值上表示单位方向舵角引起的定常回转角速度,所以称为回转性指数或舵效指数。K 值越大,舵效越高,回转快,定常回转直径小。当 $K>0$ 时,操右舵($\delta>0$),潜艇顺时针方向向右回转($r>0$),操左舵($\delta<0$),则逆时

针方向向左回转($r<0$),称为正常操舵;若 $K<0$ 时,操右舵向左旋回,操左舵向右旋回,此时,称为反常操舵(图 4-10-2)。

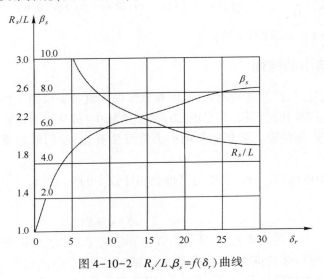

图 4-10-2 R_s/L、$\beta_s=f(\delta_r)$ 曲线

式(4-155)是在线性化条件下求得的,只是在较大的 D_s/L 时,才不致有明显的偏小误差。

水下定常回转直径也可按如下简易非线性方程计算,即

$$\begin{cases} Y'_v v' + (Y'_r - m')r' + Y'_{v|r|}v'|r'| + Y'_{v|v|}v'|v'| + Y'_\delta \delta = 0 \\ N'_v v' + N'_r r' + N'_{|v|r}|v'|r' + N'_{r|r|}r'|r'| + N'_{v|v|}v'|v'| + N'_\delta \delta = 0 \end{cases} \tag{4-162}$$

(二)影响定常回转直径的主要因素

定常回转直径的大小首先与艇形有关。回转性指数 K 的表示式(4-153)中的分母 $[N'_v(m'-Y'_r)+N'_r Y'_v]$,即是稳定性衡准数 C_H。由此可见,C_H 越大则 K 越小,r 亦小,回转直径越大,回转性能越差,但 C_H 越大稳定性越好。所以回转性与稳定性对船形的要求是互相矛盾的,船形肥满(增大 C_B 和 B/L、减小尾部侧投影面积),将使回转性变好而稳定性变差。

对一定的潜艇来讲,定常回转直径主要取决于转舵角的大小。水面航行时尚与纵倾密切相关,若有首纵倾时,将使艇的水动力中心前移,l'_β 增大,改善回转性,使定常回转直径减小。航速对定常回转直径 D_s 的影响不大,当 $Fr=V/\sqrt{gL} \leqslant 0.25$ 时,航速对 D_s 无影响;当 $Fr>0.25$,在水面航行时,由于产生纵倾和兴波的影响,使 D_s 有所增大,且 $D_s \propto V^{0.3}$。例如,对于具有圆钝回转型艇首的潜艇,增速时有埋首现象,故使回转直径减小;为了改善水面航行的适航性,把艇尾的"抗沉"主压载水舱注水,再增速时回转直径则遵从通常的规律。舰船船体规范(GJB4000—

2000)中,建议对于高速军舰采用下式计算,即

$$\frac{D_s}{D_{s0}} = 1 + 0.712Fr - 5.23Fr^2 + 11.36Fr^3 \quad (Fr \leqslant 0.6) \tag{4-163}$$

式中:D_{s0} 为 $Fr \leqslant 0.25$ 时的回转直径。

五、回转中的航速

转舵回转时,船体和舵的阻力、流向螺旋桨的水流及主机的工作情况都发生变化,总之,船在斜航和旋转状态,桨也是在斜航流场中,部分推力消耗在向心加速度的发展上,因而,艇的阻力和螺旋桨的推力都发生变化,艇的航速要下降20%~30%。

由式(2-106)的第一式,忽略与其他力相比较小的 $X_{vv}v^2$、$X_{rr}r^2$ 和 $X_{vr}vr$ 项,并作简化可得

$$(m - X_{\dot{u}})\dot{u} - mvr = X(u) + X_T + X(\delta) \tag{4-164}$$

艇回转时,由于航速降低,艇体阻力 $X(u)$ 减小。舵阻力 $X(\delta)$ 随舵角增大而迅速增大。船后螺旋桨的推力 X_T 主要取决于轴向流速 u_p 和主机外特性,情况比较复杂,与主机种类密切相关,如推力增大,则航速下降得少,反之,航速降得多。定常回转时,式(4-160)可写成

$$-mvr = X(u) + X_T + X(\delta) \tag{4-165}$$

式(4-161)左边项为离心惯性力(包含 $-Y_{\dot{v}}vr$ 流体惯性力项)在 x 轴上的投影,以 $r_s = V_s/R_s$ 和 $v = -V\sin\beta$ 代入(省略下标"s")可得

$$-mvr = m\frac{V^2}{R}\sin\beta$$

虽然漂角 β 较小,但离心力 mV^2/R 很大。从艇形来看,影响离心力的主要是方形系数 C_B。在回转过程中,随着航速 V 下降,$X(u)$、$X(\delta)$ 和离心力在 x 轴上的投影都减小,而螺旋桨推力 X_T 增大,当航速降至某一值,上述诸力平衡,满足式(4-161),即达到了定常回转航速。

将式(4-161)遍除以 $\frac{1}{2}\rho L^2 V^2$ 使之无因次化后得

$$2C_B\frac{B}{L} \cdot \frac{H}{L} \cdot \frac{L}{R_s}\sin\beta = X_T' + X'(u) + X'(\delta) \tag{4-166}$$

由此可见,影响定常回转速降系数 $V_s' = V_s/V_0$ 的主要因素是:主机类型、相对回转半径 $R_s' = \frac{R_s}{L}$ 和艇的肥瘦度 C_B、B/L 等。对于一定的潜艇来说,主要取决于 R_s'(β 和 R_s' 间有对应关系)。戴维逊(K. S. M. Davidson)根据大量实船和船模试验结果

整理成$\dfrac{V_s}{V_0} \sim \dfrac{D_s}{L}$的关系曲线(图 4-10-3)。日本的志波根据民船船模试验资料,作出$V_s/V_0 \sim C_B 、D_s/L$的关系曲线(图 4-10-3)。上述曲线都是用于近似估算水面舰船的定常回转速度V_s的。

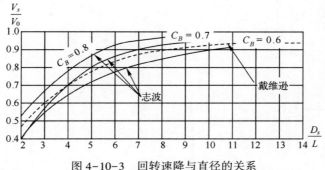

图 4-10-3　回转速降与直径的关系

潜艇领域,俄罗斯有关文献曾根据实船试验试航结果和经验,提出下列公式近似估算潜艇回转中的速降,即

$$\frac{V_s}{V_0} = 1 - e^{-\mu \frac{R_s}{L}} \tag{4-167}$$

式中:V_0 为回转初始航速;R_s 为定常回转半径;L 为艇长;μ 为经验系数,$\mu = 0.52 \sim 0.48$,一般对各种潜艇取 0.5 左右。

六、回转过程中的横倾

以上讨论的是水平面的运动情况,现在研究回转过程中潜艇在垂直面内的运动。

潜艇回转时,不论是水下或水面状态,都会产生横倾。这是由于回转中,作用在艇体和方向舵上的水动力 $Y(v,r)$、$Y(\delta)$ 的作用点不与艇重心在同一高度。这些力对重心的力矩,形成横剖面内的横倾力矩,使艇产生横倾。潜艇水面回转时一般先向内侧横倾(内倾),再向回转外侧横倾(外倾);水下回转时,一般先外倾后内倾。

例如,水下回转时,在转舵阶段,横向力主要是舵力 $Y(\delta)$,其作用点通常高于水下重心 G,如图 4-10-4(b)所示,右舵的舵力指向左舷,对重心的力矩是逆时针方向,所以水下回转初期潜艇多外倾。不过由于舵力不大,这个初始横倾角也较小,有时(如低速)甚至实际上看不出来。从一些艇的试航结果来看,尚与进入定常回转的早晚(如首向角只改变 30°~40°)有关。在回转的发展阶段,除舵力外,又添加了艇体的横向力 $Y(v,r)$,也包括指挥台围壳提供的位置较高的横向水动力,

它们与 $Y(\delta)$ 反向,大致作用于艇体半高处($H/2$),如图 4-10-4(c)所示,高于重心,对重心的力矩使艇体迅速向回转内侧横倾,这样潜艇由外倾转为内倾。在水动力使艇横倾的同时,艇的扶正力矩将抵制横倾的增长。到达定常阶段,诸水动力力矩与扶正力矩取得平衡,则使横倾角趋于常值,称为静横倾角 φ_s。

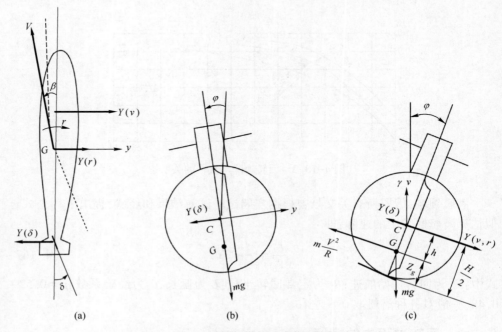

图 4-10-4　回转舯横剖面内作用力的分布

由于回转过程中,横倾力矩增长的时间较短,特别是指挥室围壳所提供的那部分横向水动力,作用位置高,所以横倾力矩的增长具有某种突加性质,从而当潜艇由外倾转为内倾时,出现"突倾"(Snap Roll),此时的横倾角称为动力横倾角 φ_d,然后作几次摆动,最后保持在 φ_s。作为一个例子,图 4-10-5 所示是水面状态操右舵时的 $\varphi(t)$ 的变化情形。一般 $\varphi_d \approx 1.5 \sim 2\varphi_s$。为了减小转向时出现过大的 φ_d、φ_s,在有的潜艇上设计了较小的指挥室围壳,并在原十字形尾鳍的下方左右舷 45°位置增设两块稳定鳍,或把尾操纵面设置为 T 形,去掉上部垂直舵及稳定翼,而将下部垂直舵翼适度超基线。此外,指挥室围壳位置前移,将使回转的横倾(或横漂)减小。

回转中的横倾角的计算,可采用六自由度空间运动方程进行水下定深回转运动的计算完成。这里仅按产生横倾的基本力学原理,近似估算定常回转横倾角 φ_s。如图 4-10-4(c)所示,定常回转时,艇作匀速圆周运动,艇的惯性离心力作用于重

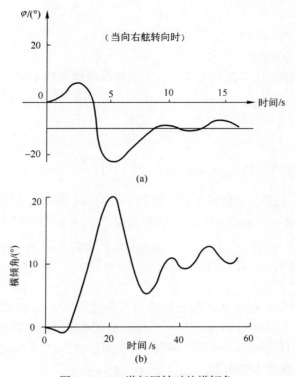

图 4-10-5　潜艇回转时的横倾角

心,在 y 轴上的投影为 $m\dfrac{V^2}{R_s}\cos\beta\approx m\dfrac{V^2}{R_s}$。舵力 $Y(\delta)$ 较小,而且其作用方向是使横倾角减小,为了简化计算,可略去 $Y(\delta)$,于是,使潜艇横倾的力矩可看成 $Y(v,r)$ 与 mV^2/R_s 组成的力偶,其大小为

$$m\frac{V^2}{R_s}\left(\frac{H}{2}-Z_g\right) \tag{4-168}$$

也即是定常回转时诸横向力应等于向心力在 y 轴上的投影,当略去 $Y(\delta)$ 时为

$$Y(v,r)=m\frac{V^2}{R_s}\cos\beta\approx m\frac{V^2}{R_s}$$

因此,横向力 $Y(v,r)$ 对重心的力矩与横向扶正力矩 $mgh\varphi_s$ 平衡,可得水下横倾角 $\varphi_{s\downarrow}$ 为

$$\varphi_{s\downarrow}=\frac{V^2}{ghR_s}\left(\frac{H}{2}-Z_g\right)(\text{rad}) \tag{4-169}$$

当潜艇在水面状态回转时,一般先内倾后外倾。若假定 $Y(v,r)$ 作用于 $T/2$ 处,则有

$$\varphi_{s\uparrow} = \frac{V^2}{ghR_s}\left(Z_g - \frac{T}{2}\right) \qquad (4-170)$$

式中：Z_g、T 分别为重心高、吃水。

定常回转横倾角还可按动力学与静力学相结合的方法求取，此时，横倾角可表示为

$$\varphi = \arcsin\left(\frac{V_0^2}{2gh}m_\chi\right) \qquad (4-171)$$

式中：V_0 为回转时的线速度，$V_0 = 0.95\left(1.20 - \frac{L}{R}\right)V(\mathrm{m/s})$；$h$ 为经自由液面修正的水下初稳心高（m）；V 为潜艇水下设计航速（m/s）；m_χ 为无量纲横倾力矩系数，试验测定，GJB64.2A—97 建议对回转体线型潜艇取 $m_\chi = 0.03$；g 为标准重力加速度，$g = 9.81\mathrm{m/s^2}$；$L/R = |r'|/\sqrt{1+v'^2}$，$\tan\beta = -v'$，R 为定常回转半径，L 为潜艇总长（m）；$r' = rL/V$，$v' = v/V$，可按式（4-158）计算 L/R、r'、v' 等，或用设计值代入相关公式。

对于一定的潜艇来讲，为了防止回转中发生过大的横倾，特别要避免高速小半径的急回转。减小回转横倾角的唯一安全措施是降低航速，并缓慢地减小舵角。如果试图用突然打反舵的方式减小横倾，其作用反使横倾增大，甚至发生险情，因为舵力是抑制横倾增大的因素。

七、水下回转对定深运动的影响

（一）艇重、尾重

定深直航中的潜艇操方向舵转向时，除产生众所周知的反向位移、速降和横倾外，还伴有艇重、尾重和潜浮现象。其原因在于指挥室围壳涡系与艇体涡系的干扰作用，以及围壳前艇体的三维流动效应的影响，使艇首内侧受阻尼力的垂向分力向上，而艇尾外侧受阻尼力垂向分力向下，它们的合力向下。

水下回转时，艇速降低，使零升力 $Z_0(M_0)$ 减小，从而造成艇重。

从水下回转运动产生耦合水动力看，艇重、尾重现象是这样形成的：由于回转角速度 r 和漂角 β（或横向速度 v），也由于主艇体与指挥室围壳的相互干扰，使围壳前后方、主艇体的顶部和底部的流畅发生改变，出现侧洗流（图4-10-6(a)），导致围壳前后和主艇体上、下部位的速度差，根据伯努利定律，会产生上下、前后的压力差，以及回转中的内横倾，使艇体首尾的内、外侧还受到阻力的垂向分量（首部向上较小，尾部向下较大），从而在围壳后方产生可观的下沉力。考虑到回转运动时局部的横向速度 $v(x)$ 可由平面运动确定，即

$$v(x) = -V\sin\beta + xr \qquad (4-172)$$

因此,总的下沉力取决于艇速 V、漂角 β(或横向速度 v)和回转角速度 r,常用 $Z(v,r)$ 表示,称为耦合水动力。下沉力矩 $M(v,r)$ 可写成

$$M(v,r)=-Z(v,r)\cdot l_Q \tag{4-173}$$

式中:l_Q 为垂向力 $Z(v,r)$ 的作用点 Q 至重心的距离,Q 点在 G 点之前 $l_Q>0$,反之为负。

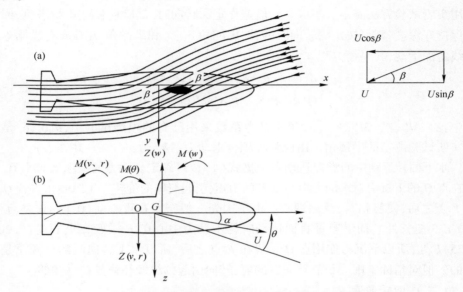

图 4-10-6 回转运动中的侧洗流和耦合水动力

潜艇在耦合水动力和力矩的作用下,将产生纵倾角和攻角,于是,又产生水动力 $Z'_w\alpha$、$M'_w\alpha$ 及扶正力矩 $M'_\theta\theta$。当攻角不大时,可认为 $Z(v,r)$、$M(v,r)$ 等水动力变化不大,从而可根据定常运动特性,仿照写出转向引起的直线潜浮运动的平衡方程,即

$$\begin{cases} Z'(v,r)+Z'_w\alpha=0 \\ M'(v,r)+M'_w\alpha+M'_\theta\theta=0 \end{cases} \tag{4-174}$$

当已知式中的水动力系数时,易于解出 θ、α,并可求得潜浮角 χ 为

$$\chi=\theta-\alpha=-\frac{1}{M'_\theta}\left[\frac{M'(v,r)}{Z'(v,r)}-\frac{M'_w}{Z'_w}-\frac{M'_\theta}{Z'_w}\right]Z'(v,r) \tag{4-175}$$

或

$$\chi=-\frac{1}{M'_\theta}(l'_Q+l'_\alpha-l'_{CF})Z'(v,r)=\frac{V^2}{m'gh}l'_{CQ}Z'(v,r) \tag{4-176}$$

其中

$$\alpha = -Z'(v,r)/Z'_w$$

$$\theta = -\frac{1}{M'_Q}(-l'_Q + l'_\alpha)Z'(v,r) = \frac{V^2}{m'gh}l'_{FQ}Z'(v,r) \tag{4-177}$$

$$l'_{CQ} = l'_Q + l'_\alpha - l'_{CF} \tag{4-178}$$

而耦合水动力系数 $Z'(v,r)$、$M'(v,r)$ 可用模型试验确定表示成式(3-37)，也可用实艇试验方法测定。当以一定航速作定深转向时，试验前良好均衡潜艇，回转中保持好深度，则可按定深转向时的首、尾舵角 δ_b、δ_s 和纵倾角 θ，看成有纵倾等速直线定深运动，其平衡方程式可表示为

$$\begin{cases} Z'_w\theta + Z'_{\delta_b}\delta_b + Z'_{\delta_s}\delta_s + Z'(v,r) = 0 \\ M'_w\theta + M'_{\delta_b}\delta_b + M'_{\delta_s}\delta_s + M'(v,r) = 0 \end{cases} \tag{4-179}$$

式中：Z'_w、M'_w、Z'_{δ_b}、M'_{δ_b}、Z'_{δ_s}、M'_{δ_s} 等水动力系数采用已有的模型试验值，θ、δ_b、δ_s 是根据实艇试验测定的平衡角。由此估算耦合水动力系数值 $Z'(v,r)$、$M'(v,r)$。

水下回转运动中的潜浮运动可根据式(4-175)确定。就力的操纵效果来看，作用在点 Q 的下沉力对水动力中心点 F 的力矩，引起艇体的旋转产生纵倾角。若 Q 点在 F 点之后，使艇抬首，反之埋首。由于围壳一般布置在重心前$(0.15 \sim 0.25)L$ 处（或 $L/3$ 艇长处），而潜艇垂直面运动时的水动力中心点 F 一般在重心前$(0.20 \sim 0.25)L$ 处，所以下沉力作用点 Q 一般在 F 点之后，所以水下转向时的纵倾总是抬首的。但对指挥室围壳很靠首布置的艇，转向引起的纵倾往往是首纵倾的。

（二）回转逆速 V_{iQ}

水下转向时是下潜或上浮，可由式(4-175)得知：下沉力对于临界点 C 的力矩造成潜浮角。若 Q 点在 C 点之后，艇将上浮，反之艇将下潜。由于 C 点的位置随航速而变，所以潜艇水下转向时也存在一个不会引起潜浮的航速，称为回转逆速。此时，Q 点与 C 点重合，而 $\chi=0$。记该航速为 V_{iQ}，显然应等于

$$V_{iQ} = \sqrt{\frac{m'gh/Z'_w}{\dfrac{M'_w}{Z'_w} - \dfrac{M'(v,r)}{Z'(v,r)}}} \tag{4-180}$$

试验和计算表明，一般艇的回转逆速 V_{iQ} 值处于低速区。当 $V > V_{iQ}$ 时，潜艇转向时将艇重、尾重、螺旋上浮；当 $V < V_{iQ}$ 时，潜艇转向时将艇重、尾重、螺旋下潜。回转逆速特性可通过实艇试航测定。

实际上，由式(4-180)求得$(-l'_\alpha + l'_Q)$代入式(4-175)，经整理可得

$$\chi = \left(\frac{V^2}{V_{iQ}^2} - 1\right)\alpha \tag{4-181}$$

此外，由于 $Z'_w < 0$，一般情况有 $Z'(v,r) > 0$，故 $\alpha > 0$。

如 $\left(\dfrac{V}{V_{iQ}}\right)^2 < 1$，则 $\chi > 0$，表示潜艇在 $V > V_{iQ}$ 较高航速下，由于水下回转的影响将使潜艇有上浮趋势。

如 $\left(\dfrac{V}{V_{iQ}}\right)^2 < 1$，则 $\chi < 0$，表示潜艇在 $V < V_{iQ}$ 的低速下，由于水下回转的影响将使潜艇有下潜趋势。

（三）应用

潜艇水下转向时的艇重、尾重和潜浮运动特性，已成为挽回尾下潜舵卡的重要措施，应用方向舵左满舵或右满舵，既产生速降达到制动作用，又产生尾纵倾，限制潜深增大。此外，方向舵左、右满舵连续转换，即所谓"摆尾"操舵，也能获得一定的挽回效果，但不及左（右）满舵好，其根据也是遵循水下转向时的特性。

水下回转运动的基本要求是定深，实艇操纵中可用升降舵配合，实现带尾倾和无纵倾定深旋回。基本方法是：带尾倾定深回转时，尾升降舵操下潜舵或相对下潜舵；无纵倾定深回转时，两舵操平行上浮舵。

第十一节　水平面航向机动性的响应特征与 K、T 指数

线性方程式只适用于小舵角运动，但由于能求得解析解，用来分析运动是比较方便的。本节介绍一、二阶响应方程的解及其特性。

一、二阶线性响应方程解的特性

（一）阶跃操舵

设操舵规律为

$$\delta(t) = \delta_0 \tag{4-182}$$

二阶线性首摇响应方程式（2-97）可写成

$$T_1 T_2 \ddot{r} + (T_1 + T_2)\dot{r} + r = K\delta + K T_3 \dot{\delta} \tag{4-183}$$

或写成

$$\ddot{r} + \left(\frac{1}{T_1} + \frac{1}{T_2}\right)\dot{r} + \frac{1}{T_1 T_2}r = \frac{K}{T_1 T_2}\delta + \frac{K T_3}{T_1 T_2}\dot{\delta} \tag{4-184}$$

当不考虑 T_3（即 $\dot{\delta}$）的影响时，可简化为

$$\ddot{r} + \left(\frac{1}{T_1} + \frac{1}{T_2}\right)\dot{r} + \frac{1}{T_1 T_2}r = \frac{K}{T_1 T_2}\delta_0 \tag{4-185}$$

式（4-181）为常系数二阶线性非齐次方程，其全解为

$$r(t) = c_1 e^{-\frac{t}{T_1}} + c_2 e^{-\frac{t}{T_2}} + K\delta_0 \tag{4-186}$$

式中：$K\delta_0$ 为式(4-185)的特解；$-\dfrac{1}{T_1}$、$-\dfrac{1}{T_2}$ 为式(4-185)的齐次方程的特征方程的根；c_1、c_2 为积分常数，由潜艇运动的初始条件确定。

当 $t = 0$ 时，将 $r = 0$，$\ddot{r} = 0$ 代入全解式(4-186)，可得

$$c_1 = -\frac{T_1}{T_1 - T_2} K\delta_0$$

$$c_2 = \frac{T_2}{T_1 - T_2} K\delta_0$$

所以，式(4-185)的全解为

$$r(t) = K\delta_0 \left(1 - \frac{T_1}{T_1 - T_2} e^{-\frac{t}{T_1}} + \frac{T_2}{T_1 - T_2} e^{-\frac{t}{T_2}} \right) \tag{4-187}$$

对式(4-187)求导和积分可得角加速度 $\dot{r}$ 与首向角 ψ，即

$$\dot{r}(t) = \frac{K\delta_0}{T_1 - T_2} (e^{-\frac{t}{T_1}} - e^{-\frac{t}{T_2}}) \tag{4-188}$$

$$\psi(t) = K\delta_0 \left[t - (T_1 + T_2) + \frac{T_1^2}{T_1 - T_2} e^{-\frac{t}{T_1}} - \frac{T_2^2}{T_1 - T_2} e^{-\frac{t}{T_2}} \right] \tag{4-189}$$

$r(t)$、$\psi(t)$ 曲线如图 4-11-1 所示。

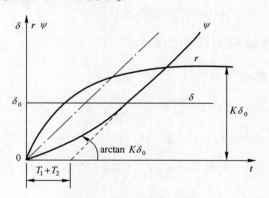

图 4-11-1 阶跃方向舵的响应

当计及 T_3 对初始转首运动影响时，根据野本教授的意见[36]，较大的 T_3 将引起较大的 $\dot{r}$，此时，初始条件可取 $t = 0$，将 $r = 0$，$\dot{r} = -\dfrac{KT_3}{T_1 T_2} \delta_0$ 代入式(4-186)可得

$$c_1 = -\frac{T_1 - T_3}{T_1 - T_2} K\delta_0$$

$$c_2 = \frac{T_2 - T_3}{T_1 - T_2} K\delta_0$$

相应地,全解为

$$r(t) = K\delta_0 \left(1 - \frac{T_1 - T_3}{T_1 - T_2} e^{-\frac{t}{T_1}} + \frac{T_2 - T_3}{T_1 - T_2} e^{-\frac{t}{T_2}} \right)$$

$$\dot{r}(t) = \frac{K\delta_0}{T_1 - T_2} \left(\frac{T_1 - T_3}{T_1} e^{-\frac{t}{T_1}} - \frac{T_2 - T_3}{T_2} e^{-\frac{t}{T_2}} \right)$$

$$\psi(t) = K\delta_0 \left[t + \frac{T_1 - T_3}{T_1 - T_2} T_1 (e^{-\frac{t}{T_1}} - 1) - \frac{T_2 - T_3}{T_1 - T_2} T_2 (e^{-\frac{t}{T_2}} - 1) \right]$$

由上述解及图 4-11-1 可知,对于直线稳定的艇,即 $T_1 > 0$、$T_2 > 0$,操舵后的扰动运动经过一段时间的过渡过程得稳态值为

$$\begin{cases} r(t) = K\delta_0 \\ \psi(t) = K\delta_0 [t - (T_1 + T_2)] \end{cases} \tag{4-190}$$

若 $(T_1 + T_2) = 0$,则 $\psi(t) = K\delta_0 t$,表示一操舵潜艇立即就以定常回转角速度 $r_s = K\delta_0$ 改变航向(图 4-11-1 中的点划线)。因此,时间常数 T_1、T_2 表示操舵后潜艇进入定常回转的滞后时间,T_1、T_2 值越小,艇对操舵的响应越快,潜艇能在较短的时间内进入定常运动,艇的转首性好。可见,稳定性好(T_1、T_2 为小而正的值),转首性也好。

由式(4-187)~式(4-190)可见,转舵指数 K 值决定了操舵后潜艇所能达到的最终运动的能力。K 值越大,r_s 也越大,回转能力强,即回转性好。但 K 值与稳定性衡准数 C_H 成反比,C_H 越大则 K 值越小,使定常回转直径 D_s 增大,可见,稳定性与回转性相矛盾。

总之,在线性简化下,系数 K、T_1、T_2 是表示航向机动性的操纵性指数,既反映了回转运动的能力,又反映了过渡过程中快速转首性能。

(二) 线性操舵与坡形操舵

设操舵规律为

$$\delta(t) = \begin{cases} \dot{\delta} t, & 0 \leqslant t \leqslant t_1 \\ \delta_0, & t > t_1 \end{cases} \tag{4-191}$$

$$\dot{\delta} = \delta_0 / t_1$$

舵以角速度 $\dot{\delta} = \delta_0 / t_1$ 匀速转动至 δ_0,然后保持不变,如图 4-11-2 所示,可以看作是 A、B 两种操舵方式叠加成坡形操舵,即

$$\text{(A)} \qquad \delta_1(t) = \left(\frac{\delta_0}{t_1} \right) t \tag{4-192a}$$

$$（B）\qquad \delta_2(t)=\begin{cases}0, & 0\leqslant t\leqslant t_1\\[2mm] -\left(\dfrac{\delta_0}{t_1}\right)(t-t_1), & t>t_1\end{cases}\qquad（4-192b）$$

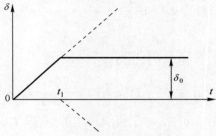

图 4-11-2　线性操舵与坡形操舵

首先来求 A 型操舵规律下艇的转首运动的解。将式（4-192a）代入式（4-183）得

$$\ddot{r}+\left(\frac{1}{T_1}+\frac{1}{T_2}\right)\dot{r}+\frac{1}{T_1 T_2}r=\left(\frac{K}{T_1 T_2}t+\frac{KT_3}{T_1 T_2}\right)\frac{\delta_0}{t_1}\qquad（4-193）$$

根据上式的非齐次形式可得其特解为以下形式，即

$$\bar{r}(t)=at+b$$

代入式（4-193），可得

$$a=\frac{K\delta_0}{t_1}$$

$$b=-\frac{K\delta_0}{t_1}(T_1+T_2+T_3)$$

所以式（4-193）的特解为

$$\bar{r}(t)=\frac{K\delta_0}{t_1}[t-(T_1+T_2-T_3)]\qquad（4-194）$$

式（4-193）的全解为

$$r(t)=\tilde{r}(t)+\bar{r}(t)=c_1 e^{-\frac{t}{T_1}}+c_2 e^{-\frac{t}{T_2}}+\frac{K\delta_0}{t_1}[t-(T_1+T_2-T_3)]\qquad（4-195）$$

式中：$-\dfrac{1}{T_1}$、$-\dfrac{1}{T_2}$ 为式（4-193）的特征方程的根。

初始条件为 $t=0$，$r=\dot{r}=0$，并代入式（4-194），可得

$$c_1=\frac{K\delta_0}{t_1}\left(\frac{T_1-T_3}{T_1-T_2}\right)T_1$$

$$c_2 = \frac{K\delta_0}{t_1}\left(\frac{T_2-T_3}{T_1-T_2}\right)T_2$$

于是,式(4-193)的全解为

$$r(t) = \frac{K\delta_0}{t_1}\left[t - (T_1+T_2-T_3) + \frac{T_1-T_3}{T_1-T_2}T_1 e^{-\frac{t}{T_1}} - \frac{T_2-T_3}{T_1-T_2}T_2 e^{-\frac{t}{T_2}} \right] \quad (4-196)$$

现在来求 B 型操舵规律下,转首运动的解与式(4-196)符号相反,且有时间滞后,即

$$\begin{cases} r(t) = 0, \quad 0 \leqslant t \leqslant t_1 \\ r(t) = -\frac{K\delta_0}{t_1}\left[(t-t_1) - (T_1+T_2-T_3) + \frac{T_1-T_3}{T_1-T_2}T_1 e^{-\frac{(t-t_1)}{T_1}} - \frac{T_2-T_3}{T_1-T_2}T_2 e^{-\frac{(t-t_1)}{T_2}} \right], \quad t > t_1 \end{cases} \quad (4-197)$$

将式(4-196)和式(4-197)叠加,即得坡形操舵规律下转首运动的解为

$$\begin{cases} r(t) = \frac{K\delta_0}{t_1}\left[t - (T_1+T_2-T_3) + \frac{T_1-T_3}{T_1-T_2}T_1 e^{-\frac{t}{T_1}} - \frac{T_2-T_3}{T_1-T_2}T_2 e^{-\frac{t}{T_2}} \right], \quad 0 \leqslant t \leqslant t_1 \\ r(t) = -\frac{K\delta_0}{t_1}\left[t_1 + \frac{T_1-T_3}{T_1-T_2}T_1(1-e^{-\frac{t}{T_1}})e^{\frac{t}{T_1}} - \frac{T_2-T_3}{T_1-T_2}T_2(1-e^{-\frac{t}{T_2}})e^{\frac{t}{T_2}} \right], \quad t > t_1 \end{cases} \quad (4-198)$$

将式(4-198)由 $0 \sim t_1$ 和 $t_1 \sim t$ 分段积分得

$$\begin{cases} \psi(t) = \frac{K\delta_0}{t_1}\left[\frac{t^2}{2} - (T_1+T_2-T_3)t - \frac{T_1-T_3}{T_1-T_2}T_1^2(e^{-\frac{1}{T_1}}-1) \right. \\ \qquad\qquad \left. + \frac{T_2-T_3}{T_1-T_2}T_2^2(e^{-\frac{t}{T_2}}-1) \right], \quad 0 \leqslant t \leqslant t_1 \\ \psi(t) = K\delta_0\left[t - \left(T_1+T_2-T_3+\frac{t_1}{2}\right) - \frac{T_1-T_3}{T_1-T_2}\cdot\frac{T_1^2}{t_1}(1-e^{-\frac{t_1}{T_1}})e^{-\frac{t}{T_1}} \right. \\ \qquad\qquad \left. + \frac{T_2-T_3}{T_1-T_2}\frac{T_2^2}{t_1}(1-e^{-\frac{t}{T_2}})e^{-\frac{t}{T_2}} \right], \quad t > t_1 \end{cases} \quad (4-199)$$

坡形操舵的 $r(t)$、$\psi(t)$ 曲线形状如图 4-11-3 所示。

由上述解及图 4-11-3 可知操舵速率 $\dot{\delta} = \delta_0/t_1$ 对转首运动响应的影响。阶跃操舵是一种理想化的操舵方式。把上述结果与阶跃操舵的响应曲线和公式相比较可得如下结论。

(1)转舵速率不影响回转运动最终的定常回转运动的稳态值,但延长了到达定常状态所需要的时间,由阶跃操舵的时间滞后 (T_1+T_2) 拖长为 $(T_1+T_2-T_3+t_1/2)$,

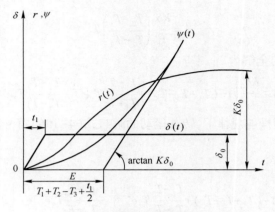

图 4-11-3　坡形操舵的 r、ψ

其中 t_1 是操舵所需的时间。回转时间滞后由两部分组成。

① 舵运动滞后时间 $t_1/2$。

② 潜艇回转滞后时间 $T_d = T_1 + T_2 - T_3$。

如果 $T_d \gg t_1/2$，那么，提高舵机功率，增大转舵速率 $\dot{\delta}$（即减小 t_1），其作用甚小；如果 T_d 与 t_1 具有同一量级，则增加操舵速率将会改进艇对操舵的快速响应特性。

此外，通常 $T_1 \gg T_2$，所以 T_1 起主要作用。较大的 T_3 也将改善艇的快速应舵性能。

（2）提高转舵速率 $\dot{\delta}$，缩短转舵时间 t_1，只对排水量较小、航向稳定性好、航速较高艇的快速响应才有明显影响；反之，收效甚小。实际上，较大的船、航向稳定性差的船，它们的 T_1、T_2 值也较大。航速的影响可参看图 4-11-4。若把艇的回转运动轨迹粗略地分成两个阶段：

第一阶段为转舵后的回转时间滞后（$T_1 + T_2 - T_3 + t_1/2$）期间，潜艇仍按原航线直航（$\psi = 0$）（即图 4-11-3 中的 $\psi(t)$ 由 0 点沿 t 轴到 E 点]。这样，艇的重心回转运动轨迹简化为直线段 $\overline{OE}$（图 4-11-4），其大小近似等于回转时间滞后与航速的乘积，所以有

$$\overline{OE}/L = \left(\frac{V}{L} \right) \left(T_1 + T_2 - T_3 + \frac{t_1}{2} \right) \tag{4-200}$$

第二阶段为定常回转。此时，定常回转半径 R_s 为

$$R_s = \frac{V}{r_s} = \frac{V}{K\delta_0} \tag{4-201}$$

于是，纵距 A_d（同图中 l_A）可近似地表示成

$$A_d \approx V \left(T_1 + T_2 - T_3 + \frac{t_1}{2} + \frac{1}{K\delta_0} \right) \tag{4-202a}$$

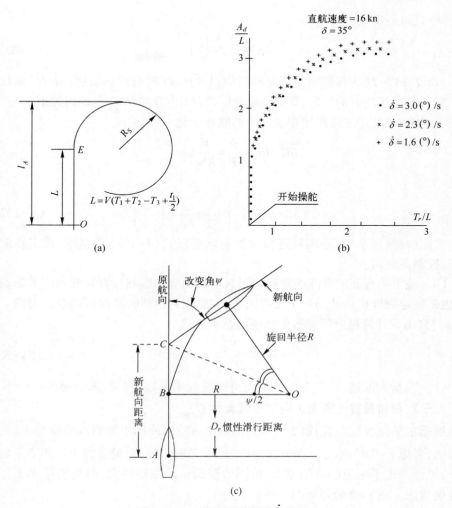

图 4-11-4 纵距的估算及 $\dot{\delta}$ 的影响

由式(4-200)表明,提高转舵速率(即减小 t_1 值),对具有较大速度、艇长比(V/L)的潜艇,将减小纵距值,使船快速转向(图 4-11-4(b))。

(3)新航向距离(或称航迹转向的起转距离)。在水面舰船的航迹转向操纵中,将距转向操舵点 A 的一定距离(如 1~2nmile)处设定为新航向距离 $\overline{AC}$(也称转向报警距离),提示驾驶员舰船准备转向。如图 4-11-4(c)所示,A 为转舵点,C 为新旧航向交点,称纵距 $\overline{AC}$ 为新航向距离,并近似地表示为

$$\overline{AC} = \overline{AB} + \overline{BC} \tag{4-202b}$$

式中:$\overline{AB}$ 表示舰船操舵后,在船舶到达转向界面前,船在惯性作用下沿原航向作直

线运动,且可表示成

$$\overline{AB} \approx V\left(T + \frac{t_1}{2}\right) \tag{4-202c}$$

式中:$T = T_1 + T_2 - T_3$ 为操舵后旋回延滞时间;V 为操舵时的初始航速;$\overline{AB}$ 为"惯性滑行距离",相当于舵效的空间(距离)的表示式;$\overline{BC}$ 为舰船从 E 点偏离原航向后,立即进入定常回转,并忽略船舶在变向中的航速变化,并可写成

$$\overline{BC} = R\tan\frac{\psi}{2} = \frac{V}{K\delta_0}\tan\frac{\psi}{2}$$

可见

$$\overline{AC} = \overline{AB} + \overline{BC} = V\left(T + \frac{t_1}{2} + \frac{1}{K\delta_0}\tan\frac{\psi}{2}\right) \tag{4-202d}$$

水面舰船(或水平面)的航迹自动控制就是以式(4-198)为基准,设定转向操舵点,控制新航向。

(4)关于垂直面的升降舵转舵速率对运动响应的影响与方向舵速率的影响类似,也是决定深度机动性的一个重要因素,它影响到达新的潜深所需要的时间。文献[43]列出了计算尾升降舵转舵速率的基本公式

$$\dot{\delta}_s \approx 0.77\frac{V_{max}}{M'_{\delta_s}/I'_y} ((°)/s) \tag{4-203}$$

式中:V_{max} 为最大航速(kn);M'_{δ_s}/I'_y 为尾升降舵效率参数(注意:取绝对值)。

(三) 初始转首(首向)角加速度参数 $C_{p\psi}$

根据水平面线性方程式(2-94a)和式(2-97a),或用本章第八节推导 $C_{p\theta}$ 的类似方法,考虑 $t=0$ 时,取 $\psi \approx r \approx 0$、$\dot{r} \neq 0$。即在转舵阶段,潜艇在舵力力矩 $N_\delta\delta$ 的作用下,虽已产生了相应的角加速度,但因为艇的运动惯性很大,潜艇仍基本上保持原直航状态。在 $t=0$ 的邻域内,可知

$$\dot{r}(0_+) = \frac{KT_3}{T_1 T_2}\delta_0 \tag{4-204}$$

将有关系数代入,并令

$$C_{p\psi} = \frac{KT_3}{T_1 T_2} = \left(\frac{V}{L}\right)^2\frac{N'_\delta}{I'_z - N'_{\dot{r}}} \quad (1/s^2) \tag{4-205}$$

称 $C_{p\psi}$ 为初始转首(首向)角加速度参数。它表示在等速直航时,阶跃转舵一个单位方向舵角,在操舵瞬间所能产生的转首角加速度。

对 $\dot{r}$ 积分二次得首向角 $\psi(t)$ 为

$$\psi(t) = \frac{1}{2}\frac{KT_3}{T_1 T_2}\delta_0 t^2 = \frac{1}{2}C_{p\psi}\delta_0 t^2 \tag{4-206}$$

于是,有

$$t = \sqrt{\frac{2\psi}{\delta_0}} \cdot \frac{1}{\sqrt{C_{p\psi}}} \qquad (4-207)$$

式(4-203)表明,操方向舵角 δ_0 后,$\psi(t)$ 达到 $0.5\delta_0$ 时,潜艇运动所经历的时间等于 $1/\sqrt{C_{p\psi}}$。定义

$$t_a = \frac{1}{\sqrt{C_{p\psi}}} = \left(\frac{L}{V}\right)\sqrt{\frac{I_z' - N_r'}{N_\delta'}} \qquad (4-208a)$$

或

$$t_a = \sqrt{\frac{T_1 T_2}{K T_3}} \qquad (4-208b)$$

为潜艇操方向舵时的初始转首时间或称为初转期。

通常规定操舵角 $10° \sim 15°$、首向角改变 $10°$ 经历的时间为初始转首时间 t_a。t_a 小,表示潜艇对操舵的响应快、转首性好。为此,要求 $C_{p\psi}$ 值要大,也就是要求方向舵的舵效指数 K 要大(或其效能指数 $N_\delta'/(I_z' - N_r')$ 要大),并要求时间常数 T_3 要大,$C_{p\psi}$ 值随 T_3 值的增加而增加。由式(4-181)可知,"$K T_3 \dot{\delta}$" 项使艇加速回转运动,它是由操舵速率 $\dot{\delta}$ 引起的使艇转动的力矩,操舵完毕,此力矩即消失。就在这一短时间中,较大的 T_3 将引起较大的首摇加速度 $\dot{r}$,使得式(4-181)的全解中的齐次通解(类似于式(4-186)解中的 $c_1 e^{-\frac{t}{T_1}} + c_2 e^{-\frac{t}{T_2}}$)加快衰减。

从时间常数 T_1、T_2 与 T_3 来看,小而正的 T_1、T_2 使自由运动迅速衰减,使艇尽快进入最终的稳态运动;较大的 T_3 使艇快速转首变向,使潜艇获得了对操舵的快速响应。

综上所述,K、T_1、T_2 和 T_3 是表示潜艇对操纵方向舵的运动响应的操纵性指数。较大的 T_3 值和较大的 $C_{p\psi}$ 值与较小的 t_a 值都是表示转首性好的特征量。

关于潜艇操纵方向舵后的横漂运动可用式(2-88)求解,获得横向速度 $v(t)$ 及漂角 $\beta(t)$ 的解。然后,由式(2-126)求得运动轨迹坐标 $\xi_G(t)$ 和 $\eta_G(t)$(在线性范围内,取 $u = u_0 = V$)。同时,必须指出,根据式(2-98)易于求得,潜艇横漂的响应滞后于转首的响应,类似于垂直面的深度变化滞后于纵倾角的变化。

二、操纵性的 K-T 分析

如前所述,一阶 K-T 响应方程为

$$T\dot{r} + r = K\delta \qquad (4-209)$$

下面介绍该方程的由来、解及 K、T 的意义。

（一） 一阶 *K-T* 方程的由来

野本谦作教授认为,船舶的操纵运动,基本上是一个质量很大的刚体在惯性力矩、阻尼力矩和舵力矩作用下,进行一种缓慢的纯转首运动。略去角速度高阶导数的影响,可表示成

$$I_z \dot{r} + N_r r = K_\delta \delta$$

以 N_r 遍除等式两端,且令

$$I_z / N_r = T \quad （稳定性参数（s）） \tag{4-210a}$$
$$N_\delta / N_r = K \quad （舵效指数（1/s）） \tag{4-210b}$$

由此可得

$$T\dot{r} + r = K\delta$$

式中:I_z、N_r 仅是"纯"转首运动意义下艇的转动惯量和阻尼力矩系数,没有考虑转向中的横漂(v)及流体惯性力的作用,也没有计及舵力的影响。所以一阶 *K-T* 方程只是从力矩角度近似地反映了偏航运动的动力平衡。尽管如此,一阶 *K-T* 方程还是从整体上反映出船舶对操舵响应的基本概貌。

（二） 一阶响应方程解的特性

由于一阶 *K-T* 方程式的求解和分析问题方便,获得广泛应用,其解直接给出如下。

1. 阶跃操舵

阶跃操舵可表示为

$$r(t) = K\delta_0 (1 - e^{-\frac{t}{T}}) \tag{4-211a}$$

$$\dot{r}(t) = \frac{K\delta_0}{T} e^{-\frac{t}{T}} \tag{4-211b}$$

$$\psi(t) = K\delta_0 (t - T + T e^{-\frac{t}{T}}) \tag{4-211c}$$

阶跃操舵的转首响应如图 4-11-5（a）所示。

2. 线性操舵-坡形操舵($\dot{\delta} = \delta_0 / t_1$)

线性操舵-坡形操舵可表示为

$$r(t) = \begin{cases} \dfrac{K\delta_0}{t_1}(t - T + T e^{-\frac{t}{T}}), & 0 \leqslant t \leqslant t_1 \\[3mm] \dfrac{K\delta_0}{t_1}[t_1 + T(1 - e^{-\frac{t_1}{T}}) e^{-\frac{t}{T}}], & t > t_1 \end{cases} \tag{4-212a}$$

$$\dot{r}(t) = \begin{cases} \dfrac{K\delta_0}{t_1}(1 - e^{-\frac{t}{T}}), & 0 \leqslant t \leqslant t_1 \\[3mm] \dfrac{K\delta_0}{t_1}(e^{\frac{t_1}{T}} - 1) e^{-\frac{t}{T}}, & t > t_1 \end{cases} \tag{4-212b}$$

$$\psi(t) = \begin{cases} \dfrac{K\delta_0}{t_1}\left[\dfrac{t^2}{2}-Tt+T^2(1-\mathrm{e}^{-\frac{t}{T}})\right], & 0 \leqslant t \leqslant t_1 \\[3mm] K\delta_0\left[t-\left(T+\dfrac{t_1}{2}\right)+\dfrac{T^2}{t_1}(\mathrm{e}^{\frac{t_1}{T}}-1)\,\mathrm{e}^{-\frac{t}{T}}\right], & t > t_1 \end{cases} \tag{4-212c}$$

线性操舵–坡形操舵的转首响应如图4-11-5(b)所示。

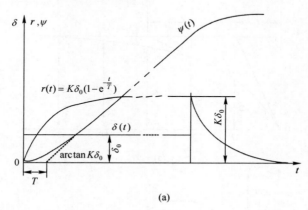

(a)

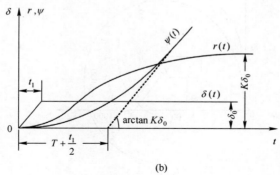

(b)

图 4-11-5 转首响应

(a) 阶跃操舵;(b) 线性操舵。

由式(4-211a)可见,只要 $T>0$,指数项随时间增长而衰减。经过一段时间后,船以 $r_s=K\delta_0$ 作定常回转。K 称为回转性指数,表示单位舵角下的定常回转角速度。在相同舵角下,K 越大则 r_s 越大,回转半径 R_s 越小,回转性能越好。T 越小则式(4-211a)中的指数项衰减越迅速,使船尽快进入定常回转,所以 T 表示转首对操舵响应的快慢,故称为应舵指数。图4-11-6(a)中画出 $t=T$、$2T$、$3T$、$4T$ 时船达到的回转角速度 r 值。

此外,由式(4-205)可得 r 的自由运动方程式(不操舵)为

$$T\dot{r} + r = 0$$

其解为

$$r(t) = Ce^{-\frac{t}{T}}$$

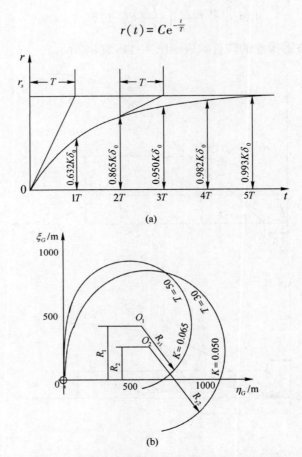

图 4-11-6　T 与转首响应的关系(a)和 K、T 对回转轨迹的影响(b)

当 $T>0$ 时,则船具有自动直线稳定性;T 越小,稳定性越好。T 又称为稳定性指数,所以,K 越大,T 越小,则船的回转性好,稳定性和转首性也好。但回转性和稳定性常常是矛盾的,往往 K 大 T 也大,K 小 T 也小。大 K 大 T 的船与小 K 小 T 的船相比较,虽回转半径小,但进入定常回转较迟。所以,回转性、转首性(或称应舵性)都是潜艇水平面航向机动性的重要性能。图 4-11-6(b)给出了大 K 大 T 和小 K 小 T 船的回转轨迹。

（三）　机动性指数 P

1965 年，诺宾（Norrbin）在 K、T 参数广泛应用的基础上，进一步提出了用一个统一的参数评定操纵性。

研究发现，K、T 值随舵角 δ、航速 V 而变，同时，参数 T 具有时间因次，而 K 具有时间的倒数的因次。为此，用特征长度和特征速度（如船长 L 和船速 V）使 K、T 无因次化，即

$$\begin{cases} T' = T\dfrac{V}{L} \\[2mm] K' = K\dfrac{L}{V} \end{cases} \tag{4-213}$$

考虑船在阶跃操舵单位舵角后，行进一个艇长的时间中首向角的改变，由式（4-211c）得

$$\psi = K\left[\frac{L}{V} + T\left(\mathrm{e}^{-\frac{(L/V)}{T}} - 1\right)\right] = K'\left(1 - T' + T'\mathrm{e}^{-\frac{1}{T'}}\right)$$

诺宾定义

$$P = K'\left(1 - T' + T'\mathrm{e}^{-\frac{1}{T'}}\right) \tag{4-214}$$

称为机动性指数。

由于野本的一阶 K-T 方程是近似的，实际上操不同舵角时，得到的 K 值和 T 值可能不相同，但经验表明，同一艘船的 P 值基本上是不变的，然而，P 值并没有直接表明船舶是否具有直线运动稳定性。所以使用机动性指数时，应与 T 值配套使用，才能全面表达机动性。

当 $|1/T'|$ 为小值时，式（4-210）中的 $\mathrm{e}^{-\frac{1}{T'}}$ 展成幂级数，则有

$$P = K'T'\left[\frac{1}{2}\left(\frac{1}{T'}\right)^2 - \frac{1}{6}\left(\frac{1}{T'}\right)^3 + \cdots\right] \approx \frac{1}{2}\frac{K'}{T'} \tag{4-215}$$

可见，机动性指数 P 相当于 K'、T' 的比值，而由式（4-206）得知，P 相当于 N'_δ/I'_z，即 P 值没有反映船舶所受到的阻尼力矩，而阻尼力矩正是稳定性的重要因素。所以指数 P 只反映机动性的特征，是个舵效指数。诺宾建议的舵效标准：对于一般船舶，应有 $P>0.30$，对大型油船应有 $P>0.20$。

三、回转运动的计算

潜艇在水平面的操纵运动，其运动幅度（如横向速度 v（或漂角 β）、回转角速度 r）通常较垂直面运动（如 z 向速度 w、俯仰角速度 q）大得多，因此，水平面运动方程的非线性影响较大，这一点与垂直面运动是个重要的区别。为此，在预报水平面操纵运动时，除了在方案论证、初步设计阶段可用简易非线性方程（如式（4-158））计

算,作为案例如图4-11-7~图4-11-9所示。在技术设计时应该采用非线性方程(4-109)和六自由度空间运动方程(3-42)进行预报。

因此,对一定航速,给定操舵规律,代入各项原始数据,常用龙格-库塔法进行数值计算,即可解得潜艇水平面操纵运动参数 $r(t)$、$\psi(t)$、$\beta(t)$ 和回转轨迹,如图4-11-8所示,并对定深回转运动进行理论预报,图4-11-9为在首、尾舵角范围内作定深定常回转运动时的 D/L、ψ、β 随方向舵角 δ_r 的变化曲线。

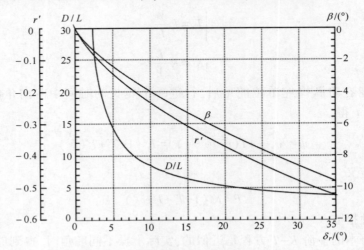

图4-11-7　水平面定常回转运动参数曲线

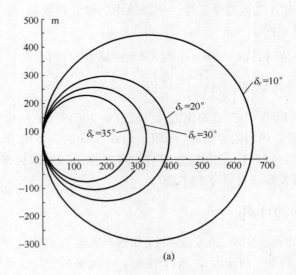

(a)

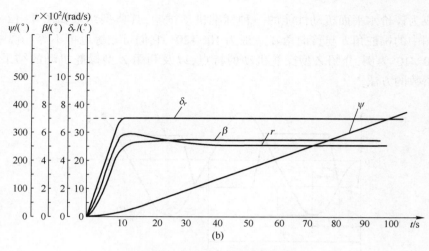

图 4-11-8　水下回转运动

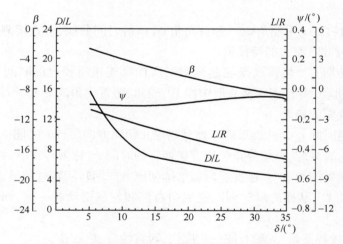

图 4-11-9　双舵定深回转的定常运动参数

第十二节　水平面确定性机动——Z 形操舵机动和 K、T 指数的确定

一、Z 形操舵机动

1934 年,肯普夫(Kempf)首先提出 Z 型操纵试验,用以测定船舶的应舵性能,

现已成为评价水平面机动性能的一种标准机动试验,其典型结果如图 4-12-1 所示。图中的操舵角 δ 与首向角 ψ 一般为 $10° \sim 20°$,它们可相等也可不等。现以 $\delta^0/\psi^0 = 10°/10°$ 为例,介绍 Z 型操舵机动的特点,以及利用 Z 型操舵机动的结果确定 K、T 指数的方法。

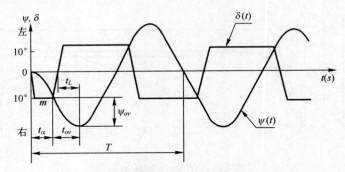

图 4-12-1 Z 型操纵试验记录曲线及特征参数

根据图 4-12-1 中舵角 $\delta(t)$ 和首向角 $\psi(t)$ 的时间曲线,可直接测量获得与应舵性能(或转首性)有关的特征值。

(1)初转期 t_a。从首次操舵起至第一次操反舵止所经过的时间。若是 $10°/10° Z$ 型操舵机动,则 t_a 表示从直航中操 $10°$ 舵角、船首向角改变 $10°$ 所需的时间,也就是船首向改变的快慢。

(2)超越时间 t_{ov}。从操反舵开始到船停止朝原方向回转的时间。也有用从舵角回复到零的时刻起,至船停止朝原方向回转的时间 t_L,称为转首滞后。

(3)超越首向角 ψ_{ov}。操反舵后船继续朝原方向回转所转过的最大角度。

(4)周期 T。从操舵瞬时到船完成向右舷和左舷摆动各一次,回复到初始首向角的时间。

显然,上述特征量小,船对舵的响应快,转首性好、应舵快。

实际上,当直航的船转动方向舵后或改变方向舵角的符号时,由于船的运动惯性,当舵已反操后,船首仍按原回转方向继续回转一定的首向角,这个角度就是 ψ_{ov},惯性越大,超越首向角 ψ_{ov} 和超越时间 t_{ov} 就越大。这两个量的大小直接表明了操艇人员在用舵时必须考虑的空间和时间上的提前量,即舵手应按转向的 $\dot{r}$、r 操舵,不可只按偏航首向角 ψ 操舵,因此,以上应舵特征量是很有实用价值的,特别对在限制航道航行机动尤为重要。

影响 ψ_{ov}、t_{ov} 的因素比较复杂,下面用野本的一阶 K-T 方程作一近似分析。设船舶在 Z 形机动中先操右舵($\delta_0 > 0$),则船逐渐向右偏航,($\psi > 0$、$r > 0$)。当 $\psi = \delta_0$ 时,将舵由($+\delta_0$)反操至($-\delta_0$)。为分析简单起见,不考虑转舵速率的影响,并取第一次操反舵的开始瞬间(图 4-12-1 中 $\psi(t)$ 曲线的点 m)为计算的初始时刻,相应的角速度为 r_m。

由一阶 K-T 方程 $T\dot{r}+r=K\delta$ 在初始条件 $r(t=0)=r_m$ 下求解,得到

$$r=K\delta_0(1-\mathrm{e}^{-\frac{t}{T}})+r_m\mathrm{e}^{-\frac{t}{T}}$$

$$\psi=K\delta_0(t-T+T\mathrm{e}^{-\frac{t}{T}})+Tr_m(1-\mathrm{e}^{-\frac{t}{T}})$$

设 $t=t_{ov}$ 时 $\psi=\psi_{ov}$,则

$$\psi_{ov}=KT\delta_0\mathrm{e}^{-\frac{t_{ov}}{T}}+Tr_m(1-\mathrm{e}^{-\frac{t_{ov}}{T}})-K\delta_0(T-t_{ov})$$

考虑到 $t_{ov}\ll T$,上式可略去末项 $K\delta_0 t_{ov}$,则有

$$\psi_{ov}=(KT\delta_0-Tr_m)(1-\mathrm{e}^{-\frac{t_{ov}}{T}}=(K\delta_0-r_m)T \qquad (4\text{-}216a)$$

式中:$K\delta_0=r_s$,即舵角为 δ_0 时船能达到的定常回转角速度 r_s,一般 $K\delta_0\gg r_m$,故又有

$$\psi_{ov}\approx KT\delta_0 \qquad (4\text{-}216b)$$

由此可看出,具有良好操纵性——良好稳定性(T 要小)和良好的回转性(K 要大)的船,与操纵性差(T 大)和回转性差(K 小)的船,可能具有相同的超越角 ψ_{ov}。因此,ψ_{ov} 通常不作为操纵性衡准数,但是个重要的操船、应舵的特征量。

超越角 ψ_{ov} 的大小不仅与稳定性和舵效有关,而且也与转舵角的大小和转舵速率 $\dot{\delta}$ 的快慢有关。如图 4-12-1 中,在 $0\sim m$ 的一段时间内,转舵促成了船的偏航,当首向角 ψ 达到转向角速度 r_m 时,舵角开始反操,如果机动的 δ_0 大,则相应的 r_m 也大,并将有更大的 ψ_{ov}。当舵角开始反操后,舵逐渐提供抑制力矩,阻止船继续偏航,偏航角速度逐渐减小直至 $r=0$,则 $\psi=\psi_{ov}$。可见,ψ_{ov} 的大小和抑制偏航的舵力矩有关,转舵速率 $\dot{\delta}$ 大的应有较小的超越角。

二、确定 K、T 指数的基本方法

考虑到船舶航行中往往存在左右舷流体不对称的因素(如螺旋桨侧向力、水的侧向斜流等),所以船直航时有一压舵角 δ_r,这样实际的一阶 K-T 方程可写成

$$T\dot{r}+r=K(\delta+\delta_r) \qquad (4\text{-}217)$$

式中:δ 为试验时测量的名义舵角(或称表观舵角);δ_r 为直航压舵角(当作未知常数)。

将式(4-213)对任意时间间隔$(t_a\sim t_b)$积分,即

$$\int_{t_a}^{t_b}T\frac{\mathrm{d}\dot{\psi}}{\mathrm{d}t}\mathrm{d}t+\int_{t_a}^{t_b}\frac{\mathrm{d}\psi}{\mathrm{d}t}\mathrm{d}t=K\int_{t_a}^{t_b}\delta\mathrm{d}t+K\int_{t_a}^{t_b}\delta_r\mathrm{d}t$$

或写成

$$T[\dot{\psi}(t_b) - \dot{\psi}(t_a)] + [\psi(t_b) - \psi(t_a)] = K\int_{t_a}^{t_b}\delta dt + K\delta_r(t_b - t_a) \qquad (4-218)$$

式中有 K、T、δ_r 3 个未知量,原则上只要从图 4-12-2 中取 3 组不同的时间间隔进行积分,就可得到 3 个不同的式(4-214),即可求解。

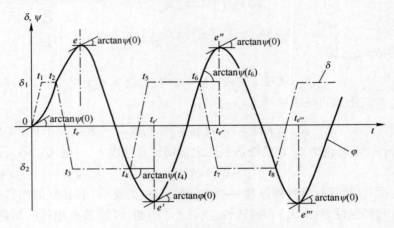

图 4-12-2 由 Z 型试验求 K、T

为了统一,有专门技术文件规定了以下标准计算方法。

作 $t=0$ 处 $\psi(t)$ 曲线的切线,其斜率为 $\dot{\psi}(0)$,并在 $\psi(t)$ 曲线各峰谷值附近,作平行于它的切线,切点为 e、e'、e'',故有

$$\dot{\psi}_0 = \dot{\psi}_e = \dot{\psi}_{e'} = \dot{\psi}_{e''} \qquad (4-219)$$

若 Z 型试验开始时,船确作直线运动,则式(4-219)诸 $\dot{\psi}$ 值皆为零。

从 $t=0$ 至 $t=t_{e'}$ 对式(4-213)积分,可得

$$\psi_{e'} = K\int_0^{t_{e'}}\delta(t)dt + K\delta_r t_{e'} \qquad (4-220)$$

从 $t=0$ 至 $t=t_{e''}$ 积分,可得

$$\psi_{e''} = K\int_0^{t_{e''}}\delta(t)dt + K\delta_r t_{e''} \qquad (4-221)$$

由式(4-220)和式(4-221)可解得 K 和 δ_r,记这里的 K 为 $K_{⑥⑧}$,它是从后两个峰得到的 K 值。

继续从 $t=0$ 至 $t=t_e$ 积分,可得

$$\psi_e = K\int_0^{t_e}\delta(t)dt + K\delta_r t_e \qquad (4-222)$$

将上面求得的 δ_r 代入式(4-217),求出 K,记这里的 K 为 $K_④$,它是由第一个峰得到的 K 值。显然,K 值的下标是由于时间 t_e、$t_{e'}$、$t_{e''}$ 分别处于时间间隔的 4、6、8 区

域而得名。

类似地,从 $t_2{\rightarrow}t_e,t_4{\rightarrow}t_{e'},t_6{\rightarrow}t_{e''}$ 对式(4-217)积分也可得

$$T_{④}(\dot{\psi}_0 - \dot{\psi}_2) + (\psi_e - \psi_2) = K_{④}\int_{t_2}^{t_e}\delta(t)\,\mathrm{d}t + K_{④}\delta_r(t_e - t_2) \quad (4\text{-}223\mathrm{a})$$

$$T_{⑥}(\dot{\psi}_0 - \dot{\psi}_4) + (\psi_{e'} - \psi_4) = K_{⑥⑧}\int_{t_4}^{t_{e'}}\delta(t)\,\mathrm{d}t + K_{⑥⑧}\delta_r(t_{e'} - t_4) \quad (4\text{-}223\mathrm{b})$$

$$T_{⑧}(\dot{\psi}_0 - \dot{\psi}_6) + (\psi_{e''} - \psi_6) = K_{⑥⑧}\int_{t_6}^{t_{e''}}\delta(t)\,\mathrm{d}t + K_{⑥⑧}\delta_r(t_{e''} - t_6) \quad (4\text{-}223\mathrm{c})$$

由以上 3 个方程式分别求得 $T_{④}$、$T_{⑥}$、$T_{⑧}$。为此,需计算定积分 $\int_0^t\delta(t)\,\mathrm{d}t$,此时,$\delta(t)$ 可用梯形近似、分段积分。例如

$$\int_0^{t_e}\delta(t)\,\mathrm{d}t = \delta_1\left(\frac{t_2+t_3}{2} - \frac{t_1}{2}\right) + \delta_2\left(t_e - \frac{t_2+t_3}{2}\right)$$

$$\int_{t_2}^{t_e}\delta(t)\,\mathrm{d}t = \delta_1\left(\frac{t_2+t_3}{2} - t_2\right) + \delta_2\left(t_e - \frac{t_2+t_3}{2}\right) \quad (4\text{-}224)$$

其他类似。

最后以

$$K = (K_{⑥⑧}+K_{④})/2 \quad (1/\mathrm{s})$$
$$T = (T_{⑥⑧}+T_{④})/2 \quad (\mathrm{s}) \quad (4\text{-}225)$$

其中

$$T_{⑥⑧} = (T_{⑥}+T_{⑧})/2$$

作为整个 Z 型试验中得到的 K、T 值,或用无因次形式表示为

$$K' = K\left(\frac{L}{V}\right)$$

$$T' = T\left(\frac{V}{L}\right)$$

式中:L 为艇长;V 为直航速度。

除了根据试验曲线上几个特征点的值,用上述积分方法确定 K、T 值外,也可用最小二乘法拟合 Z 型试验结果,由此求得的 K、T 值能在总体上更好地反映 ψ 和 δ 的关系。

一些潜艇水上与水下 Z 型操舵试验所得的 K'、T' 列于表 4-12-1。

表 4-12-1　K'、T' 指数

艇型	CA		CB		CC		CD	CE	
航行状态	水上	水下	水上	水下	水上	水下	水上	水上	水下
V_s/kn	11.3	4.9	11.4	6.0	12.6	14.3	15.1	13.2	

（续）

艇型	CA		CB		CC	CD	CE	
K'	0.537	0.95	0.48	0.65	0.88	1.20	0.457	1.19
T'	0.687	0.623	0.85	0.65	1.10	1.31	1.56	1.66

注：水面舰艇，如航速30kn的驱逐舰，K'、T'分别约为1.0与0.50

第十三节　潜艇空间运动的操艇技术[44]

一、概述

潜艇在水中的运动，本质上是刚体在三维空间的六自由度运动。20世纪七八十年代，在我国曾开展了潜艇空间运动操纵性的广泛研究，限于当时的条件，缺少对潜艇空间运动水动力特性的试验研究，加上当时的绝大多数潜艇水下航速范围小，操艇技术装备，特别是自动化程度低，同时对空间运动的操纵规律也缺乏全面、深入地了解。到了90年代，随着我军新一代性能优良的多型潜艇相继服役，其总体性能较"W""R"型的03、33型潜艇有了根本性改变，排水量增大、水下航速提高、水下续航力大幅度增加。以较高的航速机动时，水平面和垂直面的耦合运动将不容忽视。如某潜艇以航速18kn、方向舵角20°~30°运动，潜艇将以10°以上纵倾角、2~3m/s的升速进行空间螺旋机动，转向时的潜浮运动显著增强，必须用效能高的升降舵控制。潜艇空间运动的耦合影响随着航速变化范围的增大，也发生质的变化，潜艇的回转逆速不仅存在于低速区段，而且在中、高速区也有回转逆速的分界点。显然，这类特性对于实艇操纵是有实际意义的。

以往将潜艇运动的操纵控制分解为相对独立的水平面运动和垂直面运动的做法，以及水下操纵的基本规律，仍然适用于现代潜艇。因为各种潜艇水下运动控制的基本要求仍然是深度、纵倾和航向。但随着航速、潜深的提高和增大，空间运动的机动效果显然比平面运动的机动效果要好，空间机动是潜艇完成攻击和规避作战时间最短的有效手段，并且是动力抗沉、挽救舵卡等故障，为潜艇争取时间与空间的一项有效操纵手段。同时，现代潜艇的操艇技术和装备有了很大改进，从原来的单机单控的手动操艇，发展到采用可靠的数字式计算机技术，实现操艇信息数据的综合显示、集中控制、全自动操艇控制，正常航行状态由单人操艇的现代先进操纵控制装置，也为开展实艇空间机动提供了硬件设备。

二、潜艇典型的空间运动状态

潜艇在水下的空间运动轨迹是多种多样的。潜艇的运动速度远低于飞机,而其质量却远比飞机大,以潜艇排水量、航速范围与艇的下潜深度相比较,潜艇的垂直通道显得狭窄。

考虑上述特点,参照飞行动力学对飞机典型空间机动的分类方法,沿用考核潜艇操纵运动性能的传统操纵方法——开环的标准运动、实用的正常操纵和复杂条件下的应急操纵,由此可把潜艇空间运动分为三类。

（1）空间（定常）螺旋运动,属于开环的标准运动。

（2）定深回转运动,属于潜艇水下转向的正常操纵。

（3）空间一般运动,即同时变深变向机动,又可区分为下潜变深转向机动和上浮变深转向机动。

对于空间一般运动,改变深度与航向在时序上有所侧重,这方面与飞机的典型空间机动——战斗转弯（迅速上升增加高度,同时改变飞行方向180°）类似。这种上升转弯,在操纵上,转弯前半段主要是爬升增加高度,后半段在增加高度的同时增大横滚角和偏航角,使飞行方向改变。

考虑潜艇操纵运动特性:垂直面运动稳定性大于水平面运动稳定性,垂直面的升速小于水平面的回转速度,以及垂向变深的安全性要求远大于航向改变的安全性要求,转向、变深的快慢等情况,在战术背景下一般先变深再变向。同样,根据战术需求也有先变向再酌情变深的。变向的主要目的是减少被敌方探测的反射面积;变深的目的,除直接增加隐蔽性外,主要是机动到有利水域深度,如鱼雷攻击前潜艇位于跃变层的下部,占领阵位上浮到该水层上边界的上部,攻击完后迅速转向变深又下潜到跃变层的下边界的下部。

在战术背景条件下,潜艇机动方式取决于潜艇战术思想和战术机动的要求。

三、空间操纵运动特性

（一） 单操方向舵时潜艇作空间螺旋运动

潜艇在水下定常直线运动状态仅操方向舵,经过一段时间后,逐渐形成以一定横倾角、纵倾角、相对回转直径等常数,绕铅垂轴的定常螺旋运动。表4-13-1所列为某常规潜艇在航速10kn、18kn时的定常螺旋运动的仿真结果。

表 4-13-1　某潜艇不同航速空间定常螺旋运动参数值

航速 V/kn	方向舵角 $\delta_r/(°)$	横倾角 $\phi/(°)$	纵倾角 $\theta/(°)$	100s 变深 $\Delta H/\text{m}$	相对回转直径 D/L	升速 $V_\zeta/(\text{m/s})$
$V=10$	$\delta_r=10°$	−1.138	1.993	−15.236	7.98	−0.152
	$\delta_r=20°$	−1.515	3.823	−25.773	4.32	−0.258
	$\delta_r=30°$	−1.716	4.938	−28.450	4.08	−0.285
	$\delta_r=35°$	−1.764	5.536	−29.689	3.11	−0.297
$V=18$	$\delta_r=10°$	−2.292	−5.602	67.846	7.30	0.671
	$\delta_r=20°$	−0.204	−17.86	196.6	3.53	1.970

（二）水下回转逆速

由六自由度空间运动仿真计算与水下自航船模试验结果,从其升速、纵倾角及深度航迹 ζ 值可知,潜艇在水下回转过程中,随着航速范围的扩大,艇的垂向运动有 3 个航速区段,即低速时抬首下潜、中高速时抬首上浮、高速时埋首下潜现象。例如:

　　某潜艇　低速区($V_s \leqslant 5\text{kn}$)抬首下潜

　　　　　　中速区($5<V_s \leqslant 18\text{kn}$)抬首上浮

　　　　　　高速区($V_s>18\text{kn}$)埋首下潜

　　某潜艇　低速区($V_s \leqslant 4\text{kn}$)抬首下潜

　　　　　　中速区($4<V_s \leqslant 16\text{kn}$)抬首上浮

　　　　　　高速区($V_s>16\text{kn}$)埋首下潜

在表 4-13-2 和表 4-13-3 中分别列出了航速 4kn、10kn,方向舵角 $\delta_r=35°$ 时某潜艇水下回转 500s、400s 的仿真计算结果。该结果表明,航速 4kn 时,潜艇尾纵倾下潜;航速 10kn 时,潜艇尾纵倾上浮。

表 4-13-2　某潜艇 $V_0=4\text{kn}$、$\delta_r=35°$ 空间回转运动参数

t/s	ξ/m	η/m	$\zeta/(°)$	$\theta/(°)$	$\phi/(°)$	$V_\zeta/(\text{m/s})$
0	0	0	0	0	0	0
20	40.33	2.61	−0.34	0.13	−0.77	−0.03
40	76.52	15.43	−0.99	−0.15	−0.22	−0.02
60	104.32	38.36	−1.20	−0.24	−0.28	0.002
100	127.48	99.71	−0.59	0.41	−0.62	0.021
200	35.91	205.78	0.75	0.81	−0.58	0.008
300	−78.75	132.42	1.57	0.72	−0.54	0.009
400	−26.72	7.77	2.42	0.71	−0.54	0.009
500	105.07	36.28	3.28	0.71	−0.54	0.009

表 4-13-3　某潜艇 $V_0 = 10\text{kn}$、$\delta_r = 35°$ 空间回转运动参数

t/s	ξ/m	η/m	$\zeta/(°)$	$\theta/(°)$	$\phi/(°)$	$V_\zeta/(\text{m/s})$
0	0	0	0	0	0	0
20	91.54	25.70	-2.08	1.28	-1.46	-0.12
40	127.04	99.54	-3.84	2.34	-2.61	-0.07
60	100.17	170.28	-6.57	4.41	-3.05	-0.20
100	-34.73	185.68	-17.80	5.98	-1.89	-0.35
200	109.35	48.98	-47.60	5.30	-1.77	-0.30
300	-77.63	119.22	-75.80	5.31	-1.76	-0.30
400	122.04	125.37	-104.02	5.31	-1.76	-0.30

　　水下回转逆速可用垂直面运动的平衡方程进行近似求解,详见式(4-176)。

（三）水下回转运动参数（β、r）对垂直面运动产生显著影响

　　潜艇水下回转时,由于漂角 β(或横向速度 v)、旋转角速度 r 在垂直面产生显著的耦合水动力 $Z(v,r)$、$M(v,r)$,引起垂向的潜浮运动。水平面运动对垂直面运动的影响主要就是体现在运动参数 β、r 上。研究表明,垂直面运动对水平面运动的影响,几乎全部通过与水动力特征量有关的攻角 α(或 w)才起作用,而纵倾角速度 q 对其他变量的影响甚小,仅当 q 值很大时才有明显影响。例如,某型潜艇,$V_s = 10\text{kn}$、$\delta_r = 35°$ 定常回转状态经 100s 后将引起近 30m 的潜深变化;$V_s = 18\text{kn}$、$\delta_r = 20°$ 时,将变深近 200m。因此,水下回转时,如需要保持定深,在操纵方向舵的同时,必须操纵升降舵。

　　在工作深度回转的定深要求是深度变化范围为 $\pm 1 \sim 2.5\text{m}$,升降舵角不限。在 20 世纪五六十年代的规范要求在航速使用范围内,单操尾升降舵保持水下定深回转的平衡舵角 $\delta_{s0} \leqslant \pm \delta_{s\max}/2$,这一要求一直延续到 90 年代。随着航速范围扩大、排水量增大、艇的上层建筑结构的变化,定深要求逐渐趋于可行的操纵能力,用舵方式较为灵活。

（四）一般空间操纵运动特性

　　既操纵升降舵,又操纵方向舵,同时改变潜艇的深度、航向是空间一般运动的基本特点。从时序上可区分成 3 种操纵方式。

　　(1) 先变深,后变向。

　　(2) 先变向,后变深。

　　(3) 同时变深、变向。

　　按上述 3 种操纵方式,对某潜艇取 $V_s = 10\text{kn}$,不同 δ_s、δ_r 值的组合,指令状态是:变深 15m 与变向 180°。采用空间运动方程的仿真计算结果列于表 4-13-4 和表 4-13-5 中。

表 4-13-4　某潜艇不同操舵方式下到达指令状态的运动仿真比较

操舵方式		潜深改变至15m的时间/min	方向改变达180°的时间/min	最大横倾角/(°)	最大纵倾角/(°)	至指令方位时的纵距|x|/m	至指令方位时的横距|y|/m
$\delta_s = 10°$ $\delta_r = 30°$	先变向再变深	155	80	-3.7	-7.4	492	233
	先变深再变向	45	130	-4.3	-7.3	245	236
	同时变深变向	49	90	-3.2	-6.6	136	222
$\delta_s = 15°$ $\delta_r = 30°$	先变向再变深	139	100	-3.7	-8.0	423	239
	先变深再变向	38	126	-4.0	-7.9	331	235
	同时变深变向	45	95	-3.3	-7.2	135	224

注：1. 初始航速 $V_0 = 10$kn；
　　2. 当纵倾角≥±6°时，升降舵角归零；
　　3. 当方向改变达 170°时，方向舵角归零

表 4-13-5　闭环模拟结果

工　况	达到指令状态时间/s	
	10kn	14kn
定深自动修正航向 $\psi = 0 \to 30°$ $\psi = 30 \to 0°$	75 63	— 68
定向自动修正深度 $H = 20 \to 50$m $H = 50 \to 20$m	115 121	84 80
同时自动修正航向、深度 $\psi = 0 \to 30°$ $H = 20 \to 50$m	60 117	60 82
同时自动修正航向、深度 $\psi = 30 \to 0°$ $H = 50 \to 20$m	40 115	33 84

　　文献[45]曾对潜艇空间机动的战术效果作了最常规的数学仿真。仿真设定：转向 180°，下潜 200m，航速 10kn，指令纵倾角分别为 $\theta_0 \leqslant 7°$ 及 5°，采用常规的平面机动和同时变深转向的空间机动，该艇的仿真结果如表 4-13-6 所列。

表 4-13-6　平面机动和空间机动仿真结果比较

机动幅度：变深 $\Delta H = 200\text{m}$、转向 $\Delta \psi = 180°$			
约束条件	常规机动时间/s	空间机动时间/s	省时/s
$V_0 = 10\text{kn}$ $\theta_0 = 7°$	395	318	77
$V_0 = 10\text{kn}$ $\theta_0 = 5°$	~450	~385	~65

若取衡量空间一般操纵运动优劣的衡准参数是：

（1）实现指令状态的时间最短；

（2）达到指令状态时的纵距、横距最小（组合海区面积小）。

依此标准，由表 4-13-4 和表 4-13-5 及表 4-13-6 可得下列初步结果。

（1）同时变深、变向的机动方式最好，实现某种空间机动所需的时间最短，经过的海域纵横尺度最小。

（2）先变深、再变向的机动方式与同时变深、变向机动方式的品质基本相当。

（3）先变向、再变深的机动方式效果相对于前述两种方式为最差，实现同样的空间机动，时间长，经过的海域大。在时间上滞后约 50%，活动海域约大 1/3 以上。其原因在于水下转向运动引起垂直面的潜浮运动，而常用转向航速区大都是中速范围，转向引起的是上浮运动。同时变深、变向时，也需比单变同一深度操纵更大的升降舵角。由此得到重要的实操结论如下。

（1）潜艇作空间一般操纵运动时，要考虑所用航速对操纵运动的综合影响。

（2）潜艇空间一般操纵运动时，当战术背景允许时，宜将下潜变深变向运动分成两个阶段。第一阶段以下潜变深为主，第二阶段在变深的同时变向，使艇达到预定航向。

（3）闭环模拟试验和实艇试航试验结果表明，只要操纵正确、有效，贯彻操纵规则（条例），潜艇空间操纵运动的可行性与安全性是有保证的。

第十四节　潜艇操纵的自动控制概况

一、概述

随着水下航速和下潜深度及水下续航力为代表的潜艇总体技术性能的大幅提高，潜艇作战海域和活动空间扩大，对潜艇的操纵控制提出了新的要求，促使潜艇操纵装置的自动化，并促进潜艇总体战术技术性能的进一步提高。现代潜艇的操纵控制系统是保证潜艇高效、安全运行的重要功能系统，实现对潜艇的航向、深度、姿态、航速的控制,保证潜艇安全航行、战术机动和使用武器时对航速、深度、姿态等运动参数的要求。

关于"操艇系统"的概念,我国是从 20 世纪 80 年代才初步形成的。此后,在我国新艇的研制和管理上都设立了"潜艇操纵控制系统",简称为操艇系统。现在的潜艇操纵控制系统把单机单控、手动人工操纵、依靠口令协调的指挥和操艇模式,将分散的操作和显示实现集中化和自动化;采用网络技术,实现全艇信息网络化,协调控制,单人操纵;采用冗余配置、容错设计技术,实现系统的高可靠性;采用现代控制理论、滤波技术,实现系统的最优控制,达到高效、安全、低噪;实现操舵、均衡、潜浮、悬停、车令等集中操控,具有航向、深度、潜浮及悬停的自动控制功能。

现代潜艇操艇系统的自动化设备虽没有固定的模式,但其共同技术特点是实现集中控制、自动操纵和低噪声。例如,美国海狼级潜艇是用舵轮、操纵杆和开关实现操舵、均衡、潜浮等操作的集中控制,而其后的弗吉尼亚级潜艇是采用触摸屏和操纵杆方式实现操舵等操作的集中控制。英国的机敏级潜艇则采用了操纵杆及轨迹球方式实现上述操作的集中控制。因此,在操艇系统的设备配置和具体功能上,各国和各型潜艇有所差别,但总体设计、总的技术趋势是大致相同的。操纵控制设备都从模拟量控制、分散操作,发展到全面使用计算机,采用网络化分布式集中控制。

潜艇操纵自动化的发展,首先是从航行深度自动稳定和航向自动稳定的要求开始的。本节介绍操纵自动化的下列问题。

(1) 自动操舵控制潜艇水下运动的力学条件。

(2) 航向、深度自动操舵仪的一般原理和组成。

(3) 联合自动操舵仪和集中控制操舵仪的概念。

(4) 自动操舵仪(深度自动舵)的技术指标。

二、(自动)操舵控制潜艇水下运动的力学条件

用方向舵和升降舵来自动操控潜艇水下运动的航向、纵倾和深度时,必须满足下列力学条件。

(1) 潜艇必须以一定的航速运动,舵和艇体产生一定的水动力(矩),形成操纵力,即

方向舵力:$Y(\delta_r)$、$N(\delta_r)$ —— $Y(\delta_r) = \frac{1}{2}\rho L^2 V^2 \cdot Y'_{\delta_r}\delta_r$

$$N(\delta_r) = \frac{1}{2}\rho L^3 V^2 \cdot N'_{\delta_r}\delta_r$$

首、尾升降舵力:$Z(\delta_b)$、$M(\delta_b)$ —— $Z(\delta_b) = \frac{1}{2}\rho L^2 V^2 \cdot Z'_{\delta_b}\delta_b$

$$Z(\delta_s) \text{、} M(\delta_s) \longrightarrow M(\delta_s) = \frac{1}{2}\rho L^3 V^2 \cdot M'_{\delta_s}\delta_s$$

艇体水动力：Z_0、M_0、$Z(w)$、$M(w)$ 等 $\longrightarrow Z_0 = \frac{1}{2}\rho L^2 u^2 \cdot Z'_0 , M(w) = \frac{1}{2}\rho L^3 \cdot M'_w uw$

上述公式中 V、u、w 等都表示运动速度。自动操舵和人工操舵一样，都是依靠舵的水动力来控制潜艇的运动状态，其操纵力与航速平方、舵角成正比，详见第二章。

（2）潜艇在水下航行时的剩余静载及其力矩基本为零，即 $\Delta P \approx 0, \Delta M_p \approx 0$。

潜艇在水下航行时的速度，按其力学特性和战术要求，既有高速机动，也有很低的经航速度，航速较低时艇体和舵的水动力是较小的，艇的操纵能力较小。所以要求水下运动潜艇的实际重力与浮力基本相等，处于良好均衡状态。这种力学状态也是水下运动潜艇区别于水面舰船的重要特征。因为水下航行的潜艇，其储备浮力为零，艇的水下纵倾 1°力矩较小，战术上、技术上又要求潜艇具有低速（如 2kn 左右）运动性能，此时，潜艇对剩余静载的作用（对重力或浮力的变化和纵倾力矩）敏感，严重影响潜艇的航行深度和纵倾，涉及潜艇的航行安全性。

（3）潜艇水下航行时的横倾角基本为零。

一般潜艇用调整左、右舷压载水舱的水量控制横倾的能力约为 1°。潜艇潜水均衡过程中，根据操纵条令，中组注水后，如横倾大于 3°并继续增大，应立即关闭中组通风阀，排水上浮查明。水下回转机动中横摇运动，一般对其控制不作要求，通常，潜艇设计工程师按照水动力特性，采取必要的技术措施来减小转向中的突然横倾。所以，正常情况下，水下航行的潜艇应处于零横倾状态。当前，虽然采用了分离（差动）舵技术，但一般仅限于尾升降舵装置。

由上述可知，用操舵控制潜艇的水下运动是有条件的，自动操舵应在良好的均衡状态，因为完整的潜艇运动自动控制系统包括车、舵、水、气的综合控制，航向和深度自动操舵仪只是其中一部分。显著的浮力差、力矩差是通过补充均衡的方式消除的。

自动操舵仪通常只在正常操纵运动中使用，在确定的深度和航向的行驶中使用。

三、航向自动操舵仪的一般原理

（一）航向自动舵的概念

根据给定航向与（由罗经等航向检测仪输出的）实际航向之差，通过设定的调节规律进行运算后，自动控制方向舵机系统转舵，使潜艇保持预定航向或按要求机动到新指令航向航行的全套设备，称为"航向自动操舵仪"，简称"航向自动舵"。

一般航向自动操舵仪由下列部件组成。

（1）操纵设备。主操纵台与副操纵台。

（2）航向检测设备。电罗经、磁罗经、磁感应传感器等，潜艇通常采用接受导航系统中电罗经的航向信号。

（3）运算放大器。进行信号调理，按控制规律自动完成"舵角指令"运算的"运算及综合放大"。由电子线路、集成电路或微处理机等构成。

（4）方向舵执行机构。接受运算放大器的电控转舵指令信号，通过电液伺服阀或电液比例阀、电磁换向阀等，控制舵机转舵方向，也称为方向舵机"伺服机构"。

（5）方向舵角反馈装置。把实际方向舵角变换为电信号后，送至运算放大器与指令舵角信号进行比较，同时以电同步方式送至主（副）操纵台复示。

（6）加装设备。为改善控制品质，加装航向回转速度的"角速度陀螺仪"、专用航向偏差的"积分机构"等。航向自动舵的一般组成及艇上布置，如图 4-14-1 和图 4-14-2 所示。

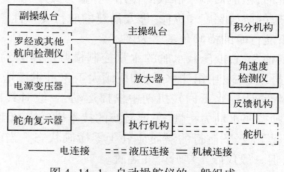

图 4-14-1　自动操舵仪的一般组成

（二）　工作原理

如图 4-14-3 所示，航行中，潜艇的实际航向 ψ 由电罗经检测并传送到操纵台显示和控制。当潜艇受到外界干扰 F_x 作用，使航向偏离给定航向或新的指令航向 ψ_0 时，经"机-电"变换为相应的电压 $u_{\Delta\psi}$ 信号，按规定的控制规律自动运算出操舵指令值 δ_{R0}。若实际舵角 δ_R 与其不一致时，产生转舵信号 $\Delta\delta_R = \delta_{R0} - \delta_R$，经放大，驱动转舵执行机构，控制舵机液压油流向，通过液缸活塞杆推动舵叶向指令舵角方向偏转。继之，由舵角反馈机构将实际舵角变为电信号，并于综合放大器中与指令舵角信号进行比较，使操舵控制信号 $\Delta\delta_R$ 逐渐减小为零，使舵角停于指令位置状态。

上述控制原理使"实际舵角 δ_R"总是跟随"指令舵角 δ_{R0}"偏转，构成"随动操舵"系统，潜艇航向在方向舵的操纵下向指令航向偏转。随着实际航向逐渐接近"给定航向"，自动运算的转舵信号 $\Delta\delta_R$ 也逐渐趋向于零，从而使舰船航向稳定到

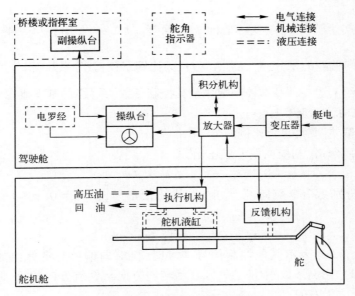

图 4-14-2　方向舵在舱室的布置

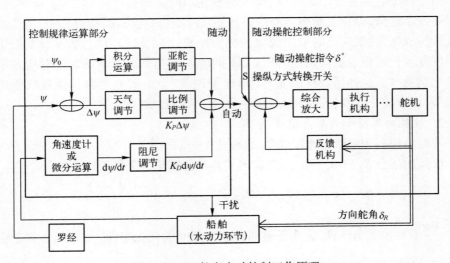

图 4-14-3　航向自动控制工作原理

指令航向或改变到新的指令航向。

（三）　基本控制规律

自动操舵仪的运算部分称为"控制规律",惯称"控制算法",设转舵指令为

$$\delta_{R0} = K_P \cdot \Delta\psi + K_D \frac{\mathrm{d}\Delta\psi}{\mathrm{d}t} + K_I \int \Delta\psi \,\mathrm{d}t \qquad (4\text{-}226)$$

式中：$\Delta\psi$ 为初始航向 ψ_0 与实际航向 ψ 的偏差，即 $\Delta\psi = \psi_0 - \psi$；$\dfrac{\mathrm{d}\Delta\psi}{\mathrm{d}t}$ 为偏航角速度；

$\int \Delta\psi\,\mathrm{d}t$ 为航向偏差的积分；K_P、K_D、K_I 分别为比例系数、微分系数、积分系数。

下面介绍上述 3 种基本控制规律及其控制参数（系数）的基本概念。

1. 按航向偏差调节

按航向偏差调节，也称比例调节。

取操舵指令 δ_{R01} 与航向偏差成正比，即

$$\delta_{R0} = \delta_{R01} = K_P \cdot \Delta\psi = K_P(\psi_0 - \psi) \tag{4-227a}$$

式中：ψ_0、ψ 分别为指令航向、实际航向，为简便书写，设 $\psi_0 = 0$，式（4-223a）可改写成

$$\delta_{R01} = -K_P \cdot \psi \ (\text{即 } \Delta\psi = -\psi) \tag{4-227b}$$

式中：$K_P = \delta_{R01}/\Delta\psi$，表示其他控制信号为零时，仅航向偏差与解算出的指令舵角 δ_{R01} 之比，称为"比例系数"；"—"负号表示转舵方向与偏航方向相反，即向右偏航时操左舵，反之操右舵。

由于艇型和操纵性的差别，或同一潜艇在不同航速时的舵效差别，通常，航速高时要操小舵角，以免潜艇向指令航向恢复或向新指令航向机动过程中，造成过大的超调量或振荡；航速低时采用较大的舵角操艇，增大转船力矩，加速潜艇向指令航向恢复或向新指令航向机动。所以，不同潜艇或同一潜艇不同航速时应选取不同的比例系数。这种适应性调整称为"比例调节"。一般数字自动操舵仪要由人工调节，而自动化程度较高的数字自动操舵仪采用自动调节。

2. 按航向偏差和偏航角速度调节

按航向偏差和偏航角速度调节，也称比例-微分调节。

取操舵指令 $\delta_{R0}(=\delta_{R01}+\delta_{R02})$ 与航向偏差和偏航角速度成正比，即

$$\delta_{R0} = K_P \cdot \Delta\psi + K_D \frac{\mathrm{d}\Delta\psi}{\mathrm{d}t} = K_P(\psi_0 - \psi) + K_D \frac{\mathrm{d}(\psi_0 - \psi)}{\mathrm{d}t} \tag{4-228}$$

式中：$\dfrac{\mathrm{d}\psi}{\mathrm{d}t}$ 表示偏航角速度，为实际航向角 ψ 对时间的变化率；K_D 表示其他控制信号为零时，仅航向变化速率与解算出的指令舵角 δ_{R02} 之比，称为"微分系数"或"阻尼系数"。

如采用单一的"比例信号"操舵时，在向指令航向趋近过程中，要等到航向偏差 $\Delta\psi \to 0$，舵才回零。潜艇在回转过程中有较大的惯性，将冲过指令航向，导致航向"超调"，甚至围绕指令航向来回振荡。因此，系统中引入了与航向"回转速率"成比例的控制量"微分系数"。当潜艇开始偏航时，微分信号与比例信号一致，加速和增大操舵角（指令舵角 $\delta_{R0} = \delta_{R01} + \delta_{R02}$），以较大的舵力矩阻止偏航过大；但当潜

艇向指令航向恢复或机动的过程中,航向偏差减小,偏航速率反向,微分信号产生的偏舵角与比例信号相反,将减小指令偏舵角,加速收舵。在逐渐接近指令航向时,若回转速率过大时,有较大的微分信号,可能超过比例信号,使舵提前回零,甚至出现反向操舵指令,形成反向压舵,有效地克服潜艇惯性影响,阻止航向超调。

由于航向"微分信号"的作用总是阻滞潜艇的航向变化,当航向外偏时,阻止偏离;当恢复航向时,减缓恢复速度,所以又称为"阻尼系数"。

与比例调节相仿,不同潜艇或同一潜艇于不同航速时,应采取不同大小的微分系数,称为"阻尼调节"。此类调节,一般模拟自动操舵仪在航行过程中要由人工调节,自动化程度较高的数字自动舵则采用自动调节。

上述自动操舵方式,获得了广泛应用。

3. 按航向偏差、偏航角速度和积分调节

按航向偏差、偏航角速度和积分调节,也称 PID 调节,即比例-微分-积分调节。

当潜艇受到长时间或固定偏航力矩作用时,为平衡这一常值干扰力矩,人工操舵时,要操一定舵角来与之平衡,压住航向偏转,这一固定舵角惯称"压舵角"。自动操舵时,在上述信号中增加航向偏差的积分信号,使操舵指令 δ_{R0}($=\delta_{R01}+\delta_{R02}+\delta_{R03}$)与航向偏差、偏航角速度和航向偏差的积分成正比,积分信号与比例信号同相,故有

$$\begin{aligned}\delta_{R0} &= \delta_{R01} + \delta_{R02} + \delta_{R03} \\ &= K_P \cdot \Delta\psi + K_D \frac{\mathrm{d}\Delta\psi}{\mathrm{d}t} + K_I \int \Delta\psi \, \mathrm{d}t \end{aligned} \tag{4-229}$$

可见,在运算出的操舵指令信号中,附加一个与比例信号同相的航向偏差积分值。随着时间增长,积分信号缓慢增大,并逐步取代航向偏差信号,保持原有的固定压舵角,使航向偏差归零,这一控制参数称为"积分系数",这样的调节称为"积分调节"。

积分信号的作用,使常值干扰下的"有差系统"变为"无差系统",但积分信号过大时会影响系统稳定性。所以,K_I 系数取值很小,消除静差的时间较长,或加以限制,在大的航向机动时要断开积分信号的作用。

4. 自适应控制

(1) PID 控制的不足。

简单的比例-微分-积分(PID)控制自动操舵的最大优点是稳定性好,一直沿用至今,但有下列不足。

① 控制规律和参数不能自动适应控制对象的变化。

控制系统的调节规律设定后,没有人工干预不再变化,不能自动适应海况、航

速等的变化。

② 不能保证在不同干扰作用时都有良好的调节质量。

该类自动操舵仪不能识别不同的干扰,完全依"偏差"调节,属于"位置反馈调节系统"。当干扰作用不同时,如大风浪产生高频交变偏航,对航向偏差的平均值影响不大,但是按此类调节规律工作时,只要超过系统灵敏度就会"动舵",造成频繁地正、反转舵,出现"无效偏舵",损害舵机,增大噪声。在早先的自动舵系统中设置了"天气调节"装置,实质上就是增大自动舵的不灵敏区,故又称"灵敏度调节"。现在该装置已被各种滤波器取代。

③ 不能兼顾不同工况时对控制参数的要求。

不同工作方式时,对控制系数的要求不同。如潜艇自动定向航行时,要求比例系数大、积分快,以提高稳定精度,并希望微分系数小,以减小无效偏舵;当进行航向自动机动时,要求比例系数小、微分系数大(二者约为 1:10),为防止超调,还必须取消积分信号。此外,过大的微分系数在线路上难于消除电磁干扰,所以设计时往往难于折中选取。

(2)自适应控制的基本原理。

所谓自适应控制系统,是指控制器的控制规律及参数对环境条件、受控对象的变化具有一定的适应能力,并能自动校正控制动作,使控制系统的品质达到最优或较优。其基本原理如图 4-14-4 所示。

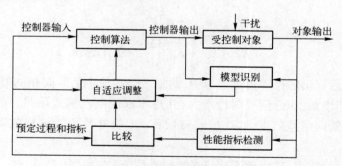

图 4-14-4 自适应控制系统原理图

在系统运行中,通过控制对象的输入和输出,辨识对象变化和未知干扰,同时检测出控制对象的实际输出过程或技术指标,与预定的过程或性能指标进行比较,如有差别时,通过自适应机构改变控制规律和参数(即改变控制算法),或产生一个叠加到原控制量上的辅助控制量,以保证系统随时跟踪预定的最优性能指标。与一般控制系统的差别如下。

① 能辨识系统条件和控制对象的变化。

② 根据变化,按预定的准则和自适应算法,修正控制规律。

③ 设置相应的装置及软件来实现。

自适应自动操舵仪型式甚多,如模型参考自适应、自校正自动操舵仪等。自适应控制系统本质上是一种非线性控制系统,国内以自适应PID自动舵为基本形式,国外自适应自动舵应用较多。

近年来,借助计算机技术,出现能适应多种不同要求的"专家智能控制自动操舵仪"。

由上述可见,各类自适应自动操舵仪,以自动控制理论和计算机技术为基础,呈现百花齐放的状态。

5. 航迹自动控制

航向自动舵只保持舰艇预定的航向,不保持航线。在航向自动舵基础上,增加航迹自动控制功能,构成航迹自动控制操舵仪。

现代舰船上,包括我国水面舰船和民用船舶上,广泛装备了带有航迹自动控制功能的航向自动操舵仪,一般均为自适应航向自动舵,采用电子海图及航迹的屏幕显示器,显示舰船所在海区的海图、本舰航迹及当前航向。

四、深度自动操舵仪的一般原理

(一) 深度自动舵的概念

深度自动控制系统也是由控制对象(即潜艇)、调节器(即深度自动操舵仪,也称控制器)和造成潜艇偏离给定运动参数的"干扰"条件,由此组成闭环自动控制系统。

按实际航行深度 $H(t)$ 与指令航行深度 H_0 之差,并根据当时潜艇的纵倾角,按确定的调节规律,自动解算操舵指令 δ_{s0}、δ_{b0},控制尾升降舵和首升降舵(或围壳舵)转舵或回舵。使潜艇保持原定深度或按要求机动到新的指令深度航行的全套设备,称为深度自动操舵仪,简称深度自动舵。

潜艇深度自动操舵仪的一般组成部件如图4-14-5所示,主要部件在舱内布置如图4-14-6所示。

(二) 一般工作原理

深度自动舵的一般工作原理如图4-14-7所示,与航向自动舵类似,简介如下。

当潜艇在水下航行时,在外干扰和首、尾升降舵角作用下的航行深度为 H,该实际深度由深度传感器检测并转换为电信号后,在综合放大器中与给定的指令深度 H_0 进行比较,由其差 $\Delta H = H_0 - H$,按确定的自动控制规律进行运算,得出首、尾升降舵指令舵角 δ_{b0}、δ_{s0},分别输入首、尾"随动操舵系统"。与航向自动操舵仪一样,由随动舵机系统保证首、尾舵叶按转舵指令自动偏转到位,即首、尾指令舵角分

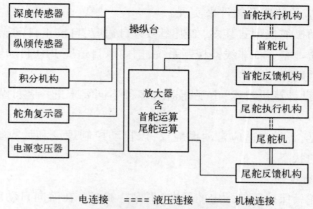

—— 电连接　==== 液压连接　==== 机械连接

图 4-14-5　深度自动操舵仪的一般组成

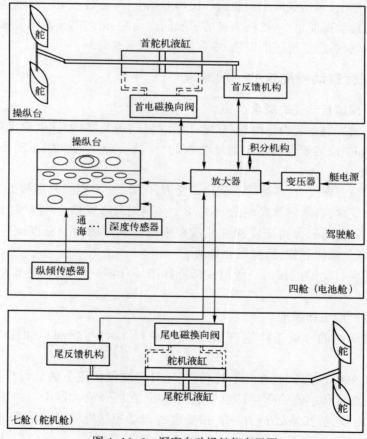

图 4-14-6　深度自动操舵仪布置图

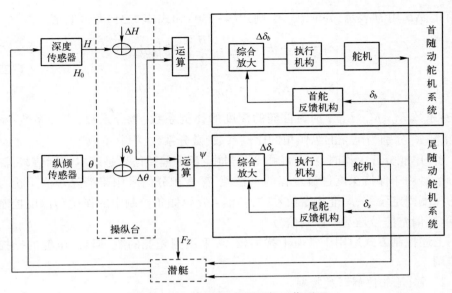

图 4-14-7　深度自动操舵仪工作原理

别在综合放大器中与由首、尾反馈机构传送的实际首、尾舵角进行比较,不相符时,其差值电压 $\Delta\delta_b(=\delta_{b0}-\delta_b)$ 和 $\Delta\delta_s(=\delta_{s0}-\delta_s)$ 经放大后,驱动首、尾舵的执行机构动作,控制首、尾舵机转舵,直到两者一致时为止。

　　潜艇在首、尾升降舵的作用下,向给定深度变化的同时,纵倾角也会发生变化。定深航行时,正常情况下,指令纵倾角应为零。潜艇在首、尾升降舵的操控下,纵倾角偏差和深度偏差趋于零,首、尾升降舵角也回零位。

　　同时,首舵(或围壳舵)一般偏重于控制深度,而尾舵主要用于控制纵倾。因此,在确定操舵指令运算放大器时应予以区别对待。

（三）深度自动舵的控制规律

　　深度自动操舵仪的控制规律也是以 PID 为基础,但考虑了潜艇垂直面运动的航行深度与艇的纵倾角相关,所以,一般情况下,需同时控制深度与纵倾两个参数。操纵手段分首、尾升降舵,首舵又分首端首舵与围壳舵,由此构成了多种控制策略。下面仅介绍深度的自动控制规律。

　　1. 首、尾舵分离控制

　　利用首舵控制深度、尾舵控制纵倾,此时,采用的控制规律为

$$\delta_b = K_{hP}^H \cdot \Delta H + K_{bD}^H \cdot \frac{\mathrm{d}\Delta H}{\mathrm{d}t} + K_{bI}^H \int \Delta H \mathrm{d}t, \Delta H = H - H_0 \qquad (4-230)$$

$$\delta_s = -K_{sP}^\theta \cdot \Delta\theta - K_{sD}^\theta \cdot \frac{\mathrm{d}\Delta\theta}{\mathrm{d}t} - K_{sI}^\theta \int \Delta\theta \mathrm{d}t, \Delta\theta = \theta - \theta_0 \qquad (4-231)$$

为简化,ΔH 用 H 表示,并取 $\theta_0 = 0$,则式(4-230)和式(4-231)可改写成

$$\begin{cases} \delta_b = K_{bp}^H \cdot H + K_{bD}^H \cdot \dfrac{\mathrm{d}H}{\mathrm{d}t} + K_{bI}^H \displaystyle\int H\mathrm{d}t \\ \delta_s = -\left(K_{sP}^\theta \cdot \theta + K_{sD}^\theta \cdot \dfrac{\mathrm{d}\theta}{\mathrm{d}t} + K_{sI}^\theta \displaystyle\int \theta\mathrm{d}t \right) \end{cases} \tag{4-232}$$

式中:系数 K_{bp}^H、K_{bD}^H、K_{bI}^H 分别为首舵的深度的比例系数、微分系数、积分系数;系数 K_{sP}^θ、K_{sD}^θ、K_{sI}^θ 分别为尾舵的纵倾角的比例系数、微分系数、积分系数。

　　首、尾舵分开工作时,在首舵指令信号中,深度偏差信号是基本控制信号,深度微分信号用于保持深度过渡过程的平稳性,深度积分信号用于消除常值干扰力造成的深度固定偏差;尾舵指令信号中,各信号在纵倾角控制中的作用与深度控制类似,纵倾偏差信号是基本控制信号。

　　上述控制方式适用于常值干扰力较小、采用围壳舵的艇,但首、尾舵的操控缺乏协调。

　　2. 首、尾舵协调深度控制

　　在首、尾舵分离控制的基础上,尾舵控制信号中增加深度控制信号,此时,控制规律为

$$\begin{cases} \delta_b = K_{bP}^H \cdot H + K_{bD}^H \cdot \dfrac{\mathrm{d}H}{\mathrm{d}t} + K_{bI}^H \displaystyle\int H\mathrm{d}t \\ \delta_s = -\left(K_{sP}^\theta \cdot \theta + K_{sD}^\theta \cdot \dfrac{\mathrm{d}\theta}{\mathrm{d}t} + K_{sI}^\theta \displaystyle\int \theta\mathrm{d}t + K_{sP}^H \cdot H \right) \end{cases} \tag{4-233}$$

式中:系数 K_{sP}^H 为尾舵深度的比例系数,并按下式选取,即

$$K_{sP}^H \cdot H = \begin{cases} K_{sP}^H \cdot H, & K_{sP}^H \cdot H \leqslant k_s K_{sP}^\theta \theta \\ k_s K_{sP}^\theta, & K_{sP}^H \cdot H > k_s K_{sP}^\theta \theta \end{cases} \tag{4-234}$$

取尾舵的深度偏差信号为尾舵的纵倾角偏差信号的 k_s 倍,且限定尾舵深度偏差信号不允许大于 k_s 倍的纵倾角信号。

　　上述控制规律适用于围壳舵潜艇。

　　3. 首、尾舵同时控制深度

　　采用首、尾舵同时控制纵倾和深度,即在"分离控制"方式下,在首舵指令信号中增加纵倾角的比例信号,在尾舵指令信号中增加深度偏差的比例信号,即有

$$\delta_b = K_{bP}^H \cdot H + K_{bD}^H \cdot \frac{\mathrm{d}H}{\mathrm{d}t} + K_{bI}^H \int H\mathrm{d}t + K_{bP}^\theta \cdot \theta \tag{4-235}$$

$$\delta_s = -\left(K_{sP}^\theta \cdot \theta + K_{sD}^\theta \cdot \frac{\mathrm{d}\theta}{\mathrm{d}t} + K_{sI}^\theta \int \theta\mathrm{d}t + K_{sP}^H \cdot H \right) \tag{4-236}$$

式中:系数 K_{bP}^θ 为首舵纵倾角偏差的比例系数。同时,首舵深度的比例信号与纵倾

的比例信号选取要与尾舵中的深度信号相协调,通常取

$$K_{bP}^H \cdot H = \begin{cases} K_{bP}^\theta \cdot \theta, & K_{bP}^H \cdot H \leq k_b K_{bP}^\theta \cdot \theta \\ k_b K_{bP}^\theta, & K_{bP}^H \cdot H > k_b K_{bP}^\theta \cdot \theta \end{cases} \qquad (4-237)$$

一般取 $k_b = k_s$,能较好地保持首、尾舵协调工作,通过对纵倾角的控制改变或稳定航行深度。

这类自动操舵仪的另一特点是首、尾舵都能单独保持航行深度和纵倾角,适用于高速时首舵要收回、低速时尾舵有逆速的潜艇的运动工况。其缺点是不能严格保持纵倾,操舵次数比首、尾舵分离式控制时多。

此外,还有低速航行时仅用首舵控制深度和纵倾,其规律为

$$\begin{cases} \delta_b = K_{bP}^H \cdot H + K_{bD}^H \cdot \dfrac{\mathrm{d}H}{\mathrm{d}t} + K_{bI}^H \int H \mathrm{d}t + K_{bP}^\theta \cdot \theta + K_{bD}^\theta \dfrac{\mathrm{d}\theta}{\mathrm{d}t} \\ \delta_s = 0 \end{cases} \qquad (4-238)$$

如剩余静载均衡良好,不计常值干扰作用,则式(4-238)可简化为

$$\begin{cases} \delta_b = K_{bP}^H \cdot H + K_{bD}^H \cdot \dfrac{\mathrm{d}H}{\mathrm{d}t} + K_{bP}^\theta \cdot \theta \\ \delta_s = 0 \end{cases} \qquad (4-239)$$

类似地,对高速工况仅用尾舵操控时亦有相仿操控方式。

4. 深度机动的潜浮控制与航向、深度的协调控制

(1)潜浮机动的控制。

变深潜浮机动,可以采用相对潜浮舵,也可以采用平行潜浮舵操纵。

当首、尾舵都操上浮舵或下潜舵时,称为相对上浮舵或相对下潜舵,用于快速机动,此时,主要是控制纵倾。

当潜艇有纵倾时,存在静恢复力矩的作用,使其具有位置稳定性,故可取微分信号为零,即 $K_{sD}^\theta = K_{bD}^\theta = 0$。应保证首、尾舵对纵倾的控制一致,必须满足

$$\frac{K_{sP}^H}{K_{sP}^\theta} = \frac{K_{bP}^H}{K_{bP}^\theta} = \theta_0 \qquad (4-240)$$

式中:θ_0 为下潜时的指令纵倾角。根据海区、战术确定。

采用平行潜浮舵变深时,根据航速,可用下列操控规律操纵,即

$$\begin{cases} \delta_b = K_{bP}^H \cdot H + K_{bD}^H \cdot \dfrac{\mathrm{d}H}{\mathrm{d}t} \\ \delta_s = K_{sP}^\theta \cdot \theta + K_{sD}^\theta \cdot \dfrac{\mathrm{d}\theta}{\mathrm{d}t} + k_b^s \cdot \delta_b \end{cases} \qquad (4-241)$$

式中:系数 $k_b^s = \dfrac{M(\delta_b)}{M(\delta_s)}$,$M(\delta_b)$、$M(\delta_s)$ 分别为首舵力矩、尾舵力矩。其作用是用尾舵

角产生的纵倾力矩 $M(\delta_s)$ 平衡首舵角产生的纵倾力矩 $M(\delta_b)$，使艇的合纵倾力矩为零。

（2）转向机动的控制。

水下回转机动时，在航向变化的同时，通常伴随深度变化。所以，人工操纵时，方向舵手开始操舵时，会及时告知升降舵手，以协调操控，保证水下转向中的基本要求——定深回转。方向舵与升降舵组成联合自动操舵，见下一节。

五、联合自动操舵仪的概念

一般认为，在潜艇横倾 $\varphi < 3°$ 时，可把潜艇的水下运动分解为互不相关的垂直面运动和水平面运动，前者归结为深度（及纵倾）机动，后者归结为航向机动，并可以对航向和深度分别进行控制。但在水下强机动时或同时变深变向空间运动时，将出现显著的"横倾效应"。水下回转时伴有速降、横倾、纵倾及艇重、尾重等现象，统称为"侧洗流效应"。为实现一定的机动目标，方向舵和首、尾升降舵必须协调工作，控制潜艇的航向和深度。

简而言之，联合舵就是将"航向自动舵"和"深度自动舵"的功能组合在一个操纵部位，在航向和深度的控制规律中引入"横倾校正"和"侧洗流校正"信号，使方向舵、升降舵自动协调工作，消除潜艇的垂直面运动与水平面运动的相互干扰，有效控制艇的航向和深度，实现良好的空间机动。

通常，正常航行时，由单人操纵同时控制航向和深度的全套设备，称为"联合自动操舵仪"。

六、集中控制操舵仪的概念

把潜艇的方向舵、升降舵的操纵、均衡（浮力调整和纵倾平衡）、推进（航速）等集中起来，进行协调控制的全套设备，称为"潜艇集中控制系统"。这一系统国内称为"潜艇集中控制操舵仪"，国外称为"操纵控制系统（Steering Control System，SCS）"，是联合自动操舵仪的进一步发展，具有下列特点。

（1）实现操舵、均衡、航速的协调控制。

（2）可根据航速自动修正操舵规律和控制参数。

（3）减少值更人员或操艇人员编制。正常操纵状态可由一人操纵，一人机旁监控。

航向自动舵、深度自动舵等自动操舵仪，根据不同的使用功能，具有不同的技术评价指标，并有相应的国家标准和军用规范。作为一个自动控制系统，技术品质的基本要求归结为稳定性、快速性和准确性，即"稳、快、准"的要求。这里仅对深度自动操舵仪的技术指标作一介绍。

（一） 系统灵敏度

使舵叶正反向动作的最小深度偏差,称为系统"深度灵敏度"。类似地,使舵叶正反向动作的最小纵倾偏差,称为系统"纵倾灵敏度"。还有系统的"航向灵敏度",一般不低于 0.2°。

系统深度灵敏度反映了自动操舵仪对深度偏差的敏感程度,表示深度自动操舵系统中首、尾舵能开始工作的敏感能力。一般来讲,灵敏度高的自动操舵仪具有控制潜艇高精度航行的能力,但还必须根据控制对象(潜艇)、不同航速、不同干扰等情况,正确选择控制规律和控制参数来配合。

（二） 深度和纵倾的稳定精度

在自动定深航行时,实测的深度变化曲线与指令深度直线之间所围的面积之和(图 4-14-8)除以测记时间的商值称为深度稳定精度,记为 $\Delta H(m)$。在实际应用时,一般采用等效梯形或等效矩形之类的近似公式,详见相关的航行试验规程。

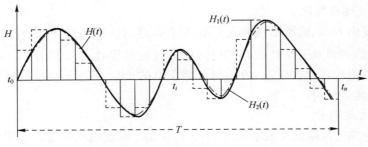

图 4-14-8 深度稳定精度

纵倾稳定精度的算法与深度稳定精度的算法相同。

深度和纵倾稳定精度的一般要求,按航行深度区分为近水面航行和工作深度航行,并针对 4~6kn 航速及一定海况而定。

上述稳定深度只反映潜艇定深航行时围绕预定深度和纵倾的偏摆情形,不能反映深度最大偏离值,也不反映偏摆的频率。

（三） 平均操舵次数

在保持潜艇进行等速、定深直线航行时,在规定的时间内测记的操舵次数除以测记时间的商值,称为平均操舵次数。

在一定稳定精度和天气条件下,平均操舵次数反映自动操舵仪的功耗、舵机磨损和降噪的性能。从减阻降噪的角度看,尤其是安静操舵时,操舵次数少、偏舵角小好。显然,降噪静音是以牺牲一定深度稳定精度为代价的。

（四） 深度机动的动态指标（即变深机动的指标）

图 4-14-9 所示为潜艇由初始深度 H_0 机动到新指令深度 H_0 的变化过程

$H(t)$，可用下列指标表示。

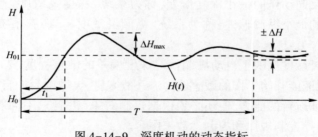

图 4-14-9　深度机动的动态指标

1. 首次到达指令深度的时间 t_1

新指令深度 H_{01} 以阶跃形式输入，第一次通过指令深度的时间记为 t_1。t_1 表示自动操舵时改变航行深度的快速性。

2. 过渡过程时间 T

从深度由 H_{01} 以阶跃形式输入开始，航行深度由初始的 H_0 机动到 H_{01} 值的响应曲线，稳态值达到规定误差 $\pm\Delta H$ 的时间称为过渡过程时间，记为 T。一般规定，深度稳态值的绝对百分数误差 ΔH 为深度修正量的 $\pm5\%$。T 表示变深机动过程的快慢，也称为调整时间。

3. 最大超调量

新指令深度以阶跃形式输入时，潜艇向新指令深度机动的过渡过程中，超出新指令深度的最大偏差，称为"最大超调量"，记为 ΔH_{max}。一般规定超调量不大于修正量的 10%，对航行深度，超调量最大值不大于 2m，振荡次数不超过 1 次。

4. 最大纵倾角

按航行海区水深情形、潜艇机动航速高低和战术需要而定。为保证安全，一般在近海作深度机动时的纵倾角为 $3\sim7°$。

此外，还有随动操舵要求、简易操舵指标等，可参阅相关技术文献。

思考题

1. 什么是潜艇的运动稳定性？怎样表示潜艇垂直面与水平面的运动稳定性？

2. 试分析影响垂直面动稳定性衡准的主要因素。如动稳定性不足，说明改进的主要途径。

3. 简述潜艇垂直面运动按航速高低，分区规定动稳定性衡准值的原因。

4. 为什么潜艇水平面的动稳定性可小于垂直面的动稳定性？分析影响水平面动稳定性的主要因素。

5. 潜艇在垂直面可做哪些定常运动？分析其受力，并写出运动方程式（平衡方程)。

6. 怎样保持(实现)潜艇在垂直面的等速直线定深运动? 分析影响潜艇定深运动的主要因素。

7. 简述首、尾升降舵的操纵特点,并分析首升降舵布置位置的变化对潜艇操纵运动的影响。

8. 什么是垂直面运动的动力平衡角? 分析其主要影响因素。

9. 什么是潜艇均衡? 说明在航潜艇均衡的分类和均衡计算的一般方法。

10. 水下状态的潜艇是怎样实现变深操纵的? 影响变深运动的主要因素有哪些?

11. 什么是潜艇的垂速(升速)与升速率? 论述航速对升速的影响。

12. 什么是潜艇的逆速? 若要避免在常用航速区出现围壳舵逆速,宜采取哪些措施?

13. 无快潜水舱的潜艇需紧急下潜到大深度进行战术机动时,可采用哪些措施?

14. 按下图所示,分析潜艇的升速性特点,并指示艇的运动方向。

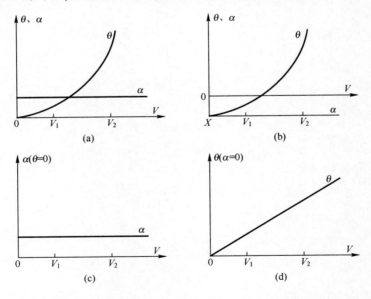

15. 当操首、尾升降舵保持一定纵倾变深时,请列出此时的潜艇运动方程(注意:设潜艇处于静平衡状态,即 $\Delta P = \Delta M_p = 0$,并认为 Z_0、M_0 均已被均衡),并求解相应的潜浮运动参数表示式。

16. 试述垂直面运动的水动力中心点 F(中性点)、临界点 C(逆速点)的定义,并分析其变化规律。

17. 当小量静载 ΔP 分别作用于临界点 C 及其首向与尾向时,分析其引起的潜浮运动特点。

18. 试举例说明产生静载逆速 V_{ip} 的条件。

19. 分析操纵升降舵的速率($\dot{\delta}_s$、$\dot{\delta}_b$)对深度机动性的影响。

20. 概述潜艇的回转运动、回转圈及回转性的含义,并分析论述表示回转性优劣的基本参数。

21. 潜艇水下回转与水上回转运动有何不同? 怎样实现定深回转操纵?

22. 请说明操纵性指数 K、T 的意义。以一阶 K-T 响应方程,用阶跃操舵方式求解转向运动的 $r(t)$、$\psi(t)$。

23. 什么是航迹转向操纵的"新航向距离"$\overline{AC}$? 怎样估算?

24. 绘示意图说明 Z 形操舵机动,并简述采用 Z 形试验确定 K、T 指数的基本方法。

第五章　潜艇应急操纵性

引言　本章从潜艇应急操纵的基本概念、潜艇水下操纵运动的基本力学特征出发,分析、研究了以舵卡和舱室进水为代表的紧急情况下的应急操纵措施及准则,以及成功挽回事故潜艇的衡准参数。同时,对保障潜艇水下航行和操纵安全的技术措施进行了全面的论述和总结。

第一节　应急操纵性的基本概念

一、潜艇的主要危险

战争的基本原则是保存自己,消灭敌人。一切技术的、战术的、战役的、战略的行动,都是以执行这个基本原则为前提条件的。

现代潜艇是人类创造的最复杂的技术系统之一。潜艇是一个水下运动体,正常的机动是由正确的操纵实现的,主要操纵手段为车、舵、气、"水"。通过操纵装置的正确使用,使潜艇按给定的姿态、航线运动,并随时处于严密监控中,即使如此,所有潜艇都涉及安全性问题。航海实践表明,现代潜艇运行中的主要危险来自下列 3 个方面。

(1) 通过艇体各种开口使舱室进水,尤其是低速大深度大量进水。舱室进水一般只考虑通海管路破裂情况,不考虑耐压壳体受损。如 372 潜艇在 2014 年水下航行训练中,于大深度遭遇"海区断崖"掉深,其间又发生机舱一舷辅冷水管路挠性法兰接头整体断裂,使舱室突然进水。由于处置沉着、正确、及时,立即封舱损管,顺利关闭舷侧截止阀,止住进水,并自动停机,最后安全上浮水面。期间,进水迅猛,在 1min 左右时间内就进水约 25t。从发现掉深进行挽危操纵至供气潜艇开始上浮历时 8~9min,航行深度相对预令深度偏移约 70m。10min 的应急操纵,是该艇生死存亡的战斗,终获成功。

(2) 舵卡。主要是尾升降舵,特别是高速尾卡下潜大舵角。

(3) 火警。主要是机舱和蓄电池舱,特别是电弧起火。如 2005 年,某潜艇完成演习任务后,于水面状态返航途中,四舱蓄电池自动器起火,殃及自动器下面的连接电缆被烧熔短路,采用多种器材灭火与封舱灭火相结合,经过多次反复,历经

33h 才彻底清除火源,后拖带航渡返港。灭火救援过程中,暴露出对强烈的电弧起火缺乏有效、快速的灭火器材和扑灭方法。

除火警外,上述险情构成了潜艇应急操纵的两种基本情形。潜艇在水下遇到的最大危险是:位于较大深度上低速工况下的舱室进水和潜艇的下潜(深度、纵倾)失控,这是由潜艇水下力学状态和潜艇深度机动特性决定的。

潜艇重大事故的发生与发展规律,大致类似"浴盆曲线",可分为 3 个阶段。

(1)早期事故。潜艇服役之前或服役初期试验试航阶段的事故,主要原因是由于设计制造不周造成的,如"长尾鲨"号沉没事故。

(2)服役期间的偶然事故。早期事故一般在潜艇试验试航期间被发现、排除。当潜艇交付部队服役,尤其是同一型号的后续艇应当是潜艇处于使用的优良状态。在此期间发生重大事故的主要原因绝大多数是由于人为的失误所引起的。

(3)老化期事故。属潜艇使用中的后期事故,主要原因是装备老损。

考虑装备使用中上述发生事故的固有特点,应主动作为,积极预防,严格施训,执行条令规则。

二、潜艇水下操纵运动的基本力学特征

在核潜艇出现之前,潜艇工程师和潜艇官兵关注的操艇问题是:潜艇的操纵装置是否能够满足潜艇在垂直面(特别是在近水面潜望深度)运动控制的使用要求,即可能存在保持或改变深度(及纵倾)的操纵能力不足的问题。但是在核潜艇为代表的现代潜艇问世之后,关注的重点发生了变化,除了上述基本要求外,还必须实现潜艇在垂直面内的深度机动性和运动稳定性之间的平衡。高速大舵角的深度机动会造成严重的安全隐患。如图 5-1-1 所示,高速尾升降舵卡下潜满舵,若不及时采取挽回操纵,在事故发生 67s 时,潜艇下沉约 200m,首纵倾达 60° 左右。图 5-1-2 为潜艇紧急上浮时冲出水面时的情景。可见,此类事故严重威胁潜艇的安全。

(一) 水下状态潜艇的静力学特征

(1)水下储备浮力为零。

潜艇的重量是由浮力平衡的,水下状态时,一般处于剩余浮力为零状态,这样才能满足潜艇需以很低(如 2~3kn)速度航行的运行要求,或无航速悬停。潜艇不可能像飞机那样用自身的动升力携机重飞行,因为潜艇的战术背景不允许,战术机动的航速是高、低相结合的。零储备浮力决定了水下潜艇对于重量变化或浮力变化的敏感,尤其是经航工况的低速状态更加敏感。当海水密度减少 1‰,对 3000~4000t 水下全排水量的潜艇就将减少浮力 3~4t,使潜艇"重"了,而低速时升降舵舵效低,又处于尾舵逆速区,于是就要"掉深"了。

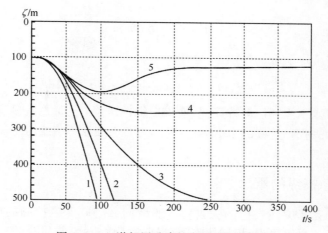

图 5-1-1　潜艇尾升降舵卡舵后深度变化

1—无挽回措施；2—停车；3—停车、操首升降舵；4—停车、操首升降舵、方向舵满舵；

5—停车、操首升降舵、方向舵满舵、吹首组压载水舱。

图 5-1-2　潜艇紧急上浮时冲出水面

（2）水下状态纵向静恢复力矩小。

一般中型潜艇水下纵倾 1° 力矩仅 10 多 t·m。同时，纵倾 1° 与横倾 1° 的恢复力矩基本相等。因此，水下潜艇容易产生大纵倾等纵倾失控险象。

（二）潜艇深度机动的基本规律

由式（4-87）、式（4-103）可知，一定航速时操纵升降舵产生纵倾角 θ、产生垂速 V_ζ 的能力大致可表示为

$$\theta \propto \frac{V^2}{h} \cdot \delta_s(\delta_b)$$

$$V_\zeta \propto \frac{V^3}{h} \cdot \delta_s(\delta_b)$$

同时,潜深 $H(t)$ 是垂速 $V_\zeta(t)$ 的积分,即

$$H(t) = \zeta_G(t) = \int_0^t V_\zeta(t)\,\mathrm{d}t \approx -V \int_0^t \theta(t)\,\mathrm{d}t$$

上述潜艇水下操纵运动特征,易使潜艇纵向失稳,出现大纵倾及纵倾失控、损失浮力及深度失控。这样的水下运行特征表明,当操纵不当或潜艇设备有故障时,极易发生应急情况。

三、应急操纵的概念

应急操纵是指突然发生的失去对潜艇航向、纵倾、深度控制的操纵事故的统称。一般是由于操纵失误、机械故障、海损事故(战斗的、非战斗的)时所造成的危险纵倾、舵卡和舱室进水等危急情况。应急操纵具有以下两个特点。

(1)时间上是突然出现的,具有很大的偶然性,且在不恰当的时候发生。同时,事故运动变化很快。

(2)危害上极其严重,涉及潜艇的存亡。

应急挽回操纵运动复杂,受力不易确定,属潜艇大机动及特殊工况下操纵运动。当前研究重点从应用角度看主要表现在下列 3 个方面。

(1)开展升降舵卡与舱室进水为代表的应急操纵研究和潜艇水下操纵性安全界限图的研究。

(2)承载力图的新发展。

(3)在设计阶段要考虑应急情况的操纵要求。

下面将分 3 节讨论研究尾升降舵卡、舱室进水的挽回应急操纵和潜艇水下操纵性安全界限图。

第二节　尾升降舵卡的挽回应急操纵性

一、舵卡事故的险情分析

潜艇一般配置方向舵、首升降舵或围壳舵、尾升降舵 3 对舵装置,方向舵操控航向,升降舵操控潜深和纵倾。

在安全性研究中定义的基准事故:假设舵以最大转舵速度转到最大舵角,并在挽回恢复操纵中保持。

1. 对于水下状态方向舵卡故障

将产生急转向,导致水下回转运动中一系列耦合运动,横倾、速降、艇重、尾重、

初速越高,后果越严重。主要危险是难于保持深度,当有上浮惯性时,应立即减速,有下潜惯性时,应增速,并操升降舵配合,前者操下潜舵,后者操相对上浮舵等。或按保持水下定深回转操纵方法,即带尾倾操尾升降舵为下潜舵(或相对下潜舵),或操平行上浮舵保持无纵倾定深回转航行,同时进行抢修或上浮水面维修。

2. 首升降舵卡(或围壳舵卡)故障

由于首升降舵位于指挥室围壳上或艇体的首部,它比尾升降舵更接近于潜艇垂向水动力作用中心点 F,因此,在具有同样的升力特性、相同的舵角下,首舵与尾舵相比较,首舵产生纵倾和垂速(θ、V_ζ)的能力大致是尾舵的 $1/3$,所以首升降舵卡都可用尾升降舵保持操纵。

3. 尾升降舵卡故障

操艇实践表明,尾升降舵卡是造成水下状态出现意外的纵倾失控、深度偏移事故中危险性最大的事故。图 5-2-1 为某潜艇"跑舵"故障中 δ_s、θ 的变化情形。英国海军把尾升降舵卡现象称作"最为严重的可能事故",并把 $10°$ 下潜舵角机动时发生的舵卡称为第一种卡舵情况,而把尾升降舵满舵时的卡舵事故称为第二种卡舵情况[16]。

俄罗斯也有类似的界定,俄罗斯学者在我国讲学时把操纵事故分为两类:由误操、"跑舵"或围壳舵(或首舵、舯舵)卡引起的纵倾或深度变化值大于指令值的现象称为第一类操纵事故,相应的挽回操纵称作"抗损任务 I";尾升降舵卡现象称为第二类操纵事故,相应的挽回操纵称作"抗损任务 II"(舱室进水事故的挽回操作称作抗损任务 III)。按舵卡角度的大小范围分成两种情形:

舵卡小角度区域:一般指 $\delta_s \leqslant 10°$;

舵卡大角度区域:一般指 $\delta_s > 10°$。

上述分类反映了事故后果的严重程度和挽回操纵的特点。例如,第一类操纵事故,只要及时发现,采取转换操舵方式或用尾升降舵操纵等正确的挽回措施,事故都是可以操控的。

下潜尾舵卡事故,特别是高速、大深度、下潜大舵角舵卡,将给艇的纵倾和潜深迅速造成大于安全极限的严重危险,尤其是纵倾角。因为现代潜艇升降舵面积的大小或升降舵的操纵效能,是按水下平均航速(如巡航速度)设计的,当潜艇高速航行时,尾升降舵(面积)就显得过于"庞大",在最大舵角时存在潜在的严重危险[46]。

上浮尾舵卡对潜艇运动的影响,是可能造成大的尾纵倾,不合时宜地浮至水面。文献[46]认为,这种危险没有下潜到接近破坏深度那么严重,同时上浮与水面舰船相撞是可能性甚小的低概率事件,"这种情况是可以接受的"。但在操纵性安全界限图中仍将其作为"出水限制线"的依据。

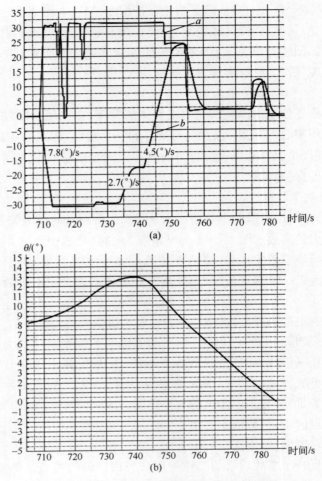

图 5-2-1 纵倾角变化曲线和尾升降舵角变化曲线

a—指令舵角;b—实际舵角。

4. 结论:尾升降舵卡事故工况设定

由上述分析可知,卡单舵事故中最危险的是尾升降舵卡。同时,卡首、尾升降舵或同时卡升降舵与方向舵的概率是极低的,在操纵安全性研究中不予考虑。仅就尾升降舵卡而言,舵故障可分为 3 种情形。

(1) 常规操纵时的持久卡舵:卡舵角约±10°(一般为中、低速工况)。

(2) 可转换操纵的"跑舵":舵角较大,可取±(25°~30°),但卡舵时间较短。

(3) 极端情况舵卡:全速卡满舵,即卡舵角 $\delta_{sj} = \delta_{s.max} = \pm 30°$。

可见,涉及操纵安全性严重后果的是极端情况卡舵,并作为舵卡挽回操纵的研究对象。

二、(尾)升降舵卡的判别——挽回应急操纵的滞后时间(反应时间)

(一) 升降舵卡判别

潜艇舵机控制有泵控与阀控两类。核潜艇常用泵控舵机,而常规潜艇用电液比例换向阀的阀控舵机。

对泵控方式,操舵装置工作正常时,尾升降舵的转舵速度$\dot{\delta}_s$与变量泵斜盘开启的转角α大小成正比。舵卡时,则在转舵控制信号作用下斜盘转角达到最大值,而转舵速度为零(允许±0.3(°)/s的误差)。因此,舵卡特征为同时存在:

α达到α_{max};

$\dot{\delta}_s \approx 0$;

转角α符号与转舵位置不一致,δ_s处于上浮(下潜)位置,而α为下潜(上浮)位置,即$\text{sign}\alpha \neq \text{sign}\delta_s$。

对阀控方式,转舵速度的快慢与电液换向阀的阀芯开口大小成正比。卡舵时,阀芯开口达到最大,而转舵速度仍等于零。舵手通常观察集控舵的舵角、纵倾、深度指示仪表显示,有怀疑时可立即转换到全船液压系统操纵。阀控方式,由比例控制的功率滑阀行程l(开口量)判断。舵卡时同时出现:

l达到l_{max};$\dot{\delta}_s \approx 0$;

$\text{sign}l \neq \text{sign}\delta_s$。

实艇操纵中,舵手(和操艇指挥员)根据舵卡后,卡舵角在挽回操纵前的短暂时间滞后期间形成的意外纵倾角,一般$\theta \geqslant 3°$时即可感知操舵发生了异常。由此可确定事故挽回操纵的滞后时间或反应时间。

(二) 反应时间

所谓反应时间,是指艇员从发现并判断事故到实现挽回操纵措施所需的时间。反应时间在较大程度上取决于艇员的训练水平。文献[46]认为,对一个机警且受过良好训练的艇员来说,标准的反应时间是20s。

现代潜艇航速较高,当尾升降舵发生在当前航速下允许的最大限位舵角时,20s后所引起的纵倾角是10°~15°,且伴有较大的$\dot{\theta}$。如某常规潜艇在不同航速、不同卡舵角下,事故后10s时的仿真计算纵倾角如表5-2-1所列。

表5-2-1 不同航速、不同卡舵角情况下,10s时产生的纵倾角θ值

计算工况	10s时的$\Delta\theta$/(°)	$|\Delta\theta|>3°$纵倾变化时的感知情况
$V_0=5\text{kn},\delta_{sj}=+25°$	-3.05	感知

（续）

计算工况	10s 时的 $\Delta\theta/(°)$	$\|\Delta\theta\|>3°$纵倾变化时的感知情况
$V_0 = 5\text{kn}, \delta_{sj} = +30°$	-4.06	感知
$V_0 = 6\text{kn}, \delta_{sj} = +25°$	-3.72	感知
$V_0 = 10\text{kn}, \delta_{sj} = +15°$	-4.17	感知
$V_0 = 16\text{kn}, \delta_{sj} = +10°$	-9.55	感知
$V_0 = 18\text{kn}, \delta_{sj} = +5°$	-7.42	感知

由上述可见，在当前技术条件下，发现舵卡时间一般设定为 10s，对自动操纵工况下，发现时间可取为 5s。挽回操纵措施到位时间按具体操纵装置确定。例如，操纵方向舵满舵 $\pm35°$，转舵速率为 $\dot{\delta}_r = 5(°)/\text{s}$，则约为 7s。

三、尾升降舵卡下潜舵事故的挽回操纵[47-49]

尾舵卡的恢复性操纵有两类研究分析方式：一类是把恢复性挽回操纵措施分成基本措施和推荐的辅助措施[46]；另一类是按挽回操纵实施的时间顺序进行讨论。文献[46]认为，升降舵卡是个流体动力学问题，舵卡的后果与艇速和舵角有关，因此优先考虑车、艇体流体动力作用的恢复操纵方式（注意：指停车和操方向舵）。本书依挽回操纵的时序介绍。

（一）立即减速

众所周知，舵力与速度平方 V^2 成正比。所以，减速是挽回尾舵卡的首选主要措施。减速可通过降速、停车或倒车等方式实现。一般舵卡航速较高时采用倒车方式减速较快，法国海军认为在前 15s 内是有效的；一般情形通常采用停车方式，操纵简便易行。需要注意的是：减速的过程是动态的，减速的目标是使航速降到有利于首升降舵控制的范围，当航速接近这一目标时，应将动力装置转换到相应工况，配合首升降舵操控潜艇的运动。作为案例，某常规潜艇的停车与倒车的时间特性列于表 5-2-2 和表 5-2-3 中。

表 5-2-2　水下停车制动

初速 V_0/kn	5.20	10.90
Δt_1：自停车令至车停时间/s	71.0	233.4
Δt_2：自停车令至艇停时间/s	526.1	535.1
H_0/H 为初深/艇停深度	35.1/33.6	35.2/36.3
试验结束时艇速 V_s/kn	1.50	2.35

（续）

冲行进距/m	595. 1	1034. 0
冲行横距/m	380. 8	698. 5

表 5-2-3　水下倒车制动

初速 V_0/kn	5. 40 （至退三）	5. 40 （至全工况倒车）	10. 90 （至退三）	10. 91 （至全工况倒车）
Δt_1/s	29. 6	24. 5	27. 7	25. 6
$\Delta t =$ 自停车令至全工况倒车/s	104. 7	92. 4	68. 2	90. 6
Δt_2/s	166. 7	126. 4	191. 3	168. 1
H_0/H/m	34. 3/35. 1	35. 5/33. 0	34. 8/34. 5	35. 0/37. 2
V_s/kn	0. 60	1. 18	1. 15	1. 10
冲行进距/m	257. 8	221. 5	569. 8	489. 0
冲行横距/m	24. 6	9. 8	10. 2	31. 9

（二）　立即操纵反向首满舵

潜艇在水下航行中，对潜艇的深度控制是由首、尾升降舵共同操作的。在尾升降舵发生舵卡事故时，首升降舵处于工作状态，处于保持深度的操纵方式，在尚未明确意识到尾升降舵卡发生时，首升降舵就起着挽回作用。

当明确尾卡下潜舵时，首舵应立即转向上浮满舵。由于高速时首舵的操纵能力不如尾舵，所以在挽回过程初期首舵的挽回作用不大。但在减速措施使航速降低后，首舵的操控，将可能维持潜艇的水下航行。

（三）　操方向舵左满舵或右满舵

操方向舵满舵于任一舷仅适用于尾升降舵卡下潜舵的情况。

方向舵满舵将使潜艇紧急回转，产生速降，并产生垂直面运动的耦合效应，在高速回转时产生尾倾上浮运动，抑制尾下潜舵卡的首倾下沉运动。实操表明，用方向舵挽回一般尾下潜舵卡的效果显著。

用方向舵挽回过程中，当航速降低到目标航速时，把方向舵恢复到控制航向的操舵方式。

（四）　应急吹除首部主压载水舱

高速时，尾卡下潜大舵角，采取上述挽回措施，艇的深度变化和首纵倾还是很大，或者龙骨下水深有限，舵卡后深度、纵倾偏移又大又快，为了保证潜艇的安全，可采用应急吹除首部主压载水舱（注意：首组或 1 号主压载水舱）的水。值得注意的是，供气吹除挽回，是一种不可逆操作，破坏了艇的静力平衡，并要考虑潜艇穿出水面问题。

文献[46]作者克雷珀勒先生把挽回操纵分成两类:停车、操纵方向舵满舵为基本的恢复性操纵;全速倒车、操首升降舵、吹除主压载水舱为推荐性恢复操纵。

实际供气吹除操纵,还需考虑停供与解除气压的时机,目前主要是凭经验和感觉,一般认为当纵倾、深度的变化缓慢时,即下令停供;当纵倾、深度开始恢复(注意:有的规定当纵倾恢复 1/4~1/3),应下令解除首组(或 1 号主压载水舱)气压。

(五) 可弃压载

采用可弃压载可以使潜艇很快获得正浮力与力矩,克服舵卡产生的危害作用。对于装备了固体可弃压载的潜艇,可在平时作为挽回尾卡下潜大舵角事故的最后一种选项(注意:法国阿哥斯塔 80 潜艇是这样排序的),通常可弃压载质量与正常排水量之比为 0.006~0.010。

(六) 实艇挽回操纵

一般采用组合挽回措施,多种操纵进行挽回,并进行相应的均衡。

对低速小舵角(一般卡舵角为 8°~10°)尾升降舵卡,采用操纵首升降舵,补充均衡,视情减速。

对高速、尾卡下潜大舵角,采用紧急倒车,操方向舵满舵,必要时,紧急吹除首部主压载水舱,直至使用可弃压载。

四、升降舵卡挽回操纵后的潜艇特性

潜艇对于升降舵卡和恢复性挽回操纵的响应,可以采用六自由度空间运动方程或垂直面非线性运动方程式(2-124)进行仿真计算,表 5-2-4 是文献[46]给出的仿真结果。仿真的初始状态假设如下:

初始航速为 V_0、初始纵倾为 θ_0、潜深为 H_0;

时间 $T_0=0$ 时,基准事故开始发生,尾升降舵偏转到 $\delta_{sj}=\delta_{s.max}$,并保持;

标准反应时间取 $T=T_0+T_r=20s$,即 $T=T_r=20s$ 时刻基本恢复操纵开始发生作用。升降舵卡事故仿真结果表明了舵卡挽回操纵运动特性,主要关注两个特征参数:

最大纵倾角 $\theta_{max}=\theta(t)-\theta_0=\theta(t)$,因为 $\theta_0\approx0$;

潜深变化量的最大值 $\Delta H_{max}=H(t)-H_0$。

在给定卡舵角 δ_s 情况下,θ_{max}、ΔH_{max} 基本上与舵卡时速度 V_0 成正比。

表 5-2-4 给出了推荐性附加挽回操纵(操首升降舵、倒车)以及较长反应时间对基本恢复性挽回操纵过程功效的影响,并有下列结果。

(1) 在给定舵卡舵角 δ_{sj} 情况下,θ_{max}、ΔH_{max} 基本上是舵卡速度 V_0 的线性函数。

(2) 采用操纵首升降舵是有用的。主要是减小潜深的变化范围,使 ΔH_{max} 显著减小。首升降舵的作用主要取决于其大小和布置位置。

（3）全速倒车并不会使纵倾 θ_{max} 减小，但能减小 ΔH_{max} 20% ~ 30%。

（4）反应时间增加，使恢复性挽回操纵过程推迟，从而使 θ_{max}、ΔH_{max} 有所增加。

表 5-2-4 舵卡挽回操纵仿真结果

舵卡工况	$V_0 = 10\mathrm{kn}, \delta_{sj} = +20°$		$V_0 = 15\mathrm{kn}, \delta_{sj} = +15°$		$V_0 = 25\mathrm{kn}, \delta_{sj} = +5°$	
挽回运动特征参数	$\theta_{max}/(°)$	$\Delta H_{max}/\mathrm{m}$	$\theta_{max}/(°)$	$\Delta H_{max}/\mathrm{m}$	$\theta_{max}/(°)$	$\Delta H_{max}/\mathrm{m}$
基本恢复性操纵 $T_r = 20\mathrm{s}$	20	110	24	170	22	190
基本恢复性操纵 $T_r = 30\mathrm{s}$	21	124	26	190	25	230
基本恢复性操纵 +操首舵 $T_r = 20\mathrm{s}$	15	50	18	80	15	120
基本恢复性操纵 +倒车 $T_r = 20\mathrm{s}$	20	80	24	140	22	160

五、挽回成功的衡准参数

在尾升降舵卡事故中，根据恢复性挽回操纵运动的特性，根据文献[46,48,50,51]，以及有关技术要求，成功挽回尾卡下潜舵的操纵衡准参数必须同时满足

$$\Delta H_{max} = H(t) - H_0 \leq 100\mathrm{m} \tag{5-1}$$

$$|\theta_{max}| \leq 30°（或 |\Delta\theta_{max}| \leq 30°） \tag{5-2}$$

及

$$H(t) = \Delta H_{max} + H_0 \leq H_e \tag{5-3}$$

$$\phi_{max} \leq \pm 30°, \phi(t)_{max} \leq \pm 45° \tag{5-4}$$

式中：H_0 为舵卡发生时潜艇初始航行深度（m）；$H(t)$ 为舵卡挽回过程中深度偏移后潜艇到达的最大深度（m）；ΔH_{max} 为挽回过程中深度最大偏移量（m）；$|\Delta\theta_{max}|$ 或 $|\theta_{max}|$ 为挽回过程中纵倾最大改变量（°）；ϕ_{max} 为挽回过程中潜艇最大横倾角；$\phi(t)_{max}$ 为最大横摇角。

尾卡上浮舵时为

$$H(t) = \Delta H_{max} + H_0 > 0$$

$$\phi_{max} \leq \pm 30° \tag{5-5}$$

第三节　舱室进水的抗沉操纵性[46,52-54]

20 世纪后 50 年中期,国际上重大潜艇事故最常见的原因:第一,碰撞;第二,修理后航行试验中因艇体、装置、系统状态不达标引起的意外;第三,由于偶然原因引起的起火、爆炸、进水。在和平时期,潜艇主要的海损形式是事故海损,即航海性海损事故。现代潜艇沉没的典型海损事故除了舵卡及操纵事故外,另一类就是本节所要介绍的舱室进水事故。潜艇进水事故处置不当将造成严重危害,使潜艇迅速产生危险大纵倾、快速形成深度偏移、超越极限深度,必须进行坚决的、科学的抗沉斗争。

一、舱室进水标准事故的基本假设

（一）　由通海管路破裂引起的耐压舱室连续进水

假设:

(1) 耐压壳体未受损;

(2) 在反应时间后已损坏的管道可通过关闭舷侧阀堵住,或不能堵住的连续进水;

(3) 进水孔的大小与损坏管道截面积一样大;

(4) 关闭管道的反应时间大约 30s,有自动隔离阀的只需几秒;

(5) 主机舱进水时,在进水孔隔离后,推进动力继续有效 30s。

（二）　进水类型

(1) 单纯进水(艇艏部与舯部进水),推进系统可正常工作。

(2) 进水同时失去推进动力(艇艉部进水)。

进水部位分为首部、中部、尾部。

（三）　挽回操纵与反应的时间滞后设定

进水事故发生时假设潜艇等速定深直航。

事故反应时间 5~10s(指发现、上报),采取挽回操纵措施的时间另外计算。

二、应急挽回操纵

舱室进水事故情况下,标准的恢复性应急挽回操纵方式如下。

(1) 立即遥控操纵舷侧截止阀,迅速隔离破损管道。

(2) 操纵升降舵,在上浮过程中控制潜艇处于尾纵倾角($\theta < +25°$)。

(3) 视纵倾状态,增速。

(4) 吹除主压载水舱。

美国的 A.J. 吉丁斯在文献［47］中指出,战胜进水事故的(20世纪)80年代的方法与60年代的方法基本相同。他认为:"……现在仍然建议,当潜艇面临沉没危险时,还是应该按照以往常用的办法采取行动:当尾升降舵卡住时——'倒车、排水,祈祷',当舱室进水事故时——'吹除(主压载水舱)和增速航行'。但这时仍有必要按最保守和慎重的第一个判断:把漏水和进水区别开来。"

下面首先按进水部位分别介绍其应急挽回操纵措施,然后再研究进水和吹除产生浮力的数学模型,最后讨论供气吹除潜艇上浮运动的操纵控制问题。

（一） 首部进水时的挽回操纵

1. 特点

首部舱室进水时,潜艇除产生负浮力,伴随产生很大的首倾力矩,极易形成危险首纵倾,并使潜艇快速扎向大深度,因此对潜艇安全威胁极大。此时,必须有效地采用车、舵、气,尽力挽回首纵倾,控制下潜惯性。具体挽回操纵方法如下。

2. 挽回操控方法

（1）立即操相对上浮舵,其中首舵操上浮满舵,用尾舵控制尾倾小于10°。

（2）适时增速。升降舵已操相对上浮舵,首倾又较小时,应立即增速,以提高车、舵的抗沉能力。增速时机取决于潜艇的纵倾状态:无纵倾或尾倾时应立即增速,较小首倾也可立即增速。何谓较小首倾呢? 这是一个尚需试验研究的问题,一般认为,首倾角 θ 为 1°~2° 属于较小范畴。

此外,首部舱室进水时,要区别是瞬间大量进水,还是较缓慢的有限进水,关键是观察进水形成首纵倾力矩的大小,产生首纵倾的大小和快慢。如果进水开始时,并未形成大的首倾,应立即增速。因此,首部进水时,操纵条令规定的"视情""适时增速",是视进水时潜艇的首纵倾状态而言的。

增速对进水事故的早期挽回操纵运动的作用尤为显著,随航速增加,在一定尾倾状态,增加艇体和升降舵的水动力,将抑制艇的下沉惯性,助长舱内高压气发生更有效的作用。一旦潜艇开始浮起,将逐渐减速操控。

（3）必要时,向首部供气吹除主压载水舱,甚至抛可弃压载。

当首纵倾急剧增大时,应下令向首组主压载水舱供气,或实施短路快吹,或抛首组可弃固体压载。当首纵倾停止变化时,应停供。

当损管成功,泵开始排水,由车控制深度后,视情解除或部分解除主压载水舱的气压,严禁盲目地解除气压。

（二） 舯部进水时的挽回操纵

1. 特点

舯部舱室进水时,潜艇因浮力损失使潜深增大,但纵倾变化不显著。

2. 挽回操控方法

（1）立即操平行上浮舵。其中,首舵操上浮满舵,用尾舵保持一定尾倾。

（2）立即增速。增速的大小和保持尾纵倾的大小，按损失浮力的大小而定，如舱室进水量不大，航速和尾倾可小些。

（3）必要时，向中组主压载水舱供气。当进水产生的潜艇潜深迅速增大时，应供气排水。

（三） 尾部进水时的挽回操纵

1. 特点

尾部舱室进水时，潜艇在损失浮力的同时，产生很大的尾倾力矩，极易出现危险尾纵倾，并可能丧失动力，具有很大危险性。

2. 挽回操纵方法

（1）立即操相对下潜舵控制尾纵倾。其中，尾升降舵操下潜满舵，用首升降舵保持较小尾纵倾或无纵倾定深航行。

（2）立即增速。

（3）必要时，向尾组主压载水舱供气，需要时，可同时向中组供气。

（四） 水下抗沉操纵的基本原则和要求

潜艇在水下状态，特别是在较大潜深时，一旦海水进入耐压艇体，根据潜艇损管条例和操纵条令，应遵循下列抗沉要求与基本原则。

（1）立即使潜艇直接上浮到水面。若由于战时态势不允许浮到水面，则应上升到安全深度。

（2）保护受损舱的隔舱板不致损坏，防止海水浸入到邻舱，限制进水及其影响。

（3）保持潜艇的(尾)纵倾角在允许的范围内，保证潜艇机动和技术装备能正常工作。

（4）水下抗沉行动中要严密注意以下几点。

① 决不用倒车来减小潜艇下沉速度。

② 高压气主要用于吹除中组和受损端的主压载水舱。只有当潜艇处于水面状态或上升到安全深度时，才可用高压气在失事舱内建立反压力和支顶舱壁。

③ 把握可弃固体压载的使用时机。

案例：阿哥斯塔 80 潜艇对可弃压载作了如下规定。

（1）如果出现大量进水，可抛弃安全压载。共 2 组，分置于首、尾，7t×2。

① 当深度小于 200m 时，抛一组。

② 当深度大于 200m 时，抛二组。

③ 如抛一组，没有起到直接效果，也可抛二组。

（2）当高压气吹除无效时，可抛弃二组 7t×2 的安全固体压载。

（3）安全固体压载的使用仅适用于和平时期。战时，安全压载是锁住的。

（4）水下抗沉操纵保持潜艇深度时，应坚持"宁上勿下"的原则。

因为潜深增大时，进水量将更大，抗沉消耗的高压气量更大，损管堵漏工作更加困难，排水系统的工作效能将降低。在和平时期的训练巡逻航行中，发生水下耐压舱室进水事故，一般应立即直浮水面。战争时期要考虑敌情，指挥员审时度势，根据敌情和海区情况来处置。

三、舱室进水和吹除主压载水舱产生浮力的数学模型

（一）舱室进水的数学模型

事故性海损表明，平时潜艇训练或巡逻航行最有可能发生海损的部位是海水管路、海水冷凝器或者在某个特定区域内的类似设备。海水通过破孔进水舱内，进水流量 Q 取决于破孔的位置、面积及其流量系数 μ。舱室进水孔进水类似于重力作用下容器壁面小孔出流，其进水速度可表示成

$$V = \sqrt{2gh} \quad (\text{m/s}) \tag{5-6}$$

而舱室进水流量 Q 可用自由进水公式表示为

$$Q = \mu F \sqrt{2gh} \quad (\text{m}^3/\text{s}) \tag{5-7}$$

式中：F 为进水孔面积（m^2）；h 为进水孔的深度（m），$h = Z_1 - Z_2$，如图 5-3-1 所示，或 $h = h_0 - x_w \sin\theta$，其中 h_0 为潜深，而 x_w 为进水孔位置的纵向坐标（m），θ 为纵倾角；μ 为流量系数，可取 $\mu = 0.5 \sim 0.7$，瑞典 SSPA 取 0.7，有的条例取 0.65，水面状态取 0.60。

壁面孔出流是一射流，在小孔出口处的射流有颈缩现象，射流的剖面积 F_e 小于洞孔的切面面积 F，如图 5-3-1 所示，二者之比即为流量系数，也称为收缩系数。

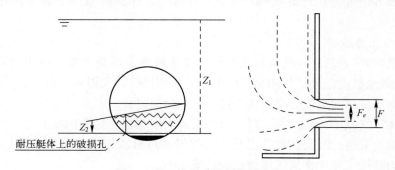

图 5-3-1　舱室破损进水示意图

在大深度，即使耐压体上的孔是小孔，进水量也是相当大的。作为案例，图 5-3-2 为孔径 100mm，取 $\mu = 0.7$，在深度 100m、200m、300m 时进水量的时间曲线[53]。

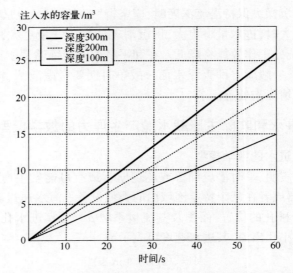

注入水的容量/m³

图 5-3-2　从耐压艇体上 100mm 小孔注入的水量

　　舱室进水流量计算公式(式(5-6)和式(5-7))是个成熟的数学模型,仅忽略了流体内部摩擦阻力使流体动能发生损耗,一般引入修正系数 φ ,并且 $\varphi=0.96\sim1.0$ 。该公式自文献[52]于 1966 年发表以来,一直使用至今,未见异议。

(二)　吹除主压载水舱产生浮力的数学模型

　　高压气排潜艇主压载水舱的水产生浮力的计算是一个比较复杂的问题,与具体的吹除系统的参数有关。应急吹除系统由高压气瓶、管道、空气阀、主压载水舱及注水阀等组成。在计算吹除产生的浮力时,对计算模型作了如下简化与试验验证。

　　1. 简化与验证

　　应急吹除时,从高压气瓶释放的气体快速流到主压载水舱。由于吹除过程快速,在压载水舱内混合了气和水。因为水的比热比气体大得多,所以气体吸收水的能量具有水一样的温度。可以认为这是一个恒温过程。

　　在高压气瓶中,随着吹除进行,瓶中压力下降很快。气瓶内物质之间的热交换使瓶中温度升高,然而,这种升温是个很缓慢的过程。如果忽略这一热传递过程,则可认为高压气瓶中释放气体的过程是绝热的。

　　通过上述假设,将低估了气瓶中气的热量,然而,又高估了主压载水舱中气体的热量。在瑞典 SSPA 通过考库姆公司澳大利亚项目的早期研究阶段试验测定,证实了上述简化理想假设的正确性。当把高压气释放进水舱时,测量压力容器中气体的压力和温度,与此同时,测量水舱内的压力、气体温度和流出的流量。在这一过程的最初 20~30s 中,测得的压力和气体温度几乎完全是恒定的,是个绝热过程。另外,在水舱中,有轻微的压力增加,而水温在整个过程中基本保持不变。

可见,把供气吹除过程设定为绝热等温过程是可行的。

2. 吹除产生的浮力

吹除主压载水舱产生的浮力,可以用从压载水舱中排出的水量表示。从主压载水舱流出的流量 q_B 可表示为

$$q_B = C_n V_h A_h \tag{5-8}$$

式中:C_n 为损耗系数,SSPA 取 0.7;A_h 为出水孔的面积(m^2);V_h 为排水速度(m/s),可写成

$$V_h = \sqrt{\frac{2(P_B - P_W)}{\rho}} \tag{5-9}$$

式中:P_B 为主压载水舱的瞬时压力(N/m^2);P_W 为艇外海水瞬间环境压力(N/m^2);ρ 为海水密度(kg/m^3),取 1025,并有

$$P_B - P_W = 0.5\rho V_h^2 \tag{5-10}$$

$$P_W = \rho g z + P_0 \tag{5-11}$$

式中:P_0 为大气压力(N/m^2),取 101023(pa);z 为潜艇瞬时深度(m)。

可见,关键是要确定主压载水舱在供气吹除过程中的瞬时压力 P_B。根据前述等温绝热的简化假设,采用拉瓦尔(Laval)喷管原理,用气瓶释放的质量流量等于进入主压载水舱的流入量,并把高压气瓶释放气体的流量分成两种情形:一种是释放初期,气瓶压力下降较小,比主压载水舱气压高很多时的情况;另一种是释放中期,气瓶压力下降较多,与主压载水舱的气压逐步接近时的情况,详细可参看文献[53,55,56]。

(三) 其他挽回操纵的控制模型

一般情况下,还有抛可弃压载、调整水舱注排水和纵倾平衡水舱纵向调水的控制模型,简介如下。

(1) 浮力调整水舱注排水量数学模型为

$$W_3 = K_{3W}(t - t_0) \quad (kg \text{ 或 } L) \tag{5-12}$$

式中:K_{3W} 为注、排水的速率(kg/s);t_0、t 分别为注、排水的开始、结束时间(s)。

(2) 首尾纵倾平衡水舱的调水模型为

$$W_4 = K_{4M}(t - t_0) \quad (kg \text{ 或 } L) \tag{5-13}$$

式中:K_{4M} 为纵倾平衡水舱的调水速率(kg/s(或 L/s))。

(3) 抛可弃压载的模型为

$$W_5 = P_q \quad (t > t_0) \tag{5-14}$$

式中:P_q 为可弃压载的重量(一组或二组)。

四、供气吹除上浮过程中的操控

在舱室进水的抗沉过程中,基本的恢复性挽回操纵措施是增速与供气吹除主压载水舱。当向主压载水舱供气吹除时,此时,应怎样协调对事故潜艇进行操控呢?涉及航速、航向、纵倾、上浮速率以及预防浮出水面时的大横倾等操纵问题。

舱室进水事故的供气吹除挽回操纵中最关注的是以下两个问题。

(1)要使潜艇能够上浮。

(2)要使潜艇能够安全成功上浮到水面,避免出现危险的空间姿态,如横倾角$|\varphi| > 30°$或纵倾角$\theta \geqslant 50°$。

在损失浮力、供气吹除、使潜艇止沉而上浮时,水下抗沉的关键是:时间、航速和抗沉操纵设备三要素,具体情况分述如下。

(1)反应时间(以秒计)。

做到及时发现、报告、判断、决策,及时下达口令并及时执行,是挽救潜艇的关键之一,延误和错误指挥则是造成艇毁人亡的主要原因。

(2)航速的合理使用是抗沉操纵的另一关键。

是增速还是减速,主要决定于纵倾角。原则上,尾纵倾时应增速,可增加舵效和推力垂向分量,有利于上浮;首纵倾时应减速,首倾1°~2°时可视情增速,使潜艇尽可能快地到达水面。

(3)抗沉操纵装备的设置和可靠性是抗沉的基本保证,这是潜艇装备设计、制造者的重要责任,也是潜艇艇员按条令操纵、维护保养的基本要求。

影响安全成功上浮水面的关键是控制艇的纵倾,防止事故潜艇快速上浮到近水面时发生大的横滚运动。理论研究与航海实践表明,供气吹除上浮,潜艇产生严重横摇的原因是多方面的综合结果。

(1)快速上浮,使主压载水舱内的气体迅速膨胀,吹除压载水,产生强大的浮力,使艇产生很大的垂速,使艇体产生大的水动力,并位于指挥室围壳的高位,易形成横摇力矩。

(2)上浮过程中,航向的保持极为重要。有经验的舵手介绍,上浮过程中航向的变化$|\Delta\psi| \leqslant 20°$,$|\Delta\psi|$大了,易形成横倾。因此,方向舵的操纵应保持航向,一般在上浮过程中方向舵处于"保持"状态,通过保持稳定的航向,以遏制潜艇倾斜趋势。

(3)上浮过程中,应保持合理的尾纵倾。这涉及升降舵的使用问题。浮起深度大,尾纵倾也应该较大些。文献[46]建议用升降舵保持尾纵倾大约25°,并直至水面。俄罗斯的文献规定,当潜深为70~90m时,应用升降舵保持20°~25°尾倾上浮;反之,上浮尾倾角为7°~10°。可见,潜艇高速水平上浮是发生大横倾的重要因素之一。同时,还应避免出水时形成过大的尾纵倾。

(4)供气时的航速控制。潜艇在水下状态,当水进入耐压艇体时,应将航速增加到最大允许值。供气吹除潜艇开始上浮时视情降速,使航速达到用升降舵操纵保持需要的尾纵倾状态;潜艇上升到安全深度,应降速到水面航行的最大允许值。

(5)潜艇上浮到水面的瞬间,潜艇上层建筑内的"背水"情形将使静稳性高 h 有短暂时间的降低,使艇的稳定性减小。但理论研究和航行实践已证明,这一情况并不影响潜艇的安全性,但这一情况可能是潜艇穿越水面过程产生大横倾的因素之一。

应急上浮潜艇靠近水面时的空间姿态特性,由于受力复杂,不确定性因素多,运动剧烈,实艇很难操控,数学仿真很难精确计算预报,进行较大尺度的自航船模试验是一个效果较好的方式,正成为潜艇设计、新艇研制,特别是核潜艇研制过程的必要验证工具。

第四节 潜艇水下操纵性安全界限图

一、安全界限图的基本概念

操纵性安全界限图是对潜艇水下不同深度与不同航速条件下的安全航行操纵范围的界定。即该图规定了在潜艇极限深度 H_e 和设计最大航速 V_{max} 组成的垂直面坐标系内,允许潜艇在一定深度~航速($H \sim V$)组合下安全航行机动的范围,如图 5-4-1 所示。

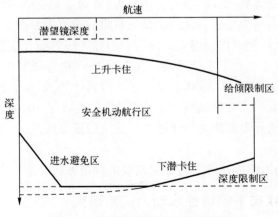

图 5-4-1 潜艇操纵性安全界限图

安全界限图由下列 4 条限制线组成。

（1）进水限制线。规定了在不同初始航行事故深度下，舱室进水事故时，采取有效措施，能成功挽回潜艇所需要的最低初始航速。

（2）下潜舵卡限制线。规定了在不同航速下，尾升降舵卡下潜满舵时，采取有效措施，能成功挽回事故潜艇所达到的最大初始航行深度，构成深度限制线。

（3）上浮舵卡限制线。规定了在不同航速下，尾升降舵卡上浮满舵时，采取有效措施，能成功挽回事故潜艇所需要的最小初始航行深度，构成出水限制线。

（4）纵倾限制线。根据动力系统要求的短时极限约束纵倾角±30°决定。由尾升降舵的操纵效率决定尾卡下潜满舵、上浮满舵的纵倾限制线所对应的航速值。

由上构成"$H \sim \theta \sim U \sim \delta_s$"之间的操纵特性及许用范围。

可见，潜艇水下操纵性安全界限图是由尾升降舵卡、舱室进水等两类主要事故工况下的应急挽回操纵运动特性决定的。尾升降舵卡下潜满舵与耐压艇体进水事故恢复性挽回应急操纵，实际上，主要就是供气紧急吹除主压载水舱的操纵，相应的潜艇操纵运动是个工况复杂的大机动的一般空间运动，通常将其称为潜艇大机动及特殊工况下操纵运动。大机动潜艇的攻角变化大，可达±90°，同时螺旋桨的负荷也是变化的，从而引起操纵运动水动力的改变。在当前技术条件下，理论计算的精度较差，主要技术途径还是采用"拘束船模试验~（整体）数学模型"方法加必要的自航模试验，即通过拘束模试验测定水动力系数，再用标准运动方程来预报和仿真潜艇应急挽回空间事故运动，进而通过自航模平台来验证与修正上述理论预估的正确性。

水下安全界限图的制定具有两大特点。

（1）水动力试验测定工况复杂，工作量大，特别是大攻角状态下试验及其结果的数据处理与表示，科学性强，难度大，是项艰难的重要的专项工作。

（2）数值仿真计算工作量很大。该图的倡导者博尔曼先生披露，进行 3000 多次计算机模拟仿真才建立了安全界限。在文献[55]项目研究中，关于进水限制线就舱室进水不同工况进行了 3000 多个方案的仿真计算，筛选了数百个有效方案进行模拟仿真试验；关于深度限制线与出水限制，共进行了 1000 多个方案的数值仿真计算，由此建立的界限图还必须经过实际试用验证与修改，方可成为潜艇操纵的指导性技术文件。

下面介绍水动力的表达方式与各限制线的确定方法。

二、大攻角状态下操纵性水动力试验研究

为建立潜艇应急操纵空间运动方程提供技术基础，需进行相应型号产品的大攻角及螺旋桨变负荷操纵性水动力模型试验。试验内容一般包括：

潜艇全附体模型大攻角状态下的变攻角试验($\alpha = 0 \sim \pm 90°$)、变攻角变俯仰角速度(α、Ω)试验;潜艇全附体模型空间耦合变攻角和漂角(α、β)试验、空间耦合变攻角和舵角(α、δ_s)试验;

潜艇全附体模型在水平面内变螺旋桨负荷($\eta = 0 \sim \pm 2.0$)、变漂角、变偏航角速度(η、β、r)水动力试验、变方向舵、变负荷(δ_r、η)试验;在垂直面内变负荷、变攻角、变俯仰角速度(η、α、q)水动力试验;变尾升降舵、变负荷(δ_s、η)水动力试验等。

试验可在拖曳水池、旋臂水池进行。

不同试验工况下的结果,其数据分析处理的方式也不同。下面分别介绍位置水动力、空间耦合水动力、平面耦合水动力及螺旋桨变负荷各水动力的表达和分析。

(一) 大攻角状态潜艇位置水动力的表示

考虑到安全界限图的空间运动方程是采用(DTNSDEC)1967年的标准运动方程作为基准,因此,应采用与该方程相类似的表达形式描述水动力变化规律,并要考虑与原弱机动状态下($\alpha \leqslant \pm 12°$)水动力的衔接。

由于大攻角度范围内位置水动力变化复杂,不同攻角度范围内水动力系数的变化规律也有很大的区别,难于参照弱机动状态下的水动力表示式,采用统一形式描述。针对这种现象已有多种处理方法,比较典型的有以下几种。

(1)采取按泰勒级数展开的、与标准运动方程相类似的表达形式,分段描述水动力变化规律。

这种表达形式的特点是:以1967年的标准运动方程中的水动力为基准,根据各方向的水动力在不同攻角范围内的变化特点,增加相应的水动力导数项,能较好地实现大机动与一般机动间数学模型的衔接,在水面船舶大漂角状态水动力处理中就采用了这种方式。

例如,数据结果可分为 $\alpha \in [-12°, 12°]$、$\alpha \in [-50°, 50°]$,$\alpha \in [-80°, 80°]$ 3段,并用如下公式表示:

纵向力:
$$X' = X'_{uu}u'^2 + X'_{ww}w'^2 <+ X'_{wwww}w'^4> \tag{5-15}$$

垂向力: $Z' = Z'_0 u'^2 + Z'_w u'w' + Z'_{|w|}u'|w'| + Z'_{w|w|}w'|w'| + Z'_{ww}w'^2$ (5-16)

俯仰力矩: $M' = M'_0 u'^2 + M'_w u'w' + M'_{|w|}u'|w'|$
$$+ M'_{ww}w'^2 + M'_{w|w|}w'|w'| <+ M'_{wwww}w'^3> \tag{5-17}$$

式中:< >中的水动力导数为在 $\alpha \in [-50°, 50°]$ 和 $\alpha \in [-80°, 80°]$ 范围内的增添项。

(2)俄罗斯对潜艇大攻角状态水动力的表达采用了简单近似的描述[57],拟合数据的表达式为

$$
\begin{aligned}
Z' &= Z'(0) + Z'(90°)\sin\alpha \quad (0° \leqslant \alpha < 180°) \\
Z' &= Z'(0) + Z'(-90°)\sin\alpha \quad (-180° < \alpha < 0°)
\end{aligned}
\tag{5-18}
$$

　　该法简单,周期特征显著,适宜描述规律性较强的水动力情形,但不便了解局部攻角变化范围内水动力变化细节,适用于概略性能预报。

　　(3) 直接采用试验数据建立数据库,用样条插值方法求取各状态水动力。

　　本法借助计算机技术,但对船模试验的要求高,试验状态要覆盖所有潜艇机动状态、避免数据外插而引起的偏差。还应对一些重要的潜艇机动状态进行大量重复性试验,避免因试验随机误差引起局部状态数据的非正常波动。此外,还要求建立高效的多维插值光顺函数。这种方法首先在航空航天领域得到应用,当今欧美在水动力方面也有应用。该法可靠性高,并省略了标准运动方程中按泰勒级数展开的大量的水动力系数。

(二) 空间耦合变攻角变漂角状态的水平面潜艇水动力的表达式

　　与大攻角状态类似,这里分成两段表示,攻角分别为 $\alpha \in [-12°, 12°]$, $\alpha \in [-30°, 30°]$,而漂角取 $\beta \in [-12°, 12°]$ 或更大范围。并用类似式(5-15),在 $\alpha \in [-30°, 30°]$ 范围内增加了 $Y'_{v|v|w}$、$K'_{v|v|w}$ 和 $N'_{v|v|w}$ 项,例如:

偏航力矩: $\quad N' = N'_0 u'^2 + N'_v u' v' + N'_{v|v|} v' |(v'^2 + w'^2)^{1/2}|$
$$+ N'_{vw} v' w' + <N'_{v|v|w} v'^2 |(v'^2 + w'^2)^{1/2}| \cdot w'> \qquad (5-19)$$

式中:< >中的水动力导数为在 $\alpha \in [-30°, 30°]$ 范围内的增加项。

　　同时,耦合变攻角变漂角状态下,纵向、垂向和俯仰力矩的水动力结果耦合现象较弱。图5-4-2所示为垂向力 Z' 的试验情形。用单平面结果就较好地描述了水动力规律。

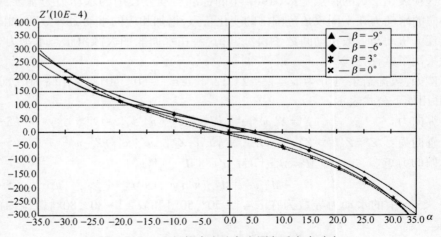

图5-4-2　空间耦合变攻角变漂角垂向水动力

（三） 垂直面耦合变攻角、变尾升降舵角（α、δ_s）与变攻角、变俯仰角速度（α、q）状态的水动力表达式

由于受试验条件的限制，攻角仅在 $\alpha \in [-30°, 30°]$ 范围内，而尾升降舵角达到满舵 $\delta_s \in [-30°, 30°]$。与变漂角类似，也是分两段表示，即把试验结果分为 $\alpha \in [-12°, 12°]$，$\alpha \in [-30°, 30°]$，并在纵向力 X' 中增加 $<+X'_{wwww}w'^4>$ 项，俯仰力矩 M' 中增加 $<+M'_{www}w'^3>$ 项。上述 $<\quad>$ 项水动力导数也是在 $\alpha \in [-30°, 30°]$ 范围内的增加项。

类似地，垂直面耦合变攻角、变俯仰角速度（α、q）状态水动力的描述与上述相仿，也是分两段表示，并分别表示如下：

纵向力：
$$X' = X'_{uu}u'^2 + X'_{ww}w'^2 + X'_{qq}q'^2$$
$$+ X'_{wq}w'q' <+ X'_{wwq}w'^2q' + X'_{wwww}w'^4> \tag{5-20}$$

垂向力：
$$Z' = Z'_0 u'^2 + Z'_w u'w' + Z'_{ww}w'^2 + Z'_{|w|}u'|w'|$$
$$+ Z'_{w|w|}w'|(v'^2 + w'^2)^{1/2}| + Z'_q u'q' + Z'_{q|q|}q'|q'|$$
$$+ Z'_{|w|q|}\frac{w'}{|w'|}|(v'^2 + w'^2)^{1/2}||q'| \tag{5-21}$$

俯仰力矩：
$$M' = M'_0 u'^2 + M'_w u'w' + M'_{ww}|w'(v'^2 + w'^2)^{1/2}|$$
$$+ M'_{|w|}u'|w'| + M'_{w|w|}|w'|(v'^2 + w'^2)^{1/2}|$$
$$+ M'_q u'q' + M'_{|w|q}\frac{w'}{|w'|}|(v'^2 + w'^2)^{1/2}|q'$$
$$+ M'_{q|q|}q'|q'| <+ M'_{www}w'^3> \tag{5-22}$$

式中：$<\quad>$ 项中的水动力导数为在 $\alpha \in [-30°, 30°]$ 范围内的增加项。

三、螺旋桨负荷变化对水动力的影响

螺旋桨的速比系数 η 的定义为

$$\eta = \frac{J_c}{J} = \frac{V_c(1-\omega)}{n_c D} \Big/ \frac{V(1-\omega)}{nD} = \frac{V_c}{V} \cdot \frac{n}{n_c} \tag{5-23}$$

当螺旋桨转速 n 与指令转速 n_c 相等时，则

$$\eta = \frac{V_c}{V}\left(或\frac{u_c}{u}\right) \tag{5-24}$$

式中：ω 为艇体伴流分数；V_c 为指令艇速；V 为瞬时艇速；u_c、u 为相应的纵向分速度。

对在主机功率不变情况下的转向机动，由于主电机的外特性（注意：主电机功率 N_e 随转速 n 变化的关系曲线），螺旋桨转速基本保持不变，但艇的纵向速度将有显著的速降现象，如某艇以 10kn 航速满舵水下回转时，速降达 32%，即其速

比 $\eta = \dfrac{u_c}{u} = 1.47$。在 1967 年的 DTNSRDC 标准运动方程中采用 $(\eta-1)$ 项表示桨负荷变化,即所谓推进过度或推进不足(含倒车)时对潜艇水动力系数的影响,共有 17 项。在标准运动方程输入数据一节说明中明确:对于前进速度有中等程度(即缓和地)变化时,可以不考虑 η 的影响。但是对舵卡和舱室进水时,其恢复性挽回应急操纵运动是个复杂的空间大机动,艇速的变化剧烈,必须计及螺旋桨负荷变化的影响。

此外,标准运动方程中的 $(\eta-1)$ 项涉及的水动力除了攻角、漂角相关的 ν、w 参数对艇体水动力影响外,主要是对尾操纵面部分工作时的影响,根据模型试验进行了调整,相对原标准运动方程,删除了一些二阶水动力系数共 6 项,新增与角速度 r、q 相关的一阶系数共 8 项,具体情形如下:

删除 6 项:$X'_{\delta_s\delta_s\eta}$、$X'_{\delta_b\delta_b\eta}$、$Y'_{v|v|\eta}$、$Z'_{w|w|\eta}$、$M'_{w|w|\eta}$、$N'_{v|v|\eta}$

新增 8 项:$X'_{rr\eta}$、$X'_{qq\eta}$、$Y'_{r\eta}$、$Z'_{q\eta}$、$K'_{r\eta}$、$K'_{v\eta}$、$M'_{q\eta}$、$N'_{r\eta}$

一般情况下,负荷系数变化范围为 $\eta = 0 \sim \pm 2.0$。在不同负荷下,螺旋桨工作时的流场也是不同的,且其变化很复杂。例如,当螺旋桨反转时,尾流将直接流向尾附体(舵、翼等),同时前方来流又将其尾流带向艇后,二者相互干扰。故在 $-2 \leqslant \eta \leqslant -1$ 范围内变化时,各水动力系数变化规律不可用简单的线性方式描述,要选择试验数据较稳定的 η 变化范围内的结果进行线性拟合。

案例:某常规潜艇变负荷 $\eta = 0 \sim \pm 2.0$,对垂向力 Z'_q、Z'_w 及 Z'_{δ_s} 的影响如表 5-4-1 所列及图 5-4-3 所示。

表 5-4-1 螺旋桨变负荷对部分水动力系数的影响

螺旋桨负荷系数 η	水动力导数(10^{-3})			
	Z'_q	Z'_w	Z'_{δ_s}	拟合结果
-2.0	-8.594	-26.146	-2.471	
-1.5	-7.157	-24.797	-2.848	以 $-0.5 \leqslant \eta \leqslant 2$ 范围内数据线性拟合结果:
-1.0	-5.854	-20.152	-3.592	
-0.5	-6.028	-20.547	-3.821	$Z'_{q\eta} = -0.931 \times 10^{-3}$
0.0	-6.426	-20.832	-4.065	$Z'_{w\eta} = -1.419 \times 10^{-3}$
0.5	-6.971	-21.688	-4.296	$Z'_{\delta_s\eta} = -0.537 \times 10^{-3}$
1.0	-7.182	-22.118	-4.567	
1.5	-7.875	-23.087	-4.841	
2.0	-8.376	-24.073	-5.180	

根据有限模型试验结果,估算了 η 变化对稳定性衡准数 l'_α、K_{vd}、K_{hd} 及逆速 V_{is} 等操纵性参数的影响,如表 5-4-2 所列。

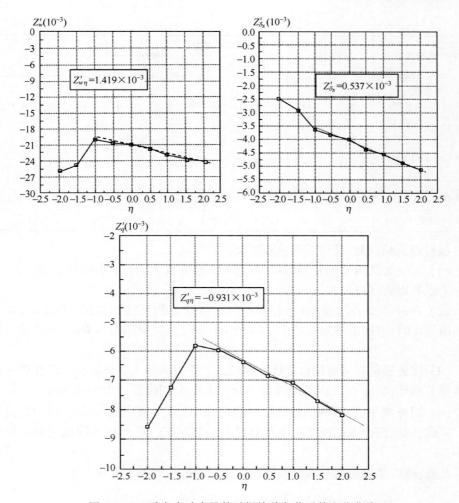

图 5-4-3　垂向水动力导数随螺旋桨负荷系数变化曲线

表 5-4-2　螺旋桨负荷对稳定性衡准参数等的影响

操纵性衡准数	螺旋桨负荷系数 η							衡准值
	-1.0	-0.5	0	0.5	1.0	1.5	2.0	
水平面:								
静不稳定性力臂 l'_β	0.270	0.260	0.247	0.235	0.226	0.216	0.202	—
相对阻尼力臂 l'_r	0.318	0.325	0.332	0.357	0.381	0.415	0.440	—
水平面动稳定性系数 K_{hd}	1.176	1.250	1.345	1.523	1.688	1.924	2.175	1.0~1.5

（续）

操纵性衡准数	螺旋桨负荷系数 η							衡准值
	−1.0	−0.5	0	0.5	1.0	1.5	2.0	
垂直面： 静不稳定性力臂 l'_α	0.300	0.285	0.268	0.239	0.225	0.202	0.180	0.20~0.25
相对阻尼力臂 l'_q	0.500	0.532	0.587	0.680	0.743	0.848	0.958	—
垂直面动稳定性 系数 K_{vd}	1.665	1.867	2.188	2.843	3.298	4.207	5.332	$1.5~2.3$ $\left(\begin{array}{c}V_{max}=\\15~40kn\end{array}\right)$
尾升降舵逆速 V_{is}/kn	2.37	2.48	2.40	2.40	2.33	2.29	2.25	2.0~3.0kn
围壳舵逆速 V_{ib}/kn	8.52	9.76	12.18	208.02	无	无	无	$V_{ib}>V_{max}$

据模型试验研究，可得下列初步结果。

（1）螺旋桨负荷 η 变化，对旋转水动力系数和舵力系数的影响较小，而对位置水动力系数影响相对较大。

（2）在 $-0.5 \leqslant \eta \leqslant 2$ 范围内，各水动力系数随 η 约呈线性变化；在 $-2 \leqslant \eta \leqslant -1$ 范围内变化时，可能由于尾流场中干扰，水动力不稳定，规律性不确定，有待进一步研究。

（3）螺旋桨负荷对潜艇稳定性影响较大。垂直面和水平面的动稳定性随 η 减小而显著减低，当 η 由 1.0 变化到 −1.0，K_{vd} 和 K_{hd} 分别降低了 50% 和 30%；

（4）随 η 减小，潜艇静不稳定性系数 l'_α 增加，表示艇的水动力作用中心点前移。因此，围壳舵由无逆速状态变化到出现逆速状态。但对尾升降舵逆速的影响甚小。

此外，螺旋桨变负荷对潜艇水下回转速降的影响如图 5-4-4 所示。

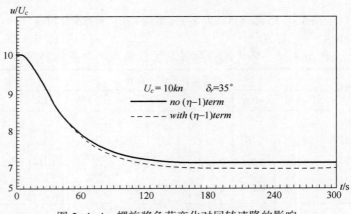

图 5-4-4　螺旋桨负荷变化对回转速降的影响

四、安全界限图的操纵运动数学模型概述

研究建立潜艇水下操纵性安全界限图的操纵运动是个大机动及特殊工况下的一般空间运动。潜艇使用实践及模拟仿真表明,事故挽回操纵最有效的方式是:控制航速和紧急吹除主压载水舱。其中,对尾舵卡事故是减速,对进水事故是合理增速和应急吹除。由此形成的挽回应急操纵运动是个大机动的空间运动。如果挽回操纵正确、及时、高效时,虽然潜艇运动会出现大的纵倾、出现高的垂向上浮速度、艇体相对运动水流可能形成大攻角、螺旋桨负荷也有大的变化,但一次成功的应急挽回操纵运动,可能具有显著的垂直面运动特性,因为事故潜艇上浮过程中是要求保持航向的,同时一定的尾纵倾角是顺利上浮所必需的,而攻角就可能不大了。

根据上述情况,计及已有的技术条件,安全界限图的研究以 DTNSRDC 的潜艇六自由度空间运动方程(1967 年)作为基本数学模型。考虑安全界限图涉及的操纵运动特点,作了下列 3 个方面的补充与调整。

(1)补充大攻角引起的若干水动力项,以符号< >表示。

(2)引入螺旋桨变负荷操纵性水动力系数,有关水动力项按其影响大小作了增删调整。

(3)采用按攻角大小分段描述的多套水动力系数进行数值仿真。

(4)采用垂直面非线性运动方程进行对比数值仿真。

五、安全界限图限制线的确定

各限制线按下述方法进行确定,图 5-4-5 为某潜艇各事故情况下界限图的原始样图。

(一) 深度限制线的确定

深度限制线由尾卡下潜满舵确定,位于大深度的中高速范围。

计算不同航速(直至全速),尾升降舵卡下潜满舵($\delta_{sj} = +30°$)时,有效挽回操纵措施的最大偏移深度为 $\Delta H_{\max}$(一般取 100m),潜艇的极限深度为 H_e。所以,潜艇在水下的最大初始安全航行深度 H_{safe}^+ 定义是:尾升降舵卡下潜满舵,在一定航速下采取有效挽回操纵措施后,事故潜艇不超越极限深度的最大初始航行深度,并表示为

$$H_{\text{safe}}^+ = H_e - \Delta H_{\max} \quad (\text{m}) \tag{5-25}$$

$$\Delta H_{\max} = 100\text{m}$$

(二) 出水限制线的确定

出水限制线由尾卡上浮满舵确定。

计算不同航速(直至全速),尾升降舵卡上浮满舵($\delta_{sj}=-30°$)时,有效挽回操纵措施的最大偏移深度为 ΔH_{max}。考虑到潜艇上浮到近水面航行时可能与大吃水船舶发生碰撞事故,可根据平日在大陆架浅水海域训练惯例,参照安全深度值,约定某个深度,如取 30m 作为"假水表面"。于是,潜艇在水下的最小安全航行深度 H_{safe}^- 定义是:尾升降舵卡上浮满舵,在一定事故航速下采取有效挽回操纵措施后,事故潜艇不跃出水面的最小航行深度,并表示为

$$H_{safe}^- = |\Delta H_{max}| + 30 \quad (m) \tag{5-26}$$
$$\Delta H_{max} = 100m$$

(三) 进水限制线的确定

进水限制线由舱室进水事故供气吹除挽回操纵确定,并计及初始航行深度 H_0 和初始航速 V_0 相结合状态的影响。位于大深度的低速区。

不同航速下,舱室通海管路破损进水(取艏、舯、艉部)时,有效挽回操纵措施的最大偏移深度为 ΔH_{max}(取 100m),潜艇的极限深度为 H_e,发生进水事故时的初始航行深度为 $H_0(m)$。潜艇在水下最大安全初始航行深度 H_{0max} 定义是:舱室进水事故时,在最小初始航速 V_{0min} 下采取有效挽回操纵措施后,潜艇不超越极限深度的最大初始深度,并表示为

$$H_{0max} = H_e - \Delta H_{max} \quad (m) \tag{5-27}$$
$$\Delta H_{max} = 100m, \quad V = V_{0min}(kn)$$

由于破损部位不同,挽回结果也有差别,作为工程设计工作,应争取对每一个舱室的进水事故进行挽回操纵性研究,作出相应的进水限制线,明确若干典型深度~航速($H_0 \sim V_0$)组合工况的应急操纵结果,作为实际操纵潜艇的技术基础。

(四) 纵倾限制线的确定

纵倾限制线通常根据尾升降舵卡挽回操纵确定。

通常确定成功挽回舵卡事故的衡准要求是纵倾角不超过±30°。根据潜艇技术管理文件规定、装艇机械设备和其他电气设备的使用要求,不受时间限制的纵倾能承受±10°,能短时承受的纵倾为±30°,时间仅 3min,即要求:

$$-30° \leqslant \theta(t) \leqslant +30° \tag{5-28}$$

可根据尾卡下潜满舵 $\delta_{sj} = +30°$,采用基本的挽回应急操纵方式:"停车+操方向舵满舵",计算确定满足 $\theta_{max} \leqslant 30°$、$\Delta H_{max} \leqslant 100m$ 要求的相应航速。

由此可确定尾卡下潜满舵时满足挽回要求的相应航速 $V^+(+30°)$,依此确定下潜纵倾限制线。同理,可确定尾卡上浮满舵 $\delta_{sj} = -30°$ 时,符合挽回要求的相应航速 $V^-(-30°)$,依此航速确定上浮纵倾限制线,如图 5-4-1 或图 5-4-5 所示。

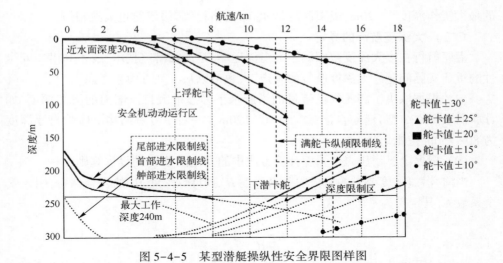

图 5-4-5　某型潜艇操纵性安全界限图样图

第五节　潜艇大潜深航行时的操纵技术

一、大深度航行界定[58]

（一）潜艇"大深度"含义

潜艇航行的大潜深包括两个方面的含义：艇的最大下潜深度与大深度航行的界定。潜艇的最大下潜深度达到多大就称为大深度潜艇了？由徐秉汉院士等著作的《现代潜艇结构强度的理论与试验》（现代船舶力学丛书，国防版，2006.）评估是："就大中型潜艇而言，大深度目前尚无确切的定义，国外资料一般指的是潜艇最大下潜深度超过 500m 以上或在 500m 左右的作战潜艇"。

下潜深度是组成潜艇机动性的主要因素之一，也是最重要的战术技术参数之一，"深、静、快"长期以来成为冷战时期潜艇总体性能发展的总目标。

目前，潜艇的航行深度一般划分为：潜望深度（及柴油机水下工作深度，也称通气管深度）、危险深度、安全深度、工作深度、极限深度和计算深度等 7 种。其中有两方面比较特殊的规定。为了保障操纵安全，满足战术机动要求，在工作深度与危险深度之间，规定了相当于 1~2 倍型高的安全深度，潜艇潜浮时，特别是浮起时，在该深度内完成各项准备工作。类似地，为保障潜艇操纵安全与艇体结构强度安全，在工作深度与计算深度间规定了极限深度，并成为强度计算的基准深度（H_e = $1.5H_o$）。在最大工作深度 H_o 与极限深度 H_e 间，规定了 0.1~0.2 倍极限深度的深度层，用于保障操艇安全性的超深缓冲深度。例如，俄罗斯的 D 级弹道导弹核潜艇的最大工作深度为 320m,极限深度是 400m,"洛杉矶"级潜艇也大致相仿。

（二） 大深度航行的界定

潜艇航行在多大深度范围属于大潜深运动,是涉及潜艇技术、战术和潜艇安全性的重要实际问题。大深度航行的确定,大致可以从下列方面来考虑。

（1）根据取决于高压气携带量的潜艇水下静态最大自浮能力的下潜深度,如苏联的 R 级(33 型)潜艇自浮深度为 80~120m。一般小分舱结构潜艇的自浮深度为 80~150m 范围。

（2）根据潜艇耐压壳体强度计算方法中的安全系数 K 的设置规则。

当前,潜艇强度要求的对极限下潜深度 H_e 到计算深度 H_c 的安全储备,引入安全系数 K,其定义为

$$K = \frac{H_c}{H_e} \approx 1.5$$

相对极限深度,增大 $50\%H_e$ 深度量作为安全性储备,通常认为影响安全系数 K 增量 $0.5H_e$ 的因素是由两部分组成:艇体腐蚀和操纵失误(包括操艇系统设备故障、舵卡、舱室进水、操纵不当等)。由操纵事故引起的占安全系数 K 值的份额较大,为 $0.30~0.35H_e$,所以,对极限深度为 300m 的潜艇,由操纵事故产生的深度向下偏移量在 90~105m 范围。在法国"阿哥斯塔"80 级潜艇的相关文献中关于尾升降舵卡安全对策要求,通过对航速~舵角($V~\delta_s$)使用限制,一旦发生极端尾卡下潜满舵时,后果限制为:成功挽回操纵过程中的最大向下偏移深度 $\Delta H_{max} \leqslant 100m$。

（3）美、俄(苏)潜艇的战勤巡航深度。

"洛杉矶"级"旧金山"(SSN-711)号核潜艇,2005 年 1 月 7 日从关岛驶向布里斯班港(澳)的途中撞击了海底山脉,造成 1 人死亡、几十名艇员受伤,艇首严重受损。报道称,该艇以大于 30kn 高速航行在约 160m 的深度上。文献表明,"洛杉矶"级"旧金山"(SSN-711)号核潜艇最大工作深度 450m,极限深度约为 530m。

苏联多型潜艇发生火灾而沉没,如属于 627A 型核潜艇 K-8 号艇,于 1970 年 4 月 8 日返航途中在 120m 深度发生火灾后遇难;属于 658 型(H 级)的 K-19 号艇,于 1972 年 2 月 24 日战斗执勤返航途中第九舱火灾沉没,巡航深度为 120m,而该艇极限深度为 300m;属于 685 型(M 级)的 K-278 艇("共青团员"号),该艇极限深度 1000m,于 1989 年 4 月 7 日完成巡逻任务返航途中发生火灾沉没,事故深度 386m,航速 8kn。

由上述有限的海难事故所披露的国外潜艇大国的潜艇航行深度表明,一般潜艇大致在其最大工作深度的 $\frac{1}{3}~\frac{1}{2}$ 的水层中机动。

（4）有关潜艇条令条例的要求。

条令、条例的规定，立足于潜艇技术性能，反映了潜艇长期使用的经验教训的总结。例如，关于"深水试潜"的规定要求，潜艇下潜到 100m 时，开始测量固壳压缩率，下潜到 100m 后，每下潜 10m 停留一次进行安全检查，下潜到 150m 后还要进行更多的机械正常工作、抗沉排水设备、操舵装置的检查，以及舱室与船舷装置的水密性检查等要求。

（5）计及现代潜艇产生纵倾角和变深垂速能力，分别与 V^2（或 V^3）、δ_s（δ_b）成正比，潜艇具有很强的深度机动性。

综上可见，对于极限深度为 300m 的潜艇，其潜水深度为 $100\sim150$m 时，即可认为是大深度航行。对于极限深度 $H_e \geqslant 300$m 的潜艇来说，可作如下暂行规定：

当潜艇的航行深度 H 大于等于潜艇最大工作深度 H_0 的 $1/2$ 或大于等于潜艇极限深度 H_e 的 $\dfrac{1}{3}\sim\dfrac{1}{2}$ 时，可认为潜艇在大深度航行，即

$$H \geqslant \frac{1}{2}H_0 \left(\text{或 } H \geqslant \left(\frac{1}{3}\sim\frac{1}{2}\right)H_e\right) \tag{5-29}$$

（三）潜艇大潜深航行工况

什么情况下潜艇需进入大深度机动？就战术、技术原因而言，可能有下列情形。

（1）保持隐蔽性，或进行反潜作战，或深水使用武器等情况，潜艇主动进入大深度航行。

（2）使用武器暴露了艇位，或在水下机动过程中被敌发现，或在水下对抗机动规避，进行转向、变深、变速的综合机动。

（3）穿越雷区或防潜网，进行潜越变深机动。

（4）进行大深度试验、试航或航行训练。

（5）遭遇海水密度突变（俗称"海区断崖"）、舱室进水、操舵系统故障等险情，在应急挽回操纵过程中潜艇航行深度向下偏移，被迫坠入大深度水层。

此外，在海洋垂向（深度）分层中存在由阿基米德（Archimedes）力作为恢复力，在不同密度的海水层的分界线上的海洋波动被称作海洋内波。文献[59]介绍在海洋上表面 $(0,-h)$ 水层中，海水密度 $\rho(z)$ 基本上不变，称为准均匀层，深度为 $20\sim100$m，如图 5-5-1 所示。其下面称为温跃层 $(-h,-H)$，深度为 $50\sim200$m，这是由于来自准均匀层的湍流卷挟作用及下层温度降低，形成了一个密度变化较快的水层，该水层随季节变化，所以也称为"季节性温跃层"。其下面的海水密度缓慢增长，称为"主密跃层"，其深度下限 $|-H_0| \approx 1$km，在该深度（$z<-H_0$）下的海水温度实际上是常数，为 $4\sim5$℃。

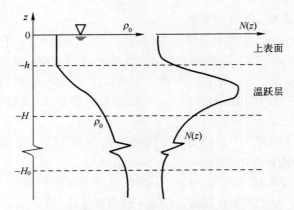

图 5-5-1　海洋中的典型 $\rho_0(z)$ 分布及 $N(z)$ 分布示意图

内波的振幅可能很大,低频内波的振幅可达 100m 以上,如图 5-5-2 所示,直布罗陀海峡 150m 深度处,内波振幅约为 100m。因此大深度,特别是 100~200m 水层中的内波也是威胁潜艇安全的大敌。

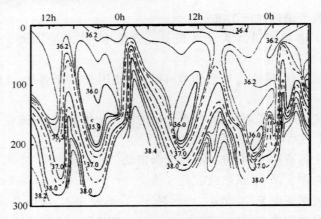

图 5-5-2　直布罗陀海峡的盐度振荡(‰)分布图(Bockel-Cahier-Oce'anogr,1962)

二、潜艇大潜深航行时的操纵特点

潜艇处于大深度运动时,从航行安全考虑,以操纵性能为依据,具有下列主要操纵特点。

(1)大深度航行的操控,主要是深度机动性的操纵问题,即关于纵倾的控制与深度保持的操纵。

一般来讲,潜艇在开阔海域中航行,深水中潜艇航向操控与一般工作深度的情形基本相同。但潜艇的深度机动性中,由于安全储备深度减小(特别是在 $\frac{1}{2}H_e$ 后),在较宽的航速范围下,艇的变深能力很强,正确使用并控制好航速、纵倾角、尾升降舵角(V、θ、δ_s)的操作,严防纵倾失控、深度失控,确保航行操纵的安全。其中特别要控制纵倾角 θ,其大小取决于艇速、升降舵角及其作用时间,即 $\theta=f(V,\delta_s,\delta_b,t)$。

(2)事故工况下容许深度向下偏移的安全缓冲深度减小。

(3)紧迫时机采取行动的时间大大缩短。

随着下潜深度的增大,容许潜深向下偏移的安全缓冲深度减小,指战员思考必要行动的时间显著缩短,潜艇的安危往往就在短暂的几十秒或一两分钟时间内。因此,及时发现、及时反应、及时正确决策是大潜深航行下动力抗沉的关键。

(4)大深度航行时的安全操纵规则。

① 大潜深航行时的航速不宜太小,应满足动力抗沉初始阶段对航速的要求。

事故工况下,足够的航速保证一定的舵效建立、控制艇的纵倾状态,并增大抑制潜艇下沉惯性的艇体水动力。

② 控制升降舵的使用和纵倾角的控制。

升降舵的操控,当航行深度 H 为 100~150m 后,定深直航深度的保持宜用围壳舵、小舵角;作下潜变深机动时,用平行下潜舵,少用或不用相对下潜舵。许用纵倾角 θ_0 为 1°~3°。

③ 大深度航行变深时,要控制单次变深幅度,注意艇的均衡状态,重点是掌握海区水文变化与艇体及消声瓦压缩变形影响。

④ 加强部署管理,大深度航行时,应密闭舱室,禁止人员随意走动,岗位人员思想应高度集中,加强对重点战位、设备的关注与检查。

三、潜艇航行深度安全区"$H_{u.\lim}\sim H_{l.\lim}$"的概念

为了保障潜艇的水下操纵安全,国内外为此开展了广泛深入的研究,已有不少成果应用于操艇实践,如尾升降舵角按航速范围进行限制、安全包络线技术,确定潜深~航速~纵倾角及尾升降舵角(H、$V\sim\theta$ 及 δ_s)的安全使用范围、新型舵装置技术,如尾升降舵的左、右舷舵叶可分开操控的分离式差动舵,或把每舷的尾升降舵叶分成内、外两片的分片舵。早先还有 X 型舵等技术措施,还有各种自动化控制技术来预防严重操艇事故,保障水下航行安全。

为保证航行深度处于安全范围,对于尚无设置水下操纵性安全界限图的潜艇,可以选用"航行深度安全区"作为水下安全航行的一种技术措施。该深度安全区由上限深度 $H_{u.\lim}$ 与下限深度 $H_{l.\lim}$ 组成。该深度区位于工作深度的某个深度层,其上限 $H_{u.\lim}$ 应在安全深度以下,而其下限 $H_{l.\lim}$ 不应邻近最大工作深度。

如何选择决定 $H_{u.\,\lim} \sim H_{l.\,\lim}$ 呢?

根据航行大深度的界定和潜艇深度机动性规律(垂速 V_ζ、纵倾 θ 与航速 V、升降舵角 $\delta_s (\delta_b)$ 间的影响规律),还有战术隐身要求决定航行深度安全区。

(一) 上限深度 $H_{u.\,\lim}$ 的选取

上限深度 $H_{u.\,\lim}$ 由潜艇的隐蔽性要求决定。据文献介绍,美国潜艇是以螺旋桨工作的空化深度为基准的[60]。

由螺旋桨理论可知,空化的临界航速 V_k 取决于空泡数 σ,即

$$\sigma = \frac{P_0 - P_v}{\frac{1}{2}\rho V_0^2}$$

当空泡数 σ 等于最大减压系数 $\xi_{\max}$,即 $\sigma = \xi_{\max}$ 时,则来流速度 V_0 变成发生空泡的临界速度 V_k,即

$$V_k = \sqrt{\frac{P_0 - P_v}{\frac{1}{2}\rho \xi_{\max}}}$$

式中:$P_0 = P_a + rh_s$ 为静压力,P_a 为大气压,h_s 为桨沉深,r 为水的重量密度;P_v 为汽化压力,随水温变化;ρ 为水密度;$\xi_{\max}$ 为最大减压系数,当 $\xi_{\max} \geq \sigma$ 时发生空泡。

对应的航速为 $V = \dfrac{V_k}{1-\omega}$,其中 ω 为伴流系数。因此,潜艇航速越高,空化深度越大。例如,俄罗斯的 K 级(基洛)潜艇下潜深度 100m 时的临界航速约为 13kn。

此外,还应考虑到磁探仪的探潜效能。一般反潜巡逻机的高度 H 为 50m 以上,磁探仪作用距离 $R > 300$m,艇的潜深为 H_m,则搜索宽度 B(图 5-5-3)可表示为

$$B = 2\sqrt{R^2 - (H + H_m)^2} \quad (\text{m}) \tag{5-30}$$

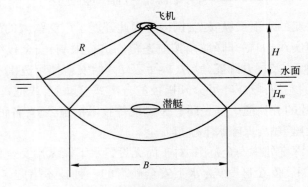

图 5-5-3　机载磁探仪探潜示意图

当 $R=300\text{m}$, $H=50\text{m}$ 时, $H_m=100\text{m}$, 则搜索宽度 $B=519\text{m}$; $H_m=200\text{m}$, 则搜索宽度 $B=272\text{m}$。

常规动力潜艇的巡航速度较低, 安全深度区上限深度可选取 $H_{u.\lim}$ 为 $80\sim100\text{m}$。

(二) 下限深度 $H_{l.\lim}$ 的选取

深度安全区的下限深度 $H_{l.\lim}$ 是由航行安全性要求决定的。

理论研究和航海实践表明, 高速时尾卡下潜大舵角和低速时舱室进水事故引起的潜艇深度向下偏移最为危险。根据本章第二节~第四节的分析, 下限深度 $(H_{l.\lim})_{\max}$ 应满足

$$(H_{l.\lim})_{\max}\leqslant H_0-\Delta H_{\max} \tag{5-31}$$

式中: H_0 为潜艇的最大工作深度; $\Delta H_{\max}$ 为事故工况下挽回应急操纵过程中最大向下偏移深度量值, 一般为 100m。对极限深度 $H_e=300\text{m}$ 的常规潜艇, 航行安全深度区下限深度选取 $H_{l.\lim}\leqslant140\text{m}$ 为宜。

由 $H_{u.\lim}\sim H_{l.\lim}$ 的选取可见, "航行安全深度区"实际上是一种简易的安全界限图, 其特点是简单直观, 应用性强。

四、潜艇低噪声安静操纵控制技术[61,62]

(一) 一般原理

1. 声场特性

潜艇的突出优势在于机动性和隐蔽性, 隐蔽性是实施进攻的重要有利条件, 也是积极防御的重要基础, 达到"隐蔽自己, 先敌发现, 先敌攻击", 在现代技术条件下, 攻防全程都应保持隐蔽性, 潜艇水下隐蔽性已成为潜艇最重要的性能之一。

潜艇声场特性包括 3 个方面。

(1) 辐射噪声特性。该噪声越小, 敌方被动声纳探测本艇的效能越差。

(2) 自噪声特性。该噪声降低, 有利于提高本艇声纳的作用距离, 表示本艇的安静性好。

(3) 目标强度特性(声反射特性)。该强度越低, 使敌方主动声纳效能降低, 表示潜艇的隐身性好。

可见, 降低辐射噪声和目标强度, 有利降低敌方被动/主动声纳的探测效能, 减小自噪声将显著增加本艇声纳的探测距离。

2. 降低产生瞬态辐射噪声是实现低噪声安静操纵潜艇的关键

潜艇舱室内物品、耐压及非耐压壳体上附着物的碰撞, 鱼雷发射管盖板的启闭, 机械设备的突然启动或运转状态的改变, 舱内人员走动、喊话, 潜艇突然加速、减速、转向、变深及运动状态的改变等变动, 会产生瞬态辐射噪声, 这种非平稳的瞬

态辐射噪声中蕴含着许多瞬态特征,为水下目标的远程探测识别提供了信息。

大型机械是机械噪声的主要来源,对操艇系统而言,操舵装置、均衡系统的舱底泵、主疏水泵等都是产生机械噪声的主要因素。

机械噪声的控制,应遵循减少声源和控制声传播等两个原则,低噪声安静操纵控制技术研究也是遵从这样的原则。

3. 采用自动操舵替代人工手动操舵的启示

例如,K 级潜艇的手动最佳变深操纵方式如图 5-5-4 所示。该艇下潜变深机动经过 3 个阶段:进入阶段,达到指令纵倾角 θ_d;保持阶段,保持给定 θ_d;退出拉平阶段,使 $\theta_d \to 0$。

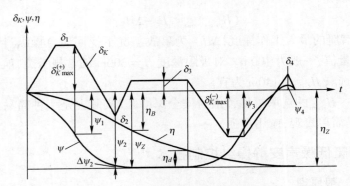

图 5-5-4　人工手动最佳变深操纵(尾舵)示意图

(说明:图中 $\eta = \zeta_G$ 为下潜深度,η_Z 为指令深度 ζ_0;$\psi = \theta$ 为纵倾角,

ψ_Z 为指令纵倾角 θ_0;$\delta_K = \delta_s$ 为尾升降舵角。)

由图 5-5-4 可见,进入 θ_d 的操纵用的是下潜满舵 $\delta_{s.\,max}^{(+)}$($\Delta \zeta_d = 30\% \zeta_d$),而退出 θ_d 的操纵则用上浮满舵 $\delta_{s.\,max}^{(-)}$;操控中以指令纵倾值 θ_d、指令深度值 ς_d(即深度改变量 ΔH 值)的 30%(或 1/3)作为控制点的指标衡准值。

进入指令纵倾值的操纵:当实际 θ 达到指令值 30%(或 1/3)θ_d,即图中 θ_1,开始反向操舵,纵倾继续增大至 θ_2,此时,实际 θ 达到指令值 90%θ_d,开始再次反向操舵,从 δ_2 开始,δ_2 与 ψ_2 对应。

退出指令纵倾值的操纵:以深度改变量作为控制参数,并把距指令深度还差 30%(或 1/3)时作为控制点的指标衡准值,即图中 $\Delta \varsigma_d \approx 30\% \varsigma_d$,此时,把尾升降舵从保持 θ_d 的平衡舵角反向转舵到上浮满舵 $\delta_{s.\,max}^{(-)}$,使 θ_d 快速减小,恢复艇的纵倾。当实际 θ 减小到 θ_3,而 $\theta_3 \approx 70\% \theta_d$(或 $2/3\theta_d$)时,又反向回舵减小舵角直到 $\delta_4^{(+)}$,此时,纵倾为 θ_4,并趋于 0,潜艇进入指令深度作水平运动。

由上述操纵过程可知,传统的人工手动最佳操纵方式,对变深机动是以最短时间到达指令深度为目标的,由此引起液压系统机械噪声、操舵产生的水动力噪声都是显著的。

自动操舵方式,对纵倾角的转换、深度的转换控制点将实现平稳过渡。近水面航行时,正确使用海况调节装置或专用滤波技术,减少自动操舵时的无效偏舵。

（二） 低噪声操纵技术措施

低噪声操舵与常规操舵相比较有下列特点。

（1）采用小舵角操纵。

本限制要求变深机动时的指令纵倾角 θ_d 及变向机动时的回转角速度为某个小的量值,以有利于减小对尾流场的扰动,并减小舵装置的噪声。

（2）定深直航运动的保持及变深机动时,多用围壳舵或中舵、首舵,少用尾升降舵。

（3）转舵速率要小。

如前所述,转舵速率的大小(几乎)不影响操舵响应的最终稳态值,较小的转舵速率只使过渡过程略有延滞。

该限制减少了在操舵开始及结束时的转舵效应(液压的启闭效应),并减小液压系统中液体流动强度。

（4）要限制并减小等速定深前进运动时的攻角与漂角。

（5）减少转舵次数,以较慢的转舵变化率控制潜艇的运动,放宽航行深度和航向的精度要求。以减小扰动、减小扰动强度、降低产生瞬态辐射噪声。

（6）改变本艇噪声脉冲的周期性时间特性。

如纠正航向及深度的偏差,有意作不规则操舵,改变潜艇噪声脉冲的周期性,扰乱敌人的发现及分类。

（7）采用低噪声均衡控制技术。

减少均衡操作,控制舱底水的排放。由于海区海水密度的变化是影响均衡状态的重要因素,在战术机动许可情况下,少变深、少变速、少变向。

适当扩大不均衡的容许值,降低不均衡量的启动灵敏度。启动值小,灵敏度高,补充均衡频繁,不利于降噪。

（8）采用"单个运动(参数)"的操纵规则。

"单个运动(参数)"操纵规则是指用单个舵、较小舵角时不频繁操舵的缓慢操纵运动,不包括首、尾升降舵联合使用方式和采用相对舵的操纵运动,也不包括同时使用方向舵、升降舵的"复杂机动"。快速机动、空间机动等多参数的复合运动,将增加操舵系统的噪声。限制稳定航速下的攻角、漂角和尾舵角,从而减少对螺旋桨来流的扰动,将使潜艇处于较安静的隐蔽航行状态。

操纵潜艇时噪声降低的过程是以降低操纵性能为代价的。低噪声的安静操纵控制意味着潜艇机动过程的延长,深度和航向的保持精度下降。当对噪声的要求高于对潜艇运动性能的要求,即安静性要求高于机动性要求时,付出这样代价是可以接受的。

思考题

1. 水下状态运动的潜艇对浮力差的变化敏感,也易产生大纵倾。分析其原因及实艇操纵中的安全措施。

2. 什么是运动潜艇的应急操纵?举例说明应急操纵的特点。

3. 尾升降舵卡舵下潜满舵时,分析对潜艇运动产生的影响及其挽回操纵的主要措施。

4. 简述应急挽回操纵时反应时间的定义,并分析说明反应时间长短对挽回操纵运动的影响。

5. 分析说明当耐压艇体舱室进水时,其标准恢复性应急挽回操纵的作用,并以首部进水为例拟订应急挽回操纵预案。

6. 供气吹出潜艇主压载水舱上浮过程中,对事故潜艇的航速、航向、纵倾、横倾、上浮速度及穿越自由液面过程等应怎样操纵控制?

7. 什么是"大深度"?简述潜艇大深度航行时的操纵特点。

8. 什么是"潜艇航行深度安全区"?其上限深度 $H_{u.\,\mathrm{lim}}$、下限深度 $H_{l.\,\mathrm{lim}}$ 怎样确定?

9. 试述潜艇低噪声安静操纵技术的主要特点。

第六章　操纵性试验

引言　操纵性的试验研究,是研究船舶操纵性的基本方法之一,操纵性试验分为实艇试验、船模试验和操纵模拟器的仿真试验3类,其中船模试验又分为自由自航试验和拘束船模试验。

第一节　实艇操纵性试验

一、实艇试验的目的、条件和要求

(一)　试验目的

实船试验的目的如下:

(1)检验潜艇操纵性能的优劣,要求达到相关操纵性规范的标准。

(2)为潜艇操艇人员提供操纵性资料。

(3)为设计、科研提供数据资料,如积累各种操纵性衡准的数据、测定部分水动力系数、辨识操纵性数学模型、调整操纵性理论预报等。

(二)　试验条件和要求

1. 实艇试验条件

(1)试验应在足够开阔和相当深度的海区进行。海区深度一般不小于 $0.7L$(L 为艇长),对高速垂直面机动试验,应在更深的海区进行。试验海区无温度、密度跃变层,且无剧变的海流。

(2)试验应选择海面平静、潮流小的时间进行。水面操纵性试验,要求风力不大于 3 级,海况不超过 2 级;水下操纵性试验,要求海面的浪高不超过 3 级,航行深度大于 30m。

(3)测量仪表的精度和范围应满足《潜艇航模操纵性航行试验规程》(GB/Z 252—2012)的要求。

通常,实艇操纵性试验应在专门试验海区进行,试验场布有测试声纳阵、救生艇等必须设备。

2. 对试验艇的要求

应处于正常排水量状态,重心位置和横稳心高 h 应符合设计要求,应尽量减少自由液面。艇体外形应清除与设计线型不符的突出体。

二、试验内容

（一） 分类

潜艇操纵性的实艇试验，分为水平面试验、垂直面试验和空间试验。按试验目的可分为以下 3 类。

1. 限定机动试验

为测定判断操纵性优劣的各种指数、衡准，设计了一些规定的机动方式，这些机动动作不一定是实际航行中会出现的，但其规定的试验简便易行而又便于分析。本节主要介绍几项限定试验的基本原理和分析方法。此外，这种试验常用于研究操纵性的开环特性。

2. 正常机动试验

正常机动试验是对潜艇实际航行中可能进行的各种真实的典型（或称基本）运动进行试验，以了解潜艇的运动响应特性，包括航行状态的保持和改变特性、应急机动特性（如舵卡、舱室进水等）、使用武器（如发射鱼雷、导弹）时的操纵运动性能，操艇系统中的驾驶均衡自动操纵分系统、潜浮操纵、水下悬停操纵等功能试验考核等。这类试验对于操艇人员掌握本艇的各种运动性能来说是极其必要和重要的。

3. 水动力系数的测定试验

它包括测定舵杆扭矩。这些试验将为拘束模型试验数据的修正提供依据，并为操纵运动方程的改进提供资料。

（二） 试验项目

根据各类潜艇的不同情况，进行下列操纵性试验项目中的部分或全部。

1. 水平面机动性试验

（1）水上和水下满舵和 15° 舵角的回转试验。

（2）水上和水下 10°/10° 的 Z 形操纵试验。

（3）水上和水下的正螺线和逆螺线试验。

（4）水上和水下的回舵试验（已做（3）项，可不做（4）项）。

2. 稳定性和制动试验

（1）航向和深度的保持试验。

（2）水上和水下的制动试验。

3. 垂直面机动性试验

（1）首舵（或围壳舵）和尾舵的升速测定试验。

（2）逆速和回转逆速测定试验。

（3）超越试验。

（4）变深度试验。

（5）空间机动试验。

（6）水下倒车试验。

4. 平衡角和水动力系数测定试验

（1）定深直航的平衡角测定试验。

（2）零升力、零力矩系数测定试验。

（3）舵角系数测定试验。

（4）速度系数测定试验。

（5）角速度系数测定试验。

（6）舵杆扭矩测定试验。

此外,还有主机操控试验、加速性能试验、速潜试验等。

潜艇交艇航行试验中的操纵性试验项目,是根据《舰船船体规范 潜艇》(GJB 64.2A—97)中的规定选择。其他试验则由有关部门根据需要选定。下面对一般试验项目的原理作简要说明,详细具体的试验方法和对试验结果的要求,需要时可参看有关技术性文件。

三、回转试验

（一）目的

评价潜艇在水平面运动时的回转性能。

（二）方法

实艇以预定航速定深直航,将方向舵快速转到预定舵角,并保持不动,直至船首向角改变540°,一次试验结束。

以同样方法进行相反舵角和其他舵角(或航速)下的回转试验。

水下回转试验时,需用升降舵保持实艇的定深运动,并记录均衡水量和升降舵角。

回转运动的轨迹在水上试验时,可用专门的特高频无线电定位装置。一般航海用的无线电定位仪和船上的雷达、测距仪精度尚不够。图6-1-1(a)是特高频无线电定位装置的原理。C 为在艇上装设的发射器,发射 3kHz 的特高频无线电波。A 和 B 为在岸上装设的两个应答装置。测定 CA 和 CB 间往返的特高频波的相位差,可确定距离 $\overline{CA}$ 和 $\overline{CB}$。由于距离 $\overline{AB}$ 是已知的,由 ΔABC 的三边可确定 C 点的位置。

当没有上述设备时,可用传统的方法,诸如岸上设置经纬仪观测法、用艇上的雷达、测距仪和六分仪对固定目标(岸标或辅助船)测试法等。

水下回转试验可用声纳阵测试法,或利用艇上的航迹自绘仪测绘试验轨迹,但比例应与海图一致。试验中所采用的计程仪给出的航速,由于回转时存在漂角而失真,使回转圈也有误差,回转直径的最大误差可达$(0.2\sim0.3)L$。

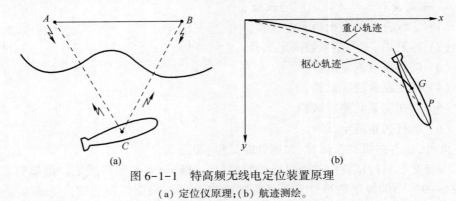

图 6-1-1　特高频无线电定位装置原理

(a) 定位仪原理;(b) 航迹测绘。

水下回转试验常用航程积分法。此时,使用艇内测量得到的航速和首向角记录曲线 $V(t)$ 和 $\psi(t)$ 进行以下计算:

首先,选定坐标,以操舵点为原点,初始直航向为 ξ 轴,此时,$\psi(0)=0$;然后,按回转方向选取 η 轴,如向右回转,则 η 轴取指向右方。

根据回转时测得的 $V(t)$、$\psi(t)$,求时刻 t 的回转枢心坐标 ξ_p 和 η_p,即

$$\begin{cases} \xi_p = \int_0^t V\cos\psi\,\mathrm{d}t \\ \eta_p = \int_0^t V\sin\psi\,\mathrm{d}t \end{cases} \tag{6-1}$$

最后,根据枢心 P 点与重心 G 点间的距离(如取 $0.3L$),求出这一时刻的重心 G 的坐标 ξ_G、η_G。G 点的轨迹即为艇的回转航迹,如图 6-1-1(b)所示。

（三）试验取得的主要参数

由回转航迹图直接取得的参数包括战术直径、定常回转直径、纵距、横距和漂角。由试验记录还可得到定常横倾角、动横倾角、回转周期、定常回转航速 V_s 和角速度 r_s 等参数,并由此可计算定常回转直径 D_s,即

$$D_s = 58.9\frac{V_s(\mathrm{kn})}{r_s((°)/s)} \quad (\mathrm{m}) \tag{6-2}$$

（四）案例

某潜艇于2005年6月进行水下回转试验,其结果如表 6-1-1 所列。

表 6-1-1　海况 2~3 级,海区密度 $\rho = 1.024\text{t/m}^3$,水深 55~60m

方向舵角	右满舵	左满舵	右满舵	左满舵	说明
$\delta_r/(°)$	33.3	-33.2	33.2	-33.2	
初速 V/kn	5.9	6.0	9.91	12.0	
$\varphi_{dmax}/(°)$	1.62	-1.79	5.20	-4.80	动力横倾角
$\varphi_0/(°)$	0.90	-1.30	2.22	-2.90	稳定横倾角
$\theta_0/(°)$	3.92	2.81	4.38	2.14	稳定纵倾角
V_0/kn	3.40	3.30	5.40	5.27	定常航速
$r_0/[(°)/s]$	0.778	-0.90	1.189	-1.395	定常回转角速度
D_0/m	—	—	236.9	234.6	定常回转直径
D/L	3.086	3.135	3.123	3.093	
T_{90}/s	89.4	85.5	55.1	50.2	转向 90°时间
T_{180}/s	185.4	181.3	115.9	110.3	转向 180°时间

四、Z 形操舵试验

（一）目的

评价潜艇的航向改变性能,测定回转性指数 K 和应舵指数(稳定性指数) T。标准 Z 形操纵试验为最大航速时操舵角 δ/执行首向角 ψ 为 10°/10° 的试验。

（二）方法

潜艇以预定航速定深直航,试验从操右舵开始,则方向舵快速操到右 10°,当首向角改变达到右 10°时,立即向左操舵到 10°,当首向角达到左 10°时,又立即将舵操到右 10°……如此共操舵 5 次,一次试验结束。

进行水下 Z 形操纵试验时,用升降舵保持定深。

试验中,用方向陀螺和电位器自动连续记录艇的航速、方向舵角、首向角和首摇角速度等参数。若无仪器时,可用秒表、罗经、舵角指示器等仪表,进行人工读数记录。

试验结果及 K、T 参数的确定方法已在第四章第十二节作了介绍。如某艇以航速 10.08kn 进行 $\delta_r/\psi = 10°/10°$ 的水下 Z 形试验,其结果如下:

初转期 $t_a = 22.8\text{s}$,$t'_a = 1.59$,$\psi_{ov} = 10°$,$t_{ov} = 22.2\text{s}$,$K = 0.3210(1/s)$,$T = 69.196\text{s}$,$K' = 4.695$,$T' = 4.730$。

五、正螺线和逆螺线试验

（一）目的

评价潜艇的航向稳定性,测定不稳定艇滞后环的环宽和环高。

（二）方法

1. 正螺线试验

艇以预定航速定深直航,操方向舵右 15°,把定舵角,不断测定回转角速度 r（用角速度陀螺,或艇上的罗经、时钟）。当 r 稳定后,回舵至右 10°,并把定舵角,待 r 再次稳定后,将舵转到下一个舵角,继续进行试验。

整个试验的操舵顺序为

15°（右）→10°→5°→3°→1°→0°→-1°（左）→-3°→-5°→-10°→-15°

试验因故中断,则应从中断时的前一个舵角开始继续试验。水下试验时,用升降舵保持定深。

本试验的主要特点是:固定一系列舵角,被动地等待艇的 r 稳定,需时间长、试验场地大,易受外界干扰。比奇（Bech）于 1966 年提出逆螺线试验,是选定一系列回转角速度 r,通过试验确定方向舵角 δ。

2. 逆螺线试验

按角速度大小依次预选一系列 r 值,操适当的舵角,当艇达到预定的 r 时,通过操舵尽可能精确地保持此 r 稳定,测定此舵角的平均值。一般认为,当方向舵角在其平均值左右的摆动幅度不超过 4°,则可进行下一个角速度的试验。

3. 试验取得的主要参数

作出 r-δ 曲线（图 6-1-2）。对于稳定的艇,在 r-δ 曲线上量取原点的斜率 $\mathrm{d}r/\mathrm{d}\delta$,对于不稳定的艇,量取滞后环的宽度 B 和高度 H。

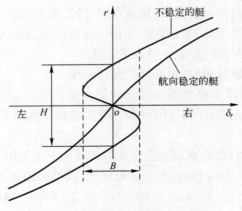

图 6-1-2 r-δ 曲线

六、回舵操纵试验

（一）目的
迅速简便地评定艇的稳定性和不稳定的程度。

（二）方法
艇在预定航速,以右15°的方向舵角作定深回转,当艇达到稳定回转时,操舵回中保持方向舵角为零,并不断测量艇的回转角速度 r 随时间的变化。若最终 $r=0$,则一次试验结束;若 r 为某一稳定剩余值 r_0,则操左舵并逐渐增大舵角,当艇突然向左回转,记下此舵角,即为临界舵角 δ_{cr},一次试验结束。

用同样方法操舵左15°进行试验。

（三）试验取得的主要参数
画出回转角速度的时间变化曲线,即 $r\text{-}t$ 曲线,如图6-1-3(a)所示。

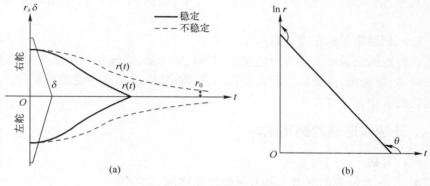

图6-1-3 回舵试验结果

对于不稳定的艇,左右临界舵角之和即为滞后环的环宽,左右舵角 $r(t)$ 曲线剩余回转角速度值 r_0 之和即为滞后环高。

对于直线稳定的艇,$\ln r\text{-}t$ 曲线的斜率可表示稳定程度。根据一阶 $K\text{-}T$ 方程,取 $\delta=0$,在 $t=0$ 时,$r=r_0$ 为初始条件,则方程的解为

$$r=r_0 \mathrm{e}^{-t/T} \quad (\text{或} \ K\delta_0 \mathrm{e}^{-t/T}) \tag{6-3}$$

在稳定的条件下,$T>0$,当 $t\to\infty$ 时,r 衰减至零值(图6-1-3(a))。对式(6-3)取对数

$$\ln r=-\frac{t}{T}+\ln r_0 \tag{6-4}$$

再求导数

$$\frac{\mathrm{d}(\ln r)}{\mathrm{d}t}=\tan\theta=-\frac{1}{T} \tag{6-5}$$

即稳定性指数的倒数,所以 $d(\ln r)/dt$ 越大,稳定性越好。

本试验进行时流速应在 0.5kn 以下,并记录试验时的风向、流向及其大小,便于对试验结果的处理和分析。回舵试验的概念早在 1940 年就提出来了,当时没有受到人们的注意,直到第 14 届 ITTC(1975 年)操纵性委员会报告,才将其列入操纵性试验规程的项目之一。潜艇垂面直的梯形操舵试验是这种试验的修正形式。

七、航向和深度保持试验

(一) 目的
评价用舵保持潜艇直航和定深的能力。

(二) 方法
潜艇以预定航速定深直航。先后按不操方向舵(使 $\delta = 0$)、人工操舵和自动操舵保持直航,各观测 3~5min。试验可在高、中、低航速下进行,并用升降舵保持深度。

(三) 试验取得的主要参数
用仪器连续记录试验过程中的航速、舵角、首向角、纵倾角和深度等参数,从而获得首向角、纵倾角、深度偏离的大小和周期,方向舵、首尾升降舵的操舵频率和平均操舵角的大小。

八、升速和逆速的测定试验

(一) 目的
测定首、尾升降舵的速升率和升降舵的逆速值。

(二) 方法

1. 升速率试验

艇在适当的深度以预定的航速定深直航,将首升降舵快速操到预定舵角把定不动,尾舵仍保持不动,当艇的深度变化达到稳定状态时,回舵结束试验。尾升降舵亦作上述类似试验。

试验时,要注意防止出现危险纵倾角,试验海区水层密度变化应尽可能小,同时要测量试验开始和结束的两个水层的密度。

试验中用仪器记录试验过程的航速、首尾升降舵角、纵倾角和深度等参数的时间曲线。升速测定试验时一般不在规定航速进行,试验航速可能要小一些,试验结束后,需把试验结果推算到标准值。此外,试验时艇的稳性高度 h 也不一定是正常状态,需修正。

2. 逆速试验

艇在适当深度,以预先估计的逆速的航速直航,并准确均衡。尾升降舵操上浮

15°,当纵倾角变化达到稳定时,观测艇的深度变化。如果艇上浮,则属正常操纵性,为此,降低转速(一般每次降低 5r/min),重新准确均衡,继续上述试验。

当航速降到一定值时,操尾升降舵一段时间后,艇只发生纵倾角变化而不发生深度变化,则此时的航速即是尾升降舵逆速。

首升降舵(或围壳舵)在使用航速范围内一般不存在逆速,若须测试时,方法同上。

(三) 试验取得的主要结果

升速率试验获得首、尾升降舵相应于试验航速的每度舵角的速升率,即

$$\frac{\partial V_\zeta}{\partial \delta_b} \frac{\partial V_\zeta}{\partial \delta_s} = \frac{\Delta \zeta}{\Delta t} \bigg/ \delta_{b,s} ((\mathrm{m/s}) \cdot (°)) \tag{6-6}$$

式中:$\Delta \zeta$ 为 Δt 时间内的垂向深度改变量(m);Δt 为测量深度改变 $\Delta \zeta$(m)所用的时间(s);$\delta_{b,s}$ 为试验时的首、尾升降舵的舵角(°);逆速试验获得试验升降舵的逆速值 V(kn)。

九、超越试验

(一) 目的

测定艇对升降舵的应舵能力。

(二) 方法

艇在适当深度以预定航速作无纵倾定深直航,将试验的一对升降舵(首或尾舵)操到预定舵角 δ_1(如 $\delta_1 = 10°$)且把定,艇的纵倾角和深度遂发生变化,当纵倾角达到预定的执行纵倾角 θ_e 时,立即反向操舵到 $\delta_2(=-\delta_1)$,且把定。当纵倾角和深度的变化都经历极值后,试验结束。

(三) 试验取得的主要参数

利用仪器记录试验过程的航速、升降舵角、纵倾角和深度的变化曲线,如图 6-1-4 所示。

由记录的曲线直接取得参数:

超越纵倾角 $\theta_{ov}:\theta_{ov} = \theta_{max} - \theta_e$;

超越深度 $\zeta_{ov}:\zeta_{ov} = \zeta_{max} - \zeta_e$;

执行时间 t_e(或用初转期 t_a 表示)。

改变试验航速、执行舵角 δ_1、执行纵倾角 θ_e,可得不同 V_s、δ_1、θ_e 时的应舵特性。表 6-1-2 介绍了具有不同稳定性、机动性和转舵速率的五艘潜艇的超越试验结果[61]。

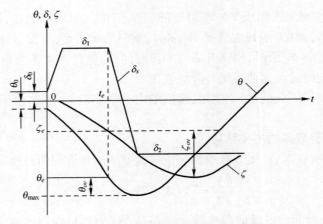

图 6-1-4　超越试验记录曲线

十、空间机动试验

（一）目的
测定潜艇空间定常螺旋潜浮机动时的相对升速和回转半径。

（二）方法
艇在适当深度以预定航速定深直航,把方向舵和升降舵操到预定舵角把定,艇进入回转和潜浮运动,即空间螺旋运动,直到运动稳定,一次试验结束,如图 3-4-1 所示。

（三）试验取得的主要参数
用仪器或人工记录试验过程的航速、深度、首向角、回转角速度、纵倾角、横倾角及舵角等参数,并可获得以下特征量:

相对升速
$$\frac{V_\zeta}{V_t} = \tan(\theta - a) \tag{6-7}$$

回转半径
$$R = \frac{1}{2\pi} V_t \cdot t_{360} = \frac{1}{2\pi} V \cos \chi \cdot t_{360} \tag{6-8}$$

表 6-1-2 中:$\lambda_{1,3}(R_e)$ 为特征根的实部(这里 λ_2 是负实数);$\dot{\delta}_s' = \dot{\delta}_s L/4V$ 为行经 1/4 艇长时尾升降舵偏转度数,$\dot{\delta}_s$ 为尾舵转舵速率((°)/s);$t_e' = t_e V/L$ 为到达执行时间 t_e 行经艇长数,其中 V 为航速(m/s),L 为艇长(m);$\zeta_{ov}' = \zeta_{ov}/L$ 为无因次超越深度。

表 6-1-2 试验结果样例

第一部分 垂直面运动的操纵性参数

艇型	动稳定性指数 $\lambda_{1,3}(R_e)/\mathrm{s}^{-1}$		机动性指数 $M_{\delta_s}/I_y/[(°)/\mathrm{s}^2]$		尾升降舵速率 $\dot{\delta}_s/[(°)/\mathrm{s}]$	$\dot{\delta}_s'/[(°)/\frac{1}{4}艇长航程]$		扶正力矩指数 $M_\theta/[\mathrm{ft}\cdot\mathrm{t}/(°)]$
	10kn	20kn	10kn	20kn	所有航速	10kn	20kn	所有航速
A	不稳定	不稳定	-1.69	-6.76	3	14	7	-31.4
B	不稳定	不稳定	-1.92	-7.69	7	28	14	-18.4
C	-0.13	-0.05	-2.25	-9.01	6	24	12	-81.1
D	-0.05	-0.03	-3.28	-13.1	5	15	7.5	-33.2
E	-0.04	-0.03	-4.67	-18.7	5	15	7.5	-32.5

第二部分 试验结果

情况 V_s/kn	δ_1/(°)	θ_e/(°)	到达执行时间行经艇长数 t'_e A	B	C	D	E	超越纵倾 θ_{ov} A	B	C	D	E	超越深度 ζ_{ov} A	B	C	D	E
Ⅰ V_s 变,δ_1、θ_e 不变																	
5	15	10			1.54	2.95	0.88			0	0	0.8			0.04	0.09	0.06
10	15	10	098		1.33	1.33	0.93	7.6		1.8	2.1	3.5	0.39		0.19	0.20	0.18
15	15	10			1.22	1.38	0.93			2.8	3.3	4.8			0.25	0.36	0.27
20	15	10			1.17	1.38	0.88			4.0	4.7	6.3			0.32	0.44	0.36
Ⅱ δ_1 变,V_s、θ_e 不变																	
10	5	10			5.00	3.12	2.28			0	0.2	0.9			0.25	0.29	0.26
10	10	10			2.08	1.86	1.18			0.9	1.0	2.5			0.21	0.24	0.22
10	15	10	0.98		1.33	1.38	0.93	7.6		1.8	2.1	3.5	0.39		0.19	0.19	0.18
10	20	10			1.33	1.15	0.84			2.6	3.2	5.7			0.15	0.24	0.22
Ⅲ θ_e 变,$\delta_1=15°$,$V_s=20$kn																	
20	15	5			0.62	1.01	0.51			2.3	4.2	4.6			0.12	0.15	0.17
20	15	10			1.17	1.38	0.93			4.0	4.7	6.3			0.32	0.44	0.36
20	15	15			1.67	1.70	1.35			4.4	5.3	7.1			0.52	0.72	0.58
20	15	20			2.09	2.11	1.69			3.5	5.7	6.9			0.68	0.39	0.81

（续）

第二部分　试验结果																	
情况 \ 艇别 \ 指数			到达执行时间行经艇长数 t'_e					超越纵倾 θ_{ov}					超越深度 ζ_{ov}				
			A	B	C	D	E	A	B	C	D	E	A	B	C	D	E
			Ⅳ　θ_e 变，$\delta_1=20°$，$V_s=15\text{kn}$														
15	20	5			0.66	0.89	0.51			3.9	5.6	5.8			0.06	0.18	0.19
15	20	10			1.00	1.15	0.89			3.9	5.7	7.1			0.23	0.38	0.27
15	20	15		1.06	1.42	1.39	1.14		9.4	3.9	5.8	7.7		0.75	0.40	0.56	0.41
15	20	20			1.80	1.68	1.39			3.7	5.9	7.2			0.58	0.75	0.60
13	10	6.5	0.93		1.32	1.32	1.10	6.9		1.5	1.4	2.5	0.42		0.15	0.17	0.15

十一、零升力和零力矩系数的测定试验

（一）目的

测定艇的零升力系数 Z'_0 和零力矩系数 M'_0。

（二）方法

艇在适当深度，首先以可能操艇的较低航速 V_0 定深直航，准确均衡达到 $\theta=\delta_b=\delta_s=0$；然后，将航速改变到 V_j，同时调节浮力调整水舱和纵倾平衡水舱的水量，使艇保持无纵倾、零舵角定深航行状态，重新达到动平衡。试验可在几种不同的航速下进行。

（三）试验取得的主要参数

根据记录的试验航速、浮力调整水舱的注排水量 P_j 和首尾纵倾平衡水舱的调水量 Q_j 计算水动力系数 Z'_0、M'_0。根据方程式(4-64)可求得

$$Z'_0=\frac{-2g\cdot P_j}{(V_j^2-V_0^2)L^2} \tag{6-9}$$

$$M'_0=\frac{-2g(Q_jx_Q-P_j\cdot x_P)}{(V_j^2-V_0^2)L^3} \tag{6-10}$$

式中（本节符号以有关技术文件为准，如 x_G 与 l_{vbs}、x_P 与 x_V 的含义相同）：V_j 为第 j 次试验时的航速(m/s)；P_j 为相对于 $V=V_0$ 状态的浮力调整水舱的注排水量(m^3)，以注水为正；Q_j 为相对于 $V=V_0$ 状态的纵倾平衡水舱的调水量(m^3)，以首向尾压水为正；x_P 为浮力调整水舱注排水的容积中心到艇重心的纵向坐标(m)；x_Q 为首尾纵倾平衡水舱之间的距离(m)；L 为艇长(m)；g 为重力加速度(m/s^2)。

通常需进行多次试验,取它们的平均值作为试验结果。例如,某艇在 5.26kn 测得 $Z_0' = -2.2649 \times 10^{-4}$,$M_0' = 2.4752 \times 10^{-5}$,表明 Z_0'、M_0' 是很小的量,有时往往量值波动较大。

十二、制动试验(包括主机停车和倒车)

(一) 目的
测定潜艇从航行状态至停船所滑行的距离。

(二) 方法
潜艇在预定航向上等速定深直航,发紧急停车(或倒车)令,艇将继续滑行,试验进行到艇相对于海面"静止"为止(一般计程仪指示航速小于 1kn 后结束)。制动试验中,保持 0°度舵角。由于试验时对航向和深度不加控制,所以要特别注意安全。

(三) 试验取得的主要参数
记录发令、螺旋桨转速、航速、航程、首向角、纵倾角等数据,并记录执行制动的时间。制动试验的航迹图如图 6-1-5 所示,并从图上直接取得特征量。

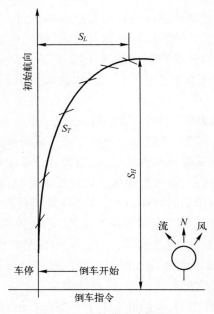

图 6-1-5　制动试验航迹图

冲行迹程 S_T:发出制动令后到前进速度消失为止,潜艇冲行的轨迹,也称停船迹程。

冲行进距 S_H：潜艇在原航线上前进的直向距离,也称停船冲程。

冲行横距 S_L（或深度偏移）：相对于原航线的左右侧（或深度）的偏移距离,也称停船横距。

一般在新艇试航时还要进行主机加速试验,如某艇航速由 5.24kn 增速至 14.78kn,历时 243s；由 9.30kn 增速至 14.73kn,历时 218s。

第二节　潜艇自由自航船模试验

船模试验（分自航船模和拘束模两大类）是舰艇操纵性研究的主要手段。其中自由自航船模（简称自航模）试验（FRT）,是以直接模拟实船操纵为基础的一种物理模拟方法,过去主要用来预报、研究和改进舰艇的操纵性能,现在正成为潜艇总体设计、新艇研制的一种必不可少的重要工具。

一、功用和设备

（一）功用

由于各种实船操纵性试验都可用自由自航船模进行,而且自航模试验相对其他试验来讲,成本低、试验方便、时间短、结果直观,能迅速鉴别不同设计方案的优劣,因此,适于对设计作出技术判断和选择,所以早就广泛地应用于水面舰船。在 20 世纪 60 年代以后,潜艇水下自航船模试验成为研究潜艇操纵性的重要手段,其作用有以下几种：

（1）在潜艇设计阶段预报和研究、改进操纵性。

（2）将各种理论或半理论半经验的计算方法对船模操纵性的计算或数学模型的辨识结果,与自航船模试验结果相比较,以检验其正确性和可用性。

在现代科学技术基础上,通过潜艇水下自航船模试验,直接测试船模运动轨迹参数,用于评价潜艇操纵运动的响应特性,验证计算机模拟计算结果（它们基于同一缩尺比的船模）,彼此不存在"尺度效应",采用"系统识别"方法辨识拘束模试验不能确定的一些水动力系数,改进运动方程。采用预制的模件改变局部艇体和附体的大小、形状和位置,如指挥室围壳的尺度和位置、附加不同的平行艇体、首尾部和操纵面的改变等,研究它们对操纵性、噪声的影响。

早在 20 世纪 50 年代中期,美国海军为了减少在总布置设计过程中的失误,加快建造进度,按 1:4 比例,制造了长 24.5m、艇体直径 2.05m 的"灰鲸"号（SS-574）巡航导弹潜艇模型,属初级阶段的大比例模型潜艇,该模型结构简单,功能单一,为舱室内部布置及修改,为施工设计提供方便。后来又建造了 1:4 比例的"长尾鲨"号模型、1967 年建成命名为"卡姆鲁普斯"号的"鲟鱼"首艇（SSN-637）的模型。这些模型都没有动力,直到 1978 年建造了"洛杉矶"级 SSN-688 号的自航模,缩尺比也是 1:4,主要任务是进行系列的流体噪声试验,为改进设计提供技术支撑。

高级自航船模于 1987 年 11 月建成,命名为"科卡尼"(Kokanee)号(LSV-1),是"海狼"级核潜艇的 1:4 的无人自航船模,排水量 155t,长 26.82m,艇宽 3.48m,装 3000 马力的推进电机和一组约重 25t 的蓄电池。该模型的任务是研究与试验在接近水面的小深度上对潜艇水下操纵性的影响,研究泵喷推进器的水动力特性和操纵性,以及噪声、泵喷推进等先进技术的验证和研究工作。针对"弗吉尼亚"级核潜艇又建造了"卡特斯罗特"号(LSV-2),如图 6-2-1 所示,缩尺比为 1:3.4 全自动无人自航船模,船模下潜深度和水下最高航速与实艇相当,目的是提供一个与实际环境基本相同的水下试验平台,避免试验结果进行相似变换产生误差。该模型是试验与研究潜艇水声学、水动力学和水下操纵性等潜艇总体性能的重要平台,但具体试验内容,因严格保密,至今不明。

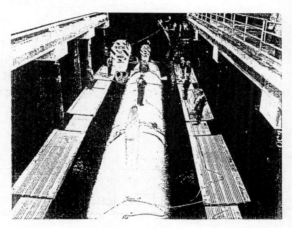

图 6-2-1 LSV-2"卡特斯罗特"号超大型模型潜艇

超大型自航船模作为先进技术的试验平台,可以持续使用,服役周期长,可以把通过试验确认的各种先进技术运用到新型号潜艇上,从而使得新研制潜艇持续拥有与时代同步的先进技术水平。

超大型自航船模虽然研制建造复杂艰难、造价高,如 LSV-1 号的设计与建造费 2 亿美元(20 世纪 80 年代),但服役时间可达 20 年以上,由美国海军海上司令部下属的声学研究部负责管理。采用超大型自航模型潜艇作为开发研制新型潜艇的辅助手段,展现了美国在 21 世纪发展新型核潜艇的新思路,可能是美国发展新一代核潜艇基本战略的重要组成部分。

由于我国自航船模尺度较小,总体技术水平滞后,当前存在的主要问题如下。

（1）"尺度效应"问题，尚未解决。

（2）自航船模试验技术未能充分开发。

（二）设备

"科卡尼"（LSV-1）号自航船模，分前后两个舱室。前舱主要布置 25t 蓄电池、推进电机等；后舱布置导航设备、自动操舵设备、试验数据自动记录仪等，并按照模块技术进行设计、布置，根据试验需要进行拆除、换装、增减或重新布置。图 6-2-2 为潜艇水下无线电遥控自航船模的布置图，水面舰船的自航船模如图 6-2-3 所示。

图 6-2-2　水下自航船模布置简图

1—电子闪光仪；2—SC-9 记录器；3—测速放大器；4—有线控制盒；5—无线电中继组；
6—首水平舵机；7—无线电接收机；8—磁性天线；9—自动驾驶仪；10—电磁阀；11—空气瓶；
12—配电板；13、14—银锌电池；15—尾水平舵机；16—尾垂直舵机；
17—变流机；18—推进电机；19、20—闪光灯；21—深度、纵倾、横倾传感器；22—测速器。

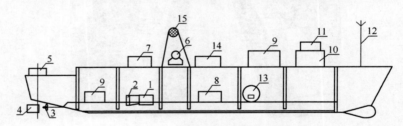

图 6-2-3　水面舰船自航船模布置简图

1—主电机；2—减速齿轮箱；3—螺旋桨；4—舵；5—舵机；6—变流机；7—示波器；8—译码箱；
9—电池组；10—方向陀螺；11—角速度陀螺；12—天线；13—无线电接收机；
14—横摇陀螺；15—观察标记。

水下自航船模，除外形几何相似外，还需水密、耐压、使用方便。当前自航船模由耐压壳、首尾结构和指挥室围壳等组合而成，典型的耐压壳分成若干分段，用铝合金辊压成形，各分段用马门夹连接，并以 O 形密封环来密封。同时大部分模试设备安装在矩形截面的框架上，框架可在滑轨上滑动进出耐压壳，以便维修船模内的设备。美国 SSN-688 艇的自航船模就是这种形式。早期的船模是用白铁皮、木条或玻璃钢制作的。

自航模试验设备较多，包括下列系统：

（1）动力系统，包括主电机、变速齿轮箱、轴系、螺旋桨和蓄电池。

（2）无线电遥控系统，包括岸上发射机和水下接收机（装在模型内）两部分。按预先编制的试验程序，向水下模型发送完成试验所必需的动作之遥控指令，如控制船模的前进、后退、航速大小、舵角、记录器工作的起、止等。

（3）自动驾驶仪，包括自动定深系统和自动航向系统，使船模在预定深度上作水平运动，在给定航向上保持直航及转向机动、变深机动。

（4）测量系统，分为内测和外侧两部分。常用光线示波器、磁带机等设备，测记船模的状态和运动参数，包括：下潜深度 ζ_G、纵倾角 θ、横倾角 φ、首向角 ψ 以及 $\dot{\theta}$、$\dot{\varphi}$、$\dot{\psi}$、首尾舵角 δ_b、δ_s 和方向舵角 δ_r；测记推进参数，如螺旋桨转速 n、船模速度 V、推力 T 及其力矩 M_T、舵杆力矩 M_R 等。外测系统测量船模的轨迹、航速、漂角等参数。

当前较为适用且经济的系统是用水声定位原理来实时测量水下船模的运动轨迹。该系统由数据转换及处理、实时跟踪测量、声速测量校正三部分组成。船模在水中的瞬时位置 (x, y) 坐标，可求解如图 6-2-4 所示的任意三角形获得。

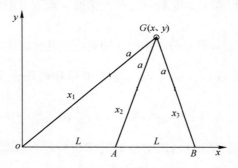

图 6-2-4　瞬时位置坐标

图中，G 点为运动体重心位置（安装有水声发射机）；o、A、B 点为均布在池边水中的 3 个接受换能器，且 $\overline{oA} = \overline{AB} = L$（已知）。

于是，由直角坐标系 xoy 可得

$$\begin{cases} x^2 + y^2 = (a + x_1)^2 \\ (x - L)^2 + y^2 = (a + x_2)^2 \\ (2L - x)^2 + y^2 = (a + x_3)^2 \end{cases} \qquad (6\text{--}11)$$

求解上式可得 a、x、y，但 a 为中间参变量，仅参与运算。运算结果送 CRT 以图形方式显示。

由求得的瞬时位置坐标，连同安装于船模的深度传感器测得的瞬时潜深，可求得船模的空间位置。计算是由专用计算机进行，并自动绘出轨迹（图 6-2-5）。

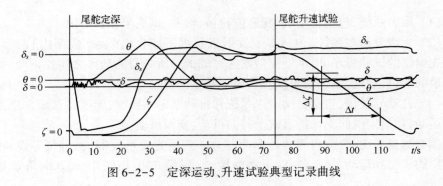

图 6-2-5　定深运动、升速试验典型记录曲线

二、相似准则

　　为使船模与实艇的无因次运动状态特征量和无因次操纵性指数相同,应满足几何相似、质量分布相似、运动相似和水动力相似,实现模型试验的现象相似,达到再现原来现象的本质。如船模主尺度、速度和潜深限制,则(水下)自航船模试验只能有重点的在一定程度上实现部分的动力相似。水下自航模试验必须满足以下条件:

　　(1) 几何相似、质量和质量分布相似。即对应点的无因次坐标 $x'=x/L$,$y'=y/L$, $z'=z/L$ 相等;无因次质量 $m'=m/\frac{1}{2}\rho L^3$,重心坐标和转动惯量的无因次量也应相等,即 $x'_G=x_G/L$,$y'_G=y_G/L$ 及 $z'_G=z_G/L$ 和 $I'_z=I_z/\frac{1}{2}\rho L^5$,$I'_y=I_y/\frac{1}{2}\rho L^5$ 相等。同时,模型的辅助水舱的注水量、排水量、调水量的范围也应符合模型的缩尺比,并使操舵角相等。

　　(2) 雷诺数 $Re=VL/\gamma$ 应大于临界值,一般认为操纵试验应使模型的雷诺数 $Re_m>1\times10^6$。船模长度 L_m 主要应考虑临界雷诺数的要求,同时,应避免自由水表面和池底的影响,运动的船模与其相距 $0.5\sim1.0$m 或按 $0.3L_m$ 考虑。

　　(3) 船模直航段满足重力相似,但这里是稳心高傅汝德数应相等,即

$$\frac{V_0}{\sqrt{gh_m}}=\frac{V_s}{\sqrt{gh_s}} \qquad (6-12)$$

式中:V_0、V_s 分别为模型直航速度和实艇直航速度;h_m、h_s 分别为模型、实艇的稳心高。

　　为此,对艇的浮态、稳度应予进行调整。但当操舵作曲线运动后,由于船模和实船的主机外特性不相似,且船体、螺旋桨的水动力不相似,所以航速下降也不相似,傅汝德数就不相等了。

这样,只满足稳心高相似、初始航速满足傅汝德数相等。

三、尺度效应

由于船模与实船不能完全动力相似,引起无因次运动参数和水动力的差别,称为"尺度效应"。尺度效应主要由于雷诺数的影响,对于高速船,还有空泡数和韦伯数的影响。尺度效应对水面舰船的影响已有不少研究,迄今依然尚未解决,对潜艇由于保密的原因,见诸报端极少。尺度效应的影响主要有以下几方面:

(1)由于船模的雷诺数 Re_m 小于实船的雷诺数 Re_s,所以船模边界层的相对厚度比实船大。船模尾部的舵和附体等在边界层内的相对面积比实船大。边界层内水流速度低,使舵和附体的作用减小,将使船模的稳定性和机动性都较实船差。

同时,出于同一原因(即 $Re_m < Re_s$),使船模的摩擦阻力系数和总阻力系数比实船大,要求船模螺旋桨的转速 n_m 较实船大,桨的滑脱比也大,所以螺旋桨的推力及其尾流速度也相对比实船大,使桨后舵的舵效增高,从而使得船模的稳定性和机动性又较实船好。

这两种相反的影响,在趋势上互相抵消。

(2)操纵面失速是一个需要特别关注的问题。由于船模舵等附体的雷诺数比实船的小,舵处于水流易于分离状态,并使舵的失速角较实船小。因此,用方向舵回转时,有时增大舵角,反而出现回转直径突然增大的现象,但实船在此舵角时,回转直径将减小,因为实船舵尚未发生失速。如果操升降舵作潜浮机动或试验升降舵卡时,船模试验所观察到的失速特征很可能并不代表实艇的情况。

高速舰艇的舵翼会发生空泡,在较大舵角时使升力系数降低,但船模舵无空泡,使船模的机动性比实船好。

关于尺度效应的修正,目前尚无妥善的方法。当前大致的修正考虑如下:

(1)船模试验时采取一些技术措施。

如修改舵面积,使船模的某项无因次操纵指数与实船相等,这就是所谓的"等效舵面积"法,一般是减小船模的舵面积。类似的还有"比例舵角"法,提高舵的安装位置,或在船模和舵上增加粗糙度,以保证具有一定的紊流状态等。

(2)对自航模试验结果进行修正。

由于船体、桨、舵干扰的复杂性,目前还没有完整的定量分析资料。以上修正都是基于尺度效应的影响,主要是由于舵效差别而引起的认识。

自从第 11 届 ITTC 操纵委员会提出这一问题后,国际上开展了广泛的研究。

自航船模试验中另一个重要问题,是要严格船模试验状态与实船试验状态的匹配,力求使它们的吃水、纵倾、重心垂向位置、主机和舵的工作特性等相似。第 14 届 ITTC 操纵性报告认为,这一影响至少对细长体船来讲,可能要比尺度效应更为重要。

（3）采用大比例自航模型和基本相同的实际试验环境（潜深、航速相当），是实现动力相似、解决尺度效应的重要技术途径。

第三节　拘束船模试验

一、概述

（一）　基本概念

拘束船模试验是用机械的拘束，强迫船模作规定的运动。试验时，在基准运动上叠加一个或两个扰动运动，定量地改变其扰动量，测定作用于船模上的水动力，从而求得各水动力系数。拘束船模试验是目前唯一能够比较精确地确定水动力系数的试验技术。

当前拘束船模试验方法主要有：

（1）斜航试验（ORT），又称直线拖曳试验。

（2）回转臂试验（RAT），简称旋臂试验。

（3）平面运动机构试验（PMM）。

用拘束船模试验求取整体式模型水动力系数时，船模应带全附体，且螺旋桨要处于实船自航点。

（二）　相似准则

根据因次分析，潜艇水下模型除满足模型和实艇的几何相似和运动相似条件外，还必须根据动力相似准则来确定模型的试验参数，即要求：

模型长度雷诺数：
$$Re_L = \frac{VL}{\gamma} \geqslant 1.1 \times 10^7 \tag{6-13}$$

螺旋桨雷诺数：
$$Re_p = \frac{C_{0.7R}[V_p^2 + (0.7\pi n_p D)^2]^{1/2}}{\gamma} \geqslant 2.5 \times 10^5 \tag{6-14}$$

式中：V、L 分别为模型速度（m/s）、长度（m）；γ 为水的运动黏性系数（m²/s），试验时，平均水温若为 16℃，则 $\gamma = 1.11 \times 10^{-6}$ m²/s；Re_L 为模型长度雷诺数，如模型长 $L = 4.244$ m，速度 $V_m = 3.2$ m/s，则 $Re_L = 1.22 \times 10^7 > 1.1 \times 10^7$；$C_{0.7R}$ 为螺旋桨 0.7 倍半径处桨叶弦长（m）；D 为螺旋桨直径（m）；

V_p、n_p 分别为螺旋桨处轴向速度（m/s）、转速（r/s）。

如进速系数 $(J_c)_M = 0.605$，伴流分数 $(\omega_p)_M = 0.382$，则模型螺旋桨转速为 $n_M = \dfrac{V_m[1 - (\omega_p)_M]}{(J_c)_M D_M} = 1032$ r/min，对应的 $Re_p = 3.30 \times 10^5 > 2.5 \times 10^5$。

如果模型试验调整,则应相应调整桨速 n_M。

此外,应使试验中模型与实艇对应的姿态角相等,即有

漂角相等: $(\beta)_M = (\beta)_S$

攻角相等: $(\alpha)_M = (\alpha)_S$

舵角相等: $(\delta)_M = (\delta)_S$

并且使无因次角速度相等,即

$$\omega' = (L/R)_M = (L/R)_S$$

拘束船模试验要满足几何相似、运动相似和动力相似,由于按相似准则规定了船模的运动参数,故不必满足质量、重心位置和转动惯量相似。同样,当船模以较低的速度运行时,使雷诺数 Re_L 较小,存在不能全部(试验)满足动力相似而引起尺度效应,因为最后求得的是水动力系数,而不是水动力本身。实践证明,水动力系数的尺度效应要比自航船模试验小得多。通常认为,由拘束模试验求得的无因此水动力系数,可直接用于实船预报。

二、斜航试验

斜航试验在普通长条形水池中进行,用来确定漂角 β 和舵角 δ 的位置导数、控制导数和耦合水动力系数。试验时,将船模斜置于拖车上,纵中剖面与水池中心线成一夹角 β,拖车以 V 速直线前进(图 6-3-1(a)),当漂角为很小时,有

$$\begin{cases} u = V\cos\beta \approx V \\ v = -V\sin\beta \approx -V\beta \end{cases} \tag{6-15}$$

这时,相当于在船模以速度 u 沿 ox 轴作匀速直线运动上叠加一侧向扰动速度 v,而其他扰动均为零($\dot{v} = r = \delta = \cdots = 0$)。系统地改变漂角,一般作 $\beta = -12°$、$-9°$、$-6°$、$-3°$、0、$3°$、$6°$、$9°$、$12°$ 角度的系列斜航试验,用机械式或电测式多分力天平测量船模所受到的侧向力 Y 和转首力矩 N,其曲线如图 6-3-1(b)所示。曲线在零点的切线斜率即是船模的速度导数 Y_v、N_v。

用同样的方法可以测定船舶的舵角导数 Y_δ、N_δ。此时,$\beta = 0$,只系列改变舵角 δ(图 6-3-2)。

斜航试验还能测定耦合水动力系数和非线性水动力系数。例如,潜艇直线拖曳时,系列改变漂角 β_i,在每一漂角下又系列改变模型的攻角 α_j,则可测定有关 v 和 w 的线性和非线性系数及两个运动参数的耦合水动力系数。实际试验时,求取水动力系数不用绘图求切线的方法,而用回归分析方法。例如,$Y(v,w)$ 可写成

$$Y(v,w) = Y_0 + Y_v v + Y_{vw} vw + Y_{v|v|} v|v| \tag{6-16}$$

式中:Y_v 为线性速度导数;$Y_{v|v|}$ 为非线性速度导数;Y_{vw} 为耦合速度系数。

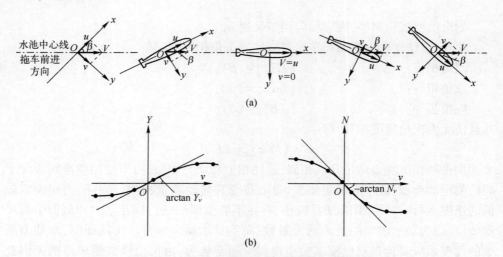

图 6-3-1　斜航试验的模型安装位置和测量结果

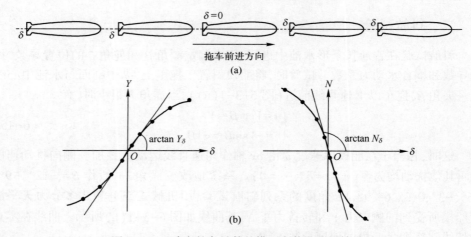

图 6-3-2　确定舵角导数的模型安装和测量结果

通常把式(6-16)改写成

$$Y(v,w) = a_0 + a_1 v + a_2 vw + a_3 v|v| \qquad (6-17)$$

试验时,给定 v_i、w_j(即 a_j),测出每一试验的 Y_{ij},应用最小二乘法按式(6-17)回归试验数据,则可得各系数 $a_k(k=0,1,2,3)$。

根据最小二乘法公式,应使测量值 Y_{ij} 和回归值 $Y(v,w)$ 的偏差平方和达到最小,即

$$\sum_i \sum_j \left[Y(v,w) - Y_{ij} \right]^2 = \sum_i \sum_j \left[a_0 + a_1 v + a_2 vw + a_3 v|v| - Y_{ij} \right]^2 = 最小$$

由极值原理,待定系数应为下列方程组的解,即

$$\frac{\partial}{\partial a_k} \sum_i \sum_j \left[Y(v,w) - Y_{ij} \right]^2 = 0 \quad (k = 0,1,2,3) \tag{6-18}$$

将式(6-17)代入后得

$$\sum_i \sum_j \left[Y(v,w) - Y_{ij} \right] \frac{\partial Y(v,w)}{\partial a_k} \bigg|_{\substack{v=v_i \\ w=w_j}} = 0 \quad (k = 0,1,2,3) \tag{6-19}$$

或展开写成

$$\begin{cases} \sum_i \sum_j \left(a_0 + a_1 v_i + a_2 v_i w_j + a_3 v_i |v_i| - Y_{ij} \right) = 0 \\ \sum_i \sum_j \left(a_0 + a_1 v_i + a_2 v_i w_j + a_3 v_i |v_i| - Y_{ij} \right) v_i = 0 \\ \sum_i \sum_j \left(a_0 + a_1 v_i + a_2 v_i w_j + a_3 v_i |v_i| - Y_{ij} \right) v_i w_j = 0 \\ \sum_i \sum_j \left(a_0 + a_1 v_i + a_2 v_i w_j + a_3 v_i |v_i| - Y_{ij} \right) v_i |v_i| = 0 \end{cases} \tag{6-20}$$

解上述代数方程组,可得

$$a_0 = Y_0, a_1 = Y_v, a_2 = Y_{vw}, a_3 = Y_{v|v|}$$

等水动力系数。

回归分析求得的一阶系数不是曲线的原点斜率,它的值只有在与其他高阶系数或耦合系数一起使用时才是精确的,若单独使用一阶线性系数,还是取曲线斜率为好。

类似地,可求得 $Y(v,\delta)$、$N(v,\delta)$ 的有关水动力系数,作为一个例子,它们的测量曲线如图 6-3-3 所示。

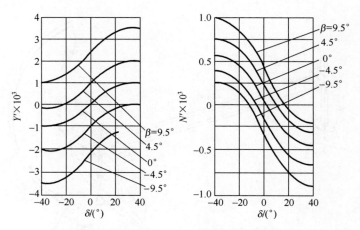

图 6-3-3　$Y(v,\delta)$、$N(v,\delta)$ 的测量结果

上述试验也可在低速风洞中进行。

斜航试验方便易行,其不足是只能测量有限的几个水动力系数,不能测量角速度系数和加速度系数。

三、回转臂试验

回转臂试验在圆形的旋臂水池中进行。水池有一横臂,一端置于池壁的轨道上,可绕水池中心以不同的角速度 r 旋转(图 6-3-4)。船模纵艇剖面垂直于回转臂,安装成与回转臂成各种角度,被拖曳沿水平面匀速回转,用测力天秤测出船模给予天秤与船模连接点的拘束力,从而求得船模上的流体动力和力矩,将试验结果绘制成 $Y(r)$、$N(r)$ 曲线,曲线在零点的斜率即是角速度力或力矩导数(图 6-3-5),称为旋转导数。

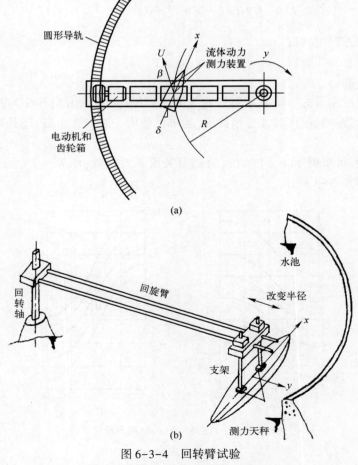

(a)

(b)

图 6-3-4　回转臂试验

(a) 悬臂装置示意图;(b) 回转臂水池

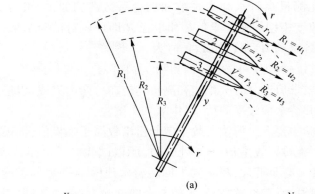

(a)

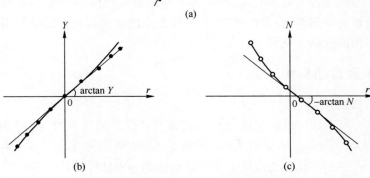

(b)　　　　　　　　　　　(c)

图 6-3-5　回转臂试验模型安装及结果处理

在确定旋转导数时,将船模安装在回转臂的不同半径处,而保持同一线速度(如 u_1)拖曳船模回转。这时,稳定回转角速度分别为

$$r_1 = u_1/R_1, r_2 = u_1/R_2, r_3 = u_1/R_3, \cdots, r_i = u_1/R_i$$

时,船模所受外力及其力矩 $\overline{Y}$、$\overline{N}$ 为

$$\begin{cases} \overline{Y} = Y_0 + Y(r) = mu_1 r \\ \overline{N} = N_0 + N(r) = mx_G u_1 r \end{cases} \tag{6-21}$$

式中:$Y(r)$、$N(r)$ 为作用于船模的水动力;Y_0、N_0 为试验测量到的力和力矩,即船模受支架的拘束力;$mu_1 r$、$mx_G u_1 r$ 匀速圆周运动时的惯性离心力及力矩,于是,作用于船模的水动力为

$$\begin{cases} Y(r) = mu_1 r - Y_0 = mu_1^2/R - Y_0 \\ N(r) = mx_G u_1 r - N_0 = mx_G u_1^2/R - N_0 \end{cases} \tag{6-22}$$

可见,事先需称重和确定重心位置,也可以保持同样安装位置和回转速度,在空气中转动一次。由于空气密度比水小得多,在同一速度下,空气动力可忽略,这样测力计测得的只是质量惯性力 mu_1^2/R 及其力矩 $mx_G u_1^2/R$,将其代入式(6-22),就可获得船模水动力 $Y(r)$、$N(r)$。

回转臂试验也能测量高阶水动力系数和耦合系数。例如,为求得 $Y(v_i,r_j)$、$N(v_i,r_j)$,只需系列改变模型的安装漂角 β 和半径 R 即可。对试验结果,用最小二乘法回归,即可求得各水动力系数,如 $Y(v,r)$ 为

$$Y(v,r)=Y_v v+Y_r r+Y_{v|v|}v\,|v|+Y_{v|r|}v\,|r|+Y_{r|r|}r\,|r|$$

回转臂试验时,要求启动、加速、稳速和测量均应在一圈内完成,以避免船模进入自身伴流中运动,并待水面波平静后,再作第二次试验。

由上述可见,试验中要满足傅汝德数相似及雷诺数高于临界值,则模型的尺度和速度都不能太小。旋转导数是指 $r=0$ 处的值,所以试验应尽可能达到较低的 r 值。由于 $u=rR$,为使 u 有足够大,势必要求回转臂水池的半径 R 尽可能大。所以回转臂水池是一种规模大、造价较高、技术较复杂的试验设备。它主要用于测量角速度系数和角速度耦合系数。

四、平面运动机构试验

(一) 概述

斜航试验与回转臂试验只能分别测定速度系数及舵角系数与角速度系数,这些试验无法测定预报操纵性所必须的大量水动力系数。1957 年,古德曼(A. Goodman)和格特勒首先设计了平面运动机构(PMM),把其安装在普通的长条形水池的拖车上,测量计算舰艇操纵性所需的各种速度系数、角速度系数、加速度系数和耦合系数。

PMM 有垂直面的和水平面的,按其振荡的振幅可分为小振幅平面运动机构和大振幅平面运动机构。由于 PMM 能测得大量水动力系数,而且对于研究近水面运动时的水动力、模拟侧壁、海底的影响也比较方便。PMM 首先用于潜艇模型试验,后来推广到水面舰船的模型试验,都获得很大成功,现已成为一种常规的试验方法。这里主要介绍小振幅 PMM 原理及测定水动力系数的方法。

(二) 机构简介

图 6-3-6 所示为一垂直面平面运动机构(VPMM)的示意图。

该机构由振荡机构、驱动电控系统和测力数据处理系统三部分组成。振荡机构安装在船池拖车(6)上与拖车一起运动,振荡机构的两根振荡杆(8)的下端铰接于固定在船模上的测力元件(9)上,船模的重心应调整到两剑杆的中间位置。改变步进电机(1)的转速可获得不同的振荡频率,调节偏心轮(3)的偏心距可改变振幅,通过可调轴承(5)调整主轴前后段的相对扭角,则可改变前后支杆的振动相位差。

调节两振荡杆的垂直振荡的振幅、相位、频率与拖车速度,船模便在垂直面内作特定的运动,如纯升沉、纯俯仰等,分别简介如下:

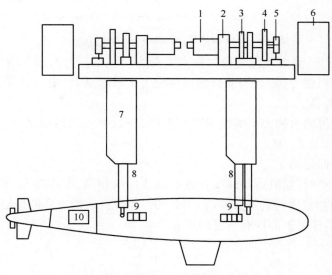

图 6-3-6　某垂直面平面运动机构

1—步进电机；2—齿轮箱；3—偏心轮；4—光电控制装置；5—轴承；6—拖车安装架

7—导流罩；8—振荡杆；9—测力传感器；10—螺旋桨电机。

（1）纯升沉运动。

调节两支振荡杆同相位、同振幅和同频率作正弦振荡，此时，船模在水下垂直平面内作正弦运动，船模的纵倾角始终为零，同时拖车匀速直行。这时有

$$\zeta_1 = \zeta_2 = a\sin\omega t \tag{6-23}$$

式中：ζ_1、ζ_2 为两支杆端部的垂向位移；ω 为偏心轮的角速度，即支杆的振荡频率；a 为振幅。

船模的运动参数为

$$\begin{cases} \theta = \dot{\theta} = 0 \\ w = \dot{\zeta} = a\omega\cos\omega t \\ \dot{w} = -a\omega^2\sin\omega t \end{cases} \tag{6-24}$$

设前后支杆的作用力为 F_1、F_2，即加在船模上的垂向力 $Z = F_1 + F_2$，它的力矩为 $M = (F_2 - F_1)l_0$，其中 l_0 为支杆至两支杆间距中点的距离。船模在 Z、M 作用下，作纯升沉运动（图 6-3-7）。根据垂直面运动一般方程式（2-116a），纯升沉运动线性方程为

$$\begin{cases} Z_{\dot{w}}\dot{w} + Z_w w + Z_0 + F_1 + F_2 = m\dot{w} \\ M_{\dot{w}}\dot{w} + M_w w + M_0 + (F_2 - F_1)l_0 = 0 \end{cases} \tag{6-25}$$

将式（6-24）代入，求得船模拘束力和力矩为

$$\begin{cases} F_1 + F_2 = a\omega^2 (Z_{\dot{w}} - m)\sin\omega t - (a\omega Z_w)\cos\omega t - Z_0 \\ (F_2 - F_1) l_0 = a\omega^2 M_{\dot{w}}\sin\omega t - (a\omega M_w)\cos\omega t - M_0 \end{cases} \qquad (6-26)$$

由式(6-26)可见,测力系统测得的拘束力和力矩包括三部分:与支杆振荡(位移)同相位的流体惯性力(矩);与支杆振荡相位正交的阻尼力(矩);常量部分(即零升力和零力矩:Z_0、M_0)。

如能把测得的力和力矩的组成部分加以分离,则可求得线速度、加速度导数:Z_w、M_w、$Z_{\dot{w}}$、$M_{\dot{w}}$ 及 Z_0、M_0。

（2）纯俯仰运动。

纯俯仰运动时,船模运动速度与重心轨迹曲线相切,船模攻角、船模动坐标系的 Z 向速度与加速度均为零,即 $\alpha = w = \dot{w} = 0$。当保持前后支杆的振幅相等时,调节其相位差,使后杆对于前杆有一定的滞后角 ε,即

$$\varepsilon = 2\arctan\frac{l_0 \omega}{V} \qquad (6-27)$$

船模即作俯仰运动。此时,两支杆的位移各为

$$\begin{cases} \zeta_1 = a\cos\left(\omega t + \dfrac{\varepsilon}{2}\right) \\ \zeta_2 = a\cos\left(\omega t - \dfrac{\varepsilon}{2}\right) \end{cases} \qquad (6-28)$$

船模的运动参数为

$$\begin{cases} \theta = \theta_0 \sin\omega t, \theta_0 = \dfrac{a}{l_0}\sin\dfrac{\varepsilon}{2} \\ q = \dot{\theta} = \theta_0 \omega \cos\omega t \\ \dot{q} = -\theta_0 \omega^2 \sin\omega t \\ w = \dot{w} = 0 \end{cases} \qquad (6-29)$$

设前后支杆拘束力为 F_1、F_2,$x_G = 0$。根据垂直面运动一般方程式(2-116a),得船模作俯仰运动线性方程为

$$\begin{cases} Z_{\dot{q}}\dot{q} + Z_q q + Z_0 + F_1 + F_2 = -mVq \\ M_{\dot{q}}\dot{q} + M_q q + M_0 - mgh\theta + (F_2 - F_1) l_0 = I_y \dot{q} \end{cases} \qquad (6-30)$$

代入式(6-29),求得船模的拘束力和力矩为

$$\begin{cases} F_1 + F_2 = \theta_0 \omega^2 Z_{\dot{q}}\sin\omega t - \theta_0 \omega (Z_q + mV)\cos\omega t - Z_0 \\ (F_2 - F_1) l_0 = \theta_0 [\omega^2 (M_{\dot{q}} - I_y) + mgh]\sin\omega t - \theta_0 \omega M_q \cos\omega t - M_0 \end{cases} \qquad (6-31)$$

式(6-31)表明,纯俯仰运动时测得的拘束力和力矩也由三部分组成:与纵倾角振荡同相部分;与纵倾角振荡正交部分;常量部分。

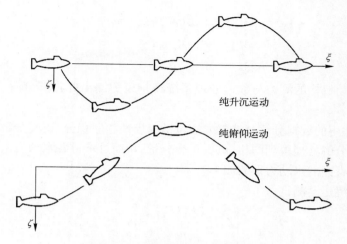

图 6-3-7　纯升沉与纯俯仰运动

将纯升沉运动与纯俯仰运动得到的拘束力和力矩写成相同的格式,用下标 in 表示同相分量,用 out 表示正交分量,c 表示常数,则纯升沉运动为

$$\begin{cases} F_1 + F_2 = Z_{in}\sin\omega t + Z_{out}\cos\omega t + Z_c \\ (F_2 - F_1)l_0 = M_{in}\sin\omega t + M_{out}\cos\omega t + M_c \end{cases} \tag{6-32}$$

其中

$$\begin{cases} Z_{in} = a\omega^2(Z_{\dot{w}} - m) \\ Z_{out} = -a\omega Z_w \\ Z_c = -Z_0 \end{cases} \tag{6-33a}$$

$$\begin{cases} M_{in} = a\omega^2 M_{\dot{w}} \\ M_{out} = a\omega M_w \\ M_c = -M_0 \end{cases} \tag{6-33b}$$

纯俯仰运动为

$$\begin{cases} F_1 + F_2 = Z_{in}\sin\omega t + Z_{out}\cos\omega t + Z_c \\ (F_2 - F_1)l_0 = M_{in}\sin\omega t + M_{out}\cos\omega t + M_c \end{cases} \tag{6-34}$$

其中

$$\begin{cases} Z_{in} = \theta_0\omega^2 Z_{\dot{q}} \\ Z_{out} = -\theta_0\omega(Z_q + mV) \\ Z_c = -Z_0 \end{cases} \tag{6-35a}$$

$$\begin{cases} M_{in} = \theta_0 \left[\omega^2 (M_{\dot{q}} - I_y) + mgh \right] \\ M_{out} = -\theta_0 \omega M_q \\ M_c = -M_0 \end{cases} \qquad (6\text{-}35b)$$

平面运动机构的测力与数据处理系统将拘束力测出并将其分解,从而求得水动力系数。

目前,常用的数据分解与处理方法包括变极性程序积分、正交分解和相关滤波法等。根据分解处理得到同相分量、正交分量,从而可求得各水动力系数。

对于垂直面的水动力系数如下。

由纯升沉运动测得

$$\begin{cases} Z_{\dot{w}} = \dfrac{(F_1 + F_2)_{in}}{a\omega^2} + m \\[3mm] Z_w = \dfrac{-(F_1 + F_2)_{out}}{a\omega} \\[3mm] M_{\dot{w}} = \dfrac{l_0(F_2 - F_1)_{in}}{a\omega^2} - mx_G \\[3mm] M_w = \dfrac{-l_0(F_2 - F_1)_{out}}{a\omega} \end{cases} \qquad (6\text{-}36)$$

由纯俯仰运动测得

$$\begin{cases} Z_{\dot{q}} = \dfrac{(F_1 + F_2)_{in}}{\theta_0\omega^2} - mx_G \\[3mm] Z_q = -\dfrac{(F_1 + F_2)_{out}}{\theta_0\omega} - mV \\[3mm] M_{\dot{q}} = \dfrac{l_0(F_2 - F_1)_{in}}{\theta_0\omega^2} + I_y - \dfrac{mgh}{\omega^2} \\[3mm] M_q = \dfrac{-l_0(F_2 - F_1)_{out}}{\theta_0\omega} + mVx_G \end{cases} \qquad (6\text{-}37)$$

试验时,取不同的振荡频率 ω,使用数据处理系统测出前后支杆的同相分量 $(F_1 + F_2)_{in}$ 和正交分量 $(F_1 + F_2)_{out}$,作出这些分量的试验图线(图6-3-8)。该图线在小振荡范围内呈线性变化,由 $\omega \to 0$ 点的斜率得到有关比值,即可按式(6-36)、式(6-37)计算得到垂直面运动的水动力系数值。图6-3-8(a)为纯升沉运动同相分量、而图6-3-8(b)为纯俯仰运动同相分量、图6-3-8(c)为纯俯仰运动正交分量随振荡频率变化的曲线。

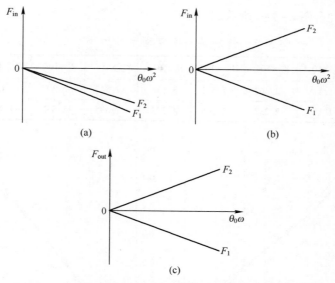

图 6-3-8　同相分量和正交分量随振荡频率而变化的试验图线

类似地,用水平面 HPMM 作纯横荡运动、纯首摇运动可分别求得下列水动力系数:

$$Y_{\dot v}、Y_v、N_{\dot v}、N_v;$$
$$Y_{\dot r}、Y_r、N_{\dot r}、N_r。$$

试验表明,小振幅 VPMM 试验,只能求取线性的水动力导数。为了同时测量线性、非线性和耦合水动力系数,应使扰动幅值足够大,这样就要采用大振幅水平面平面运动机构(LAHPMM)。

此外,操纵性拘束模试验还有圆运动试验、自由振动试验等,可参考已经出版的多种船舶性能实验技术专著。

五、螺旋桨对拘束船模试验的影响

在船舶操纵性研究中,确定船舶的流体动力特性是最困难的问题。现代潜艇操纵性采用拘束船模试验来确定,至今仍然是最可靠、最有效的方法,通常以平面运动机构、回转旋臂水池和长条水池以及风洞为主要试验设备。

在我国早期的拘束船模试验中是用不带螺旋桨的船模,为此,试验后要对试验结果进行繁琐复杂的数据修正。到了 20 世纪 80 年代,逐步开始了带桨船模试验,此后带桨船模的水动力系数试验成为常态化。由试验结果可知以下几方面。

(一) 螺旋桨对垂直面的线性项水动力系数的影响显著

当螺旋桨工作时,由于其整流作用,不但在桨上产生垂向力,而且因艇尾流场的变化,作用在艇体上的水动力也发生变化。某艇带桨船模的初步试验结果如

表 6-3-1 所列及图 6-3-9 所示。

表 6-3-1 螺旋桨对垂直面水动力系数的影响

水动力系数	$Z'_{\dot{w}} \times 10^{-2}$	$Z'_w \times 10^{-2}$	$M'_{\dot{w}} \times 10^{-4}$	$M'_w \times 10^{-3}$	$Z'_{\dot{q}} \times 10^{-4}$	$Z'_q \times 10^{-3}$	$M'_{\dot{q}} \times 10^{-4}$	$M'_q \times 10^{-3}$
带桨	−1.118	−2.367	−7.842	3.556	−7.842	−6.307	−4.081	−3.648
不带桨	−1.159	−2.233	−7.595	4.782	−7.595	−5.552	−4.388	−3.430

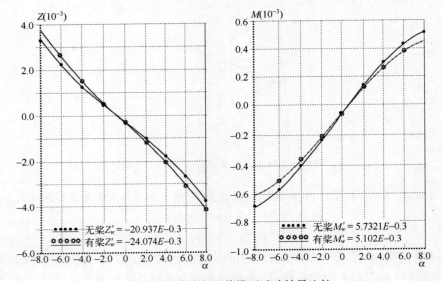

图 6-3-9 带桨与无桨模型试验结果比较

其中,带桨的 $Z'_{\dot{w}}$ 减小 3%~5%, Z'_w 和 M'_q 增大 6%~7%, $M'_{\dot{w}}$ 和 $Z'_{\dot{q}}$ 增大 3%, $M'_{\dot{q}}$ 减小 7%,影响最大的是 Z'_q 和 M'_w,前者增大 13.6%,后者减小 26%。带桨和不带桨的 Z'_w 的差值 $\Delta Z'_w$,包括了作用于螺旋桨自身的力及在艇体上的诱导力。

（二） 螺旋桨对运动稳定性的影响

根据上述带桨与不带桨试验测定的稳定性水动力系数可知:

带桨工况: $l'_\alpha = 0.150, l'_q = 0.619, K_{vd} = l'_q / l'_\alpha = 4.127$

不带桨工况: $l'_\alpha = 0.214, l'_q = 0.514, K_{vd} = l'_q / l'_\alpha = 2.402$

由上述可见,带桨的 l'_q / l'_α 比不带桨的增大 72%。从稳定性来看,使用不带桨时的水动力系数作动稳定性分析是不适宜的。

（三） 螺旋桨对尾舵水动力系数的影响

由试验结果可知,与不带桨状态比较,螺旋桨使舵力(矩)增大。其中,使尾水平舵舵力增大 15.7%,力矩增大约 10%;使垂直舵舵力增大 13.8%,力矩增大 15.8%。螺旋桨使舵力和力矩系数增大 10%~15%。

此外,不带桨的垂直舵试验失速不明显,升力系数到舵角 $\delta_r = 20°$ 后几乎成定值。但带桨试验时,舵力虽比不带桨时有所增大,但在 $\delta_r = 15°$ 处出现失速现象。这样,在不带桨的情况下测得的舵力系数虽然比带桨时偏小,是倾向安全的,但实际带桨状态下,失速角提前,舵力显著减小,又偏于危险。因此,为保障操纵安全可靠,对舵的操纵力的性能试验应在带桨情况下进行。

(四) 操舵过程中舵力生成的历程效应

对舵力生成的认识,以往是从宏观出发,操舵到达指令舵角时,就认为舵力达到了定常值,并以此舵力系数来预报操纵性能。在风洞进行的变舵角过程中的舵力瞬态测定试验表明(图 6-3-10)[45],当舵达到指令舵角时,当时的舵力值仅为定常值的 0.4~0.5 倍。通常把到达指令舵角时出现的舵力不足现象,称为舵力生成的历程效应(Wagner Effect)。用三维数值计算方法,转舵速率 3(°)/s,不计艇体伴流影响,理论计算的舵力系数瞬时值约为定常值的 60%。因此,用定常状态下的舵角水动力系数预报操纵性,尤其对操纵运动的过渡过程有显著影响。表 6-3-2 所列为某一计算实例。

表 6-3-2 舵力生成历程效应范例

操 纵 指 标	未计历程效应	计入历程效应	实 艇 试 验	说　　明
进距 A_d/m	95.69%	103.83%	100%	$V_0 = 10\text{kn}$ $\delta_r = 35°$
初转期 t_a/s	94.01%	101.07%	100%	$V_0 \approx 10\text{kn}$ $10°/10°\text{Z}$ 形试验

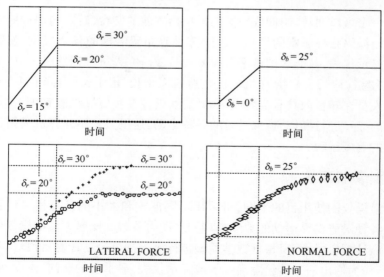

图 6-3-10 操舵过程中舵力的动态测量结果

第四节　潜艇操纵模拟器

潜艇操纵模拟器(简称潜操仪)能在陆地上模拟潜艇的实时操纵,从 20 世纪 50 年代以来获得迅速发展,用于训练操艇驾驶人员和进行操纵性的研究,成为掌握操艇基本规律、研究潜艇的集中控制与应急机动、评估设计方案的重要而有效的工具。

潜操仪按其结构和模拟方式可分为两类:显示模拟器与运动模拟器。前者是通过计算机求解操纵运动方程,将其计算结果用投影屏幕或各种仪表显示艇的运动状态而人员无运动感觉,又称无感觉潜操仪;后者由计算机求得运动参数后去驱动载人模拟操纵舱,由于操纵舱是运动的,在舱内的人员将感到模拟的潜艇运动,又称有感觉潜操仪。例如,海军工程大学在 20 世纪 90 年代初用于训练的潜操仪平台性能约为

线位移: $x_{\max} = 500\text{mm}$, $y_{\max} = 500\text{mm}$, $z_{\max} = 300\text{mm}$

角位移: $\phi = \theta \leqslant 30° \sim 40°$, $\psi \leqslant 60°$

并且有与实艇相近的速度、加速度。

潜操仪主要由模拟操纵舱(模拟转台)、计算机系统和控制台以及视野显示系统等组成,现分述如下。

一、模拟操纵舱

它是一个可以回转、俯仰或横倾的模拟指挥舱的转台,转台内部按照实艇或设计中的潜艇操纵指挥舱室的形式、尺寸、陈设等布置潜操的各个战位,安装各种操作机构和显示仪表,并能容纳若干名操艇人员或研究人员。训练时,一般至少设置 5 个战位:艇指(艇长)、V 指 I(机电长)、舱段军士长、水手长(升降舵手)和方向舵手。操艇人员在转台内具有实艇操纵的感觉,就像在实艇操纵舱室内一样地工作,根据仪表的显示进行操作,模拟潜艇的各种运动,这里只是用计算机模拟计算代替艇对操舵的响应运动。

二、计算机系统

根据潜操仪的使用目的不同,可采用不同形式和大小的计算机。计算机内输入存储有各种潜艇操纵运动的数学模型和水动力系数。操艇人员的操纵经转换成电信号输入计算机,计算机根据数学模型进行潜艇操纵运动计算,计算出艇的各种运动参数,作为输出信号传给随动系统或显示仪表,显示艇的航向、深度、航速等。

随动系统是计算机的外部伺服系统,它将计算机传来的信号放大、转换,然后

通过液压或电动执行机构驱动模拟转台的转动。

同时,计算机还根据艇的运动参数,计算出相应的舰桥驾驶室视野图像的变化信息,指令视野显示系统变换、移动各种图像。随着操艇人员的操纵,各种仪表和视野图像将实时连续显示。调用不同的数学模型和水动力系数,从而模拟不同的舰艇在不同环境条件下(风、浪、流、浅水、窄航道、进出港等)和抛锚、离靠码头、两船对抗、追越、避碰等操纵情况。对于潜艇,主要模拟安全潜浮、变深或转向机动、潜坐或近海底机动、舵卡或损失浮力的应急操纵、鱼雷攻击或发射导弹等限定性机动、正常机动和应急操纵。例如,美国曾在潜艇操纵训练装置(即潜操仪)上对SSN-688艇进行设计效果的评估研究,其中对失事情况进行了10项主要类别,即操纵面失事、进水失事、火警、推进方面故障、反应堆故障、液压故障、电气故障、碰撞、搁浅、空气污染。

三、控制台

对于以训练操艇人员为主的潜操仪,一般设置控制台。其功用是控制模拟器整体工作状态(如启动工作、保持、复原等)、模拟操艇各舱室有关操艇部位的操作以及模拟应急操纵,训练转台内操艇人员分析、处理问题的能力以提高操艇技术,此外,在控制台上还可通过显示仪表监测转台内的操纵情况等。艇的操纵回路与模拟操纵回路之间的对应关系如图6-4-1所示。

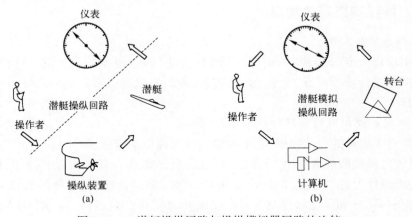

图 6-4-1　潜艇操纵回路与操纵模拟器回路的比较

四、视野显示系统

如图6-4-2所示,一般水面船舶作操纵运动时,转首缓慢,转首加速度很小,人感觉不出来,所以水面舰船模拟器的驾驶室一般为固定在地上不动的,而由显示环境视野的图像运动来体现船的运动。视野显示是在银幕上播放电视，包括从驾驶室看到本船首部甲板上的情况、兴起的波浪、远方海空景象、浮标、灯塔、港口设施、两岸景色、邻船的运动情况等。对于本船的转首、移动,向岸边、码头靠近等是利用两岸景动、放大、缩小体现的。图像的变化是由计算机输出信息控制的。

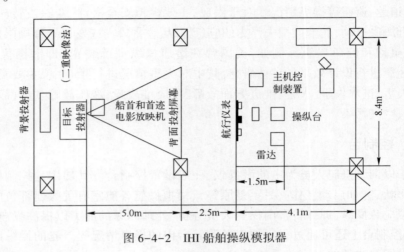

图 6-4-2　IHI 船舶操纵模拟器

五、操纵模拟器的功用

1. 训练操艇人员

常用单自由度(转台只能俯仰)或两自由度(转台可俯仰与回转)的潜操仪。使用模拟器进行操艇训练,安全、经济、省时,所以操纵模拟器是训练人员的非常有效的工具。

2. 研究舰艇操纵的闭环特性与开环特性

特别对于潜艇的自动操纵、集中控制的研究提供了方便,改变自动操纵的控制方案,设置各种性质的外部扰动作用,用以研究潜艇在自动操纵条件下的闭环特性,改进操纵性设计。可见,潜操仪是研制、调整、鉴定自动舵、各种导航仪表或其他新的控制系统(如尾操纵面由十字形改成差动舵时)的有效工具,是实现潜艇操纵性的研究、设计、应用三结合的重要手段之一。

3. 研究人的因素对操纵性的影响

把操船人员作为操纵回路中的一个环节,研究人的心理学、生理学因素及技术水平对操纵性的影响。例如,有关跟踪性能心理学的研究表明,为实施正常操纵,从发出操舵指令到船产生反应之间的时间滞后不宜超过 4s。大型油轮的时间滞后长达 15s,故引起操纵困难。进行生理学、心理学研究的目的主要是为了改进驾驶

人员的操船环境,合理设计驾驶室中的各种仪表,更好地发挥驾驶人员的操船
能力。

思考题

1. 简述潜艇水下航向保持和深度保持试验的目的及其评价参数。

2. 什么是操纵性的超越试验? 说明超越试验是怎样表征潜艇对升降舵的应
舵能力的。

3. 潜艇自航船模试验技术趋向超大型化,请分析自航模技术在潜艇研制与潜
艇使用中的作用。

4. 什么是潜艇操纵模拟器? 简述其基本功能。

第七章　潜艇操纵面及其设计

引言　由前几章所阐明,虽然潜艇操纵面——方向舵、首尾升降舵的舵力使潜艇保持或改变了艇的航向、深度与纵倾,但是,其主要原因却是由于主艇体自身所产生的水动力。

如果潜艇的主艇体是完全轴对称,则潜艇在沿其轴线方向上做直线运动,艇体就不会产生阻力以外的任何水动力了。但是,艇体只是左右对称,没有一艘潜艇的艇体形状是相对于水平面达到上下对称,更不要说艇体首、尾形状了。

因此,潜艇的艇体形状、线型、重量分布、指挥台围壳和舵翼等附体对潜艇操纵性具有决定性的影响。

传统的潜艇设计中,主尺度和艇形主要是由潜艇的总布置、快速性、稳性等方面的要求决定的。但在现代潜艇设计中,艇的主尺度、建筑形式除了满足布置、航速、稳性这样一些基本要求外,正如文献[63]中指出的那样:"现代潜艇的外形完全从属于潜航时的航速和操纵性要求"。这是由于操纵性与稳性、快速性和低噪声、大潜深组成了现代潜艇最重要的五大总体性能,即现代潜艇要求在稳定、可控的基础上实现"深、静、快"。

可见,在潜艇总体设计中必须兼顾操纵性的要求,主尺度、总布置和艇型与操纵性之间的定性关系将在本章第一节中介绍。但是,潜艇设计的实践表明,操纵性的要求主要还是靠改变艇体首尾的局部形状、设置一定的鳍状附体和操纵器(含操艇系统的专用气、水及可弃压载等)来实现的,就是通常所说的"车、舵、气、水"。潜艇操纵性设计,从水动力学的角度出发,只是进行操纵面(舵和稳定翼)的设计,主要是确定面积、进行布置。为此必须明确主尺度、艇形和操纵面与操纵性的关系、了解操纵性的要求和标准、掌握操纵面设计方法和操纵性预报方法。[64]预报问题已在前几章作了阐述,本章讨论操纵面及其设计方法。

第一节　潜艇操纵性的要求和衡准

一、对操纵性和舵的基本要求

（一）对操纵性的使用要求

在现行 GJB 规范标准中,对潜艇操纵性的要求是以深水、平面运动(垂直面与水平面)为基础规定的。

在使用中,潜艇在垂直面内的稳定性和机动性可用下列性能表示:

(1) 以最小的升降舵的偏转(操舵幅度和次数)和最小的深度偏差,保持指令深度的能力。

(2) 在最短时间内,迅速地进入或退出某种机动的能力,如由直线运动转为机动或由机动回到直线运动。

(3) 当操纵面处于零位时,潜艇迅速恢复平衡的能力。

对于水平面运动相应地也有类似的性能要求,此时只要作如下代换:升降舵→方向舵;深度→航向(首向角 ψ);纵倾角→偏航角($\Delta\psi$)等。特别是以最小战术直径、纵距和最小的横倾作回转运动的能力。

上述操纵性能,其中(3)表示直线自动稳定性的程度;(2)是机动性标准,在很大程度上取决于舵的效能指数 $M'_{\delta_s}/(I'_y-M'_{\dot{q}})$ 或 $N'_{\delta}/(I'_z-N'_{\dot{r}})$;(1)则属控制稳定性问题,既与动稳定性的品质相关,又和舵的效能有关。

在一般情况下,首先要求潜艇在垂直面内的各种航速下,具有不使用升降舵时的直线自动稳定性,亦即具有方向自动稳定性,这就要求绝对稳定条件成立。在水平面内,潜艇进入或退出某种机动应比垂直面更迅速,这也限制了水平面动稳定性的程度。通常是直线自动稳定的,也允许有较小的动不稳定性。

其次,从艇的实际操纵来看,上述 3 项操纵性能应包括下列潜艇操纵的基本要求。

(1) 能在近水面有效地保持定深直航和定深转向运动(在规定的海况下)。

(2) 良好控制下的迅速转向变深机动,即可控制的快速空间机动。

(3) 可靠的保障安全使用武器(打雷、发射导弹,尤其低速时发射弹道导弹时的操纵)。

(4) 具有适当的损失浮力、尾舵卡于下潜大舵角时的应急操纵能力(包括倒车操纵)。

(二) 统筹兼顾,综合优化

(1) 满足低速和高速时两种操纵方式的要求。即低速时具备足够的操纵能力,达到对潜艇的可操纵性;在高速时不至于因为航速高使艇的动稳定性降低、机动能力过于强大,而对潜艇失去控制。低速时可操,高速时可控。

(2) 艇的操纵装置和艇体-舵翼的水动力具有一定的平衡能力,参与消除由于艇的载荷消耗、海水密度的改变、潜深引起艇壳和消声瓦压缩以及近水面二阶波吸力等产生的部分不平衡力与力矩。

(3) 操纵性能的稳定性和机动性问题,通常总是必须同时考虑的。因为操纵性能的确定与其他工程设计问题一样,它不只是一个理论问题,而是要综合各方面需要与可能的因素,凭借理论知识和实践经验,分析矛盾、权衡利弊、决定取舍获得一个比较优良的方案。

(三) 对舵的基本要求

作为实现操纵潜艇意图的装置,从操纵性学科来看,主要就是指方向舵、首升降舵、尾升降舵。方向舵、升降舵的功能就是使艇保持或改变航向与深度及纵倾。对各舵的基本要求分述如下。

(1) 升降舵的基本作用有 3 个方面:下潜、上浮和控制纵倾与控制深度。在近水面(如潜望镜深度)要求能准确地控制纵倾和深度;在较大深度,控制深度的变化率比保持定深的稳定性更为重要。将这些功能分解到首、尾升降舵是各有侧重的。

(2) 首舵的主要功能是控制潜艇深度及深度变换,辅助作用是控制潜艇的纵倾。首舵的具体功能如下。

① 用于低速操纵。因为尾舵的逆速 $V_{is} \approx 1.5 \sim 3.5 \text{kn}$。

② 克服近水面航行时,一定海况下的部分二阶波吸力,使潜艇能在规定的航速下保持潜望镜深度的定深航行。

③ 与尾舵联合使用可加速潜浮(相对舵),或作无纵倾变深(平行舵)运动。

④ 尾舵卡小舵角时,用首舵进行挽回应急操纵。

⑤ 围壳舵的功能与首端首舵相同,只是由于其水动力作用点临近艇的水动力中心,故更适于作无纵倾潜浮运动。

但长期在冰层下活动的艇,围壳舵应能向上转成 90°,并有坚固的结构,便于在冰区上浮时破冰。

(3) 尾升降舵的主要功能是控制潜艇纵倾,辅助作用是控制潜艇深度。尾升降舵的具体功能如下。

① 保证潜艇在确定的航速和有效舵角下,具有规定的升速率或改变纵倾角的能力。

② 在规定舵角范围内能克服水下转向时引起的深度变化,特别是与首舵联合操纵克服航速 $V_s > 10 \text{kn}$ 后的中、高速转向时的"艇重""尾重"。

(4) 方向舵的基本功能是:有效地保持指令航向,并保证潜艇在最大舵角时,于规定的航速下具有规定的首向角变化率$\dot{\psi}$(回转率 r)和回转性能。

二、操纵性衡准

(一) 确定衡准参数的原则

操纵性衡准就是对潜艇的操纵性能提出的一些明确而具体的操纵性衡准指数,以保证作战、训练和航行安全,由国家法规部门制定。这些性能指标是最低限度必须满足的基本要求。

选择操纵性衡准时一般考虑以下几方面：

（1）应是操纵性中最重要、最有代表性的指数，并能反映直航、变深、回转及过渡过程不同阶段的品质。

（2）便于实艇和船模试验测定，也要便于计算预报。

（3）形象直观，物理意义鲜明，易为操船人员接受。

（4）数目要少，简单明了。

在确定操纵性衡准的数值要求时，既要考虑航行安全、战术要求，也要考虑到造船技术上实现这些要求的能力，主要是根据大量实艇试验资料的统计分析和航行、战斗经验的总结来确定。同时，在确定操纵性衡准及其数值要求时，还必须规定检验这些衡准的标准试验方法，以便试验验证。关于各种"标准机动"的试验方法，在实艇试验规程中已有详细规定，其简要情况可参看第六章第一节。

从实际使用角度看，应从操艇系统的闭环特性出发，采用操纵模拟器，模拟潜艇的实时操纵，是进行操纵性闭环研究的有效工具和操纵性设计的重要手段。由于问题比较复杂，目前，已以深、广、静水域中的操纵性、艇体—舵翼的固有性能为基础，制定了国家军用标准《潜艇操纵性衡准》（GJB5057—2001），作为评价潜艇在深水中操纵运动性能的操纵性基本要求。一般说来，潜艇的固有操纵性越好，在实际航行条件下的操纵性能也是越好的。

（二）操纵性衡准要求

对潜艇操纵性衡准参数的具体要求如下。

（1）为了使艇在深度和航向上具有足够的控制稳定性，必须具有如下动稳定性能。

① 垂直面运动必须满足绝对稳定条件：$l'_\alpha < l'_q$，而且静不稳定系数 $l'_\alpha \approx 0.20 \sim 0.30$。垂直面动稳定性系数 K_{vd} 为 $1.5 \sim 2.6$，并且不同设计航速的潜艇应具有表 7-1-1 的数值范围。

表 7-1-1　不同设计航速下的动稳定性系数

V_s/kn	<20	20~30	30~40
K_{vd}	1.5~1.8	1.8~2.3	2.3~2.6

② 水平面运动基本上是直线自动稳定的，既满足 $l'_\beta < l'_r$，也允许有较小的动不稳定性，水平面动稳定性系数 $K_{hd} \leq 1$，而 $l'_\beta \approx 0.20 \sim 0.30$。

（2）具有如下垂直面的机动性能。

① 定深等速直航时的平衡角是一适量的小值。一般应有 $|\theta| \leq 1°$、$|\delta_s| \leq 3°$。日本曾取 $\theta \leq 1°$，$\delta_s \leq 5°$（下潜）。平衡角越小越好，因为过大的平衡角，不仅限制了

有效舵角的使用范围,不利于操艇,增大噪声不利于安静性,而且增大阻力,影响航速。同时不利于艇的均衡,为消除较大的平衡角,而占用较多的注、排水容积。影响平衡角的主要因素是零升力、零力矩(Z_0'、M_0')和螺旋桨的推力矩($a_T z_T'$)。

② 首、尾升降舵具有一定的升速率,尤其是尾升降舵应有较好的变深能力,可用升速率$\partial V_\zeta / \partial \delta_s$、$\partial V_\zeta / \partial \delta_b$表示,或用单位舵角改变纵倾角的能力表示,如尾舵$\theta / \delta_s$以及纵倾角加速度参数$C_{P_\theta}$(即舵效性能指数)和初转期$t_a = 1/\sqrt{C_{P_\theta}}$。对于空间机动,则从过渡过程中操纵性时间特性考虑。上述衡准中常用的是升速率和初转期,它们表示艇的变深能力和应舵的快慢程度。此外,表征首、尾升降舵协调工作能力的衡准参数:平行潜浮达到的最大攻角α_{max},中型以上潜艇应大于等于$4°$。

③ 首升降舵(包括围壳舵)应无逆速,尾升降舵的逆速小些好,宜低于最小航速,即$V_{is} < V_{min}$,一般为$2 \sim 3.5$kn。

(3)水平面的机动性常用如下衡准参数表示。

① 具有适当的相对定常回转直径D_s / L,或适当的定常回转角速度r_s(($°$)$/$min),例如,"Agosta-80",$V_s = 10$kn,$\delta_r = 25°$时,每分钟可转向约$82°$,$D_s / L \approx 4$。一般应有水下满舵定常回转的相对直径$D_0 / L \leqslant 5.0$。

② 适当的首向角加速度参数C_{P_ψ}(即方向舵效指数)和初转期$t_a = 1/\sqrt{C_{P_\psi}}$。一般最大设计航速的$10°/10°$Z形试验的初转期$t_a' < 3.0$。

此外,水平面运动的稳定性和机动性也可用指数T、K表示。垂直面用操舵变纵倾运动响应时间滞后T_θ',操尾升降舵纵倾响应参数K_θ'/T_θ'表示操纵运动过渡过程特性。

(4)保持定深回转所需的升降舵角应在一定的舵角范围内。例如,尾升降舵平衡舵角$\delta_s \leqslant 15°$、纵倾角$\theta \leqslant 5°$,稳定横倾角ϕ为$10° \sim 20°$(见GJB5057—2001)。实际要求由战术技术任务书规定,包括有纵倾或无纵倾水下定深回转机动。

我国海军已在《潜艇船体规范》中提出操纵性的具体标准,作为潜艇操纵性设计的基本依据,另有一些参数是由战术技术任务书规定的。潜艇的使命任务不同,它们的操纵性能也各有侧重。

(5)存在问题。

在现行船体建造规范和操纵性衡准标准的实施过程中存在的主要问题是:水下水平面动稳定性衡准K_{hd}许可的不稳定程度不清楚,因为现有的实艇都是动稳定的,都是$K_{hd} > 1$。缺少类似情形的实践,法国的DCN对水平面不稳定性指标的可接受程度,是在总结几代潜艇经验的基础上确定的。还有,水下回转运动衡准指标中,特别是对平衡舵角的要求变化大,这一问题要按艇型——大型、中型,常规艇与核潜艇区别对待,从艇的水动力特征实际出发,在保证作战训练要求和保证航行安全的情形下,参照国外同类潜艇衡量调整。

另外,深度机动性中升降舵的升速率是定义 10kn 航速时的操纵 1°舵角的垂向速度值。对于航速范围较大的现代潜艇,这个定义航速 10kn 的适用性需要进一步探索。

三、总体设计必须兼顾操纵性

对于潜艇操纵性的种种要求,最终落实于总体设计和操纵性设计等两个方面解决。根据前面几章的介绍,主尺度和艇型等总体参数与操纵性的关系可概括如下。

(1)在相同的排水量条件下,短粗艇型有利于改善机动性,减小回转直径。对于机动性要求高的艇,应选用较大方形系数 C_B 和较小的长径比 L/D(或长宽比 L/B)的短粗形艇型。反之,瘦长形艇型有利于提高稳定性,但 $L/D = 7 \sim 10$ 左右,L/B(或L/D)和 C_B 的变化对运动稳定性影响不大。对于瘦长艇,当需提高机动性时,增加操纵面的面积是有效的措施。

(2)指挥室围壳的存在影响水平面水动力中心的位置。围壳位置靠艇首布置,将改进水下回转能力,但同时会增大回转中的横倾角。对于设置围壳舵的艇,为了达到围壳舵无逆速的要求,应使围壳的几何中心在艇的水动力中心 F 之前。

由于潜艇回转时的枢心 P 点,即所谓"转向点",一般位于距艇首$\frac{L}{4}$处,如指挥室围壳产生的侧向力作用点位于转向点之前或附近时,将使艇的水平面稳定性显著降低,并使水下回转时埋首下潜。一般围壳布置在距艇首 $L/4 \sim L/3$ 处,在水下排水容积中心(浮心 C)之前,其尺寸有减小的趋势。

此外,对具有高大弹舱盖的弹道导弹潜艇来说,其围壳与弹舱盖之间干扰作用,对围壳舵的有效舵角有显著影响,使失速角减小。

(3)艇形直接决定了水动力的大小和作用位置。常规型潜艇,由于具有较大的侧投影面积和扁平的尾部,故有良好的水平面运动稳定性;水滴型现代潜艇前体较丰满使艇的水动力中心前移,尾舵的水动力力臂也大,故机动性较好。艇体上、下流场不对称会引起零升力、零力矩(Z_0'、M_0')的增加。如雪茄形潜艇与上下艇体基本对称于纵向中心轴(首尾线)的水滴形(当不考虑指挥室围壳影响时)不同,该艇型的纵向中心轴线以上艇体外形为典型的水滴型,但纵向中心轴线以下艇体的首部向前突出,上、下两部分艇体外形明显成不对称状态,影响水动力的分布。

艇体浮心纵向位置,由于水下状态时 $x_{C} = x_{G}$,故从操纵性观点讲,希望靠前有利提高尾鳍的作用效率(力臂大了)。

可见,现代潜艇设计需把主尺度、艇型、尾形和操纵面与螺旋桨作全局性的综合考虑,既满足布置要求,又使操纵性、快速性和安静性都获得优良的性能。

（4）稳心高 h 对逆速值实际可能的影响甚小，但逆速值正比于 $\sqrt{h}$，所以 h 值对 V_{is} 的作用不可忽视。但 h 值对水下回转的横倾有重要影响。实践表明，稳度大（h 大）、方向舵舵效低，将使回转中的动力倾斜角显著降低；较大的 h，将提高垂直面的稳定性程度。初稳性高 h 的大小与潜艇的状态有关：是静态还是运动状态，还有浮态潜浮转换。一般 h 与潜艇耐压壳直径的比例为 3%~4%。

四、操纵性设计的三个阶段

潜艇操纵性设计大体分为 3 个阶段，即方案设计、技术设计和施工设计。

（一） 方案设计

根据战术技术任务书的要求，根据初步选定的几种总体设计方案和对操纵性的定量要求，对每一总体方案初步设计几个操纵性方案。然后估算各方案的水动力系数，并估算其操纵性能，一般还作模拟仿真分析。从各种方案中选取若干较好符合或接近设计指标的方案，有选择地作一些拘束模试验测定水动力系数，再进行计算机数值计算，条件许可时还可作自航船模试验。经过这样几次反复筛选，从中确定一种较好的方案，包括主艇体和附体，作为技术设计的基准方案。

在方案设计过程中，当初步确定主艇体和舵桨方案后，操纵性设计与总体初步设计的关系，从水动力学观点进行这种方案设计时，作为例子可参看瑞典国家哥德堡船模试验池（SSPA）的研究流程图 7-1-1。显然，这一流程图也适用于技术设计阶段。

（二） 技术设计和施工设计

（1）技术设计是在方案设计的基础上，最终确定操纵性设计方案，并按规范要求完成操纵性理论预报。其主要工作包括：进入技术设计阶段，主艇体方案已经选定，不会再作根本性的变动，以此为基础，综合方案设计的成果，再设计若干操纵面方案，然后作全面的拘束模试验测定水动力系数，在分析试验资料的基础上，通过一些必要的对比计算，选定操纵面设计方案。对选定的最佳方案进行计算机数字模拟计算或用操纵模拟器进行运动模拟，并进行自航模试验，以验证上述理论预报的操纵性能。

（2）施工设计是对最后确定的技术设计方案，绘制施工图，根据放样或施工工艺的情况作一些局部修改。通常还需进行最后一轮拘束模试验（常常是有选择的补充性试验），完成操纵性计算书，编制供海军部队使用的操纵性技术文件。最后通过实艇的海上操纵性试验，检验艇的实际操纵性能，有时尚需作一些修改，方可定型。

如果有母型借鉴，整个设计将在母型基础上，根据研制艇要求作改进、提高，或作操纵性水动力新布局的探索研究形成新的操纵装置，如把围壳舵改为首舵，把尾升降舵改为差动舵或内、外分片舵，把方向舵改成全动舵等。

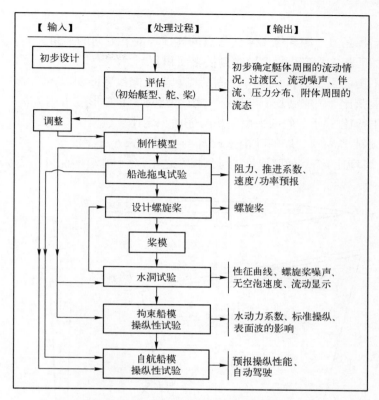

图 7-1-1　SSPA 的操纵性研究流程图

第二节　操纵面的水动力特性

一、舵的几何要素

潜艇操纵面,是指舵、稳定翼,或是其组合体(亦称鳍)的统称。升降舵、方向舵的舵叶和稳定翼一般是个短翼。

舵叶的几何特征如图 7-2-1 所示,表示舵叶的几何要素有以下几点。

(1)展长 l。在舵叶平面内与来流垂直方向上的长度,对于非矩形舵,可用平均展长 $\bar{l}$。

(2)弦长 b。在舵叶平面内与舵展垂直方向上的长度,对于非矩形舵,可用平均弦长 $\bar{b}$。

(3)剖面厚度 t。舵舷剖面的最大厚度,对于非矩形舵,可用平均弦长剖面的

最大厚度 $\bar{t}$。

  (4) 后掠角 Λ。距导缘 1/4 弦长点的连线与舵展方向的夹角。

  (5) 舵面积 S。舵叶的水平或侧投影面积。

  (6) 平衡面积 S_0。舵轴至导缘间的舵水平或侧投影面积。

  (7) 展弦比 λ。舵展长 l 与弦长 b 之比值,对于非矩形舵可用 $\bar{l}/\bar{b}$。

  (8) 平衡比 S_0/S。舵的平衡面积与舵面积之比。

  (9) 倾斜比 b_t/b_r。舵的叶梢弦长 b_t 与叶根弦长 b_r 之比。

  (10) 厚度比 t/b。舵叶厚度 t 与弦长 b 之比,对于非矩形舵可用 $\bar{t}/\bar{b}$。

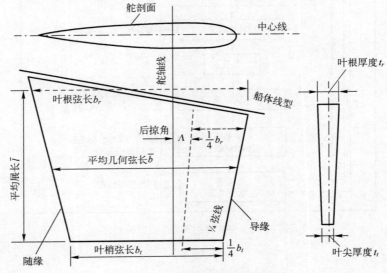

图 7-2-1   舵的几何要素

  舵的剖面形状一般为对称机翼型。为了提高舵的水动力性能,各国研究发表了许多舵剖面形状和水动力的系列试验资料,比较著名的包括 NACA 系列(美国国家航空咨询委员会)、HEЖ 系列(儒柯夫斯基)、ЦАГИ 系列(苏联中央空气动力研究所)、JFS 系列(汉堡大学)、TMB 系列(泰勒水池)、Göttingen(哥廷根大学)等。表 7-2-1 列出了 NACA、HEЖ 和 ЦАГИ 剖面的型值,其余的可参考有关的手册。

表 7-2-1   典型舵系列的剖面型值

至导缘的距离 (以弦长%计)	舵厚度(以最大厚度%计)		
	NACA	HEЖ	ЦАГИ
0	0	0	0
2.5	43.6	47.5	62.0

（续）

至导缘的距离 （以弦长%计）	舵厚度（以最大厚度%计）		
	NACA	НЕЖ	ЦАГИ
5	59.3	64.5	81.9
10	82.1	87.0	96.5
20	95.6	100	99.6
30	100	100	92.2
40	96.7	93.5	77.4
50	88.2	82.0	58.8
60	76.1	65.5	43.6
70	61.1	46.0	30.2
80	43.1	28.0	18.4
90	24.1	12.0	8.9
100	2.1	3.0	2.0

其中 NACA 剖面使用得最广泛，它升力大，阻力小。其标号为"NACA00××"，在英文缩写后有 4 个数字，前面两位表示拱度比，对称剖面记为"00"，后两位表示厚度比的百分数。例如，NACA0015 表示厚度比为 15%的对称形 NACA 剖面，其形状如图 7-2-2 所示。

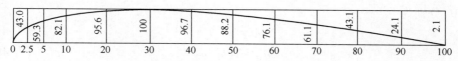

图 7-2-2　舵的剖面形状（NACA0015 剖面）

NACA00××剖面的形状可用下列厚度坐标来表示，即

$$y(x) = \pm \frac{t}{2}\left[1.4845\left(\frac{x}{b}\right)^{1/2} - 0.63\left(\frac{x}{b}\right) - 1.758\left(\frac{x}{b}\right)^2 + 1.4215\left(\frac{x}{b}\right)^3 - 0.5075\left(\frac{x}{b}\right)^4\right]$$

$$(7-1)$$

式中：t 为剖面厚度；b 为弦长；x 为弦向坐标；$y(x)$ 为弦长 x 处剖面厚度 $t(x)$ 的 1/2，即 $t(x)/2$。

当 $x=0$ 时，$\mathrm{d}y/\mathrm{d}x \to \infty$；当 $x=b$ 时，$y=0.0105t$；当 $x=0.36$ 时，$\mathrm{d}y/\mathrm{d}x=0$，$y=t/2$；$x=0$ 处的曲率半径为 $1.1t^2/l$。

二、单独舵的水动力特性

单独舵在无限流场中以某一攻角 α 和速度 V 运动时，相当于有限展机翼的定常运动,受到流体动力 R 的作用(图 7-2-3)。力 R 可分解为垂直水流方向的升力 L 和沿水流方向的阻力 D;R 也可分解为垂直于舵平面的法向力 N 和沿舵平面的切向力 T。其相互关系为

$$R = (L^2+D^2)^{1/2} = (N^2+T^2)^{1/2} \tag{7-2}$$

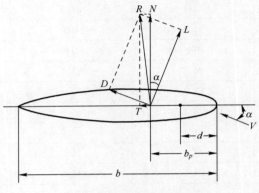

图 7-2-3　舵的水动力

其中

$$N = L\cos\alpha + D\sin\alpha$$
$$T = D\cos\alpha - L\sin\alpha \tag{7-3}$$

作用于舵上的水动力对导缘的力矩 M、对舵轴的扭矩 M_Q、对舵叶根剖面的力矩 M_r 分别为

$$M = N \cdot b_p \tag{7-4a}$$
$$M_Q = N(b_p-d) \tag{7-4b}$$
$$M_r = R \cdot h_p \tag{7-4c}$$

式中:b_p 为舵上水动力合力作用点至导缘的距离;d 为舵轴至导缘的距离;h_p 为舵上水动力合力作用点至舵叶根剖面的距离。

一般将力和力矩表示成无因次形式:

升力系数:
$$C_L = \frac{L}{\frac{1}{2}\rho S V^2}$$

阻力系数:
$$C_D = \frac{D}{\frac{1}{2}\rho S V^2}$$

法向力系数:
$$C_N = \frac{N}{\frac{1}{2}\rho S V^2}$$

切向力系数：$\qquad C_T = \dfrac{T}{\dfrac{1}{2}\rho S V^2}$ $\qquad\qquad$ (7-5)

压力中心系数：$\qquad C_p = \dfrac{b_p}{\overline{b}}$

力矩系数：$\qquad C_m = \dfrac{M}{\dfrac{1}{2}\rho S V^2\,\overline{b}}$

舵轴扭矩系数：$\qquad C_{mQ} = \dfrac{M_Q}{\dfrac{1}{2}\rho S V^2\,\overline{b}}$

对各剖面的舵已发表了很多水动力试验资料，可查阅有关手册选用。作为例子，图7-2-4是 HEЖ 剖面的试验结果。

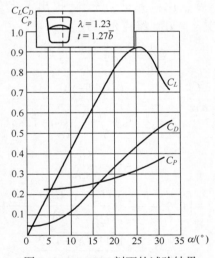

图 7-2-4　HEЖ 剖面的试验结果

舵翼的水动力系数，在潜艇操纵性设计过程中主要是用拘束模试验确定的，而在方案设计中进行近似估算时，通常用布拉果小展弦比矩形机翼公式，经必要修正确定的。为了近似计算时作比较，还可选用舵设计中常用的下列小展弦比公式。

（一）藤井公式

藤井、津田根据翼型舵的试验资料，提出了类似于古老的乔塞尔公式的经验公式：

法向力系数：$\qquad C_n = \dfrac{6.13\lambda}{2.25+\lambda}\sin\alpha$ $\qquad\qquad$ (7-6a)

力矩系数：
$$C_m = 0.165 + 0.210\sin\alpha + \frac{7}{\alpha}\sin\alpha \qquad (7\text{-}6b)$$

式(7-6)已作了小展弦比的修正，适用于 $\lambda = 0.5 \sim 3.0$。

（二） 普兰特（Prandtl）公式

当所设计的舵之展弦比 λ 与发表的试验值不一致时，可选用相近展弦比的试验资料，然后用下列普兰特公式进行换算，即

$$\alpha' = \alpha + \frac{C_L}{\pi}\left(\frac{1}{\lambda'} - \frac{1}{\lambda}\right)$$

$$C_D' = C_D + \frac{C_L}{\pi}\left(\frac{1}{\lambda'} - \frac{1}{\lambda}\right) \qquad (7\text{-}7)$$

式中：C_L、C_D、α 分别为展弦比为 λ 的升力系数、阻力系数和攻角；C_D'、α' 表示展弦比为 λ' 的翼之阻力系数和攻角。

（三） 维克尔（Whicker）公式

维克尔根据大量小展弦比机翼试验资料，提出了半理论半经验公式，并与 NACA 系列的试验结果吻合良好。维克尔公式为

$$C_L = \frac{\partial C_L}{\partial \alpha} \cdot \alpha + \frac{C_{DC}}{\lambda}\left(\frac{a}{57.3}\right)$$

$$\frac{\partial C_L}{\partial \alpha} = \frac{0.9(2\pi)\lambda}{57.3\left[\cos\Lambda\sqrt{\dfrac{\lambda^2}{\cos^4\Lambda}+4}+1.8\right]}$$

$$C_D = C_{d_0} + \frac{C_L^2}{e\pi\lambda} \qquad (7\text{-}8a)$$

$$C_{m\frac{b}{4}} = \left(0.25 - \frac{\partial C_m}{\partial C_L}\right)\frac{\partial C_L}{\partial \alpha} - \frac{1}{2}\frac{C_{DC}}{\lambda}\left(\frac{\alpha}{57.3}\right)^2 \qquad (7\text{-}8b)$$

$$\frac{\partial C_m}{\partial C_L} = \frac{1}{2} - \frac{1.11\sqrt{\lambda^2+4}+2}{4(\lambda+2)}$$

$$C_m = (0.25 - C_{m\frac{b}{4}}/C_n) \cdot b$$

式中：$\dfrac{\partial C_L}{\partial \alpha}$ 为升力系数曲线 $\alpha=0$ 时的斜率；C_{DC} 为舵的横流阻力系数，取决于叶梢形状和倾斜比，可按图 7-2-5 决定；C_{d_0} 为舵翼型阻力系数（黏性阻力），对 NACA0015 剖面 $C_{d_0}=0.0065$；Λ 为舵的 1/4 弦线后掠角；e 为修正系数（即 Oswald 因子），可取 $e\approx0.90$；

$C_{m\frac{b}{4}}$ 表示对距导缘为 $b/4$ 弦长点的力矩系数。

在这些公式中，美国多采用维克尔公式，日本则广泛采用藤井公式，苏联多采

用布拉果公式。这不仅在于各国学者维护自己民族的成就,而且主要是因为各国的试验设备和条件,以及传统习惯的不同,试验所得到的数据显然更与本国学者的经验公式相符合。

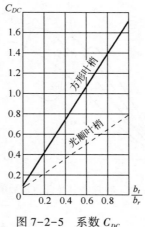

图 7-2-5　系数 C_{DC}

三、影响舵的水动力特性的因素

(一) 舵的几何要素的影响

分析舵的试验资料表明,对舵的水动力系数影响最大的是展弦比,其次是剖面厚度比及舵的侧面形状。

(1)展弦比 λ。如图 7-2-6 所示为具有不同展弦比 λ 的升力系数 C_L 模型试验曲线。由图可知,较大 λ 的舵在失速角以前具有较大的升力系数 C_L,但失速角较小,失速角所对应的最大升力系数之值 $C_{L\max}$ 也较小。但实船舵的雷诺数较模型舵大得多,所以失速角要较图 7-2-6 中的大,因此舵的展弦比选大一些有利。实际上,潜艇舵的布置受到艇宽和尾形的限制,展弦比可以选择的余地也是有限的。一般地,首舵 $\lambda_b = 1.5 \sim 2.0$,尾舵 $\lambda_s = 1.2 \sim 1.7$,方向舵 $\lambda = 1.0 \sim 3.0$,对于具有"十字"形尾鳍的艇,垂直舵的上部之展弦比通常较大,可达到 $2.5 \sim 3.0$。

(2)厚度比。分析舵升力系数 C_L 的试验资料表明,在失速角以前,厚度比 t/b(或 $\bar{t}/\bar{b}$)对 C_L 的影响是不大的,但它影响失速角的大小,厚度比过大或过小都不好(最薄的舵就成了平板舵)。一般 $\bar{c} = \bar{t}/\bar{b} = 0.15 \sim 0.25$ 较好。此外,确定厚度比时还需顾及舵轴直径的大小。

(3)侧面形状(轮廓形状)。如图 7-2-7(a)所示,试验表明,展弦比相同而舵的侧面形状不同时,C_L 值基本不变。若将舵的后缘作成适当倾斜的梯形,能使 C_L 略有提高,且可使舵的压力中心移向舵根,可减少舵根处舵轴的弯矩,对于舵轴的强度有利。现代潜艇用的尾升降舵和方向舵一般是矩形或梯形舵,这是由于布置上以便和稳定翼形状相配合,且制造工艺简单。

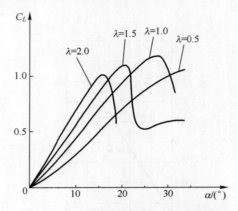

图 7-2-6　展弦比对舵升力系数的影响

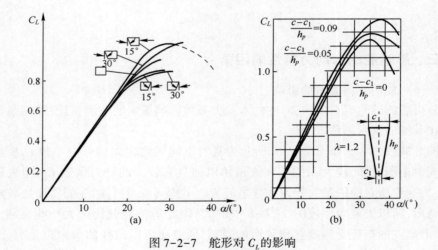

图 7-2-7　舵形对 C_L 的影响

此外,舵纵剖面下端适当减薄作成楔形,也能使 C_L 稍有提高(图 7-2-7(b))。

(4) 平衡比 k。平衡比 $k = S_0/S$ 的大小,对舵的升力系数无影响,但对舵轴扭矩和舵机功率影响很大。k 越大,则小舵角时舵轴扭矩系数 C_{mQ} 有较大的负值,促使舵角增大;大舵角时的 C_{mQ} 较小(此时,舵的压力中心在舵轴之后,舵力使舵角减小),如图 7-2-8 所示。

选择平衡比时,主要考虑的是应使舵机功率最小,故应使正车和倒车时舵轴的扭矩大致相等,尽量减小 $|M_{Qmax}|$,同时兼顾常用舵角区的 M_Q 值不过大。

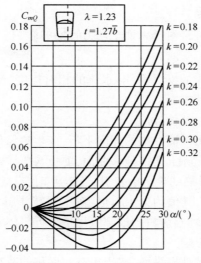

图 7-2-8　C_{mQ} 与 k 的关系

　　尾鳍或舵通常属于小展弦比（$\lambda = 1 \sim 3$）或极小展弦比（$\lambda < 1$）的有限翼展的机翼，其端部有横向绕流，使作用在机翼上的流体动压力减弱。当舵角达到一定舵角时，在翼展的端部由高压区向低压区形成绕流，流线从舵的边缘分离，由舵叶的两端和后边处产生涡流（图 7-2-9（a））。理论研究和试验分析表明，翼端绕流强度沿弦向由前向后增大，为此，一般沿着当地流线方向，在水平稳定翼的两端加装端板，如图 7-2-9（b）所示，其作用有以下两个。

（1）改善操纵面流场，减小横向绕流。

（2）等效增加了稳定翼面积，提高了艇的稳定性。

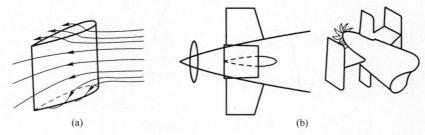

(a)　　　　　　　　　　　　　　　　(b)

图 7-2-9　舵涡流与舵垂直端板

（a）舵的涡流；（b）垂直端板。

　　由以上分析可知，在选择舵的形状参数时，其主要出发点是在最大舵角时不产生"失速"的情况下，获得最大的升力系数，同时顾及到舵的水动力中心的位置，节省舵机功率。

（二）其他影响因素

现在介绍艇体和螺旋桨对操纵面水动力特性的影响。

1. 艇体的影响

在船后伴流场中工作的操纵面,与水流的相对速度、流动情况都受艇体影响。这些影响大致可有下列几方面。

（1）艇体对展弦比的映像效应。

如将艇体看成紧贴操纵面一端的无限平板,产生映像作用,使有效展弦比较几何展弦比增加一倍。但实际上艇体是一曲面,舵板与艇体之间存在间隙,并随舵角 δ 增加而增大间隙。根据某试验结果表明,当 $\delta=0$ 时,有效展弦比几乎等于几何展弦比的 2 倍;当 $\delta=31°$ 时,其值约为 1.5 倍;对于回转体艇型,$\delta=6°$ 以上,映像作用就显著下降。根据映像效应,舵翼的根部应尽量贴近艇体安装。

（2）艇体边界层的影响。

位于艇体边界层内尾部操纵面,相当于有效面积的减小(图 7-2-10)。有效面积可按下式估算,即

$$S=S_1+\frac{S_2}{2n+1} \tag{7-9}$$

式中:S_1、S_2 分别为边界层外、内的操纵面面积;n 为边界层内的速度分布律的指数。

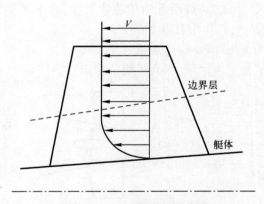

图 7-2-10　边界层的影响图

所以,尾操纵面的翼展应尽量大点好,两侧的幅度按道理应与艇的最大宽度相等,但现代回转体艇型或十字尾型,一般都有不同程度的超宽,对于中型常规潜艇大致超宽 0.6~1.2m。其外形宜采用较小倾斜度的梯形,显然,这比设计成三角形有利得多。

（3）艇体的整流效应。

当潜艇以漂角 β、角速度 r 作曲线运动时,在尾舵处不考虑艇体对水流影响的几何漂角 β_R 为

$$\beta_R = \beta + \arctan \frac{x_R r \cos\beta}{V + x_R r \sin\beta} \tag{7-10}$$

而方向舵的几何攻角 α_R 为

$$\alpha_R = \delta \pm \beta_R \tag{7-11}$$

式中: x_R 为方向舵处的 R 点距坐标原点的距离; δ 为方向舵的名义舵角。

在式（7-11）中,当 r 与 δ 同符号时取负号(如定常回转运动);反之,取正号(如 Z 形操纵中开始反向操舵)。

实际上,由于存在艇体(还有螺旋桨),使水流有沿艇体纵向流动的趋势,即整流效应,并使上述影响减小,尾部的实际漂角比 β_R 小,可用 $\varepsilon\beta_R$ 表示,或将整流效应系数 ε 写成 $\gamma/\beta_R = \varepsilon$ (其中 γ 为整流拉直角)。一般 ε 为 0.2~0.7。舵板越紧靠艇体,其值越大,如常规艇型的艇尾嵌入式方向舵的整流系数 ε 可达 0.7 左右(图 7-2-11)。

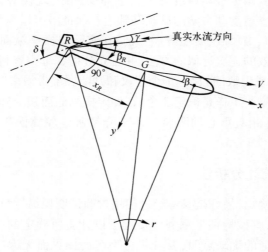

图 7-2-11 舵的几何转角和实际转角

于是,方向舵的有效攻角 α 为

$$\alpha = \delta \pm \varepsilon\beta_R \tag{7-12}$$

2. 艇体伴流和螺旋桨尾流的影响

艇体伴流降低了舵与水的相对速度,使舵的迎流速度为 $V_R = V_s(1 - w_R)$,其中 V_R 为舵处实际来流速度, V_s 为艇速, w_R 为舵处的伴流系数。此外,螺旋桨尾流又使舵区流速加大,并视舵在桨尾流中的相对位置而定。对于直接位于桨尾流中的

舵,由于桨后的水流速度比桨前速度大约增加30%,所以舵效显著增大,并随桨的负荷增大而正比地增加,但随二者间的间隙扩大而减小。实际上,现代潜艇广泛采用"十字"型尾,桨在舵之后,虽然桨对舵也有抽吸作用,但对舵的水动力的增加是较小的。

民用船舶,船体伴流和螺旋桨排出流对舵处流速的综合影响大致是:单桨单舵船,流经舵叶的流速为船速的1.05~1.10倍;双桨双舵船为1.25倍;双桨单舵(舵在船对称面内)约为0.8倍。

3. 固定鳍效应

有些艇的首舵,特别是围壳舵采用有较大固定鳍的水平舵。此时,类似于襟翼舵,偏转舵角同时获得翼型拱度改变的有利影响,从而可得到比较大的升力,其缺点是该舵的升阻比较小,所以用得少。

第三节　操纵面面积的确定

过去的潜艇主要根据经验或统计资料选择操纵面,现代潜艇的操纵面设计则力图建立在水下操纵运动动力学的试验基础上。保证潜艇操纵性能必需的舵翼面积,取决于艇的使命、主尺度、艇型等。目前,在实际选择操纵面面积时,基本上仍是沿用以往行之有效的逐次近似的方法,并且充分借鉴母型资料与设计经验,有时"一个经验(成功的或失败的)比一千个建议和判断要宝贵得多"。

操纵面设计的主要工作是确定3个量:确定操纵面面积、平面形状(展弦比)和在艇上的布置位置(相对重心的距离),本节介绍确定舵翼面积的一般方法,布置在本章第四节介绍。

一、母型和统计分析法

操纵面面积的确定,最好是参考经过使用检验证明操纵性良好的母型选取,母型艇的主艇体形状,首型特别是尾型应接近于设计艇所确定的主艇体形状。在分析母型艇的操纵性能的优缺点时,要分析母型艇的操纵面无因次几何参数和艇的操纵性能的关系,并考虑到设计艇的战技指标、排水量、艇型、尤其要考虑艇的主尺度、尾型、航速范围,并按与排水量$\nabla^{2/3}$成正比,或与艇的长与宽(直径)的乘积$L \times D$成正比,拟定设计艇操纵面面积的初值。

如果缺乏适宜的母型,也可采用各类潜艇的统计资料作为第一近似值。一些潜艇的无因次面积如表7-3-1所列。水平稳定翼的相对面积$S'_{hs} = S_{hs}/\nabla^{2/3}$与排水量$\nabla(m^3)$、航速$V(kn)$的关系,如图7-3-1所示。

由上述统计资料看出,随着排水量、航速的增大,水平稳定翼的S'_{hs}有所增加,但升降舵的相对面积 $S'_{b,s}$ 基本上与航速无关,仅与排水量 $\nabla^{2/3}$ 成比例增加。

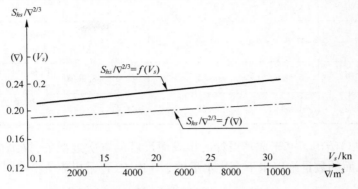

图 7-3-1　水平稳定翼相对面积 $S_{hs}/\nabla^{2/3}=f(V_s,\nabla)$

确定升降舵、方向舵的经验公式有下列两组。

(1) 第一组以主艇体的长(L)、宽(B)、高(H)为主要因素,并表示成

$$首升降舵\ S_b=\varepsilon_b LB, \varepsilon_b=0.008\sim0.013$$

$$尾升降舵\ S_s=\varepsilon_s LB, \varepsilon_s=0.010\sim0.017 \qquad (7-13a)$$

$$方向舵\ S_r=\varepsilon_r LB, \varepsilon_r=0.014\sim0.019$$

(2) 第二组也是认为操纵面的大小与艇的主尺度(或大小)有关,不过采用艇长(L)、直径(D)为主要因素,并表示成

$$\begin{cases} S_b=LD/2m_b, m_b\approx57.9 \\ S_s=LD/2m_s, m_s\approx25.6 \\ S_r=LD/2m_r, m_r\approx30.6 \end{cases} \qquad (7-13b)$$

注意:(7-13b)式中的 S_b,适宜估算首端首舵。

实际上,公式中的 $\varepsilon_{b,s,r}\approx1/2m_{b,s,r}$,所以主要是表达形式不同。部分潜艇操纵面的相对面积(以 $\nabla^{2/3}$ 为特征面积)列于表 7-3-1。

表 7-3-1　部分潜艇操纵面的相对面积

艇型	S'_{hs}	S'_b	S'_s	S'_{fp}	S'_{vs}	S'_r	备　注
"鲟鱼"级	0.055	0.040	0.035	—	0.055	0.035	
"鲣鱼"级	0.077	—	0.038	0.050	0.060	0.038	
"乔治·华盛顿"级	0.0625	—	0.038	0.050	0.060	0.038	
W 级	0.187	0.027	0.041	—	—	0.052	
R 级	0.146	0.026	0.0416	—	—	0.0472	
G 级	0.106	0.0323	0.043	—	—	0.0275	

（续）

艇型	S'_{hs}	S'_b	S'_s	S'_{fp}	S'_{vs}	S'_r	备　注
2400 型	~31.04	~4.36	~10.96	—	上 ~13.70	下 ~9.40	面积单位 m²；上、下指全动方向舵
"萨乌罗"级	~6.58	—	~11.2	~8	~2.0	~8.96 *	面积单位 m²；* 全动垂直舵的下部约 4.36m²
"俄亥俄"级	~100.4	—	~47.52	~35.72	~74.41		面积单位 m²；尾型为"卄"

文献[25]给出了基于成功设计的操纵面尺度的首次近似值,操纵面的投影面积等于操纵面的数量乘以水下全排水量的 2/3 次方,再乘以表 7-3-2 中相应系数。

表 7-3-2　操纵面设计系数

潜艇类型	R	B	S	F
慢速攻击型	0.07	0.03	0.16	0.04
快速攻击型	0.07	0.03	0.10	0.04
导弹型	0.09	0.05	0.10	0.06

二、指标公式法

（一）　水平尾鳍的确定（水平稳定翼+尾升降舵面积=$S_{hsf}=S_{hs}+S_s$）

水平尾鳍的总面积由稳定性条件确定。根据静稳定性与动稳定性条件间的对应关系,取静不稳定系数 l'_α 为某值,考虑 $|l'_\alpha| = |-M'_w/Z'_w|$,应用水动力系数近似估算公式,建立 M'_w、Z'_w 与鳍面积的关系,可得如下水平尾鳍面积 S_{hsf} 的估算公式为

$$\frac{S_{hsf}}{L^2} = 0.194 \left(1 + \frac{2}{\lambda_{hsf}} \right) \frac{(M'_w)_{mh} - l'_\alpha (Z'_w)_{mh}}{\varepsilon (l'_\alpha - l'_{hsf})} \tag{7-14}$$

式中:l'_α 为静不稳定系数(选定);$(Z'_w、M'_w)_{mh}$ 为主艇体的水动力系数,按附录中的式(A-18b)近似估算;ε 为艇体和鳍的相互干扰系数,作为第一近似值,可取 $\varepsilon \approx 1$,或取 $\varepsilon \approx 0.74$;$(l'、\lambda)_{hsf}$ 为水平尾鳍的相对力臂和展弦比,由设计意图或按已选定的主艇体草图量取 l_{hsf} 和统计资料确定 λ_{hsf} 值;如果水平稳定翼和尾升降舵是分开的,则取它们的平均值作为尾鳍的总 $(l'、\lambda)_{hsf}$。

同理,可写出垂直尾鳍的总面积 S_{vsf} 估算公式,与式(7-14)完全类似,不再重复列出。

式(A-14)是按如下方法推出的:

由式(A-20)可知,只考虑主艇体和水平尾鳍时,有

$$Z'_w = (Z'_w)_{mh} + \varepsilon (Z'_w)_{hsf}$$
$$M'_w = (M'_w)_{mh} + \varepsilon (M'_w)_{hsf} \tag{7-15a}$$

同时

$$(M'_w)_{hsf} = l'_{hsf} (Z'_w)_{hsf} \tag{7-15b}$$

式中：l'_{hsf} 为尾鳍水动力中心至潜艇重心的距离,取正值。将式(7-15b)代入式(7-15a),解得

$$-(Z'_w)_{hsf} = \frac{(M'_w)_{mh} + l'_{hsf} (Z'_w)_{mh}}{\varepsilon (l'_\alpha + l'_{hsf})} \tag{7-16}$$

把水平尾鳍看作相当平板,由式(A-18)可知

$$|(Z'_w)_{hsf}| = 0.92 \times 5.6 \frac{2.75 \lambda_{hsf}}{2.75 \lambda_{hsf} + 5.6} \times \frac{S_{hsf}}{L^2} \tag{7-17}$$

根据式(7-17)、式(7-16)即可求得式(7-14)的 S_{hsf}/L^2。

当求得尾升降舵面积 S_s 后,即可得水平稳定翼的面积 S_{hs} 为

$$S_{hs} = S_{hsf} - S_s \tag{7-18}$$

需要指出的是,吕贝克(IKL)潜艇设计所的加布勒(Gabler)教授认为,高速(指航速 $V_s > 12\text{kn}$)时首端水平舵仍处于伸张状态时,将引起纵摇,首舵力引起艇的水动力中心点 F 前移,降低动稳定性,为此,应按比例增大尾水平稳定翼面积,反之,可适当减小。弗吉尼亚核潜艇的首舵规定 12kn 停用,是否与此相关未见报道。

（二） 升降舵面积 S_b、S_s 的确定

按机动性要求确定升降舵的面积,一般以升速率确定。由升速率公式(4-104)可知

$$\frac{\partial V_\zeta}{\partial \delta_s} = \frac{V^3}{57.3 m'gh} (-l'_\alpha - l'_{\delta_s} + l'_{cF}) Z'_{\delta_s} \tag{7-19}$$

式中：舵力系数 Z'_{δ_s} 可用近似公式(A-24)确定,即

$$Z'_{\delta_s} = -\varepsilon \cdot 0.92 \times 5.6 \frac{2.75 \lambda_s}{2.75 \lambda_s + 5.6} \cdot \frac{S_s}{L^2} \tag{7-20}$$

由式(7-20)、式(7-19)可得确定尾升降舵面积的公式,即

$$\frac{S_s}{L^2} = K_1 \left(1 + \frac{2}{\lambda_s}\right) \frac{m'gh}{\varepsilon (l'_\alpha + l'_{\delta_s} - l'_{cF}) V^3} \left(\frac{\partial V_\zeta}{\partial \delta_s}\right) \tag{7-21a}$$

同理,首升降舵面积 S_b 为

$$\frac{S_b}{L^2} = K_1 \left(1 + \frac{2}{\lambda_b}\right) \frac{m'gh}{\varepsilon (l'_\alpha - l'_{\delta_b} - l'_{cF}) V^3} \left(\frac{\partial V_\zeta}{\partial \delta_b}\right) \tag{7-21b}$$

式中：$\dfrac{\partial V_\xi}{\partial \delta_b}$、$\dfrac{\partial V_\xi}{\partial \delta_s}$、$l'_\alpha$ 为选定的设计指标；$l'_{\delta,s}$、$\lambda_{b,s}$ 为升降舵的无因次力臂和展弦比，由设计意图和统计资料确定；V 为确定升速率的航速，一般取中速或 $V = 0.6 V_{max}$（注意：该 V_{max} 是相对 20 世纪五六十年代常规艇而言的）；$l'_{cF} = -m'gh/V^2 Z'_w$，其中 Z'_w 用式(7-15)计算；K_1 为常数，当 $\lambda \leqslant 3$ 时，取 $K_1 = 11.1$，当 $\lambda > 3$ 时，取 $K_1 = 9.12$。

当采用围壳舵作首舵时，需考虑到围壳舵的功能及布置空间较大的特点，通常，围壳舵面积 S_{fp} 比首端舵面积 S_b 约增大 30%。

升降舵面积也可按纵倾角加速度参数 C_{P_θ} 确定，即

$$C_{P_\theta} = \left(\frac{V}{L}\right)^2 \frac{M'_\delta}{I'_y - M'_{\dot{q}}}$$

式中：舵力矩系数 M'_δ 用布拉果公式代入，经整理可得

$$S_{b,s} = K_2 \left(\frac{L}{V}\right)^2 (I'_y - M'_{\dot{q}}) C_{P_\theta} \tag{7-22a}$$

当 $\lambda \leqslant 3$ 时，有

$$K_2 = \frac{2.75\lambda_{b,s} + 5.6}{14.168\lambda_{b,s} \cdot l'_{b,s}} \tag{7-22b}$$

当 $\lambda > 3$ 时，有

$$K_2 = \frac{\lambda_b + 3}{2\pi\lambda_b + l'_b} \tag{7-22c}$$

式中：C_{P_θ} 为中速（如 $V_s = 10\text{kn}$）时的角加速度参数（给定），如表 4-1 中的 CS1、CS2 艇分别为 -0.565×10^{-2}、-0.358×10^{-2}；$\lambda_{b,s}$、$l'_{b,s}$ 为首尾升降舵的展弦比，相对力臂（给定）；I'_y、$M'_{\dot{q}}$ 在主艇体与尾鳍确定后可估算求得。

（三）　垂直操纵面面积的确定

垂直操纵面一般由垂直稳定翼和方向舵组成，垂直尾鳍 $S_{vsf} = S_{vs} + S_r$。其中：方向舵面积 S_r 主要应满足相对定常回转半径 R_s/L 的要求，即

$$\frac{S_r}{L^2} \approx \frac{L}{R_s \cdot \delta_r} \cdot \frac{[2(1+K_{11}) + Y'_r](l'_r - l'_\beta)}{(l'_\beta - l'_{\delta_r}) \times 0.92 \times 5.6 \dfrac{2.75\lambda_r}{2.75\lambda_r + 5.6}} \tag{7-23a}$$

或采用基于统计资料的波夏维柯夫（Большавиков）公式，即

$$\frac{R_s}{L} = \left(1 - 8\frac{\nabla_t}{LF}\right)\frac{0.9}{\sin 2\delta_r} \cdot \frac{\nabla_t}{S_r L} \tag{7-23b}$$

式中：∇_t 为水下全排水量；F 为艇体纵中对称面面积；δ_r 为方向舵的舵角；l'_{δ_r}、λ_r 为方向舵的相对力臂、展弦比；l'_r、l'_β、Y'_r 为估算或给定；R_s/L 为任务书给定。

当方向舵面积 S_r 已知后，则可由 S_{vsf} 求得垂直稳定翼面积 S_{vs}，即

$$S_{vs} = S_{vsf} - S_r \tag{7-24}$$

垂直舵面积也可用参数 C_{P_ψ} 确定,其公式可自行列出。

当采用全动垂直操纵面时,按回转半径的要求和水平面稳定性的指标 K_{hd} 确定,并用自航模试验验证。

三、水面航行状态时舵面积的确定

潜艇水面航行时,考虑到潜艇的特点和使用要求,方向舵在巡航水线以下的侧向投影面积可参照水面舰船通常采用的舵面积系数法确定,即

$$A'_R = \frac{A_R}{Ld} \tag{7-25}$$

式中:L、d 分别为艇长、吃水;A_R 为方向舵面积;A'_R 为方向舵面积系数(表 7-3-3)。

表 7-3-3　方向舵面积系数

各种民船的舵面积系数					
	船舶类型	$A'_R/\%$		船舶类型	$A'_R/\%$
海洋船	单桨单舵运输船	1.6~1.9	内河船	双桨客货轮(险航道)	4.6~8
	双桨双舵运输船	1.7~2.1		双桨客货轮(深宽航道)	2.1~5
	双桨单舵运输船	1.5~2.1		机动驳船	3~8
	油轮	1.35~1.9		拖轮	4~8.5
	大型客船	1.2~1.7		推轮	6~11
	快速客船	1.8~2.0		驳船	3~6
	沿海小型运输船	2.0~3.3		双桨油轮(险航道)	4.9~6.5
	渔船	2.5~5.5		双桨油轮(深宽航道)	3~4
	拖轮	3~6		轮渡	3.5~5.5
各类水面军舰的舵面积系数					
舰艇类型	$A'_R/\%$		舰艇类型		$A'_R/\%$
航空母舰	2.3~2.9		驱逐舰		2.5~3.3
巡洋舰	2.2~2.9		鱼雷艇		2.5~3.3

对于潜艇水面航行状态而言,此时的 A'_R 大致与油轮、单桨单舵运输船相近,即 $A'_R \approx 1.4 \sim 1.9$。

对于长期在北极冰下活动的潜艇,为了便于破冰上浮,美国一些潜艇曾采用高大坚固的尾垂直鳍和加固顶部的指挥台围壳作为破冰的两个支点,由此可能导致转向时高位横倾力矩增大,使动横倾角 θ_d 增加。

第四节　操纵面的建筑形式和布置

一、首舵、中舵与围壳舵

首升降舵有 3 种布置方式:首端升降舵、中舵和围壳舵。

(一)　首舵

首端升降舵的特点是力臂较大,相同的舵面积所产生的水动力矩较大。首端舵有固定式和可收折式两种结构形式。可收折舵或伸缩式首舵是指在不使用时收折伸缩到上层建筑或压载水舱内,因此,可以具有较大的展弦比而不必考虑离靠码头时的可能碰撞。另外,高速航行时,首升降舵将引起潜艇在垂直面内的摆动,且舵效远不及尾升降舵,还增加航行阻力,因此把首舵收起停用。这样,首舵要有转舵和收放舵两套机构,且收舵机构比较复杂,装置重量大、占用一定空间,增加了发生故障的概率。

首舵的垂向位置,通常布置于巡航水线以上、艇体首部适当的位置。在该位置具有容纳操舵机构和收放机构或伸缩机构的非耐压艇体空间,并且该内部空间在艇体总布置方面是许可的。有的设计师考虑到小型潜艇经常处于近水面活动,为了增大浸深、减少海面干扰的影响,采用所谓的"下置式"布置,将首舵布置在艇体纵向轴线下方的靠近潜艇龙骨附近。这种布置的首舵轴线与艇体的交角呈锐角,将导致流体局部流动出现严重不对称现象。

通常情况下,在安装首舵的周围流场中会出现向上水流。为了保持首舵与水流方向一致,使首舵处于"零升力角"状态,给首舵一定的安装角,如"弗吉尼亚"级核潜艇首舵的预置角为$-1°$(即 $1°$下潜舵)。

大多数升降舵的控制是通过舵的转动机构实现的,改变舵角的大小可获得不同控制作用。但是吕贝克设计所设计的现代常规潜艇上,曾采用了首舵的舵角相对于艇体是固定的,但舵可伸出或缩进非耐压艇体内,舵力的大小与舵露出艇外的面积成正比。为了实现潜浮功能,一舷安装成上浮舵,另一舷安装成下潜舵,每次只操纵一个舵解决。类似地,在德国袖珍潜艇上还采用了贝壳状翼型首舵,并且两舷反向,右舷舵为⌒型,提供下潜力;左舷舵为⌣型,提供上浮力。左右舷的首水平舵各司独立功能的情形,曾在法国的"独角鲸"级潜艇(1954 年至 1958 年)上也采用过。

(二)　围壳舵的产生

由于艇的水声设备增多,使用首端舵不仅在艇首空间上与水声设备的布置可能发生矛盾,而且首舵的机械噪声和水流噪声对于首端水听器材的听测妨碍较大,布置不当还可能影响线导鱼雷的导线,造成严重事故。同时,设置首舵的目的之一是为潜艇分别控制纵倾角和深度提供手段,使潜艇潜浮时保持水平姿态。这样的状态是通过联合操纵首、尾升降舵,两舵的组合净操纵力作用于潜艇的"中性点"(艇的水动力作用中心点 F)来实现,此时,可以使潜艇下潜或上浮过程中的纵倾俯仰合力矩为零。因此,一些潜艇设计师联想到把首舵布置到"中性点"附近。

水声设备的降噪要求,加上早期水滴型单壳主艇体在布置首舵两套机构方面的困难,推动了围壳舵代替首升降舵的历史性变化。

第一艘采用围壳舵的潜艇是美国"鲣鱼"级 SSN-585 号艇("鲣鱼"号),服役时间是 1959 年 4 月 15 日。从使用上看,围壳舵的优点:

(1)避免了传统首舵在停靠码头或补给舰时可能因碰撞而损坏的事故,并减免了较烦琐的收放机构。

(2)减少了备潜过程中因首舵收放机构故障影响潜艇下潜,并减轻了艇员的相关操作。

(3)核潜艇水下高速航行时,首端舵的操纵将严重干扰艇首声纳的正常工作,这是以往低速常规潜艇所没有的新情况。

美国潜艇,还有世界上许多国家的大多数潜艇,纷纷采用了"围壳舵+锥体尖尾十字尾鳍(舵)"的操纵面基本布置方式,成为 20 世纪 60 年代开始的潜艇技术领域的庞大潮流。

围壳舵的流体动力特点如下。

由于围壳处有较大的空间,因此,围壳舵可以具有比首端首舵大得多的面积和展弦比,也易于布置固定鳍,可提供较大的升力。围壳舵邻近艇的水动力作用中心点 F,能使潜艇以很小的纵倾作潜浮机动。

围壳舵布置在指挥台围壳前段的流线平顺区域。其位置的高低,主要考虑围壳舵偏转时来流的畅通,位置过高将在围壳顶部形成紊流,过低时与艇体构成狭窄通道,使来流堵塞。通常布置在由上往下约 1/3 围壳高处或稍低处,大致在围壳高度的中部偏上,使舵距壳顶有一个多的舵弦长的间距,以获得较高的围壳舵效。

此外,围壳舵的布置,要兼顾磁罗经要求的在一定范围内没有铁磁物质这一限制条件。

1988 年,"洛杉矶"级的第 40 号"圣·胡安"(SSN-751)艇,把围壳舵前移艇首,并使用收放方式,至此采用了近 30 年的围壳舵告别美国潜艇,其后的"海狼"级(1997 年)、"弗吉尼亚"级(2004),至今约 28 年来一直使用首舵,并改用水平伸缩方式收放,真可谓"三十年河东,四十年河西"了。怪不得英国潜艇专家 R. Burcher 在文献[16]中评论:"即便迄今,潜艇设计师们在设置首舵的必要性及首舵在潜艇上的位置方面仍存在着许多争论和广泛的意见分歧。"首舵的设置是肯定的,但其布置确有多样的见解。就"洛杉矶"级第40号艇改围壳舵为首端首舵确属事出有因。

报道称,研制该级艇时,为了保证达到水下高速指标,严格限制了指挥台围壳的尺度,简化了围壳舵的转动机构,使舵叶仅能偏转±25°,以保证操艇要求。由于围壳舵未布置转动90°角的机构(图7-4-1),从而限制了该级艇在北极冰层下的作战活动,为此,作出了修改设计,改用收放式首舵结构形式。

(三) 中舵

还有布置在指挥台围壳前,艇首端稍后,临近潜艇舯部的巡航水线以上的"中舵",如俄罗斯的"基洛"级潜艇。中舵与首端首舵基本相似,避开艇首水声设备和首部流场的敏感区域,有利于降噪降阻。

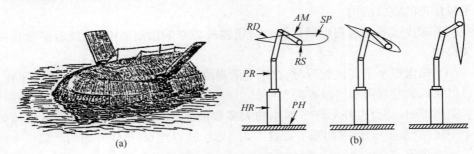

图7-4-1 潜艇的可折叠式首水平舵(a)和围壳舵转动机构(b)

早期的"霍兰"号潜艇是没有配置首升降舵的,后来,为了实现无纵倾下潜才增装了首升降舵。当下潜不受纵倾限制后,仍保留了首舵,用于控制深度和纵倾的调整,尤其是在低速和近水面航行的操纵,逐步演变成现在的使用要求(见本章第一节)。

首升降舵的布置位置,主要取决于首端上层建筑的空间情形、指挥台围壳在艇长方向的位置、设计师的设计思想和习惯及航行经验。起决定性的因素是使用要求和设计观点。

二、尾鳍的布置

潜艇的尾型、螺旋桨和操纵面的总体布置,由以前的两种基本布局——扁平形尾型和锥体尖形尾,几乎都演变成清一色的锥体、单桨、尖尾。

(一) 锥体尖尾的"十字"形尾鳍

锥体尖尾的尾鳍,目前主要有两种布置方式,即"十字"形尾鳍和"X"形舵,还有"H"形(即"艹"形)、"木"字形等"十字"形的变形,实际上,"X"形舵也是十字形的一种变形。

第一艘水滴型和"十字"形尾鳍,首先在"巴伯"(Barbel)级的"长颌须鱼"号(SS-580)同时实现(1959年1月17日竣工)。水平稳定翼和尾升降舵组成水平操纵面,而垂直稳定翼和方向舵组成垂直操纵面,二者正交构成十字形尾鳍位于螺旋桨前方。这种布置结构简单,尾部流场均匀平顺,减小了附体阻力,有利于提高操纵效率,改善推进性能,从而成为现代潜艇尾型的基本形式。

十字形尾鳍有两种典型形式:十字形对称布置和非对称布置。如图7-4-2(a)所示,十字形对称布置操纵面时,水平和垂直尾鳍正交、面积相等,早期使用时,甚至使 $S_{hsf}=S_{vsf}$、$S_{hs}=S_{vf}$、$S_s=S_r$,如表7-3-1中的"鳐鱼"级等。但也有一些艇水平操纵面面积比垂直操纵面面积略大,如表7-3-1中的"鲣鱼"级、"华盛顿"级等。水平操纵面的幅宽通常不同程度地超过最大艇宽,如英国"机敏"级尾翼一舷超宽约2.5m,法国"凯旋"级一舷超宽约2m,美国"海狼"级尾翼超宽1.6m,常规潜艇稍小一些,超宽1~1.5m。垂直操纵面上、下部分的面积一般不对称,上大下小,其下部通常与基线齐平,但也有少数艇型稍有超过的。如图7-4-2(b)所示,加大的上部垂直操纵面往往作成全动方向舵,因其处于指挥室围壳尾涡中,舵效有所降低。但垂直操纵面的下部的可动部分,即下部垂直舵的面积(包括巡航水线以下的垂直操纵面中的上部垂直舵的水中面积)大小,应满足水面航行时所必需的操纵力。同时,水平尾鳍相比垂直尾鳍布置得更靠尾,以有利于满足垂直面动稳定性的要求,并避免围壳舵逆速(因为F点后移)。反之,保证同样的需求则需增大尾水平尾鳍,导致水平稳定翼过大。

操纵面面积中的固定部分(稳定翼)与可动部分(尾升降舵或方向舵)的面积分配,如上所述有各种形式,但概括起来不外两种方式:"大舵小翼"和"小舵大翼"。当潜艇配置了较大的稳定翼和尺寸较小的舵时,艇的稳定性较好,机动能力有所限制。反之,如认为艇的控制稳定性应大部分是由操舵获得的,可把舵的面积选得较大,稳定翼面积相应减小,从而可得到较高舵效,而且当舵不转动时就相当于是稳定翼的一部分,这样可使艇的机动性、稳定性同时获得改善。显然,由此将引起增大舵机功率及加大舵装置的重量、尺寸等问题。显然,两种方式各有利弊,目前认为垂直操纵面采用"大舵小翼"方案,而水平操纵面采用"大翼小舵"方案,有利于航行操纵。十字形尾鳍中的垂直操纵面,其上部作成全动方向舵(图7-4-2(c)),似乎成为一种趋势。

(二)X形舵

所谓X形尾操纵面,是指4个尾翼呈"X"字形正交布置,舵轴中心线与艇的纵中对称面成±45°夹角的操纵面。在采用X尾操纵面的潜艇中,现在没有稳定翼而仅有舵,成为名符其实的X形舵(图7-4-2(e))。

X舵曾在"大青花鱼"号试验艇上进行过实艇试验(1962年),但未能被美国海军采用。首先使用 X 舵的是瑞典研制的休尔门(STÖURMEN)(1969 年)级潜艇,其主要目的是为了在浅水中航行不易损坏具有重要附体的尾部。

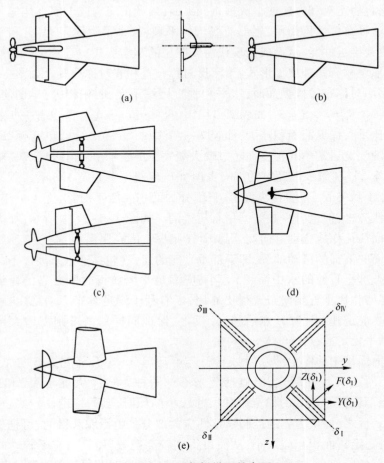

图 7-4-2　尾部操纵面的布置

1. X 舵的操纵特性

目前,X 舵有两种典型传动方式:第一种,4 个舵各有独立的一套传动装置,每个舵都能独立地转动;第二种,对角线上的一对舵共有一套独立的传动装置,现在一般采用第一种传动方式。在十字形的尾鳍上,据国外学者介绍,对左、右舷的升降舵和上、下部位的方向舵也各用独立的一套传动装置,以便用来克服高速转向时或转向回直时的横倾,称为差动舵。

对于 4 个舵独立传动的方式来讲,每个舵的偏转后均产生一个空间力 F,并可分解成

$$F(\delta_i) = \begin{cases} X(\delta_i) \\ Y(\delta_i) \\ Z(\delta_i) \\ K(\delta_i) \\ M(\delta_i) \\ N(\delta_i) \end{cases} \quad (i = \text{I}, \text{II}, \text{III}, \text{IV}) \tag{7-26}$$

可见,X 舵产生的操纵力是个空间力。其中任一个舵的单独偏转都会产生潜浮、转向和横倾的操纵效应(图 7-4-2)。

为了实现潜浮或转向等单平面运动,必须使 X 舵的各个舵的合力仅产生垂向力 Z、纵倾力矩 M 或侧向力 Y、转首力矩 N,即

仅潜浮时合成为垂直面作用力:

$$\sum_{i=1}^{4} F(\delta_i) = \begin{cases} \sum X(\delta_i) = X(\delta_s) \\ \sum Y(\delta_i) = 0 \\ \sum Z(\delta_i) = Z(\delta_s) \\ \sum K(\delta_i) = 0 \\ \sum M(\delta_i) = M(\delta_s) \\ \sum N(\delta_i) = 0 \end{cases} \tag{7-27}$$

仅转向时合成为水平面作用力:

$$\sum_{i=1}^{4} F(\delta_i) = \begin{cases} \sum X(\delta_i) = X(\delta_r) \\ \sum Y(\delta_i) = Y(\delta_r) \\ \sum Z(\delta_i) = 0 \\ \sum K(\delta_i) = 0 \\ \sum M(\delta_i) = 0 \\ \sum N(\delta_i) = N(\delta_r) \end{cases} \tag{7-28}$$

式中:δ_s、δ_r 为等效于十字形尾鳍中的尾升降舵和方向舵舵角,简称等效尾升降舵角 δ_s、等效方向舵角 δ_r。

X 舵的舵效,在舵面积相同的情况下,从几何关系上可知,对角线方向的操纵力是原水平正交状态的 $\sqrt{2} \approx 1.42$ 倍,即增大 42%。

2. X 舵的优缺点

(1) X 舵在总体布置上可做到横向尺度不超宽、垂向尺度不突出基线。

（2）有较高的舵效，操纵面的总面积可比十字形舵减少 10% 左右；在相同舵面积条件下，回转直径减小 2%、横距减小 10%、响应时间滞后减少 40%[65]。

（3）大大减少舵卡造成的严重后果，提高了安全性和水下动力抗沉能力。

（4）减少了十字形舵潜艇回转时存在的横倾力矩和艇重、尾重现象，有利于攻击机动时保持无纵倾定深航行；同时，也有利于改善桨舵间干扰，降低噪声。

可见，X 形尾舵的舵效高，横向尺度不超宽，抗尾舵卡的能力强，安静性好，具有众所周知的显著优势。

X 舵的缺点与其优点共存，是由其操纵特性引起的，主要有以下几方面。

（1）X 舵的每个舵都有潜浮和转向功能。潜浮、转向功能重合，因此集中控制操舵系统的软件较为复杂，需要增加等效升降舵角和等效方向舵角的显示与计算软件。

（2）X 舵的手操复杂，强烈地依赖计算机的辅助保障作用，不及十字形舵对潜浮和转向具有独立的功能，便于手操或自动操纵，或相互转换。此外，由高等级的自动操纵转换为低等级的手操时比较困难，存在一定的潜在危险。

（3）X 舵需要 4 套传动装置，机械设备多，造价较高。

X 舵的机动性好，尤其适用于在沿海多岛屿的浅水中活动的中小型常规潜艇，目前，实际采用 X 舵的潜艇，主要是运用瑞典的技术。瑞典从 20 世纪 60 年代末至今，在 X 舵的研究和应用中居世界领先水平。近期采用 X 舵技术的是日本"苍龙"级 AIP 潜艇，2009 年 3 月 31 日服役。

（三） 其他十字形变型舵——H 形舵、木字形舵与内外（分片）尾升降舵

由于特定的使用要求，在十字形舵、X 形舵的实用中，又出现了 H 形舵和木字形舵及内、外分片尾升降舵。

（1）H 形舵是在原十字形舵的两舷水平稳定翼的外侧，加装两块一定尺度的垂直挡板，使尾水平操纵面形似英文字母 H 而得名。H 形舵最早出现在美国的"茴鱼"号（SSN-646,1964 年入列），后来相继用于"洛杉矶"级、"俄亥俄"级（图 7-4-3 和图 7-4-4）和"凯旋"号等潜艇。H 形舵可改善水平操纵面的流场情况，减小横向绕流；增大垂直面动稳定性，并提高尾升降舵效；还可增大横摇阻尼，有利于减小高速转向时的横倾。

（2）木字形尾鳍，是在十字形舵的下方左右舷 45°位置，增装了两块稳定翼，由"十字"加"八字"组成"木字"而得名。木字形尾鳍所加装的稳定翼板，其作用也是增加横向稳定性，减小高速转向时的横倾角，减小横摇，并有利于潜艇的空间机动。

木形舵首先用于"海狼"级（SSN21）潜艇（图 7-4-5），其后的"弗吉尼亚"级艇亦弃挡板的 H 形舵转用木字形舵。木字舵的优点是功能与 H 形舵相当，但结构简单,笨重的悬臂樑在强度上需要仔细处置。此外,据文献介绍"八字"形左舷一撇为拖阵 TB29H 细线阵的收放端口,其上部的水平稳定翼左舷外侧端部为 TB16 粗线阵收放端口。

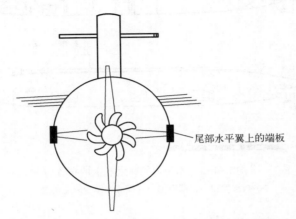

图 7-4-3　SSN-646"茴鱼"号攻击性核潜艇上的端板

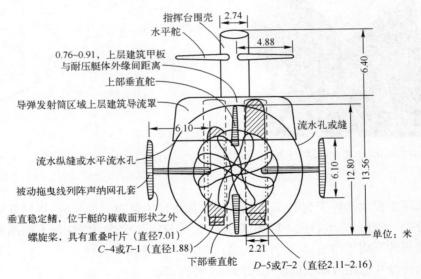

图 7-4-4　"俄亥俄"级弹道导弹核潜艇横截面图(从尾看)

　　(3) 内、外尾升降舵。如图 7-4-6 所示,"弗吉尼亚"级潜艇的尾升降舵的两舷的水平舵板分割成差不多相等的两部分,内侧的一片称为内尾升降舵,外侧的一片称为外尾升降舵。同时,左右舷对应部分舵板对称,内外舵各有一套操舵机构,可以独立操纵,也可联动。这种舵类似俄罗斯曾采用的尾升降舵的大小舵形式(图 7-4-7)

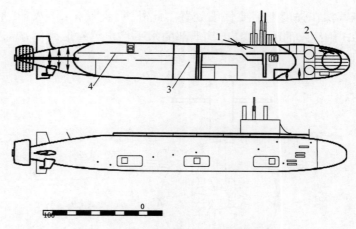

图 7-4-5　木字形舵在潜艇上的布置

1—指挥舱；2—首部声纳；3—反应堆舱；4—主机舱。

图 7-4-6　"弗吉尼亚"级潜艇的分片舵

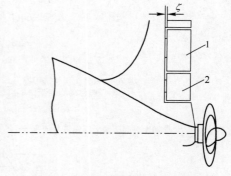

图 7-4-7　尾升降舵的大小舵形式

（低噪声工况机动时使用外侧大舵）

　　海军工程大学曾于 2012 年开展了操纵面水动力新布局的研究，将尾升降舵按展向分割三等份，并组合成不同测试方案，试验测定其水动力特性与不同操舵方式对尾流场的影响等命题，试验方案示意图如图 7-4-8 所示。

　　内外分片的尾升降舵的使用大约有 3 种方式。

　　① 要求安静低噪声航行，或巡逻工况处于安全航行时，应采用其中一对噪声较小的分片舵，此时应使用外侧舵。

　　② 需应急大机动时，两对舵协调成一对舵，进行联合操纵，与未分片时的整体舵同样操纵。

　　③ 正常水下巡航时，一般采用内侧舵具有相对较高的舵效。当一对舵使用中发生故障时，可转换另一对舵进行操纵。

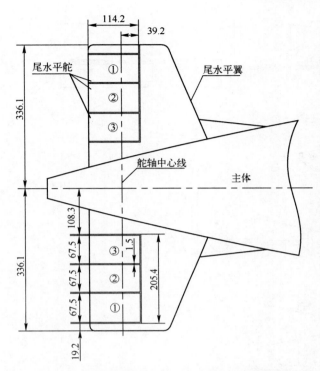

图 7-4-8　三片式大小舵试验形式(高速机动时使用外侧小舵)

（四）　扁平形尾型的桨后舵

扁平形尾型没有垂直稳定翼,但艇尾的垂直扁平结构本身即是个等价的巨大垂直稳定翼。方向舵嵌在扁平形结构的尾穴之中(图 7-4-9(b)),布局紧凑,舵轴支撑牢固。水平稳定翼和尾升降舵布置在螺旋桨轴同一高度上,稳定翼作为桨轴包架,升降舵位于螺旋桨后方,以增加舵效。随着锥体尖尾艇采用大直径、低转速、多叶、大侧斜桨广泛受到重视,新设计的艇已不再采用这种始于"U-21"型潜艇的尾型了,但在 20 世纪 40 年代则是一种优良的尾型结构。

三、差动舵

潜艇在水平面和垂直面运动,分别有垂直舵(方向舵)、水平舵(升降舵)进行航向、纵倾与深度的操控。但在肋骨面-横滚面 Gyz 内,只有潜艇的横向静稳性的有限恢复力矩的作用。在 20 世纪 50 年代前,由于潜艇水下航速低,水下转向时的动力横倾角也小,但现代高速潜艇的兴起,或水下发射导弹对潜艇姿态的苛刻要求,开始了对横倾角控制的研究和使用,如俄亥俄级核潜艇的围壳舵左右舷的舵叶,是可以分别操纵或联动,机敏级潜艇的尾升降舵也是差动舵。

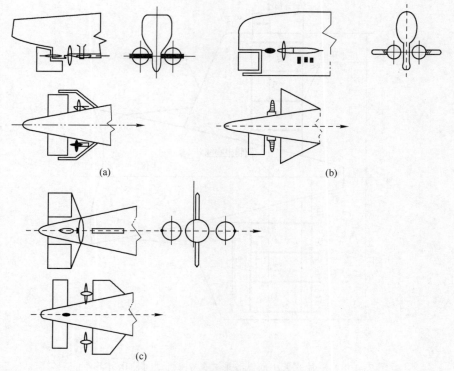

图 7-4-9 双轴潜艇的尾型形式
（a）仿水面舰艇形尾;（b）扁平形尾;（c）锥体形尾。

所谓差动舵,是指一对操纵面的两个舵叶的偏转方向可相反操纵或偏转方向相同而舵角大小可不等的操纵[66]。差动舵的每个舵叶各有一套独立的传动机构,既可独立操纵,也可协调联合整体操纵。圆柱形的鱼雷高速运行时,横滚运动是个突出的不利扰动,所以差动舵在鱼雷操纵性中早就应用。

潜艇差动舵大致可以分为下列工况。

（1）一个舵叶操正舵角,另一个舵叶操负舵角。

（2）一个舵叶操某舵角,另一个舵叶不操舵。

（3）一个舵叶操较大的正（或负）舵角,另一个舵叶操较小的正（或负）舵;或一个舵的转舵速率较大,另一个舵的转舵速率较小。

上述情形都将形成舵角差,产生所谓"差动舵角",可记为 δ_d,并规定首、尾升降舵的差动舵角分别记为 δ_{bd}、δ_{sd}。左、右舷升降舵的舵角差,由其 $Z(\delta_i)$ 构成横倾力矩;上、下方向舵的舵角差,由其侧向力 $Y(\delta_i)$ 构成横倾力矩。

同时,差动舵角的正负号可以规定为:当潜艇可能出现向右舷横倾（即有 $\varphi>0$）时,操差动舵角造反向横倾力矩来克服或减小横倾,此时的差动舵角规定为正舵角。由此可知,尾升降舵右舵为正舵角(下潜舵,$Z(\delta_s)_右 < 0$),尾升降舵左舵为负舵角(上浮舵,$Z(\delta_s)_左 > 0$),则有 $\delta_{sd} > 0$,将产生逆时针方向的减小横倾(右倾)的力矩;围壳舵(或首舵)右舵为正舵角(上浮舵,$Z(\delta_b)_右 < 0$),围壳舵(或首舵)左舵为负舵角(下潜舵,$Z(\delta_b)_左 > 0$),则有 $\delta_{bd} > 0$,将产生逆时针方向的减小横倾(右倾)的力矩;上方向舵操右舵角(右舵,$Y(\delta_r)_上 < 0$),下方向舵操左舵角(左舵,$Y(\delta_r)_下 > 0$),则有 $\delta_{rd} > 0$,将产生逆时针方向的减小横倾(右倾)的力矩。

当不进行差动控制时,差动式十字舵按通常十字舵进行操纵。在多数情况下,差动式十字舵就是传统的十字舵。需要进行差动控制时,则引入专门的控制程序,也可由人工操纵。

可见,差动舵具有 X 舵的主要优点,但避免了 X 舵潜在的风险,同时保持了十字舵装置操纵简单、直观的显著特点。因此,差动舵技术的应用,特别在核潜艇这种大型艇上正获得广泛应用。目前,差动舵主要使用于尾升降舵,由于差动舵要求为各舵叶单独配置一套传动装置,给尾部布置带来一些困难。

综上所述,操纵面的位置和操艇系统的选择通常应满足下列准则:性能好,经受得起严峻环境考验;经证实可靠、耐用;便于保养、维修;体积小、造价低、噪声小。

四、操纵面设计中应兼顾的几个问题

操纵面面积的确定、操纵面的布置,主要根据获得最好的操纵效果来决定,但操纵性只是潜艇总体性能的一个部分,而且操纵性能本身还有结构强度、舵装置等方面的因素,因此,必须综合考虑,从设计一型性能良好的潜艇这个整体出发,兼顾其他性能的要求,在此基础上力求最优良的操纵性能。

(一) 快速性与噪声问题

航速是潜艇最重要的战技指标之一,也是提高机动性的第一最重要因素。舵、翼的几何要素、布置,尤其是尾鳍处,艇体、桨和操纵面间有干扰,影响螺旋桨的效率,关系艇的噪声水平,同时也涉及操纵面的效率。如舵与桨之间的轴向距离比较大,在小舵角下,转舵对螺旋桨的来流扰动也较小,从而有利于降低螺旋桨的辐射噪声和提高推进效率。

(二) 舵装置和结构强度问题

舵的设计决定了舵轴上的受力和扭矩,从而直接影响舵机的功率、尺寸和质量,以及舵装置的布置空间问题。舵的形式和布置,关系到舵的支撑和传动装置的安放舱室(图 7-4-10)。如首端舵在垂向的不同配置位置,有无空间布置舵的装置是其主要原因之一。

庞大操纵面本身的结构强度一般不成问题,但其支撑部位受力大,要考虑舵的支撑结构把舵力直接传给艇体。对于展弦比较大的舵,舵的外端需有相当刚度的支撑结构,防止振动。

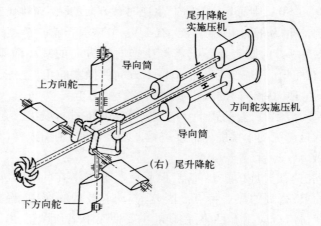

图 7-4-10　方向舵和尾升降舵传动装置示意图

此外,还必须顾及操纵面,主要是稳定翼与艇体接合区施工的方便性。

现代潜艇的操纵面设计,借助水动力试验技术和计算机、流体动力的数值计算(CFA)的进展,为了满足某种特殊要求(如采用泵喷推进、自动驾驶等),出现了不同的建筑形式。可见,关于潜艇操纵面的研究,是潜艇技术中的热点之一,一直受到广泛的关注。人们对科学技术的探索是永无止境的。科学技术的水平、潜艇的使用要求,是推动潜艇操纵技术发展的基本源泉。

思考题

1. 什么是潜艇操纵性衡准?选择规定操纵性衡准时应遵循的一般原则有哪些?

2. 潜艇操纵性设计分哪 3 个阶段?各阶段的主要任务和要求是什么?

3. 简述并用略图说明潜艇用舵的几何特性,分析影响舵的流体动力特性的主要因素。

4. 概述确定升降舵面积的指标公式法,并分析评估其适用性。

5. 分析首升降舵 3 种布置方式(首端舵、中舵和围壳舵)的特点及首升降舵的发展趋势。

6. 试述尾升降舵的功能,分析尾升降舵建筑形式的发展趋势。

7. 论述现代潜艇操纵面(舵和稳定翼)建筑结构的发展趋势。

附录 A 水动力系数的估算

A.1 概述

用流体力学模型研究和预报潜艇操纵性,需要知道潜艇的诸水动力系数。因此,正确预报潜艇操纵运动时的水动力系数是操纵性研究的基础,也是操纵性研究中最为艰难的工作。潜艇操纵运动的水动力系数,一般说可用理论计算、试验测定和近似计算等方法确定。

A.1.1 数值计算方法

操纵运动艇体水动力的理论数值计算方法分两类:势流方法与黏性方法。目前,实际采用的几乎都是基于势流理论的,即假设水为不可压缩、无黏性的理想流体,流动无旋,求取速度势,得到船体表面速度—压力分布,最后通过压力积分求得作用于船体的水动力。

势流方法可分为三类:切片理论方法、细长体理论方法和完全三维方法。这些方法都没有考虑黏性影响,对船型几何和船体实际流场作了各种处理,在计算机技术的支撑下,近年来,开展了广泛的探索研究,迄今尚不完善,理论计算结果和拘束船模试验结果相比,差距还较大。

目前,在潜艇工程上,数值计算还仅限于计算圆球、椭球体、平板等简单形体的水动力系数中的加速度系数(附加质量 λ_{ij})和二因次船体剖面的附加质量。对于速度系数,有细长体理论和短翼理论近似估算线性导数。前者考虑了船形要素,但未计及黏性的影响;后者考虑了流体黏性产生的尾涡,但未计及船型要素,计算结果还都不能满足工程精度要求。

对于潜艇的水动力理论计算,近几十年来有了很大发展。莱昂德(Lioyd)于1983 年介绍了涡流模型(SUBSIM)[21],如图 3-3-1 所示。该方法的显著特点是为潜艇操纵运动的复杂流动现象提出了一个流动模型,并用于预报垂直面的操纵性。

A.1.2 船模试验与近似计算

船模试验测定:这是当前确定水动力系数最有效的方法,模型试验至今仍是解决工程实用的主要手段。操纵性模型试验分拘束船模试验和自由自航船模试验，测定艇的水动力系数当前主要采用拘束模试验，其中尤以平面运动机构（PMM）试验最为广泛，详见第六章。

近似计算：它是在简单几何体理论计算公式的基础上作了一些修改，也有的是在大量船模试验结果的基础上整理得出的半经验公式或图谱，目前，这方面公开发表的资料还很不充分。近似计算主要用来估算方案设计阶段的潜艇操纵性。

此外，当有母型艇的资料时，若设计艇的艇型与母型艇相近时，则可用换算母型艇的水动力系数作为第一近似值，估算设计艇的操纵性能。

附录 A 只介绍近似计算方法。

A.2 附加质量的估算

A.2.1 基本原理

采用近似计算方法确定水动力系数，是建立在"叠加原理"和所谓"相当值"的基础上，即假设潜艇的水动力系数（加速度系数、速度系数、角速度系数）等于艇体和各附体（舵、翼等）的水动力系数之和，同时计及艇体与各附体的相互影响，并认为艇体和各附体分别可用等值椭球体及等值平板的理论计算结果确定。

此外，潜艇作线（角）加速度运动所受到的流体动力，考虑到其中的黏性成分远比流体惯性力小，所以近似计算时，认为加速度引起的作用力只是流体惯性力。因此，计算水动力的加速度系数，就归结为计算潜艇在理想流体中运动的附加质量。

由此所得的附加质量称为第一近似值，或称之相当"椭球体+平板"计算方法；潜艇附加质量的第二近似值是按"二元切片"方法计算，其精确度略高于上述方法的计算结果。这里介绍椭球体法。

根据上述假定，附加质量近似计算公式可写成

$$\lambda_{ij} = (\lambda_{ij})_{mh} + \sum (\lambda_{ij})_{ap} \quad (i,j = 1,2,\cdots,6) \tag{A-1}$$

式中：下标"mh"表示主艇体（或称裸船体）；"ap"表示附体。

本章用下列符号表示各附体：

fw——指挥室围壳；

fp——指挥室围壳舵（或围壳舵）；

b——首升降舵（或首水平舵）；

s——尾升降舵（或尾水平舵）；

r——方向舵（或垂直舵）；

hs——水平稳定翼；

vs——垂直稳定翼；

hsf——水平尾鳍(水平稳定翼+尾升降舵)；

vsf——垂直尾鳍(水平稳定翼+尾升降舵)

A.2.2 主艇体的附加质量

主艇体相当于三轴椭球体，以主艇体的主尺度 L、B、H 作为 3 个主轴 $2a$、$2b$、$2c$。按照兰伯(Lamb)用势流理论计算得到的附加质量 λ_{ij} 的理论曲线，如图 A-1 所示，已绘制成椭球体的附加质量系数 $K_{ij}(ij=11,22,33,55,66)$，其余 $i \neq j$ 的项均为零。由图中可知

$$\begin{cases} (K_{11,22,33})_{ep} = \left[\lambda_{11,22,33}/m\right]_{ep} \\ (K_{55,66})_{ep} = \left[\lambda_{55,66}/I_{y,z}\right]_{ep} \end{cases} \quad (A-2)$$

式中：$(m,I_y,I_z)_{ep}$ 分别是椭球体所排开水体积的质量和对 y、z 轴的转动惯量，可用下式计算，即

$$\begin{cases} m = \rho \nabla_{ep} = \dfrac{4}{3}\pi\rho abc = \dfrac{\pi}{6}\rho LBH \\ \pi/6 = 0.523 \quad (即椭球体的肥满系数) \\ (I_y)_{ep} = \dfrac{4}{15}\pi\rho abc(a^2+c^2) = \dfrac{\pi}{120}\rho L^3 BH\left[1+\left(\dfrac{H}{L}\right)^2\right] \\ (I_z)_{ep} = \dfrac{4}{15}\pi\rho abc(a^2+b^2) = \dfrac{\pi}{120}\rho L^3 BH\left[1+\left(\dfrac{B}{L}\right)^2\right] \end{cases} \quad (A-3)$$

其中

$$a=L/2, b=B/2, c=H/2$$

由此可得，主艇体的各附加质量为

$$(\lambda_{11})_{mh} = (\lambda_{11})_{ep} \rightarrow (K_{11})_{mh}\nabla = (K_{11})_{ep}\nabla_{ep}$$

即

$$\begin{cases} (K_{ij})_{mh} = (K_{ij})_{ep} \cdot \dfrac{\nabla_{ep}}{\nabla_{\downarrow t}} \quad (ij=11,22,33) \\ (K_{55})_{mh} = (K_{55})_{ep}\dfrac{(I_y)_{ep}}{I_y} \\ (K_{66})_{mh} = (K_{66})_{ep}\dfrac{(I_z)_{ep}}{I_z} \end{cases} \quad (A-4)$$

或

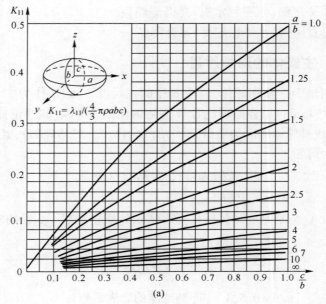

(a)

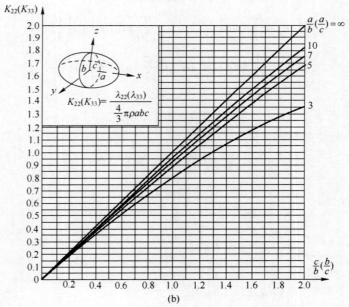

(b)

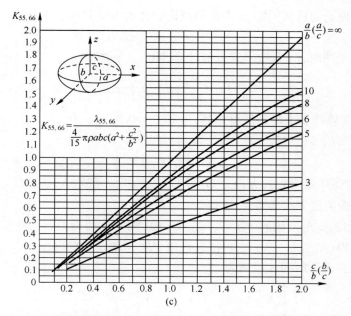

图 A-1 椭球体附加质量系数 K_{11}(a)、椭球体附加质量系数 $K_{22}(K_{33})$

(b)和椭球体附加转动惯量系数 $K_{55}(K_{66})$(c)

$$\begin{cases} (\lambda_{ij})_{mh} = \dfrac{\pi}{6}\rho LBH(K_{ij})_{ep} \quad (ij=11,22,33) \\[2mm] (\lambda_{55})_{mh} = \dfrac{\pi}{120}\rho L^3 BH\left[1+\left(\dfrac{H}{L}\right)^2\right](K_{55})_{ep} \\[2mm] (\lambda_{66})_{mh} = \dfrac{\pi}{120}\rho L^3 BH\left[1+\left(\dfrac{B}{L}\right)^2\right](K_{66})_{ep} \end{cases} \tag{A-5}$$

式中:$(K_{11,22,33,55,66})_{ep}$ 为椭球体的附加质量系数,查图 A-1 可得。$\nabla_{\downarrow t}$、I_y、I_z 分别为潜艇的水下全排水量和艇的质量对 y、z 轴的转动惯量。

一般 ∇ 为已知,但 I_y、I_z 不一定已算出,尤其在方案论证阶段,可按下列方法进行估算。以 I_y 为例,此时认为潜艇的质量转动惯量 I_y,等于质量按潜艇容积均匀分布的转动惯量 $\rho I_{y\nabla}$ 与考虑质量分布不均匀而补加之转动惯量 ΔI_y 的和,即

$$I_y = \rho I_{y\nabla} + \Delta I_y$$

其中

$$I_{y\nabla} = \int_{-L/2}^{L/2} \omega(x) x^2 \mathrm{d}x \tag{A-6}$$

为潜艇的容积转动惯量,按线型图计算,常用梯形法则进行近似积分,即

$$I_{y\nabla} = \Delta L^3 \sum n^2 \omega(x) \tag{A-7}$$

式中：ΔL 为理论肋骨的间距；n 为所取理论肋骨的力臂数；$\omega(x)$ 为第 n 号肋骨面的全面积。

当无线型图时，$I_{y\nabla}$ 可按下式近似计算，即

$$I_{y\nabla} = \frac{1}{12}\nabla_{\downarrow t}L^2\frac{1}{3-2C_p} \qquad (A-8)$$

式中：C_p 为艇体的水下纵向棱形系数，可取 $C_p = 0.57 \sim 0.70$。

关于补加的 ΔI_y 可按下式确定，即

$$\Delta I_y = K\rho\nabla_{\downarrow t}L^2 \qquad (A-9)$$

式中：K 为考虑质量沿艇长方向分布不均匀的系数，一般取 $K \approx 0.01$。

I_z 亦可按类似方法求得。

此外，如已知母型艇的 $(K_{11,22,33,55,66})_{mh0}$ 值，则可根据母型艇的主尺度查椭球体的理论图线得 $(K_{11,22,33,55,66})_{ep0}$，再按设计艇之主尺度查图得 $(K_{11,22,33,55,66})_{ep}$，最后用下列计算得到设计艇的相应值为

$$\begin{cases} (K_{11,22,33})_{mh} = (K_{11,22,33})_{mh0}\dfrac{(K_{11,22,33})_{ep}}{(K_{11,22,33})_{ep0}} \\[3mm] (K_{55,66})_{mh} = (K_{55,66})_{mh0}\dfrac{(K_{55,66})_{ep}}{(K_{55,66})_{ep0}} \end{cases} \qquad (A-10)$$

A.2.3 附体的附加质量

潜艇的首尾升降舵、稳定翼等附体的形状类似于平板，故按等值（面积 S_i、展弦比 λ_i）平板计算它们的附加质量。由于平板纵向绕流时的附加质量等于零，而这些附体都是沿艇体纵向布置的，所以有

$$\begin{cases} (\lambda_{11})_{b,s,hs} = 0 \\ (\lambda_{11})_{r,vs} = 0 \end{cases} \qquad (A-11)$$

同理，对于沿 y 轴方向的 λ_{22} 和绕 z 轴的 λ_{66} 只考虑指挥室围壳、方向舵和垂直稳定翼，即

$$(\lambda_{22}、\lambda_{66})_{fw,r,vs}$$

对于沿 z 轴方向的 λ_{33} 和绕 y 轴的 λ_{55} 只考虑首尾升降舵和水平稳定翼，即

$$(\lambda_{33}、\lambda_{55})_{b,s,hs}$$

其余的 $\lambda_{ij}(i \neq j)$ 的项也均取为零。

如果尾舵和稳定翼是组合式的尾鳍，就按一个整体计算，但被艇体分割的左右、上下两部分可分别计算。

各附体的附加质量计算，以每块附体作为相当平板，公式为

$$(\lambda_{22,33})_{ap} = \mu(\lambda) \frac{1}{4} \pi \rho b^2 l \qquad (\text{A-12})$$

式中：l 为平板的展，即附体宽度或高度；b 为平板的弦，即附体沿艇长方向的长度；$\mu(\lambda)$ 为有限翼展的修正值，按巴布斯特（Пабста）半经验公式计算，即

$$\mu(\lambda) = \frac{\lambda}{\sqrt{1+\lambda^2}} \left(1 - 0.425 \frac{\lambda}{1+\lambda^2}\right) \qquad (\text{A-13})$$

式中：$\lambda = l/b = l^2/S$ 为各附体的展弦比，S 为该附体的投影面积；$\mu(\lambda)$ 还可由图 A-2 查得。

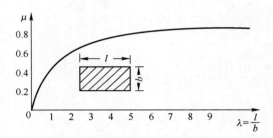

图 A-2　计算系数 μ 的曲线

对于升降舵和水平稳定翼，有

$$\begin{cases} (\lambda_{55})_{ap} = (\lambda_{33})_{ap} \cdot x_{ap}^2 \\ (\lambda_{35})_{ap} = -(\lambda_{33})_{ap} \cdot x_{ap} \end{cases} \qquad (\text{A-14})$$

对于方向舵、垂直稳定翼和指挥室围壳，有

$$\begin{cases} (\lambda_{66})_{ap} = (\lambda_{22})_{ap} \cdot x_{ap}^2 \\ (\lambda_{26})_{ap} = (\lambda_{22})_{ap} \cdot x_{ap} \end{cases} \qquad (\text{A-15})$$

式中：x_{ap} 为各附体面积的水动力中心对于原点的坐标值（有正负之分），如图 A-3 所示。

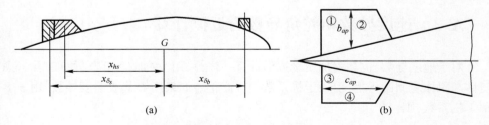

图 A-3　附体水动力中心坐标和组合舵的展与弦

A.2.4　全艇加速度系数

将主艇体和各附体质量按式（A-1）叠加，可得全艇的附加质量。用下列换算公式即得全艇无因次加速度系数，其中 $X'_{\dot{u}}$ 只计及主艇体，$Y'_{\dot{r}}$（及 $N'_{\dot{v}}$）、$Z'_{\dot{q}}$（及 $M'_{\dot{w}}$）只计及附体，即

$$
\left\{
\begin{aligned}
X'_{\dot{u}} &= -\frac{\lambda_{11}}{\frac{1}{2}\rho L^3} = -\frac{\pi}{3}\frac{B}{L}\frac{H}{L}K_{11}\\[2mm]
Y'_{\dot{v}} &= -\frac{\lambda_{22}}{\frac{1}{2}\rho L^3} = -\frac{\pi}{3}\frac{B}{L}\frac{H}{L}K_{22} - \frac{\pi}{2}\sum_{fw,r,vs}\mu(\lambda)\frac{l}{L}\left(\frac{b}{L}\right)^2\\[2mm]
Z'_{\dot{w}} &= -\frac{\lambda_{33}}{\frac{1}{2}\rho L^3} = -\frac{\pi}{3}\frac{B}{L}\frac{H}{L}K_{33} - \frac{\pi}{2}\sum_{b,s,hs}\mu(\lambda)\frac{l}{L}\left(\frac{b}{L}\right)^2\\[2mm]
Y'_{\dot{r}} &= N'_{\dot{v}} = -\frac{\lambda_{26}}{\frac{1}{2}\rho L^4} = -\frac{\pi}{2}\sum_{fw,r,vs}\mu(\lambda)\frac{l}{L}\left(\frac{b}{L}\right)^2\frac{x_{ap}}{L}\\[2mm]
Z'_{\dot{q}} &= M'_{\dot{w}} = -\frac{\lambda_{35}}{\frac{1}{2}\rho L^5} = \frac{\pi}{2}\sum_{b,s,hs}\mu(\lambda)\frac{l}{L}\left(\frac{b}{L}\right)^2\frac{x_{ap}}{L}\\[2mm]
M'_{\dot{q}} &= -\frac{\lambda_{55}}{\frac{1}{2}\rho L^5} = \frac{\pi}{60}\frac{B}{L}\frac{H}{L}\left[1+\left(\frac{H}{L}\right)^2\right]K_{55} - \frac{\pi}{2}\sum_{b,s,hs}\mu(\lambda)\frac{l}{L}\left(\frac{b}{L}\right)^2\left(\frac{x_{ap}}{L}\right)^2\\[2mm]
N'_{\dot{r}} &= -\frac{\lambda_{66}}{\frac{1}{2}\rho L^5} = \frac{\pi}{60}\frac{B}{L}\frac{H}{L}\left[1+\left(\frac{H}{L}\right)^2\right]K_{66} - \frac{\pi}{2}\sum_{fw,r,vs}\mu(\lambda)\frac{l}{L}\left(\frac{b}{L}\right)^2\left(\frac{x_{ap}}{L}\right)^2
\end{aligned}
\right.
\tag{A-16}
$$

A.3　速度导数和舵角导数的近似计算

对于速度导数，也和附加质量近似计算一样，采用"叠加""相当"原理，并考虑艇体与附体之间的干扰，引入干扰系数进行修正。如果用 C 代表速度导数，用 ε 表示干扰系数，则

$$
C = C_{mh} + \sum \varepsilon_i C_{ap} \quad (i=1,2)
\tag{A-17}
$$

A.3.1　主艇体的速度导数

可用椭球体的升力导数和力矩导数近似换算出主艇体的速度系数。根据艇体的修长度 $L/\nabla^{1/3}_{\downarrow\uparrow}$ 和横剖面的椭圆度 c/b（对垂直面运动取为 H/B，对水平面运动取为 B/H）查椭球体的无因次升力导数 $\partial F'_L/\partial\alpha$ 和力矩导数 $\partial M'/\partial\alpha$，如图 A-4 所示。

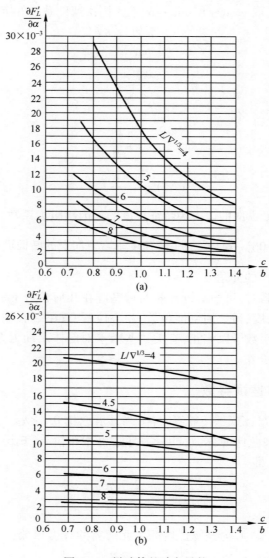

图 A-4　椭球体的冲角导数

（a）力导数；（b）力矩导数。

椭球体的水动力在速度坐标系上的分量——阻力 F_D、升力 F_L 及力矩 M_C,经坐标变换,将升力导数转换为法向力导数,此时,它们与垂直力 Z、纵倾力矩 M 之间有如下关系,即

$$\begin{cases} Z = -F_L \cos\alpha - F_D \sin\alpha \\ M = M_C \end{cases} \tag{A-18a}$$

当冲角 α 为小量时,取 $\cos\alpha \approx 1$,$\sin\alpha \approx \alpha$,按无因次速度系数的定义,有

$$\begin{cases} (Z'_w)_{mh} = \dfrac{\partial Z'}{\partial \alpha} = -\dfrac{\partial F'_L}{\partial \alpha} - F'_D \\ (M'_w)_{mh} = \dfrac{\partial M'_C}{\partial \alpha} \end{cases} \tag{A-18b}$$

同理,对于水平面运动,有

$$\begin{cases} (Y'_v)_{mh} = \dfrac{\partial F'_L}{\partial \beta} + F'_D \\ (N'_v)_{mh} = \dfrac{\partial M'_C}{\partial \beta} \end{cases} \tag{A-18c}$$

式中:F'_D 为椭球体沿纵向的以 L 为特征尺度的无因次阻力系数,其值较小,可近似取为 $F'_D = (0.04 \sim 0.06) \dfrac{A}{L^2}$;$A$ 为与主流速度垂直方向上的断面面积;β 为漂角,查图 A-4 时相当于垂直面的冲角 α。

当有母型艇资料时,可根据设计艇与母型艇在几何参数上的差异,如长宽比、高宽比、平行艇体长度、最大横剖面位置、浮心位置、首尾端收缩比等,采用系列试验得到的几何影响系数予以修正,有关这些因素对艇体水动力系数的影响的试验结果将在 A.5 节中介绍。

A.3.2　附体速度导数

对于指挥室围壳、稳定翼、舵等附体,当其展弦比 $0.5 < \lambda < 2$、相对厚度 $0.1 < \bar{t} < 0.2$ 时均可当作小展弦比薄翼,它的升力导数可用布拉果(Бураро)小展弦比矩形机翼公式近似计算,即

$$\frac{\partial F'_L}{\partial \alpha} = k\alpha_\infty \frac{2.75\lambda}{2.75\lambda + \alpha_\infty} \cdot \frac{S}{L^2} \tag{A-18d}$$

式中:$\alpha_\infty = \left. \dfrac{\partial C_y}{\partial \alpha} \right|_{\lambda=\infty} = 5.6$ 为经修正后的二元薄翼的升力导数;k 为厚度修正系数,尾舵取 0.85,首舵取 0.92;S 为翼形附体的投影面积。

考虑到大多数翼形体的阻力系数远小于升力系数,故可略去 F'_D,而将升力导

数直接取作法向力系数。于是,对于垂直面运动,有

$$(Z_\text{w}')_\text{ap} = -k\alpha_\infty \frac{2.75\lambda_\text{ap}}{2.75\lambda_\text{ap}+\alpha_\infty} \cdot \frac{S_\text{ap}}{L^2} \qquad (\text{A--19a})$$

$$(M_\text{w}')_\text{ap} = -(Z_\text{w}')_\text{ap} \cdot x_\text{ap}' \qquad (\text{A--19b})$$

式中:符号"ap"包括首升降舵、尾升降舵和水平稳定翼(或组合体),即由"b,s,hs"等下标表示的附体;λ_ap、S_ap、$x_\text{ap}'=x_\text{ap}/L$ 分别为上述附体的展弦比、水平投影面积和水动力中心的纵坐标相当值。

有时,对式(A--19a)的分母用 α_∞ 遍除,提出 $1/\alpha_\infty$,而消除"α_∞"简化公式,从而有

$$(Z_\text{w}')_\text{ap} = -\mu k \frac{2.75\lambda_\text{ap}}{1+0.49\lambda_\text{ap}} \cdot \frac{S_\text{ap}}{L^2} \qquad (\text{A--19c})$$

式中:μ 为舵、主艇体、鳍固定部分间影响系数,取 $\mu_\text{s}=\mu_\text{r} \approx 1.3$,$\mu_{b,\text{fw}} \approx 0.85$。

同理,对于水平面运动,有

$$(Y_\text{v}')_\text{ap} = -k\alpha_\infty \frac{2.75\lambda_\text{ap}}{2.75\lambda_\text{ap}+\alpha_\infty} \cdot \frac{S_\text{ap}}{L^2} \qquad (\text{A--19d})$$

$$(N_\text{v}')_\text{ap} = -(Y_\text{v}')_\text{ap} \cdot x_\text{ap}' \qquad (\text{A--19e})$$

式中:符号"ap"包括 fw、r、vs 等附体。

A.3.3　干扰系数和全艇速度导数表示式

计算速度导数时,只考虑主艇体对附体水动力的干扰,而忽略附体对主艇体以及各附体相互之间的干扰。干扰的影响用干扰系数 ε 修正,"位于艇体上的附体水动力值"等于"孤立附体的水动力值"与干扰系数 ε_i 的乘积。干扰系数 ε_i 的值可参考有关的系列试验统计资料来选取。

于是,全艇的速度导数可写成

$$\begin{cases} Z_w' = (Z_w')_{mh} + \sum \varepsilon_1 (Z_w')_{ap} \\ M_w' = (M_w')_{mh} + \sum \varepsilon_2 (M_w')_{ap} \\ Y_v' = (Y_v')_{mh} + \sum \varepsilon_1 (Y_v')_{ap} \\ N_v' = (N_v')_{mh} + \sum \varepsilon_2 (N_v')_{ap} \end{cases} \qquad (\text{A--20})$$

速度导数的近似估算,尚可按文献[67]进行。

A.3.4　舵角导数

舵板处于零舵角时,作为潜艇的附体所提供的水动力已经包括在上述艇的速度导数及角速度导数之中。当舵板偏转某一舵角后,它所提供的附加水动力则用

舵角导数表示,它也是一种速度系数。孤立舵在迎流中偏转舵角 δ 所产生的升力导数也用布拉果公式计算,即

$$\frac{\partial F'_L}{\partial \delta} = k\alpha_\infty \frac{2.75\lambda}{2.75\lambda + \alpha_\infty} \cdot \frac{S}{L^2} \qquad (A-21)$$

同时考虑艇体和螺旋桨尾流的影响,作适当修正即可,并取:

(1) 干扰系数 ε_3、ε_4 分别为主艇体对于舵角法向力导数和力矩导数的影响值。

(2) 螺旋桨尾流将引起尾舵升力系数的增加,并将各种影响因素(如桨的负荷、桨与舵的相对位置、伴流情况、桨的进速比等)归结为螺旋桨负荷系数的影响,即

$$\Delta\left(\frac{\partial F'_L}{\partial \delta}\right) = \frac{\partial F'_L}{\partial \delta} B_p \qquad (A-22)$$

式中:B_p 为螺旋桨的负荷系数,即

$$B_p = 4K_T/\pi J^2$$

式中:$K_T = T/\rho n^2 D^4$ 为螺旋桨推力系数;$J = V(1-w)/nD$ 为螺旋桨进速比;n、D、w 分别为螺旋桨转速、直径、伴流系数。

对于桨前舵可不作此种修正。

修正后的舵角导数公式如下:

首升降舵为

$$Z'_{\delta_b} = -\varepsilon_3 k\alpha_\infty \frac{2.75\lambda_b}{2.75\lambda_b + \alpha_\infty} \cdot \frac{S_b}{L^2} \qquad (A-23a)$$

$$M'_{\delta_b} = -\varepsilon_4 Z'_{\delta_b} \cdot x'_b \qquad (A-23b)$$

尾升降舵为

$$Z'_{\delta_s} = -\varepsilon_3 k\alpha_\infty \frac{2.75\lambda_s}{2.75\lambda_s + \alpha_\infty} \cdot \frac{S_s}{L^2}(1+B_p) \qquad (A-24a)$$

$$M'_{\delta_s} = -\varepsilon_4 Z'_{\delta_s} \cdot x'_s \qquad (A-24b)$$

方向舵为

$$Y'_{\delta_r} = -\varepsilon_3 k\alpha_\infty \frac{2.75\lambda_r}{2.75\lambda_r + \alpha_\infty} \cdot \frac{S_r}{L^2}(1+B_p) \qquad (A-25a)$$

$$N'_{\delta_r} = -\varepsilon_4 Y'_{\delta_r} \cdot x'_r \qquad (A-25b)$$

对于位于导弹舱盖后的方向舵,可作如下修正,即

$$Y'_{\delta_r u} = G \cdot Y'_{\delta_r} \quad (G = 0.6) \qquad (A-26)$$

A.4 角速度导数的近似计算

角速度导数的近似计算和速度导数的近似计算一样,根据叠加原理并用干扰系数修正,即

$$C = C_{mh} + \sum_{ap} \varepsilon_i C_{ap} \quad (i = 5,6) \tag{A-27}$$

式中:主艇体的角速度导数 C_{mh},可直接由相当椭球体的角速度升力导数和力矩导数换算求得,如图 A-5 所示。根据等值的($L/\nabla^{\frac{1}{3}}$、H/B 或 B/H)可查得相应的主艇体的 $\partial F_L'/\partial \Omega'$、$\partial M'/\partial \Omega'$,其中无因次角速度 Ω' 即是 q' 或 r',再进行浮心位置的修正。设艇体坐标系原点(重心)位于椭球体浮心位置(相当于船舯)的前方,相距 l_0(图 A-6),修正的经验公式如下:

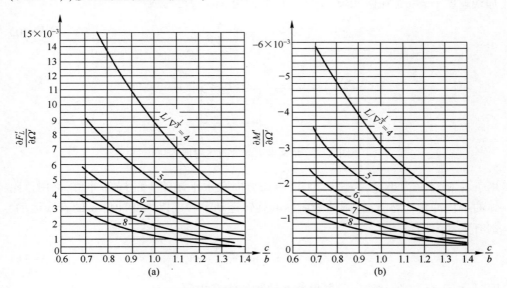

图 A-5 椭球体角速度导数

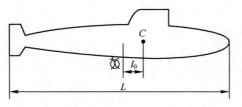

图 A-6 浮心位置修正

垂直面运动($c/b = H/B$)为

$$(Z'_q)_{mh} = -\frac{\partial F'_L}{\partial \Omega'}\left(1 + 2.27\frac{l_0}{L}\right) \qquad (\text{A-28a})$$

$$(M'_q)_{mh} = \frac{\partial M'}{\partial \Omega'}\left(1 + 2.27\frac{l_0}{L}\right)^2 \qquad (\text{A-28b})$$

水平面运动($c/b = B/H$)为

$$(Y'_r)_{mh} = -\frac{\partial F'_L}{\partial \Omega'}\left(1 + 2.27\frac{l_0}{L}\right) \qquad (\text{A-29a})$$

$$(N'_r)_{mh} = \frac{\partial M'}{\partial \Omega'}\left(1 + 2.27\frac{l_0}{L}\right)^2 \qquad (\text{A-29b})$$

关于附体的角速度导数,可参看图 A-7,当有角速度 q 时,则在附体处引起附加线速度 $w = -qx$,在微元段 $\mathrm{d}x$ 处有局部冲角 $\alpha(x)$,可写成

$$\alpha(x) = \frac{w}{V} = -\frac{q}{V}x \qquad (\text{A-30})$$

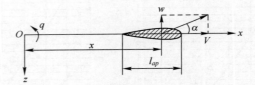

图 A-7 角速度引起的附体附加运动

由于 w 相对 V 为小量,一般认为,沿艇长方向在水平尾鳍上的局部冲角,可用该附体的平均冲角代替,这样附体随艇体的旋转运动可看成以不变冲角 α 的直线运动,则有水动力增量

$$Z_w(\alpha) = \frac{1}{2}\rho L^2 V Z'_w \cdot \alpha V \qquad (\text{A-31})$$

同时,由于存在角速度 q,根据角速度导数的定义式,有

$$Z(q) = \frac{1}{2}\rho L^3 V Z'_q \cdot q \qquad (\text{A-32a})$$

显然,上述两个式子应相等,于是得

$$(Z'_q)_{ap} = -(Z'_w)_{ap} \cdot x'_{ap} \qquad (\text{A-32b})$$

参看式(A-19b)可知,式(A-32b)又可写成

$$(Z'_q)_{ap} = (M'_w)_{ap} \qquad (\text{A-32c})$$

同理,有

$$(M'_q)_{ap} = -(Z'_q)_{ap} \cdot x'_{ap} \qquad (\text{A-33})$$

对于水平面运动,则有

$$(Y'_r)_{ap} = (N'_v)_{ap} \qquad\qquad (A-34)$$

$$(N'_r)_{ap} = (Y'_r)_{ap} \cdot x'_{ap} \qquad\qquad (A-35)$$

由上述可见,各附体的速度导数和角速度导数的确定,其中心问题是在于计算 $(Z'_w)_{b,s,hs}$ 和 $(Y'_v)_{fw,r,vs}$。

最后仿照速度导数的公式(A-20),以 ε_5、ε_6 分别表示主艇体对于附体 $(Z'_q、M'_q)_{ap}$ 的影响(水平面类似),于是,全艇的角速度导数公式如下:

垂直面运动(计及 b,s,hs 等附体)为

$$Z'_q = (Z'_q)_{mh} + \sum_{ap} \varepsilon_5 \, (Z'_q)_{ap} \qquad\qquad (A-36a)$$

$$M'_q = (M'_q)_{mh} + \sum_{ap} \varepsilon_6 \, (M'_q)_{ap} \qquad\qquad (A-36b)$$

水平面运动(计及 fw、r、vs 等附体)为

$$Y'_r = (Y'_r)_{mh} + \sum_{ap} \varepsilon_5 \, (Y'_r)_{ap} \qquad\qquad (A-37a)$$

$$N'_r = (N'_r)_{mh} + \sum_{ap} \varepsilon_6 \, (N'_r)_{ap} \qquad\qquad (A-37b)$$

式中:干扰系数 ε_5、ε_6 可参考有关资料选取。

A.5 若干耦合水动力系数的近似关系式

水动力系数中有很大一部分是非线性的耦合系数,它们反映了当潜艇既有线速度又有角速度或者两种角速度时耦合的水动力成分。其中的大部分虽然可以综合应用 VPMM 或 LAHPMM 两种平面运动机构试验测定,如国内有的平面运动机构试验测定了某型潜艇的 102 项水动力系数,但是,一般来说,这些耦合力相对来讲比较小,试验测定也比较困难,为此,人们试图根据流体力学的基本理论寻找它们之间的对应关系,以较少理论计算的工作量和避免计算的困难。

博尔曼于 1989 年介绍了一种计算全套运动方程的水动力系数的方法。该方法的计算结果与五型潜艇的平面运动机构试验结果相比较,证实计算结果具有很好的一致性。同时将作用在潜艇上的水动力划分成三部分,即

$$F = F_H + F_F + F_p \qquad\qquad (A-38)$$

式中:F 为作用在潜艇上的总的水动力和力矩;F_H 为作用在艇体上的水动力和力矩;F_F 为作用在翼形附体上的水动力和力矩;F_p 为作用在螺旋桨上的水动力和力矩,并包括它们之间的相互影响。

根据势流理论可导出下列关系式,即

$$\begin{cases} X'_{wq}=Z'_{\dot{w}} & Y'_r=X'_{\dot{u}} & Z'_q=-X'_{\dot{u}} \\ X'_{vr}=-Y'_{\dot{v}} & Y'_{wp}=-Z'_{\dot{w}} & Z'_{vp}=Y'_{\dot{v}} \\ X'_{qq}=Z'_{\dot{q}} & Y'_{pq}=-Z'_{\dot{q}} & Z'_{pr}=Y'_{\dot{r}} \\ X'_{rr}=-Y'_{\dot{r}} & & \\ K'_{vw}=Z'_{\dot{w}}-Y'_{\dot{v}} & M'_q=-Z'_{\dot{q}} & N'_r=Y'_{\dot{r}} \\ K'_{qr}=N'_{\dot{r}}-M'_{\dot{q}} & M'_{vp}=-Y'_{\dot{r}} & N'_{pq}=M'_{\dot{q}}-K'_{\dot{p}} \\ K'_{wr}=-Y'_{\dot{r}}-Z'_{\dot{q}} & M'_{pr}=K'_{\dot{p}}-N'_{\dot{r}} & N'_{wp}=Z'_{\dot{q}} \\ K'_{vq}=Y'_{\dot{r}}+Z'_{\dot{q}} & M'_w=X'_{\dot{u}}-Z'_{\dot{w}} & N'_v=Y'_{\dot{v}}-X'_{\dot{u}} \\ K'_{wp}=-Y'_{\dot{p}} & M'_{vr}=Y'_{\dot{p}} & N'_p=Y'_{\dot{p}} \\ & N'_{vq}=-Y'_{\dot{p}} & N'_{qr}=-K'_{\dot{r}} \end{cases} \qquad (A-39)$$

由式(A-39)可以看出,这些关系式中是用加速度系数表示部分耦合系数和数个(角)速度系数的。

由于耦合水动力中包括惯性成分和黏性成分,如假设某些耦合水动力中的黏性成分相对其惯性成分甚小而忽略,则可用理想流体理论求得它们的惯性成分,并作为这些耦合水动力的近似值。

根据加速度系数与附加质量的对应关系式(2-42),各力的分量、速度和角加速度分量与各水动力系数的对应关系列于表 A-1,表中已用加速度系数取代了附加质量。表中空格表示原公式中不存在该项流体惯性力;表中"0"项表示艇体左右对称流体惯性力为零;"≈0"项表示流体惯性力甚小而省略的项,如 $\lambda_{13,15}$ 等。

参照表 A-1 或式(2-37)可以看出:

(1)凡是由(角)加速度($\dot{u}$ 、 $\dot{v}$ 、 $\dot{w}$ 及 $\dot{p}$ 、 $\dot{q}$ 、 $\dot{r}$)引起的水动力,均以惯性成分为主,黏性成分可以忽略。这些线性项就代表真实流体的水动力。

(2)对于线速度及其耦合运动(u^2 、 v^2 、 w^2 、 uv 、 uw 、 vw)的各项,根据达朗贝尔矛盾,物体在理想流体中作这些运动时,将不存在流体惯性力而只存在流体惯性力矩(孟克力矩)。显然,物体在真实流体作这一运动时,所受的流体动力全部是黏性力,流体动力矩中的黏性力力矩也是个大量。现在使用的水动力系数,是将惯性成分(孟克力矩)并入黏性力矩中,如 N'_v 、 M'_w 等中就包括了对应的流体惯性力矩($\lambda_{11}-\lambda_{22}$) uv 等。

(3)对于直航中兼有角速度的运动,如 up 、 uq 、 ur ,以及属于同一平面内线速度与角速度的耦合运动,如 vr 、 wq ,此时,角速度将直接改变线速度的分布,由此引起的水动力中的黏性成分也不可忽略。

其余与角速度运动相关而引起的耦合水动力,黏性成分很小,可用在理想流体中运动的惯性成分近似地代表真实的总流体动力。

根据上述分析,耦合运动的水动力分量中有 21 项可不考虑黏性成分,若包括 vr、wq 项则有 24 项,这些项可按表 A-1 用加速度系数来等价地表示流体耦合系数,见表 A-2 所列。

表 A-1

运动参数	水动力系数	X_I	Y_I	Z_I	K_I	M_I	N_I
1	$\dot{u}$	$X_{\dot{u}}$	0	≈ 0	0	≈ 0	0
2	$\dot{v}$	0	$Y_{\dot{v}}$	0	$K_{\dot{v}}\,(=Y_{\dot{p}})$	0	$N_{\dot{v}}\,(=Y_{\dot{r}})$
3	$\dot{w}$	≈ 0	0	$Z_{\dot{w}}$	0	$M_{\dot{w}}\,(=Z_{\dot{q}})$	0
4	$\dot{p}$	0	$Y_{\dot{p}}$	0	$K_{\dot{p}}$	0	$N_{\dot{p}}\,(=K_{\dot{r}})$
5	$\dot{q}$	≈ 0	0	$Z_{\dot{q}}$	0	$M_{\dot{q}}$	0
6	$\dot{r}$	0	$Y_{\dot{r}}$	0	$K_{\dot{r}}$	0	$N_{\dot{r}}$
7	u^2	—	—	—	—	≈ 0	0
8	v^2	—	—	—	0	—	0
9	w^2	—	—	—	0	≈ 0	—
10	p^2	—	0	$Y_{\dot{p}}$	—	$-N_{\dot{p}}$	0
11	q^2	$Z_{\dot{q}}$	—	≈ 0	0	—	0
12	r^2	$-Y_{\dot{r}}$	0	—	0	$N_{\dot{p}}$	—
13	uv	—	—	—	≈ 0	0	$Y_{\dot{v}}-X_{\dot{u}}$
14	uw	—	—	—	0	$X_{\dot{u}}-Z_{\dot{w}}$	0
15	vw	—	—	—	$Z_{\dot{w}}-Y_{\dot{v}}$	0	≈ 0
16	up	—	≈ 0	0	—	0	$Y_{\dot{p}}$
17	uq	≈ 0	—	$-X_{\dot{u}}$	0	$-Z_{\dot{q}}$	0
18	ur	0	$X_{\dot{u}}$	—	≈ 0	0	$Y_{\dot{r}}$
19	vp	—	0	$Y_{\dot{v}}$	0	$-Y_{\dot{r}}$	0
20	vq	0	—	0	$Y_{\dot{r}}+Z_{\dot{q}}$	—	$-Y_{\dot{p}}$
21	vr	$-Y_{\dot{v}}$	0	—	0	$Y_{\dot{p}}$	0
22	wp	—	$-Z_{\dot{w}}$	0	$-Y_{\dot{p}}$	0	$Z_{\dot{q}}$
23	wq	$Z_{\dot{w}}$	—	≈ 0	≈ 0	0	—
24	wr	0	≈ 0	—	$-Y_{\dot{r}}-Z_{\dot{q}}$	0	—
25	pq	0	$-Z_{\dot{r}}$	0	$N_{\dot{p}}$	0	$M_{\dot{q}}-K_{\dot{p}}$
26	pr	$-Y_{\dot{p}}$	0	$Y_{\dot{r}}$	0	$K_{\dot{p}}-N_{\dot{r}}$	0
27	qr	0	≈ 0	0	$N_{\dot{r}}-M_{\dot{q}}$	0	$-N_{\dot{p}}$

表 A-2

序　号	耦合系数	等价系数	序　号	耦合系数	等价系数	序　号	耦合系数	等价系数
1	X_{qq}	$Z_{\dot{q}}$	9	K_{vq}	$Y_{\dot{r}}+Z_{\dot{q}}$	17	M_{pr}	$K_{\dot{p}}-N_{\dot{r}}$
2	X_{rr}	$-Y_{\dot{r}}$	10	K_{up}	$-Y_{\dot{p}}$	18	N_{vq}	$-Y_{\dot{p}}$
3	X_{pr}	$-Y_{\dot{p}}$	11	K_{wr}	$-Y_{\dot{r}}-Z_{\dot{q}}$	19	N_{up}	$Z_{\dot{q}}$
4	Y_{wp}	$-Z_{\dot{w}}$	12	K_{qr}	$N_{\dot{r}}-M_{\dot{q}}$	20	N_{pq}	$M_{\dot{q}}-K_{\dot{p}}$
5	Y_{pq}	$-Z_{\dot{q}}$	13	K_{pq}	$N_{\dot{p}}$	21	N_{qr}	$-N_{\dot{p}}$
6	Z_{pp}	$Y_{\dot{p}}$	14	M_{pp}	$-N_{\dot{p}}$	22	X_{vr}	$-Y_{\dot{v}}$
7	Z_{pr}	$Y_{\dot{r}}$	15	M_{rr}	$N_{\dot{p}}$	23	X_{wq}	$Z_{\dot{w}}$
8	Z_{vp}	$Y_{\dot{v}}$	16	M_{vp}	$-Y_{\dot{r}}$	24	M_{vr}	$Y_{\dot{p}}$

对比式（A-39）和表 A-2 可以看出，二者是一致的，只是式（A-39）中还给出孟克力矩 $M'_w=X'_{\dot{u}}-Z'_{\dot{w}}$ 及 $N'_v=Y'_{\dot{v}}-X'_{\dot{u}}$。

A.6 案例

A.6.1 潜艇的原始数据

水下全排水容积：$\nabla_t=1500\mathrm{m}^3$（下用 ∇ 代替 ∇_t）。

艇体长度：$L=70\mathrm{m}$。

艇体的高、宽：$B=H=6\mathrm{m}$。

各附体的投影面积 s、展长 l、弦长 b、面积中心至动坐标系原点（重心）的纵坐标 x 值如下表所列：

附　　体	s/m^2	l/m	b/m	x/m	λ
首水平舵	2×2	2	1	25	2
尾水平舵	2×3	2	1.5	−35	1.33
水平尾鳍（尾水平舵+水平稳定翼）	2×7.5	2.5	3	−32	0.833
垂直舵	2×3	2	1.5	−35	1.33
垂直尾鳍（垂直舵+垂直稳定翼）	2×7.5	2.5	3	−32	0.833
指挥室围壳	24	2	8	5	0.375

A.6.2 加速度系数估算

1. 主艇体

由 $L/B=11.67$，$H/B=1.0$ 查三轴椭球体附加质量系数图线（图 A-1）得到附加质量系数，并按式（A-16）计算相应主艇体加速度系数，即

$$K_{11} = 0.018, \quad (X'_{\dot{u}})_{mh} = -\frac{\pi}{3} \frac{B}{L} \frac{H}{L} K_{11} = -1.385 \times 10^{-4}$$

$$K_{22} = 0.96, \quad (Y'_{\dot{v}})_{mh} = -\frac{\pi}{3} \frac{B}{L} \frac{H}{L} K_{22} = -7.39 \times 10^{-3}$$

$$K_{33} = 0.96, \quad (Z'_{\dot{w}})_{mh} = -\frac{\pi}{3} \frac{B}{L} \frac{H}{L} K_{33} = -7.39 \times 10^{-3}$$

$$K_{55} = 0.88, \quad (M'_{\dot{q}})_{mh} = -\frac{\pi}{60} \frac{B}{L} \frac{H}{L} \left(1 + \frac{B^2}{L^2}\right) K_{55} = -3.41 \times 10^{-4}$$

$$K_{66} = 0.88, \quad (N'_{\dot{r}})_{mh} = -\frac{\pi}{60} \frac{B}{L} \frac{H}{L} \left(1 + \frac{B^2}{L^2}\right) K_{66} = -3.41 \times 10^{-4}$$

2. 附体

按式(A-16)的后半部分计算,其中修正系数 $\mu(\lambda)$ 由式(A-13)求得。由于尾水平舵和水平稳定翼是一个整体的水平尾鳍,故计算加速度系数时只对组合鳍计算,详见下表。表中 n 为附体块数,两侧都有该附体时取 $n=2$,并且有

附体	①	②	③	④	⑤	⑥	⑦	⑧	⑨
	λ	$\mu(\lambda)$	l/m	b/m	n	$n\mu lb^2$ /m³	x /m	⑥·x /m⁴	⑥·x^2 /m⁵
首升降舵	2	0.74	2	1	2	2.96	25	74	1850
水平尾鳍	0.883	0.52	2.5	3	2	23.4	−32	−748.8	23960
垂直面运动						26.4		−674.8	25810
指挥室围壳	0.375	0.3	3	8	1	57.6	5	288	1440
垂直尾鳍	0.833	0.52	2.5	3	2	23.4	−32	−748.8	23960
水平面运动						81.0		−460.8	25400

$$(X'_{\dot{u}})_{ap} = 0$$

$$(Y'_{\dot{v}})_{ap} = -\frac{\pi}{2L^3} \sum ⑥ = 3.71 \times 10^{-4}$$

$$(Z'_{\dot{w}})_{ap} = -\frac{\pi}{2L^3} \sum ⑥ = -1.209 \times 10^{-4}$$

$$(Y'_{\dot{r}})_{ap} = -\frac{\pi}{2L^4} \sum ⑧ = 0.302 \times 10^{-4}$$

$$(Z'_{\dot{q}})_{ap} = -\frac{\pi}{2L^4} \sum ⑧ = -0.442 \times 10^{-4}$$

$$(M'_{\dot{q}})_{ap} = -\frac{\pi}{2L^5} \sum ⑨ = -0.241 \times 10^{-4}$$

$$(N'_{\dot{r}})_{ap} = -\frac{\pi}{2L^5} \sum ⑨ = -0.237 \times 10^{-4}$$

3. 全艇

全艇的加速度系数等于相应的主艇体和附体的加速度系数的代数和,即

$$X'_{\dot{u}} = -1.39 \times 10^{-4}$$

$$Y'_{\dot{v}} = (-7.39 - 0.371) \times 10^{-4} = -7.76 \times 10^{-4}$$

$$Z'_{\dot{w}} = (-7.39 - 0.121) \times 10^{-3} = -7.51 \times 10^{-3}$$

$$N'_{\dot{v}} = Y'_{\dot{r}} = 3.02 \times 10^{-5}$$

$$M'_{\dot{w}} = Z'_{\dot{q}} = -4.42 \times 10^{-5}$$

$$M'_{\dot{q}} = (-3.41 - 0.241) \times 10^{-4} = -3.65 \times 10^{-4}$$

$$N'_{\dot{r}} = (-3.41 - 0.237) \times 10^{-4} = -3.65 \times 10^{-4}$$

A.6.3 速度系数估算

1. 主艇体

用 $L/\nabla^{1/3} = 6.1$、$H/B = 1.0$ 查三轴椭球体速度导数图线(图 A-4)得

$$\frac{\partial F'_L}{\partial \alpha} = 6.4 \times 10^{-3}$$

$$\frac{\partial M'}{\partial \alpha} = 5.6 \times 10^{-3}$$

三轴椭球体的阻力系数取

$$F'_D = 0.05 \times F_0/L^2 = 0.29 \times 10^{-3}$$

这样,主艇体速度系数由式(A-19)、式(A-20)得

$$(Y'_v)_{mh} = -\left(\frac{\partial F'_L}{\partial \alpha} + F'_D\right) = -6.69 \times 10^{-3}$$

$$(Z'_w)_{mh} = -6.69 \times 10^{-3}$$

$$(N'_v)_{mh} = -\frac{\partial M'}{\partial \alpha} = 5.6 \times 10^{-3}$$

$$(M'_w)_{mh} = 5.6 \times 10^{-3}$$

2. 附体

按式(A-19a)~式(A-19d)计算附体的力和力矩速度系数,为简单起见,这里取干扰系数 $\varepsilon_1 = \varepsilon_2 = 1$,计算按下表进行。表中面积 S 为附体两侧之总投影面积。

附 体	S/m^2	λ	力速度系数	$x'=x/L$	力矩速度系数
首水平舵	4	2	-2.08×10^{-3}	25/70	7.44×10^{-4}
水平尾鳍	15	0.833	-4.58×10^{-3}	$-32/70$	-2.09×10^{-3}
$(Z'_w)_{ap} = -6.66 \times 10^{-3}$ $(M'_w)_{ap} = -1.35 \times 10^{-3}$					

（续）

附　体	S/m^2	λ	力速度系数	$x'=x/L$	力矩速度系数
指挥室围壳	24	0.375	-3.92×10^{-3}	5/70	-2.80×10^{-4}
垂直尾翼	15	0.833	-4.58×10^{-3}	-32/70	2.09×10^{-3}
$(Y'_v)_{ap}=-8.05\times10^{-3}$　　$(N'_v)_{ap}=1.81\times10^{-3}$					

3. 全艇

按式（A-20），将主艇体和附体的相应部分求其代数和得

$$Y'_v=(-6.69-8.50)\times10^{-3}=-1.52\times10^{-2}$$

$$Z'_w=(-6.49-6.66)\times10^{-3}=-1.32\times10^{-2}$$

$$N'_v=(-5.6+1.81)\times10^{-3}=-3.79\times10^{-3}$$

$$M'_w=(5.6-1.35)\times10^{-3}=4.25\times10^{-3}$$

A.6.4　舵角导数

按式（A-23）~式（A-25）计算，各干扰系数 ε_3、ε_4 亦取为1，螺旋桨负荷系数 $B_p=0.5$。各舵的水动力系数计算结果如下表。

舵	S/m^2	λ	$1+B_p$	Z'_δ（或 Y'_δ）	x'	M'_δ（或 N'_δ）
首水平舵	4	2	1	-2.09×10^{-3}	25/70	7.46×10^{-4}
尾水平舵	6	1.33	1.5	-3.76×10^{-3}	-32/70	-1.72×10^{-3}
尾垂直舵	6	1.33	1.5	-3.76×10^{-3}	-32/70	1.72×10^{-3}

A.6.5　角速度系数

1. 主艇体

用 $L/\nabla^{1/3}=6.1$、$H/B=1.0$ 查三轴椭球体角速度导数图线（图A-5）得

$$\frac{\partial F'_L}{\partial \Omega'}=2.7\times10^{-3}$$

$$\frac{\partial M'}{\partial \Omega}=-1.22\times10^{-3}$$

取艇体重心 G 在船舯前 $l_0=1\mathrm{m}$，浮心位置修正系数为

$$1+2.27\frac{l_0}{L}=1.032$$

故主艇体角速度系数为

$$(Y_r')_{mh} = -(Z_q')_{mh} = 1.032 \times \frac{\partial F_L'}{\partial \Omega'} = 2.786 \times 10^{-3}$$

$$(N_r')_{mh} = (M_q')_{mh} = 1.032^2 \times \frac{\partial M'}{\partial \Omega'} = -1.299 \times 10^{-3}$$

2. 附体

按式(A-31b)~式(A-34)计算,各干扰系数 ε_5、ε_6 亦取为 1,各附体计算结果如下:

首水平舵为

$$(Z_q')_b = (M_w')_b = 7.44 \times 10^{-4}$$

$$(M_q')_b = -x_b'(Z_q')_b = -2.66 \times 10^{-4}$$

水平尾鳍为

$$(Z_q')_{hsf} = (M_w')_{hsf} = -2.09 \times 10^{-3}$$

$$(M_q')_{hsf} = -x_{hsf}'(Z_q')_{hsf} = -9.55 \times 10^{-4}$$

指挥室围壳为

$$(Y_r')_{fw} = (N_v')_{fw} = -2.80 \times 10^{-4}$$

$$(N_r')_{fw} = x_{fw}'(Y_r')_{fw} = -2.0 \times 10^{-5}$$

垂直尾鳍为

$$(Y_r')_{vsf} = (N_v')_{vsf} = 2.09 \times 10^{-3}$$

$$(N_r')_{vsf} = x_{vsf}'(Y_r')_{vsf} = -9.55 \times 10^{-4}$$

3. 全艇

按式(A-35)、式(A-36),将主艇体和附体的相应部分求其代数和得

$$Z_q' = (-2.786 + 0.744 - 2.09) \times 10^{-3} = -4.13 \times 10^{-3}$$

$$M_q' = (-1.299 - 0.266 - 0.955) \times 10^{-3} = -2.52 \times 10^{-3}$$

$$Y_r' = (2.786 - 0.280 + 2.09) \times 10^{-3} = 4.59 \times 10^{-3}$$

$$N_r' = (-1.299 - 0.20 - 0.955) \times 10^{-3} = -2.45 \times 10^{-3}$$

A.6.6 小结

综上计算结果如下:

	垂直面运动		水平面运动
$X_{\dot{u}}'$	-1.39×10^{-4}	$X_{\dot{u}}'$	-1.39×10^{-4}
$Z_{\dot{u}}'$	-7.51×10^{-3}	$Y_{\dot{v}}'$	-7.76×10^{-3}

$M'_{\dot{w}}$	-4.42×10^{-5}	$N'_{\dot{v}}$	3.02×10^{-5}
$Z'_{\dot{q}}$	-4.42×10^{-5}	$Y'_{\dot{r}}$	3.02×10^{-5}
$M'_{\dot{q}}$	-3.65×10^{-4}	$N'_{\dot{r}}$	-3.65×10^{-4}
Z'_{w}	-1.32×10^{-2}	Y'_{v}	-1.52×10^{-2}
M'_{w}	4.25×10^{-3}	N'_{v}	-3.79×10^{-3}
Z'_{q}	-4.13×10^{-3}	Y'_{r}	4.59×10^{-3}
M'_{q}	-2.52×10^{-3}	N'_{r}	-2.45×10^{-3}
$Z'_{\delta_{s}}$	-3.76×10^{-3}	$Y'_{\delta_{r}}$	-3.76×10^{-3}
$M'_{\delta_{s}}$	-1.72×10^{-3}	$N'_{\delta_{r}}$	1.72×10^{-3}
$Z'_{\delta_{b}}$	-2.09×10^{-3}		
$M'_{\delta_{b}}$	7.46×10^{-4}		

附录 B   无因次水动力系数定义式

$$I'_{x,y,z} = I_{x,y,z} / \frac{1}{2}\rho L^5$$

$$M' = M / \frac{1}{2}\rho L^3 V^2$$

$$K' = K / \frac{1}{2}\rho L^3 V^2$$

$$M'_0 = M_0 / \frac{1}{2}\rho L^3 V^2$$

$$K'_0 = K_0 / \frac{1}{2}\rho L^3 V^2$$

$$M'_{pp} = M_{pp} / \frac{1}{2}\rho L^5$$

$$K'_p = K_p / \frac{1}{2}\rho L^4 V$$

$$M'_q = M_q / \frac{1}{2}\rho L^4 V$$

$$K'_{p|p|} = K_{p|p|} / \frac{1}{2}\rho L^5$$

$$M'_{\dot{q}} = M_q / \frac{1}{2}\rho L^5$$

$$K'_{pq} = K_{pq} / \frac{1}{2}\rho L^5$$

$$M_{q|q|} = M_{q|q|} / \frac{1}{2}\rho L^5$$

$$K'_{qr} = K_{qr} / \frac{1}{2}\rho L^5$$

$$M'_{|q|\delta_s} = M_{|q|\delta_s} / \frac{1}{2}\rho L^4 V$$

$$K'_r = K_r / \frac{1}{2}\rho L^4 V$$

$$M_{rp} = M_{rp} / \frac{1}{2}\rho L^5$$

$$K'_{\dot{r}} = K_{\dot{r}} / \frac{1}{2}\rho L^5$$

$$M'_{rr} = M_{rr} / \frac{1}{2}\rho L^5$$

$$K'_v = K_v / \frac{1}{2}\rho L^3 V$$

$$M'_{vp} = M_{vp} / \frac{1}{2}\rho L^4$$

$$K'_{\dot{v}} = K_{\dot{v}} / \frac{1}{2}\rho L^4$$

$$M_{vr} = M_{vr} / \frac{1}{2}\rho L^4$$

$$K'_{v|v|} = K_{v|v|} / \frac{1}{2}\rho L^3$$

$$M'_{vv} = M_{vv} / \frac{1}{2}\rho L^3$$

$$K'vq = K_{vq} / \frac{1}{2}\rho L^4$$

$$M'_w = M_w / \frac{1}{2}\rho L^3 V$$

$$K'_{vw} = K_{vw} / \frac{1}{2}\rho L^3$$

$$M'_{\dot{w}} = M_{\dot{w}} / \frac{1}{2}\rho L^4$$

$$K'_{wp} = K_{wp} \Big/ \frac{1}{2}\rho L^4$$

$$M'_{|w|} = M_{|w|} \Big/ \frac{1}{2}\rho L^3 V$$

$$K'_{wr} = K_{wr} \Big/ \frac{1}{2}\rho L^4$$

$$M_{|w|q} = M_{|w|q} \Big/ \frac{1}{2}\rho L^4$$

$$K'_{\delta_r} = K_{\delta_r} \Big/ \frac{1}{2}\rho L^3 V^2$$

$$M'_{ww} = M_{ww} \Big/ \frac{1}{2}\rho L^3$$

$$m' = m \Big/ \frac{1}{2}\rho L^3$$

$$M'_{w|w|} = M_{w|w|} \Big/ \frac{1}{2}\rho L^3$$

$$M'_{\delta_s} = M_{\delta_s} \Big/ \frac{1}{2}\rho L^3 V^2$$

$$M'_{\delta_b} = M_{\delta_b} \Big/ \frac{1}{2}\rho L^3 V^2$$

$$M'_\theta = M_\theta \Big/ \frac{1}{2}\rho L^3 V^2 = -m'gh/V^2$$

$$r' = rL/V$$

$$N' = N \Big/ \frac{1}{2}\rho L^3 V^2$$

$$\dot{r}' = \dot{r} L^2/V^2$$

$$N'_0 = N_0 \Big/ \frac{1}{2}\rho L^3 V^2$$

$$t' = tV/L$$

$$N'_p = N_p \Big/ \frac{1}{2}\rho L^4 V$$

$$u' = u/V$$

$$N'_{\dot{p}} = N_{\dot{p}} \Big/ \frac{1}{2}\rho L^5$$

$$\dot{u}' = \dot{u} L/V^2$$

$$N'_{pq} = N_{pq} \Big/ \frac{1}{2}\rho L^5$$

$$v' = v/V$$

$$N'_{qr} = N_{qr} \Big/ \frac{1}{2}\rho L^5$$

$$\dot{v}' = \dot{v} L/V^2$$

$$N'_r = N_r \Big/ \frac{1}{2}\rho L^4 V$$

$$w' = w/V$$

$$N'_{\dot{r}} = N_{\dot{r}} \Big/ \frac{1}{2}\rho L^5$$

$$\dot{w}' = \dot{w} L/V^2$$

$$N'_{r|r|} = N_{r|r|} \Big/ \frac{1}{2}\rho L^5$$

$$x' = x/L$$

$$N'_{|r|\delta_r} = N_{|r|\delta_r} \Big/ \frac{1}{2}\rho L^4 V$$

$$X' = X \Big/ \frac{1}{2}\rho L^2 V^2$$

$$N'_v = N_v \Big/ \frac{1}{2}\rho L^3 V$$

$$X'_{qq} = X_{qq} \Big/ \frac{1}{2}\rho L^4$$

$$N'_{\dot{v}} = N_{\dot{v}} \Big/ \frac{1}{2}\rho L^4$$

$$N'_{vq} = N_{vq} \Big/ \frac{1}{2}\rho L^4$$

$$N'_{|v|r} = N_{|v|r} \Big/ \frac{1}{2}\rho L^4$$

$$N'_{v|v|} = N_{v|v|} \Big/ \frac{1}{2}\rho L^3$$

$$N'_{vw} = N_{vw} \Big/ \frac{1}{2}\rho L^3$$

$$N'_{wp} = N_{wp} \Big/ \frac{1}{2}\rho L^4$$

$$N'_{wr} = N_{wr} \Big/ \frac{1}{2}\rho L^4$$

$$N'_{\delta_r} = N_{\delta_r} \Big/ \frac{1}{2}\rho L^3 V^2$$

$$P' = P \Big/ \frac{1}{2}\rho L^2 V^2$$

$$p' = pL/V$$

$$\dot{p}' = \dot{p}L^2/V^2$$

$$q' = qL/V$$

$$\dot{q}' = \dot{q}L^2/V^2$$

$$Y'_{pq} = Y_{pq} \Big/ \frac{1}{2}\rho L^4$$

$$Y'_{qr} = Y_{qr} \Big/ \frac{1}{2}\rho L^4$$

$$Y'_{r} = Y_{r} \Big/ \frac{1}{2}\rho L^3 V$$

$$Y'_{\dot{r}} = Y_{\dot{r}} \Big/ \frac{1}{2}\rho L^4$$

$$Y'_{|r|\delta_r} = Y_{|r|\delta_r} \Big/ \frac{1}{2}\rho L^3 V$$

$$X'_{rp} = X_{rp} \Big/ \frac{1}{2}\rho L^4$$

$$X'_{rr} = X_{rr} \Big/ \frac{1}{2}\rho L^4$$

$$X'_{\dot{u}} = X_{\dot{u}} \Big/ \frac{1}{2}\rho L^3$$

$$X'_{uu} = X_{uu} \Big/ \frac{1}{2}\rho L^2$$

$$X'_{vv} = X_{vv} \Big/ \frac{1}{2}\rho L^2$$

$$X'_{vr} = X_{vr} \Big/ \frac{1}{2}\rho L^3$$

$$X'_{wq} = X_{wq} \Big/ \frac{1}{2}\rho L^3$$

$$X'_{ww} = X_{ww} \Big/ \frac{1}{2}\rho L^2$$

$$X'_{\delta_b\delta_b} = X_{\delta_b\delta_b} \Big/ \frac{1}{2}\rho L^2 V^2$$

$$X'_{\delta_r\delta_r} = X_{\delta_r\delta_r} \Big/ \frac{1}{2}\rho L^2 V^2$$

$$X'_{\delta_s\delta_s} = X_{\delta_s\delta_s} \Big/ \frac{1}{2}\rho L^2 V^2$$

$$y' = y/L$$

$$Y' = Y \Big/ \frac{1}{2}\rho L^2 V^2$$

$$Y'_0 = Y_0 \Big/ \frac{1}{2}\rho L^2 V^2$$

$$Y'_p = Y_p \Big/ \frac{1}{2}\rho L^3 V$$

$$Y'_{\dot{p}} = Y_{\dot{p}} \Big/ \frac{1}{2}\rho L^4$$

$$Y'_{p|p|} = Y_{p|p|} \Big/ \frac{1}{2}\rho L^4$$

$$Z'_{pp} = Z_{pp} \Big/ \frac{1}{2}\rho L^4$$

$$Y'_v = Y_v / \frac{1}{2}\rho L^2 V$$

$$Z'_q = Z_q / \frac{1}{2}\rho L^3 V$$

$$Y'_{\dot{v}} = Y_{\dot{v}} / \frac{1}{2}\rho L^3$$

$$Z'_{\dot{q}} = Z_{\dot{q}} / \frac{1}{2}\rho L^4$$

$$Y'_{vq} = Y_{vq} / \frac{1}{2}\rho L^3$$

$$Z'_{|q|\delta_s} = Z_{|q|\delta_s} / \frac{1}{2}\rho L^3 V$$

$$Y'_{v|r|} = Y_{v|r|} / \frac{1}{2}\rho L^3$$

$$Z'_{rp} = Z_{rp} / \frac{1}{2}\rho L^4$$

$$Y'_{v|v|} = Y_{v|v|} / \frac{1}{2}\rho L^2$$

$$Z'_{rr} = Z_{rr} / \frac{1}{2}\rho L^4$$

$$Y'_{vw} = Y_{vw} / \frac{1}{2}\rho L^2$$

$$z'_{vr} = Z_{vr} / \frac{1}{2}\rho L^3$$

$$Y'_{wp} = Y_{wp} / \frac{1}{2}\rho L^3$$

$$Z'_{vp} = Z_{vp} / \frac{1}{2}\rho L^3$$

$$Y'_{wr} = Y_{wr} / \frac{1}{2}\rho L^3$$

$$Z'_{vv} = Z_{vv} / \frac{1}{2}\rho L^2$$

$$Y'_{\delta_r} = Y_{\delta_r} / \frac{1}{2}\rho L^2 V^2$$

$$Z'_w = Z_w / \frac{1}{2}\rho L^2 V$$

$$z' = z/L$$

$$Z'_{\dot{w}} = Z_{\dot{w}} / \frac{1}{2}\rho L^3$$

$$Z' = Z / \frac{1}{2}\rho L^2 V^2$$

$$Z'_{|w|} = Z_{|w|} / \frac{1}{2}\rho L^2 V$$

$$Z'_0 = Z_0 / \frac{1}{2}\rho L^2 V^2$$

$$Z'_{w|q|} = Z_{w|q|} / \frac{1}{2}\rho L^3$$

$$Z'_{w|w|} = Z_{w|w|} / \frac{1}{2}\rho L^2$$

$$Z'_{\delta_b} = Z_{\delta_b} / \frac{1}{2}\rho L^2 V^2$$

$$Z'_{\delta_s} = Z_{\delta_s} / \frac{1}{2}\rho L^2 V^2$$

附录 C 两类坐标系和符号的比较

由于历史的原因,我国在潜艇操纵性的工程技术中曾采用两类坐标系和符号:
ITTC 推荐的通用坐标系和符号;苏联使用的非通用坐标系和符号。现将它们的主
要不同点介绍如下:

C.1 艇体坐标系的标识不同

	通用坐标系	非通用坐标系
x 轴	向艇首	向艇首
y 轴	向右舷	向甲板
z 轴	向艇底	向右舷

两类坐标系都是右手坐标系,但坐标轴的字母符号和规则的正方向不同(图 C-1)。

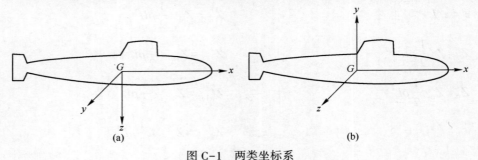

图 C-1 两类坐标系

(a)通用坐标系;(b)非通用坐标系。

C.2 参数的字母符号不同

C.2.1 水平面运动

	通用坐标系	非通用坐标系
合速度	U 或 V	v

（续）

	通用坐标系	非通用坐标系
纵向速度	u	v_x
横向速度	v	v_z
偏航角速度	r	ω_y
漂角	β	β
首向角	ψ	φ
纵向力	X	X
横向力	Y	Z
偏航力矩	N	M_y
方向舵舵角	δ_r	δ_B

其中的力矩、角度（除舵角外）、角速度和角加速度的正方向相反（图 C-2）。

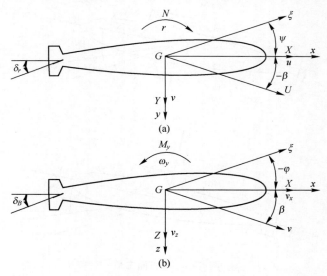

图 C-2　水平面参数

（a）通用坐标系；（b）非通用坐标系。

C.2.2　垂直面运动

	通用坐标系	非通用坐标系
合速度	U 或 V	v
纵向速度	u	v_x

（续）

	通用坐标系	非通用坐标系
垂向速度	w	v_y
纵倾角速度	q	ω_z
攻角	α	α
纵倾角	θ	ψ
纵向力	X	X
垂向力	Z	Y
纵倾力矩	M	M_z
首升降舵舵角	δ_b	δ_H
尾升降舵舵角	δ_s	δ_R

其中的垂向力、垂向速度的正方向相反（图 C-3）。

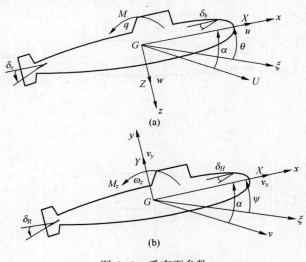

图 C-3　垂直面参数
（a）通用坐标系；（b）非通用坐标系。

C.3　无因次化方式不同

两类坐标系所取无因次化的特征尺度不同。通用坐标系选取 ρ、V、L（L 为艇长）为特征量，而非通用坐标系取 ρ、v、$\nabla^{1/3}$（∇ 为潜艇的水下全排水容积）为特征量。因此，无因次物理量的表达式不同，如下表所列。

参　　数	通用坐标系	非通用坐标系
无因次长度	$l' = l/L$	$\bar{l} = l/\nabla^{1/3}$
无因次时间	$t' = tL/V$	$\tau = t\,\nabla^{1/3}/v$
无因次角速度	$q' = qL/V$	$\bar{\omega}_z = \omega_z\,\nabla^{1/3}/v$
	$r' = rL/V$	$\bar{\omega}_y = \omega_y\,\nabla^{1/3}/v$
无因次质量	$m' = m/\dfrac{1}{2}\rho L^3 = 2\,\nabla/L^3$	$m/\rho\,\nabla = 1$
无因次转动惯量	$I' = I/\dfrac{1}{2}\rho L^5 = 2\,\nabla\,i^2/L^5$	$l/\rho\,\nabla^{5/3} = \bar{i}^2$
无因次力	$Z' = Z/\dfrac{1}{2}\rho V^2 L^2$	$c_y = Y/\dfrac{1}{2}\rho V^2\,\nabla^{2/3}$
	$Y' = Y/\dfrac{1}{2}\rho V^2 L^2$	$c_z = Z/\dfrac{1}{2}\rho V^2\,\nabla^{2/3}$
无因次力矩	$M' = M/\dfrac{1}{2}\rho V^2 L^3$	$m_z = M_z/\dfrac{1}{2}\rho V^2\,\nabla$
	$N' = N/\dfrac{1}{2}\rho V^2 L^3$	$m_y = M_y/\dfrac{1}{2}\rho V^2\,\nabla$

表中 $\bar{i} = i/\nabla^{1/3}$，i 为惯量半径，即 $i/\sqrt{I/m}$。同时，为了避免与正文所用符号混淆，表中的个别符号作了更动，即 $V^{1/3}$ 改用 $\nabla^{1/3}$。

C.4　水动力导数的换算关系式

潜艇在基准运动中叠加某个运动分量将产生流体动力增量。在通用坐标系中，用流体动力导数作为流体动力线性增量的比例常数。流体动力增量是指潜艇在真实流体中运动变化所引起的力（矩）的增量，所以流体动力导数中既含有流体惯性力的成分又含有流体黏性力的成分。如果用试验测定流体动力导数，所测出的值也就包含这两种成分。

但在非通用坐标系中，将流体动力区分为流体惯性力和流体黏性力两个成分。这样处理在分析问题时比较方便，可借鉴流体力学中理想流体的知识，揭示各加速度项的受力情况，但在试验测定时，是相对真实流体的。

由此可见，二者各有其特点，本书以前者为主，但也采用了后者的分析方法。考虑上述两种系统的差异，可推出无因次水动力导数的换算关系式，并以实例介绍如下。

C.4.1 换算关系式

垂直面运动			
Z_0'	$-c_y(0)/f^2$	M_0'	$-m_z(0)/f^3$
Z_w'	$-c_y^\alpha/f^2$	M_w'	m_z^α/f^3
Z_q'	$-(c_y^{\omega_z}-2K_{11})/f^3$	M_q'	$m_z^{\omega_z}/f^4$
$Z_{\dot{w}}'$	$-2K_{22}/f^3$	$M_{\dot{w}}'$	$-2K_{26}/f^4$
$Z_{\dot{q}}'$	$-2K_{26}/f^4$	$M_{\dot{q}}'$	$-2\,\bar{i}_z^2 K_{66}/f^5$
Z_{δ_b}'	$-c_y^{\delta_H}/f^2$	M_{δ_b}'	$m_z^{\delta_H}/f^3$
Z_{δ_s}'	$-c_y^{\delta_K}/f^2$	M_{δ_s}'	$m_z^{\delta_K}/f^3$
		M_θ'	$-2gh/V^2 f^3$
水平面运动			
Y_0'	$-c_z(0)/f^2$	N_0'	$m_y(0)/f^3$
Y_v'	c_z^β/f^2	N_v'	m_y^β/f^3
Y_r'	$-(c_z^{\omega_y}+2K_{11})/f^3$	N_r'	$m_y^{\omega_y}/f^4$
$Y_{\dot{v}}'$	$-2K_{33}/f^3$	$N_{\dot{v}}'$	$-2K_{35}/f^4$
$Y_{\dot{r}}'$	$-2K_{35}/f^4$	$N_{\dot{r}}$	$-2\,\bar{i}_y^2 K_{55}/f^5$
Y_{δ_r}'	$-c_y^{\delta_B}/f^2$	N_{δ_r}'	$m_y^{\delta_B}/f^3$

表中，$f^3=\dfrac{L^3}{\nabla}=\dfrac{2}{m'}$（艇体修长系数），$\bar{i}^2=\dfrac{i^2}{\nabla^{2/3}}=\dfrac{I'}{2}f^5$。

C.4.2 换算实例

已知某艇在非通用坐标系中的水动力系数和艇的其他要素如下：

$C_x(0)=0.0373$ $C_y(0)=0.0051$ $m_z(0)=0.0030$

$C_y^\alpha=0.530$ $m_z^\alpha=0.889$ $C_y^{\omega_z}=0.602$

$m_z^{\omega_z}=-2.926$ $C_y^{\delta_K}=0.173$ $m_z^{\delta_K}=-0.498$

$C_y^{\delta_H}=0.135$ $m_z^{\delta_H}=0.125$

$K_{11}=0.0224$ $K_{22}=0.881$

$K_{66}=0.750$ $K_{26}=-0.201$

$I_{44}=2270\text{t}\cdot\text{s}^2\cdot\text{m}$ $I_{55}=101730\text{t}\cdot\text{s}^2\cdot\text{m}$ $I_{66}=101250\text{t}\cdot\text{s}^2\cdot\text{m}$

$\nabla=2710\text{m}^3$ $L=74\text{m}$

稳心高：$h=0.20\text{m}$

按上述换算公式进行计算,即得该艇用通用坐标系表示的诸水动力系数,计算结果如下:

$$Z_0' = -c_y(0)/f^2 = -0.180 \times 10^{-3}$$

$$M_0' = -m_z(0)/f^3 = 0.02 \times 10^{-3}$$

$$Z_w' = -c_y^\alpha/f^2 = -1.876 \times 10^{-2}$$

$$M_w' = m_z^\alpha/f^3 = 0.592 \times 10^{-3}$$

$$Z_q' = -(c_y^{\omega_z} - 2K_{11})/f^3 = -3.727 \times 10^{-3}$$

$$M_q' = m_z^{\omega_z}/f^4 = -3.687 \times 10^{-3}$$

$$M_\theta' = -2gh/V^2f^3 = -0.02611/V^2$$

$$Z_{\delta_b}' = -c_y^{\delta_H}/f^2 = -4.792 \times 10^{-3}$$

$$M_{\delta_b}' = m_z^{\delta_H}/f^3 = 0.8361 \times 10^{-3}$$

$$Z_{\delta_s}' = -c_y^{\delta_K}/f^2 = -6.141 \times 10^{-3}$$

$$M_{\delta_s}' = m_z^{\delta_K}/f^3 = -3.331 \times 10^{-3}$$

$$Z_{\dot{w}}' = -2K_{22}/f^3 = -1.1786 \times 10^{-2}$$

$$M_{\dot{q}}' = -2\,\bar{i}_z^2 K_{66}/f^5 = -0.6712 \times 10^{-3}\,(\bar{i}_z^2 = I_{66}/\rho\,\nabla^{5/3} = 1.8844)$$

$$m' = m/\frac{1}{2}\rho L^3 = 2\,\nabla/L^3 = 0.01337$$

$$I_y' = I_{66}/\frac{1}{2}\rho L^5 = 0.0008946$$

$$\cdots$$

参 考 文 献

[1] Davidson K S,Schiff L I. Turning and Curse-Keeping Qualities of Ship. SNAME,1946.

[2] 藤井齐,野本谦作. 操纵性试验方法.《第二回操纵性会议》,1970.

[3] 诺曼. 弗里德曼:1945 年以来的美国潜艇——配图解说潜艇设计史,中国船舶设计中心,2000. 8.

[4] 蒋华,等. 二战后美国潜艇全记录,《舰船知识增刊》,2009.

[5] 施生达:二战后美国潜艇及其操纵装置概况,研究报告,2015. 09.

[6] E. S. 艾伦曾 & P. 孟德尔:美国潜艇设计学之现状和展望,尤子平等译,国防工业出版社,1965. 09.

[7] AD653861,Standard Equations of Motion for Submarine Simulation,1967.

[8] Goodman. A and Gertier. M:Planar Motion Mechanisn and System,U. S. Patent,No. 3052120,1962. 9.

[9] 苏联第 45 中央科学研究院:潜艇空间运动研究,1961.

[10] 中国船舶重工集团第 702 研究所:潜艇水下动不沉性研究(1962 年),1976. 10 版(译文 76-002).

[11] 熊先锋,彭利恒:常规潜艇装置与保障系统,海潮出版社,2010. 01.

[12] 段宗武译:潜艇操纵性的预报(译自 Naval Forces,2005. 05),《潜艇技术》,2006. 02.

[13] 曹志荣,闫瑞红:美国海军大比例潜艇模型的发展、使用和管理,《潜艇技术》,2014. 10.

[14] N0menclature for Treading the Motion of a Submerged Body Through a Fiuid. SNAME Technical and Research Bulletin 1-5. 1952.

[15] 船舶水动力学辞典. 中国造船编辑部译. 上海:中国造船编辑部,1981

[16] R. Buzcher&L. Rydill. Concepts in Submarine Design. Cambridge Ocean Technology Series. Cambridge University Press. 1994.

[17] (苏)洛强斯基. 路里业. 理论力学教程. 吴礼仪等译. 北京:高等教育出版社,1958.

[18] 埃德加. 罗密欧. 六个自由度中水面舰船和潜艇运动方程的数学模型和计算机解. AD-749063,《潜艇操纵性译文集》,孙元泉等译,舰艇资料编辑室,1982.

[19] 许维德. 流体力学(修订版),国防工业出版社,2005.

[20] Feidman J. DTNSRDC Revised Standard Submarine Equations of Motion. DTNSERDC Report SPD-0393-09,1979. 6.

[21] 乔治. D. 沃尔特. 潜艇上浮稳定性的准稳态评价——稳定极限,《第 11 届国际声学与振动会议录》,2001.

[22] 莱昂德. 预测潜艇操纵性方法的新进展. 第一届伦敦国际潜艇会议论文集. 1983.

[23] 施生达,戴余良. 潜艇水下悬停运动数学模型研究. 武器装备预研基金项目,编号 51414030105JB1109,2006.

[24] 高为炳. 运动稳定性基础,高等教育出版社,1987.

[25] 哈里 A. 杰克逊. 潜艇概念设计基本原理. SNAME,1992,Vol100,P419~448.

[26] R K 伯切尔. C V 贝茨. 潜艇设计教程. ——今日潜艇, 1988.

[27] GJB64. 2-85 潜艇船体规范及编制说明书. 北京: 国防科工委, 1985.

[28] 鲁谦. 在潜艇设计上实施潜艇操纵性能规范的途径. 《舰船科学技术》, 1988. 03.

[29] 鲁谦. 常规潜艇操纵性设计. 《潜艇研究与设计》, 1980. 01.

[30] J. L. 麦克伏埃. 用近似求解潜艇运动方程式预报潜艇的运动轨迹. 邱嗣镐译自《Naval Engineers Journal》, 潜艇译文集, 1982.

[31] 现代潜艇技术与战术. 海军装备部舰艇部. 1991.

[32] Royal Institution of Naval Archiyects, Warship 2005: Naval Submarines 8. Lundon, UK.

[33] K J Rawson e. c. Basic ship Theory. Vol. 2. 1977.

[34] Ulrich Gabler. Submarine Design. 1986.

[35] 马运义, 冯德生, 夏飞. 剩余浮力和剩余力矩作用下的潜艇操纵性研究. 武汉: 701 所, 1980.

[36] 野本谦作. 船舶操纵性和控制及其在船舶设计中的应用. 胡相鸿等译, 无锡: 702 所, 1982.

[37] B. ф. 拉卡耶夫. 潜艇的操纵特性和机动性. 《Техника и Вооружение》, 1964.

[38] Gettler M. Some Recent Advances In Dynamic Stability and Control of Submerged Vehicles. The Journal of Mechanical Engineering Sciencs, Vol 14 No7, 1972.

[39] 闵耀元, 陈源. 潜艇近水面操纵性研究述评. 国内外潜艇操纵性研究评述杭州会议论文录, 1992.

[40] L. 比斯特隆. 波浪中通气管状态潜艇的自适应控制. 今日潜艇, 1988.

[41] 吴秀恒, 刘祖源, 施生达, 等. 船舶操纵性. 北京: 国防工业出版社, 2005. 09.

[42] (美) R. 巴塔杳雅. 海洋运载工具动力学. 邬明川等译. 北京: 海洋出版社, 1982.

[43] 舰船设计惯例. 701 所, SI-14-87, 1987.

[44] 施生达, 王京齐. 潜艇空间操艇技术应用研究. 海军工程大学科技报告. 2000. 11.

[45] 傅廷辉, 何春荣, 吴宝山. 潜艇空间运动方程式和预报方法研究及其试验验证. 702 所科技报告. 1996. 04.

[46] J. L. 克雷柏勒(法). 关于潜艇升降舵卡和舱室进水的安全性及操纵方框图的基本原则. 第四届伦敦国际潜艇会议论文集, 1993. 05.

[47] A J 吉丁斯. 战胜潜艇控制面的卡住故障和进水事故——20 年后的重新思考. 今日潜艇, 1988.

[48] ケ. 勒塔莱克. 潜航潜艇安全问题的例证——舵故障. 潜艇, 1982(4).

[49] 王文琦. 潜艇尾升降舵卡舵事故的抗沉技术. 舰船科学技术, 1998. 06.

[50] 阿格斯塔级潜艇资料汇编. 舰艇资料编辑室, 1986.

[51] 王京齐, 施生达. 潜艇水下应急操纵航行深度安全性研究. 海军工程大学科技报告, 2010. 04.

[52] A J 吉丁斯, W L 路易斯. 潜艇操纵面卡住和进水事故的克服. ASNE, 1966. 12.

[53] 伦纳德. 比斯特龙, 马雷克. 贾尼克. 潜艇舱内进水后挽回过程的模拟. 第七届伦敦国际潜艇会议论文集, 2002.

[54] LennartBystroem. 潜艇进水后的挽救. Naval Force, 2004. 03, 译文《潜艇技术》, 2007.

[55] 浦金云, 王京齐, 金涛. 潜艇水下安全操纵技术研究报告. 海军工程大学科技报告, 2007.

[56] 金涛, 王京齐, 刘辉. 潜艇舱室进水情况下的应急操纵模型. 船舶力学, 2010.

[57] Рождественский В. Вдинамика. ПЛ, 1970.

[58] 施生达, 王京齐. 潜艇大潜深操纵控制技术研究报告. 海军工程大学科技报告, 2009.

[59] 徐肇廷．海洋内波动力学．北京:科学出版社,1997.

[60] 朱石坚．潜艇大潜深航行声隐身与安全性研究．潜艇学术研究,2015.02.

[61] 施生达,王京齐．潜艇及其操纵技术．海军工程大学,2015.12.

[62] 施生达,王京齐．在役潜艇低噪声安静操纵控制技术研究．海军工程大学科技报告,2008.06.

[63] (美)T C 吉尔默．现代舰船设计．龚九功译．北京:国防工业出版社,1983.

[64] 林莉,徐雪峰,郭亦平．潜艇操纵控制系统的现状和发展．潜艇学术研究,2014.04.

[65] S A 赫尔斯特龙．潜艇设计——水动力．今日潜艇,1988.

[66] 施生达,王京齐．差动式十字舵对潜艇回转横倾的控制．舰船科学技术,1999.06.

主 要 符 号

$E-\xi\eta\zeta$——固联于地球的固定坐标系(定系)

$G-xyz$——固联于潜艇的运动坐标系(动系)

V——潜艇重心处的航速

u、v、w——航速 V 在 $G-xyz$ 坐标系上的投影,分别称为纵向速度、横向速度、垂向
速度

Ω——潜艇转动的角速度

p、q、r——角速度 Ω 在 $G-xyz$ 坐标系上的投影,分别称为横倾角速度、纵倾角速度、
回转(或偏航)角速度

F——水动力中心点(或中性点)、水动力合力、作用于潜艇上的力

F_L、F_D——升力、阻力

X、Y、Z——力 F 在 $G-xyz$ 坐标系上的投影,分别称为纵向力、横向力和垂向力

M——作用于潜艇上的力矩

K、M、N——力矩 M 在 $G-xyz$ 坐标系上的投影,分别称为横倾力矩、纵倾力矩、偏航
力矩

T_θ、K_θ——操舵变纵倾运动响应的时间滞后参数、舵效指数

φ、θ、ψ——潜艇的姿态角:横倾角、纵倾角、首向角

θ_{ov}、ψ_{ov}——超越纵倾角、超越首向角

γ、χ——航迹(航速)角、潜浮角

α、$\alpha_{\max}$、β——攻角(冲角)、无纵倾潜浮时的最大攻角、漂角

δ、$\delta_r(\delta)$、δ_b、δ_s、δ_{fp}、δ_{sj}——舵角、方向舵舵角、首升降舵舵角、尾升降舵舵角、围壳舵
舵角、尾升降舵卡舵角

K_P、K_D、K_I——自动舵控制算法的比例系数、微分系数、积分系数

K_{bP}^H、K_{bD}^H、K_{bI}^H——首舵的深度比例系数、微分系数、积分系数

K_{sP}^θ、K_{sD}^θ、K_{sI}^θ——尾舵的纵倾比例系数、微分系数、积分系数

K_{sP}^H、K_{sD}^H、K_{sI}^H——尾舵的深度比例系数、微分系数、积分系数

D——螺旋桨直径,回转直径

R_s、D_s、D_T——定常回转半径、定常回转直径、战术直径

n、X_T、K_T——螺旋桨转速、推力、无因次推力系数

L、H——艇长、艇高

B——艇宽,浮力

C——浮心、临界点(或逆速点、潜浮点)、阻力系数

P、M_p——枢心(或转心)、重力,静载,机动性系数,静载力矩

G、ξ_G、η_G、ζ_G——重心、重心在固定坐标系的纵坐标、横坐标、铅垂坐标

∇、$\nabla_t\downarrow$——容积排水量、水下全排水量(或$\nabla\downarrow_t$)

£(或 $L/\nabla^{1/3}$)——艇体修长度

m——潜艇质量

g——重力加速度

ρ——水密度

h、$h\downarrow_t$——潜艇稳心高、水下全排水量稳心高

I、I_x、I_y、I_z——潜艇的转动惯量、对动系 Gx、Gy、Gz 轴的转动惯量

λ_{ij}、K_{ij}——附加质量、附加质量系数

S_r、S_b、S_s、S_{fp}——方向舵面积、首升降舵面积、尾升降舵面积、围壳舵面积

S_{hs}、S_{vs}——水平稳定翼面积、垂直稳定翼面积

S_{hsf}、S_{vsf}——水平尾鳍面积、垂直尾鳍面积

λ——翼的展弦比;特征方程的根

C_V、C_H、C'_H——垂直面稳定性衡准数、水平面稳定性衡准数、定常回转稳定性衡准数

T、K——稳定性指数,时间常数,舵效指数,机动性指数

l'_α、K_{Vd}——垂直面的静不稳定系数、动稳定性系数

l'_β、K_{Hd}——水平面的静不稳定系数、动稳定性系数

l'_q、l'_r、l'_{FH}——无因次的纵倾力臂、回转阻尼力臂、扶正力矩相对力臂

　　　　C_c、ζ(或 C/C_c)临界阻尼系数、阻尼比

$l(l_{\delta_s}$,l_{δ_b};l_{Fs},l_{Fb},l_{CF},l_{Cs},l_{Cb})——距离(首、尾升降舵舵力作用点 s、b 到艇重心 G 的距离;点 s、b 到艇的水动力中心点 F 的距离;临界点 C 到点 F、s、b 的距离)

x_c、x_p——临界点 C 在 x 方向的坐标、枢心 p 点在重心 G 前的坐标

V_ζ、V_i、V_{is}、V_{ib}——升速、逆速、尾升降舵逆速、首升降舵逆速

t_a、C_{p_θ}、C_{p_ψ}——初转期、初始转首纵倾角加速度参数、初始转首首向角加速度参数

ω、ω_R、ω_δ、σ——振荡频率、固有频率、操舵频率、频率比($\sigma = \omega_\delta / \omega_R$)

FRT——自由自航船模试验

ORT——斜航试验

RAT——旋臂试验

PMM、VPMM、LAHPMM——平面运动机构、垂直面平面运动机构、大振幅水平面平面运动机构